面向新工科普通高等教育系列教材

操作系统原理

第2版

金海溶　周　苏　主编

机械工业出版社

本书针对计算机和其他 IT 专业学生的发展需求，系统、全面地介绍了操作系统的概念、原理、方法与应用。全书共 12 章，包括硬件基础、操作系统概述、进程描述和控制、线程、互斥与同步、死锁与饥饿、内存管理、处理器管理、I/O 设备管理、文件管理、操作系统安全、操作系统发展等内容，力图反映操作系统领域的最新知识与发展，具有较强的系统性和可读性。

本书提供了大量习题，并为部分习题提供了参考答案。除第 12 章外，各章均设计了“实验与思考”环节，读者可结合 Windows、Linux 操作系统，通过实践来加深对理论知识的认识。

本书适合用于高等院校“操作系统”课程的教学，也可供有一定实践经验的软件开发人员参考，还可以作为参加计算机软件专业技术资格和水平考试相关人员的学习辅导用书。

本书配有授课电子课件，需要的教师可登录 www. cmpedu. com 免费注册，审核通过后下载，或联系编辑索取（微信：13146070618，电话：010-88379739）。

图书在版编目（CIP）数据

操作系统原理/金海溶，周苏主编．—2 版．—北京：机械工业出版社，2023.2（2024.7 重印）

面向新工科普通高等教育系列教材

ISBN 978-7-111-72492-6

Ⅰ．①操…　Ⅱ．①金…　②周…　Ⅲ．①操作系统-高等学校-教材
Ⅳ．①TP316

中国国家版本馆 CIP 数据核字（2023）第 030475 号

机械工业出版社（北京市百万庄大街 22 号　邮政编码 100037）

策划编辑：郝建伟　　责任编辑：郝建伟　张翠翠

责任校对：李　杉　张　薇　　责任印制：邓　博

北京盛通数码印刷有限公司印刷

2024 年 7 月第 2 版 · 第 2 次印刷

184mm×260mm · 20 印张 · 522 千字

标准书号：ISBN 978-7-111-72492-6

定价：79.90 元

电话服务　　网络服务

客服电话：010-88361066　　机　工　官　网：www. cmpbook. com

010-88379833　　机　工　官　博：weibo. com/cmp1952

010-68326294　　金　书　网：www. golden-book. com

封底无防伪标均为盗版　　机工教育服务网：www. cmpedu. com

第2版前言

操作系统（OS）是管理计算机硬件资源、控制其他程序运行并为用户提供交互界面的系统软件的集合，是直接运行在“裸机”上的最基本的系统软件。任何其他软件都必须在操作系统的支持下才能运行。操作系统是计算机系统的关键组成部分，负责管理与配置内存、决定系统资源供需的优先次序、控制输入与输出设备、运作网络与管理文件系统等基本任务。

操作系统是构建在计算机硬件之上的第一层软件，也是基础软件运行平台的主要成分，在计算机系统中占据着重要的地位，是计算机系统的核心和灵魂。操作系统的性能直接影响着计算机系统的工作效率。“操作系统原理”是计算机类专业中一门非常重要的专业基础课，理论性和实践性都很强。

课程介绍：

和其他基础课程相比，“操作系统原理”课程有着十分显著的特点。

（1）内容十分广泛和庞杂

操作系统是随着计算机技术的发展和计算机应用的普及而逐渐发展和完善起来的，对操作系统理论的研究也随着操作系统实践的发展而不断深入。操作系统涉及的内容十分广泛，包含了硬件、计算机组成、编译原理、数据结构、软件工程、程序设计等内容。直到今天，人们仍然可以从操作系统原理各类教材的内容组织中看到这些包容的痕迹。例如，中断机构是典型的计算机组成研究的对象，也是多数“操作系统原理”课程所必须讲述的内容；存储管理中的空闲块管理既是操作系统研究的课题，也是数据结构课程的重要内容之一，等等。

另外，操作系统管理着计算机系统的全部软硬件资源，而这些资源本身种类繁多，特性千差万别。要管理这些资源，就要适应这些资源的差异，从而增加了操作系统的复杂性。

此外，操作系统的实例类型极为丰富。对于“操作系统原理”这样一门实践性很强的课程，读者必须注意理论与实际的结合，应该了解各种操作系统的实例，跟踪研究成果，以便增加感性认识，从而更深刻地理解操作系统。这也给操作系统原理课程的组织和学习增加了难度。

（2）知识点难度、跨度大

“操作系统原理”课程中，各知识点的难度和跨度相对而言是比较大的，既有操作系统界面这种常见的内容，也有进程管理这类比较抽象、难度和跨度大的内容，从而给学生在学习中迅速转换角色造成了困难，出现了“有的章节一读就懂，一学就会，而有的章节虽已苦读多遍，但仍不得要领”的情况。

（3）既抽象又灵活

在“操作系统原理”课程中，有许多知识点是必须记忆的，表现出来就是概念多。另外，在整个课程中很难找到一根唯一的主线。实际上，在不同的环境下，评价操作系统设计策略优劣与否的标准是不同的。举例来说，实时系统要求很高的可靠性和响应及时性，但从批处理系统的要求来看，实时系统却像是在浪费资源。一些经典算法，如银行家算法和 LRU 算法（页面置换，最近最少使用算法）都是理想的，但几乎都不能运用于实际，这就是操作系统的灵活性。要求读者在学习每一部分内容时，不仅要记住给出的结论，还要认真思考所讨论问题的由来、环境、意义、理论依据和应用背景，并结合实例，做到举一反三。

为学好“操作系统原理”课程，建议读者根据这门课程的特点，有针对性地加强训练。要结合本书讲授的操作系统实例和实验，深刻领会设计思想。

“操作系统原理”是计算机类专业本科教学的一门重要的专业方向课程，甚至是计算机专业和其他专业学生的“分水岭”，其教学效果对学生今后从事计算机应用、大型软件系统开发等都有着深刻的影响。

本书内容：

本书对现代操作系统的概念、结构和机制进行了系统、全面的阐述。全书共12章，包括硬件基础、操作系统概述、进程描述和控制、线程、互斥与同步、死锁与饥饿、内存管理、处理器管理、I/O设备管理、文件管理、操作系统安全、操作系统发展等内容，力图全面反映操作系统领域的最新知识与发展，具有较强的系统性和可读性。

课程目标：

通过本书的学习，读者能够系统地掌握操作系统的基本概念、主要功能、设计原理和实现方法，了解操作系统是如何管理计算机系统的资源及控制计算机运行的。读者在此基础上可以更深入、更实际地了解操作系统的结构和设计方法，并达到如下目标。

1）了解操作系统与计算机硬件、其他应用软件及用户的关系。

2）掌握操作系统的主要功能及实现原理。

3）对操作系统的结构问题、死锁问题、抖动（颠簸）问题等重要内容有初步了解。

4）具有独立分析、理解操作系统程序代码的能力。

5）理解和掌握当前流行的Windows、Linux、UNIX操作系统的工作原理和使用方法，为以后在操作系统平台上开发各种应用软件或系统软件奠定坚实的基础。

本书各章由理论和实验两部分组成。理论和实验内容相互配合、相互联系，保证了教学内容的完整性。

本书由金海溶、周苏主编。参加本书编写工作的还有刘志扬、刘均、李超、吕圣军、王文等。本书的编写工作得到浙江工业大学之江学院、浙大城市学院、温州商学院等多所院校师生的支持，在此一并表示感谢。欢迎教师和编者交流，E-mail：zhousu@ qq. com，QQ：81505050。

由于编者水平有限，书中难免存在疏漏和不足，欢迎读者批评指正。

编　者

第1版前言

操作系统是管理计算机硬件资源、控制其他程序运行并为用户提供交互界面的系统软件的集合，是直接运行在“裸机”上的最基本的系统软件。任何其他软件都必须在操作系统的支持下才能运行。操作系统是计算机系统的关键组成部分，负责管理与配置内存、决定系统资源供需的优先次序、控制输入与输出设备、运作网络与管理文件系统等基本任务。

操作系统是构建在计算机硬件之上的第一层软件，也是基础软件运行平台的主要成分，在计算机系统中占据着重要的地位，是计算机系统的核心和灵魂。“操作系统原理”课程的理论性和实践性都很强，是计算机科学与技术及其相关专业的一门非常重要的专业基础课。

本书对现代操作系统的概念、结构和机制进行了系统、全面的阐述，展示了操作系统原理的全景图。本书的主要内容共分5篇。第1篇“背景知识”综述计算机组织与系统结构，重点讲述与操作系统设计相关的主题。第2篇“进程与线程”详细介绍进程描述与控制、线程、互斥与同步以及死锁与饥饿。第3篇“存储管理与调度”全面介绍存储管理和调度技术，包括存储管理、分页与分段设计以及处理器管理，分析比较了多种进程调度方法。第4篇“输入/输出和文件管理”主要分析操作系统中对I/O功能的控制，给出关于文件管理的综述，包括输入/输出管理、I/O设备管理和文件管理。第5篇“操作系统进阶”介绍操作系统发展的内容，涉及计算机和网络安全的威胁与机制，分析计算机系统网络化技术的主要趋势，包括操作系统安全、多媒体操作系统、嵌入式操作系统，以及分布式处理、客户/服务器和集群系统等主要设计领域。

在长期的教学实践中，我们体会到，坚持“因材施教”的重要原则是有效改善教学效果和提高教学水平的重要方法之一。本书理论联系实际，结合一系列了解和熟悉操作系统原理的学习，把操作系统的概念、理论和技术知识融入实践当中，使学生保持浓厚的学习兴趣，加深对操作系统知识的认识、理解和掌握。

本书主要由周苏、金海溶编写。本书的编写工作得到了浙大城市学院、浙江工业大学之江学院等多所院校师生的支持，王文、杨小京、张泳、涂嘉庆、柳俊、王硕苹、张丽娜等参与了本书的部分编写工作，在此一并表示感谢！

欢迎教师与作者交流：zhousu@ qq. com，QQ：81505050。

由于作者水平有限，书中难免存在疏漏和不足，欢迎读者批评指正。

编　者

课程教学进度表

课程号：______ 课程名称：<u>操作系统原理</u> 学分：<u>3.5</u> 周学时：<u>4</u>

总学时：<u>64</u>（其中理论学时：<u>48</u> 实验学时：<u>16</u>）

主讲教师：______

序　号	校历周次	章节（或实验、习题课等）名称与内容	学时数	教学方法	习题与实验
1	1	第 1 章 硬件基础	3+1	理论与实验	习题 1 实验与思考 1
2	2	第 2 章 操作系统概述	3+1	理论与实验	
3	3	第 2 章 操作系统概述	3+1	理论与实验	习题 2 实验与思考 2
4	4	第 3 章 进程描述和控制	3+1	理论与实验	
5	5	第 3 章 进程描述和控制	3+1	理论与实验	习题 3 实验与思考 3
6	6	第 4 章 线程	3+1	理论与实验	习题 4 实验与思考 4
7	7	第 5 章 互斥与同步	3+1	理论与实验	
8	8	第 5 章 互斥与同步	3+1	理论与实验	习题 5 实验与思考 5 期中考试
9	9	第 6 章 死锁与饥饿	3+1	理论与实验	习题 6 实验与思考 6
10	10	第 7 章 内存管理	3+1	理论与实验	习题 7 实验与思考 7
11	11	第 8 章 处理器管理	3+1	理论与实验	
12	12	第 8 章 处理器管理	3+1	理论与实验	习题 8 实验与思考 8
13	13	第 9 章 I/O 设备管理	3+1	理论与实验	习题 9 实验与思考 9
14	14	第 10 章 文件管理	3+1	理论与实验	习题 10 实验与思考 10
15	15	第 11 章 操作系统安全	3+1	理论与实验	习题 11 实验与思考 11
16	16	第 12 章 操作系统发展	3+1	理论与实验	习题 12 课程学习与实验总结
合 计			48+16		

目录

第 2 版前言
第 1 版前言
课程教学进度表
第 1 章　硬件基础 …… 1
1.1　硬件的基本构成 …… 1
1.2　处理器 …… 2
1.2.1　CPU 的性能因素 …… 3
1.2.2　微处理器的发展 …… 3
1.3　指令与指令周期 …… 4
1.3.1　指令集 …… 4
1.3.2　指令周期 …… 5
1.4　中断 …… 6
1.4.1　中断和指令周期 …… 6
1.4.2　中断处理 …… 7
1.4.3　多个中断 …… 8
1.5　存储器的层次结构 …… 9
1.5.1　存储器的重要特性 …… 9
1.5.2　局部性原理 …… 10
1.5.3　高速缓存 …… 11
1.5.4　启动计算机 …… 12
1.6　对称多处理器和多核计算机结构 …… 12
1.6.1　对称多处理器 …… 13
1.6.2　多核计算机 …… 14
【习题】 …… 15
【实验与思考】熟悉计算机指令的执行 …… 17
第 2 章　操作系统概述 …… 19
2.1　什么是操作系统 …… 19
2.1.1　作为用户/计算机接口 …… 20
2.1.2　作为资源管理器 …… 21
2.1.3　作为扩展机器 …… 23
2.1.4　操作系统的核心概念 …… 23
2.2　操作系统的发展历程 …… 27
2.2.1　串行处理 …… 27
2.2.2　简单批处理系统 …… 27
2.2.3　多道批处理系统 …… 28
2.2.4　分时系统 …… 29
2.2.5　实时操作系统与网络操作系统 …… 29
2.2.6　现代操作系统 …… 30
2.3　操作系统的容错性 …… 31
2.3.1　基本概念 …… 32
2.3.2　错误 …… 33
2.3.3　操作系统机制 …… 33
2.4　多处理器和多核操作系统设计因素 …… 33
2.4.1　对称多处理器操作系统 …… 34
2.4.2　多核操作系统 …… 34
【习题】 …… 35
【实验与思考】熟悉操作系统实例 …… 37
第 3 章　进程描述和控制 …… 46
3.1　什么是进程 …… 46
3.2　进程状态 …… 47
3.2.1　两状态进程模型 …… 48
3.2.2　进程的创建和终止 …… 49
3.2.3　5 状态进程模型 …… 50
3.2.4　被挂起的进程 …… 52
3.3　进程描述 …… 55
3.3.1　操作系统的控制结构 …… 56
3.3.2　进程控制结构 …… 56
3.4　进程控制 …… 58
3.4.1　进程创建 …… 58
3.4.2　进程切换 …… 59
3.5　操作系统的执行 …… 60
3.5.1　无进程的内核 …… 61
3.5.2　在用户进程中执行 …… 61
3.5.3　基于进程的操作系统 …… 61
【习题】 …… 62
【实验与思考】Windows 进程的“一生” …… 65

第 4 章　线程……………………………… 78
4.1　线程的概念 ……………………… 78
4.1.1　多线程 …………………… 78
4.1.2　线程的属性 ……………… 79
4.1.3　线程的功能特性…………… 81
4.1.4　线程和进程的区别 ……… 82
4.2　线程分类 ………………………… 82
4.2.1　用户级线程 ……………… 82
4.2.2　内核级线程 ……………… 83
4.2.3　混合方法 ………………… 84
4.3　多核和多线程 …………………… 84
【习题】 ………………………………… 84
【实验与思考】利用互斥体保护
共享资源………………………………… 86
第 5 章　互斥与同步……………………… 90
5.1　并发的原理 ……………………… 90
5.1.1　关于原语 ………………… 91
5.1.2　同步与互斥概述…………… 91
5.1.3　简单举例 ………………… 92
5.1.4　进程的交互 ……………… 93
5.1.5　互斥的要求 ……………… 96
5.2　互斥：硬件的支持 ……………… 97
5.3　信号量…………………………… 100
5.3.1　信号量的设置 …………… 100
5.3.2　强信号量的互斥算法 …… 102
5.3.3　生产者/消费者问题 ……… 103
5.3.4　读者/写者问题 …………… 107
5.4　管程……………………………… 111
5.4.1　使用信号的管程 ………… 111
5.4.2　使用通知和广播的管程 … 113
5.5　消息传递………………………… 115
5.5.1　同步 ……………………… 116
5.5.2　寻址 ……………………… 116
5.5.3　消息格式 ………………… 117
5.5.4　排队原则 ………………… 117
5.5.5　实施互斥的消息传递 …… 117
【习题】 ……………………………… 119
【实验与思考】Windows 进程同步…… 121
第 6 章　死锁与饥饿 …………………… 125
6.1　死锁原理………………………… 125
6.1.1　可抢占资源和不可抢占资源 …… 125
6.1.2　可重用资源和可消耗资源……… 126
6.1.3　资源获取 ……………………… 127
6.1.4　死锁的定义 …………………… 128
6.1.5　发生资源死锁的条件 ………… 128
6.2　死锁预防………………………………… 129
6.2.1　互斥 …………………………… 129
6.2.2　占有且等待 …………………… 129
6.2.3　不可抢占………………………… 129
6.2.4　循环等待………………………… 130
6.3　死锁避免………………………………… 130
6.3.1　安全状态和不安全状态 ……… 130
6.3.2　单个与多个资源的银行家
算法 …………………………… 131
6.4　死锁检测和死锁恢复………………… 132
6.4.1　死锁检测………………………… 133
6.4.2　死锁恢复………………………… 134
6.5　活锁与饥饿……………………………… 134
6.5.1　两阶段加锁……………………… 134
6.5.2　通信死锁………………………… 135
6.5.3　活锁 …………………………… 135
6.5.4　饥饿 …………………………… 136
6.6　哲学家就餐问题……………………… 136
6.6.1　基于信号量解决方案 ………… 136
6.6.2　基于管程解决方案 …………… 137
【习题】…………………………………… 139
【实验与思考】Windows 线程间的
通信 ……………………………………… 141
第 7 章　内存管理 ……………………… 150
7.1　内存管理的需求……………………… 150
7.1.1　交换 …………………………… 150
7.1.2　保护 …………………………… 151
7.1.3　共享 …………………………… 151
7.1.4　逻辑组织………………………… 151
7.1.5　物理组织………………………… 152
7.2　内存分区………………………………… 152
7.2.1　固定分区………………………… 153
7.2.2　动态分区………………………… 154
7.2.3　伙伴系统………………………… 156
7.2.4　重定位…………………………… 157

7.3　分页技术……………………………… 158
7.4　分段技术……………………………… 160
7.5　虚拟内存的硬件特征………………… 161
7.5.1　局部性和虚拟内存 ………………… 162
7.5.2　分页 ………………………………… 163
7.5.3　分段 ………………………………… 166
7.5.4　段页式……………………………… 166
7.5.5　保护和共享………………………… 166
7.6　操作系统的内存管理设计………… 167
7.6.1　读取策略…………………………… 168
7.6.2　放置策略…………………………… 168
7.6.3　置换策略…………………………… 168
7.6.4　驻留集管理 ………………………… 169
7.6.5　清除策略…………………………… 171
7.6.6　加载控制…………………………… 171
【习题】 ……………………………………… 172
【实验与思考】Linux 用户程序的内存管理 …………………………………… 176
第8章　处理器管理 ……………………… 180
8.1　处理器调度的类型…………………… 180
8.1.1　长程调度…………………………… 181
8.1.2　中程调度…………………………… 182
8.1.3　短程调度…………………………… 182
8.2　调度算法……………………………… 182
8.2.1　短程调度准则 ……………………… 182
8.2.2　优先级的使用 ……………………… 184
8.2.3　选择调度策略 ……………………… 184
8.2.4　公平共享调度 ……………………… 188
8.3　多处理器调度………………………… 189
8.3.1　粒度………………………………… 189
8.3.2　设计问题…………………………… 190
8.3.3　进程调度…………………………… 191
8.3.4　线程调度…………………………… 191
8.4　实时调度……………………………… 194
8.4.1　实时操作系统的特点 ……………… 195
8.4.2　实时操作系统的特征 ……………… 196
8.4.3　实时调度…………………………… 197
8.4.4　限期调度…………………………… 198
8.4.5　速率单调调度……………………… 199
8.4.6　优先级反转………………………… 199
【习题】 ……………………………………… 200
【实验与思考】进程调度算法模拟实现 ……………………………………… 202
第9章　I/O 设备管理……………………… 209
9.1　I/O 硬件原理………………………… 209
9.1.1　I/O 设备 …………………………… 209
9.1.2　设备控制器………………………… 210
9.1.3　内存映射 I/O ……………………… 210
9.1.4　直接存储器存取…………………… 211
9.2　I/O 软件原理………………………… 213
9.2.1　I/O 软件的目标…………………… 213
9.2.2　程序控制 I/O ……………………… 214
9.2.3　中断驱动 I/O ……………………… 214
9.2.4　使用 DMA 的 I/O ………………… 215
9.3　I/O 软件层次………………………… 215
9.3.1　中断处理程序……………………… 215
9.3.2　设备驱动程序……………………… 216
9.3.3　与设备无关的 I/O 软件 …………… 218
9.3.4　用户空间的 I/O 软件 ……………… 220
9.4　I/O 设备管理………………………… 221
9.4.1　磁盘、光盘及固态硬盘 …………… 221
9.4.2　磁盘臂调度算法…………………… 223
9.4.3　磁盘阵列（RAID） ………………… 225
9.4.4　时钟 ………………………………… 229
9.5　用户界面：键盘、鼠标和监视器………………………………………… 231
9.5.1　输入软件…………………………… 231
9.5.2　输出软件…………………………… 231
9.6　电源管理……………………………… 233
【习题】 ……………………………………… 235
【实验与思考】Linux 重定向以及对声音设备编程 ……………………………… 237
第10章　文件管理………………………… 245
10.1　文件 ………………………………… 245
10.1.1　文件命名 ………………………… 246
10.1.2　文件结构 ………………………… 247
10.1.3　文件类型 ………………………… 247
10.1.4　文件存取 ………………………… 248
10.1.5　文件属性 ………………………… 249
10.2　目录 ………………………………… 250

10.2.1　一级目录系统 …… 250
10.2.2　层次目录系统 …… 250
10.2.3　路径名 …… 250
10.3　文件系统的实现 …… 251
10.3.1　文件系统布局 …… 251
10.3.2　文件的实现 …… 252
10.3.3　目录的实现 …… 254
10.4　文件系统的管理和优化 …… 255
10.4.1　磁盘空间管理 …… 255
10.4.2　文件系统备份 …… 257
10.4.3　文件系统的一致性 …… 258
10.4.4　文件系统性能 …… 258
10.4.5　磁盘碎片整理 …… 259
【习题】 …… 260
【实验与思考】优化 Windows 系统 …… 262
第11章　操作系统安全 …… 265
11.1　安全的概念 …… 265
11.2　威胁、攻击与资产 …… 266
11.2.1　威胁与资产 …… 266
11.2.2　数据意外遗失 …… 268
11.2.3　入侵者 …… 268
11.2.4　恶意软件 …… 269
11.2.5　应对措施 …… 269
11.3　缓冲区溢出 …… 270
11.3.1　缓冲区溢出攻击 …… 270
11.3.2　编译和运行时防御 …… 270
11.4　访问控制 …… 271
11.4.1　文件系统控制 …… 271
11.4.2　访问控制策略 …… 271
11.4.3　身份验证控制 …… 272
11.5　操作系统加固 …… 272
11.5.1　操作系统安装：初装与更新 …… 272
11.5.2　删除不必要的服务、应用与协议 …… 273
11.5.3　配置用户、组和认证过程 …… 273
11.5.4　安装额外的安全控制工具 …… 274
11.5.5　对系统安全进行测试 …… 274
11.6　安全性维护 …… 274
11.6.1　记录日志 …… 275
11.6.2　数据备份和存档 …… 275
【习题】 …… 275
【实验与思考】Windows 11 的安全性概览 …… 277
第12章　操作系统发展 …… 280
12.1　嵌入式操作系统 …… 280
12.1.1　嵌入式系统的概念 …… 280
12.1.2　嵌入式操作系统的特性 …… 283
12.1.3　嵌入式 Linux 操作系统 …… 284
12.1.4　嵌入式操作系统 TinyOS …… 284
12.2　虚拟机 …… 285
12.2.1　虚拟机的概念 …… 285
12.2.2　虚拟机管理程序 …… 286
12.2.3　容器虚拟化 …… 287
12.2.4　处理器问题 …… 289
12.2.5　内存管理 …… 289
12.2.6　输入/输出管理 …… 290
12.3　云操作系统 …… 291
12.3.1　云计算要素 …… 292
12.3.2　云计算参考架构 …… 295
12.3.3　云操作系统的 IaaS 模型 …… 296
12.3.4　云操作系统的基本架构 …… 296
12.4　物联网操作系统 …… 298
12.4.1　物联网的概念 …… 299
12.4.2　物联网和云环境 …… 300
12.4.3　受限设备 …… 301
12.4.4　物联网操作系统的要求 …… 301
12.4.5　物联网操作系统架构 …… 302
12.5　机器人操作系统 …… 303
【习题】 …… 303
【课程学习与实验总结】 …… 305
附录　部分习题参考答案 …… 308
参考文献 …… 310

第1章 硬件基础

操作系统与运行该系统的计算机硬件联系密切，它利用一个或多个处理器的硬件资源为系统用户提供服务，它还代表用户来管理辅助存储器和输入/输出（Input/Output，I/O）设备。操作系统扩展了计算机指令集并管理计算机资源。因此，在开始学习操作系统之前，熟悉一些底层的计算机系统硬件知识是很有必要的。

1.1 硬件的基本构成

现代计算机使用电作为能源，使用电信号和电路进行数据的表示、处理、存储和移动。观察计算机系统的内部结构，其系统单元通常包含电路板、电源以及存储设备等，一些线缆把这些单元连接起来。

所谓计算机的体系结构，是指计算机系统的设计和构造。按冯·诺依曼的定义，计算机的基本组成部件可以分为三大类，即处理器（CPU，主要包括运算器和控制器）、存储器、输入设备和输出设备，每类部件都有一个或多个模块。这些部件以某种方式互连，以实现计算机执行程序的主要功能（见图1-1）。

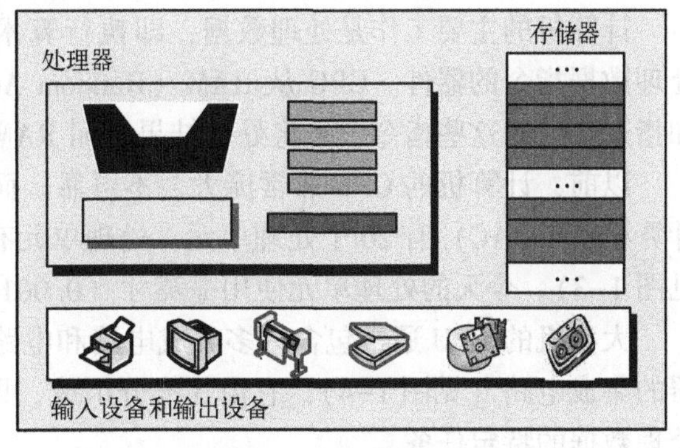

图1-1　计算机硬件

处理器用于控制计算机的操作，具有数据处理功能。当只有一个处理器时，它被称为中央处理器（CPU）。

内存可存储数据和程序。此类存储器通常是易失性的，即当计算机关机时，存储器的内容会丢失。相对于此的是磁盘存储器（称为外存），当计算机关机时，它的内容不会丢失。

输入设备和输出设备可在计算机内部和外部环境之间传送数据。外部环境由各种外部设备组成，包括辅助存储器设备（如硬盘）、通信设备和终端。

系统总线是在处理器、内存和I/O模块间提供通信的设施。

系统总线包含数据线和地址线，数据线传送表示数据的信号，地址线传送数据的地址。数据线由一系列连接主板上不同电子器件的电子线路组成，计算机中的数据通常通过数据线从一个位置移动到另外的位置。计算机依赖地址线来寻找所需要处理的数据。如今，单总线已经很难处理总线的数据流量了，其结果是出现了其他总线，这使得处理I/O设备以及CPU到存储器的速度都更快。

图1-2描述了从顶层看到的部件。处理器的功能之一是与存储器交换数据，为此，它通常使用两个内部（对处理器而言）寄存器：存储器地址寄存器（Memory Address Register,

MAR），用于确定下一次读/写的存储器地址；存储器缓冲寄存器（Memory Buffer Register，MBR），用于存放要写入存储器的数据或者从存储器中读取的数据。同理，I/O地址寄存器（I/O Address Register，I/O AR）用于确定一个特定的输入/输出设备，I/O缓冲寄存器（I/O Buffer Register，I/O BR）用于在I/O模块和处理器间交换数据。

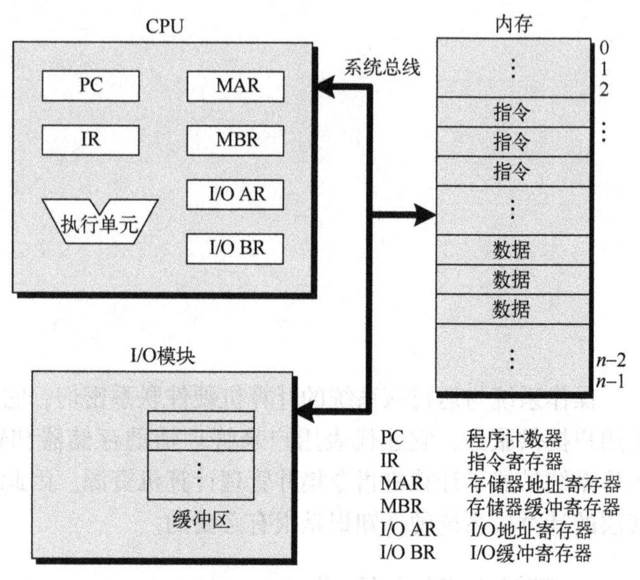

图1-2　计算机部件：顶层视图

内存模块由一组存储单元组成，这些单元由顺序编号的地址定义。每个单元都包含一个二进制数，可以解释为一个指令或数据。I/O模块在外部设备与处理器和存储器间传送数据，它包含内存缓冲区，用于临时保存数据，直到它们被发送或接收。

1.2　处理器

计算机的主要工作是处理数据，即执行算术运算、排序、制作文档等。CPU是计算机中处理数据指令的器件。CPU从RAM（Random Access Memory，随机存取存储器）中接收数据和指令，处理这些指令，再将处理结果送回RAM中，处理结果可以被显示和存储。

以前，计算机的CPU非常庞大、不可靠，而且需要使用大量的电能。1946年诞生的电子计算机（ENIAC）有20个处理单元，处理单元有2in（英寸）宽、8in高（电子计算机的内部见图1-3）。今天的处理单元使用毫英寸（0.001in）来度量。

大型机的CPU通常包含许多集成电路和电路板，而微型计算机的CPU是一个称为微处理器的集成电路（见图1-4），它由3部分组成，即运算逻辑单元、控制器和寄存器，分别执行处理数据的特定任务。

图1-3　早期电子计算机的内部

图1-4　微型计算机的CPU

运算逻辑单元（Arithmetic and Logic Unit，ALU）又称算术逻辑单元或运算器，可执行加减等算术操作，以及比较数据是否相等的逻辑操作。ALU使用寄存器来保存等待处理的数据。

在运算中，算术操作或逻辑操作的结果会暂时存放在累加器中。数据可以从累加器发送到 RAM，以便被进一步处理。

在控制器的协调和控制下，运算器得到数据，并得知要执行的是逻辑运算还是算术运算。控制器使用指令指针来跟踪要处理的指令顺序。借助于指令指针，控制器顺序地从 RAM 中取出指令，并将它们放到指令寄存器中。然后，控制器翻译指令以决定要实现的操作。按照指令解释，控制器向数据总线发送信号，从 RAM 中取数据，并发送信号到运算器进行处理。控制器在很大程度上影响着处理器的处理效率，它要执行一系列的指令。

寄存器是用来临时存放数据的高速、独立的存储单元。CPU 的运算离不开寄存器，包括数据寄存器、指令寄存器和程序计数器等。

1.2.1　CPU 的性能因素

集成电路技术是制造计算机 CPU 的基本技术，它的发展使计算机的速度和能力都有了极大的改进。1965 年，芯片巨人 Intel（英特尔）公司的创始人之一摩尔提出了著名的“摩尔定律”，他预测芯片上的晶体管（见图 1-5）数量每隔 18~24 个月就会翻一番。让所有人感到惊奇的是，这个定律非常精确地预测了芯片近半个世纪以来的发展。1958 年，第一代集成电路仅包含两个晶体管，但是在 2003 年，AMD 公司的 Hammer 处理器已经容纳了一亿个晶体管。集成的晶体管数量越多，意味着芯片的计算能力越强。

不同 CPU 的速度并不一样，它受以下几个因素的制约，即时钟频率、字长、高速缓冲存储器以及指令集的大小。当然，使用高性能 CPU 的计算机系统并不意味着它在各方面都能够提供较高的性能，如果硬盘速度很慢，没有高速缓冲存储器，且 RAM 容量小，则执行某些任务也会很慢。

下面对时钟频率及字长进行介绍。

1）时钟频率。计算机有一个系统时钟，用来定时发出脉冲，以控制所有系统操作的同步（节奏），设置数据传输和指令执行的速度或频率。

系统的时钟频率决定了计算机执行指令的速度，限制了计算机在一定时间内所能够执行的指令数。衡量时钟频率的单位是兆赫（MHz）。最初 IBM PC 的微处理器的时钟频率是 4.77 MHz，如今我国自主研发的新一代龙芯的工作频率为 1.8~2.0 GHz。CPU 的时钟频率越高，意味着处理速度越快。

2）字长。指 CPU 可以同时处理的位数，由 CPU 寄存器的大小和总线的数据线数量所决定。例如，字长为 32 位的 CPU 被称为 32 位处理器，即它的寄存器是 32 位的，可以同时处理 32 位数据。

字长较长的计算机在一个指令周期中与字长较短的计算机相比能处理更多的数据。单位时间内处理的数据越多，处理器的性能就越高。比如，最初的微机使用 8 位处理器，现在都是 64 位处理器。

高速缓冲存储器（见图 1-6）可影响 CPU 的性能。由于 CPU 的速度非常快，所以它的大部分时间都在等待与 RAM 传送数据。使用高速缓冲存储器，可以使 CPU 一旦请求，就可以迅速访问到数据。

1.2.2　微处理器的发展

微处理器可以被容纳在一个芯片上，它的发明为台式计算机和移动终端带来了一场硬件革命。今天的微处理器在进行大多数计算时的速度都非常快，这要归功于在硬件上交互信息的时间已经缩短到了纳秒量级。

图1-5　晶体管

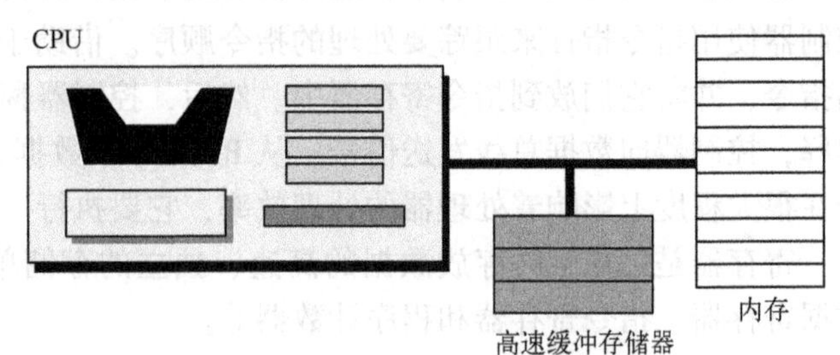

图1-6　高速缓冲存储器位于CPU和内存间

如今，微处理器不仅是最快的通用处理器，还发展成了多重处理器。每个芯片（称为一个底座）上面都容纳了多个处理器（称为芯层、内核），每个处理器上都有多层的大容量缓存存储器，而且多个处理器之间共享内核的执行单元。一个双核或者四核甚至更多核的笔记本计算机已经较为常见。

尽管处理器对大多数的计算提供了非常好的处理能力，但是人们对数值计算的需求也是与日俱增的。图形处理单元（GPU）提供了对应用单指令多数据结构技术的顺序数据的有效计算，它不仅应用于高级图形处理，而且也应用于一般的数值处理中，如游戏的物理仿真或大型电子数据表的计算。同时，CPU本身采用了日益增长的、集成了庞大向量单位的处理器结构，以此来增加对可操作数据集的容量。

处理器家族中的数字信号处理器主要对流信号进行处理，如音频和视频。其他专门的计算装置与CPU共存，用来支持其他标准的一些计算，如编码/解码语音和视频（多媒体数字信号编解码器），或者用来提供对加密和安全技术的支持。

为了满足移动终端的需求，传统的微处理器正在被片上系统所取代。片上系统不仅指CPU和高速缓存集成在一个芯片上，而且系统中的多数其他硬件也在这个芯片上，如数字信号处理器、图像处理单元、I/O装置（如无线电和多媒体数字信号编解码器）和内存。

1.3　指令与指令周期

处理器执行的程序是由一组保存在存储器中的指令（简单步骤）组成的。指令控制计算机执行特定的算术、逻辑或控制运算。按最简单的形式，指令处理包括两步：首先处理器从存储器中一次读（取）一条指令，然后执行每条指令。程序执行是由不断重复的取指令和执行指令的过程组成的。指令执行可能涉及很多操作，具体取决于各条指令本身。

1.3.1　指令集

一条指令可以分为两部分：操作码和操作数。操作码就是类似累加、比较或跳转等操作的控制字。指令的操作数给出了需要处理的数据或数据的地址。

例如，在JMP M1这条指令中，操作码是JMP，操作数是M1。JMP意味着跳转到另外一条指令，M1是将要执行的指令的内存地址。指令JMP M1只有一个操作数，也有很多指令有多个操作数，例如，指令ADD REG1 REG2就包含了两个操作数：REG1和REG2。

CPU 可以执行的指令的集合称为指令集，计算机要执行的任务必须由指令集中有限的指令通过组合而得到。表 1-1 给出了简单指令集，计算机使用该指令集中的指令来完成几乎所有的任务。

表 1-1　简单指令集

操　作　码	操　　　作	范　　例
INP	将给定的值放到指定的内存地址	INP 7 M1
CLA	将累加器清零	CLA
MAM	将累加器中的值放到指定的内存地址	MAM M1
MMR	将指定内存地址中的值取到累加器中	MMR M1 REG1
MRA	将指定寄存器中的值取到累加器中	MRA REG1
MAR	将累加器中的值取到指定寄存器中	MAR REG1
ADD	将两个寄存器中的值相加，结果放在累加器中	ADD REG1 REG2
SUB	将第二个寄存器中的值减去第一个寄存器中的值，结果放在累加器中	SUB REG1 REG2
MUL	将两个寄存器中的值相乘，结果放在累加器中	MUL REG1 REG2
DIV	用第二个寄存器中的值去除第一个寄存器中的值，结果放在累加器中	DIV REG1 REG2
INC	将寄存器中的值加 1	INC REG1
DEC	将寄存器中的值减 1	DEC REG1
CMP	比较两个寄存器中的值，相等将 1 放在累加器中，不等将 0 放在累加器中	CMP REG1 REG2
JMP	跳转到指定内存地址中的指令	JMP P2
JPZ	如果累加器中是 0，就跳转到指定地址	JPZ P3
JPN	如果累加器中不是 0，就跳转到指定地址	JPN P2
HLT	停止程序执行	HLT

1.3.2　指令周期

指令周期是指计算机执行一条指令的过程，每当计算机执行一条指令时都会重复指令周期（见图 1-7）。可使用简单的两个步骤来描述指令周期，分别称为取指阶段和执行阶段。仅当机器关机、发生某些错误或者遇到与停机相关的指令时，程序执行才会停止。

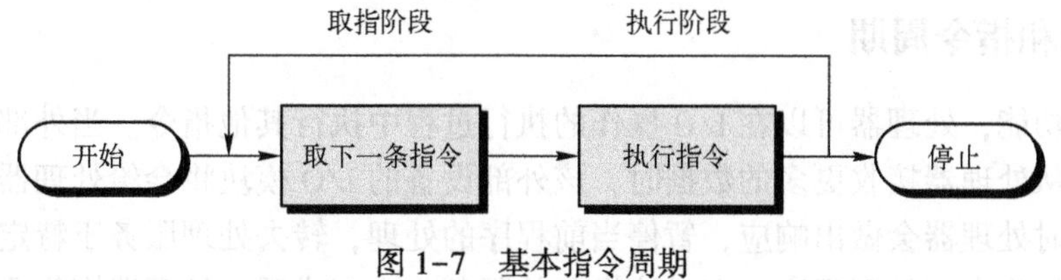

图 1-7　基本指令周期

在每个指令周期开始时，处理器会从存储器中取一条指令。在典型的处理器中，程序计数器（Program Counter，PC）保存下一次要取的指令地址。一般情况下，处理器在每次取指令后总是递增 PC，使得它能够按顺序取得下一条指令（即位于下一个存储器地址的指令）。例如，考虑一个简化的计算机，每条指令占据存储器中的一个 16 位的字，假设程序计数器（PC）被设置地址为 300，那么处理器下一次将在地址为 300 的存储单元处取指令，在随后的指令周期中，它将从地址为 301、302、303 等的存储单元处取指令。

取到的指令被放置在处理器的一个寄存器中，这个寄存器称为指令寄存器（Instruction Register，IR）。指令中包含确定处理器将要执行的操作的位，处理器解释指令并执行对应的操作。这些动作大致可分为4类：

1）处理器-存储器：数据可以从处理器传送到存储器，或者从存储器传送到处理器。

2）处理器-I/O：通过处理器和I/O模块间的数据传送，数据可以输出到外部设备，或者从外部设备输入数据。

3）数据处理：处理器可以执行很多与数据相关的算术操作或逻辑操作。

4）控制：某些指令可以改变执行顺序。例如，处理器从地址为149的存储单元中取出一条指令，该指令指定下一条指令应该从地址为182的存储单元中取出，这样处理器需要把程序计数器设置为182。因此，在下一个取指令阶段中，将从地址为182的存储单元而非地址为150的存储单元中取指令。

指令的执行可能涉及以上这些行为的组合。

1.4 中断

事实上，所有计算机都提供了允许其他模块（如I/O、存储器）中断处理器正常处理过程的机制。表1-2列出了常见的中断类别。

表1-2 常见的中断类别

中 断	说 明
程序中断	在某些条件下由指令执行的结果产生，例如算术溢出、除数为0、试图执行一条非法的机器指令以及访问用户不允许的存储器位置
时钟中断	由处理器内部的计时器产生，允许操作系统以一定规则执行函数
I/O中断	由I/O控制器产生，用于发送信号通知一个操作的正常完成或各种错误条件
硬件失效中断	由诸如掉电或存储器奇偶校验错误之类的故障产生

中断最初是提高处理器效率的一种手段。例如，大多数I/O设备比处理器慢得多，假设处理器使用图1-7所示的指令周期方案给一台打印机传送数据，在每一次写操作后，处理器必须暂停并保持空闲，直到打印机完成工作。暂停的时间可能相当于成百上千个不涉及存储器的指令周期。显然，这对于处理器的使用来说是非常浪费的。

1.4.1 中断和指令周期

利用中断功能，处理器可以在I/O操作的执行过程中执行其他指令。当外部设备做好服务的准备，以便从处理器接收更多的数据时，该外部设备的I/O模块将会给处理器发送一个中断请求信号。这时处理器会做出响应，暂停当前程序的处理，转去处理服务于特定I/O设备的程序，这个程序称为中断处理程序。在对该设备的服务响应完成后，处理器恢复原先的执行。

从用户程序的角度看，中断打断了正常执行的序列。中断处理完成后，再恢复执行（见图1-8）。因此，用户程序并不需要为中断添加任何特殊的代码，处理器和操作系统负责挂起用户程序，然后在同一个地方恢复执行。

为适应中断产生的情况，要在指令周期中增加一个中断阶段（见图1-9）。在中断阶段，处理器检查是否有中断发生。如果没有中断，则处理器继续运行，并在取指周期取当前程序的下一条指令；如果有中断，则处理器挂起当前程序的执行，转而执行一个中断处理程序。中断处理程序通常是操作系统的一部分，它的任务是确定中断的性质，并执行所需要的操作。当中断处理程序完成后，处理器在中断点恢复对用户程序的执行。

显然，在这个处理中有一定的开销，在中断处理程序中必须执行额外的指令以确定中断的性质，并决定采用适当的操作。但简单地等待 I/O 操作完成将花费更多的时间，因此通过中断能够更有效地使用处理器。

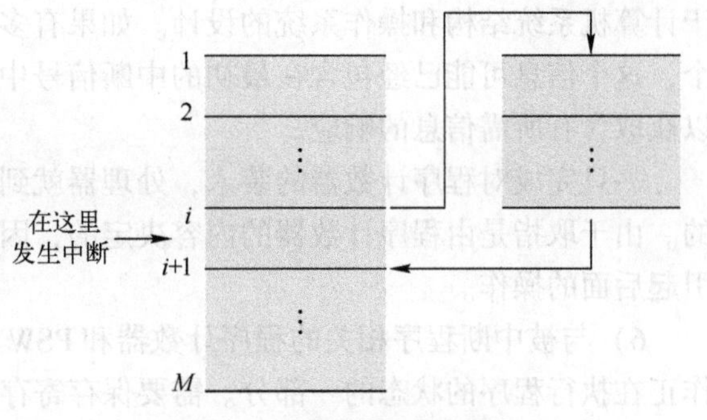

图 1-8　通过中断转移控制

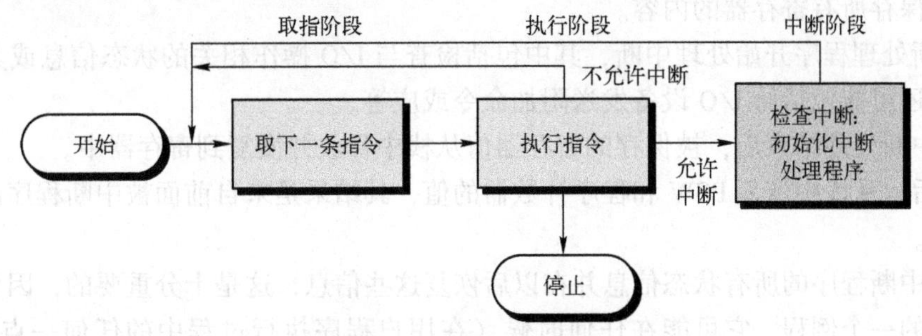

图 1-9　中断和指令周期

1.4.2　中断处理

中断激活了很多事件，包括处理器硬件及软件中的事件。图 1-10 所示为简单的中断处理序列。当 I/O 设备完成一次 I/O 操作时，会发生下列硬件事件：

1）设备给处理器发出一个中断信号。

2）处理器在响应中断前结束当前指令的执行。

3）处理器对中断进行测定，确定存在未响应的中断，并给提交中断的设备发送确认信号。确认信号允许该设备取消它的中断信号。

4）处理器需要为将控制权转移到中断程序中做准备。首先，需要保存从中断点恢复当前程序所需要的信息，要求的最少信息包括程序状态字（Program Status Word，PSW）和保存在程序计数器（PC）中的下一条要执行的指令地址，它们被压入系统控制栈中。

PSW 包含当前运行进程的状态信息，包括内存使用信息、条件码和其他诸如允许中断/禁止中断位、内核/用户模式位等状态信息。

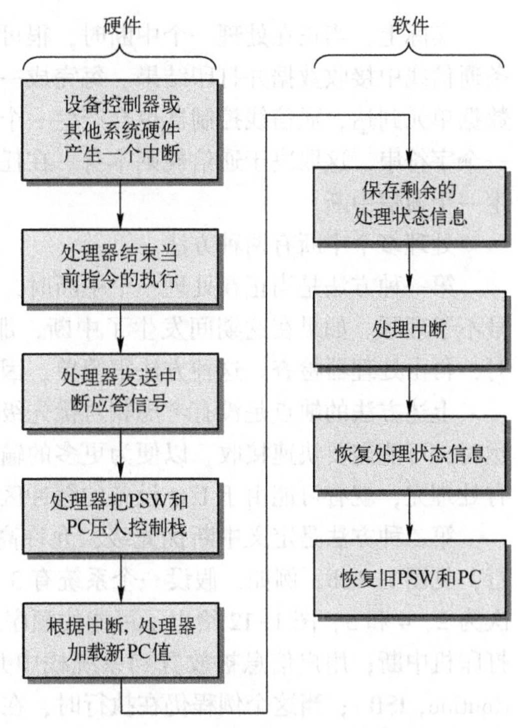

图 1-10　简单的中断处理序列

5）处理器把响应此中断的中断处理程序入口地址装入程序计数器中。对于每类中断，都可以有一个中断处理程序，对于每个设备和每类中断，也可以各有一个中断处理程序，这取决于计算机系统结构和操作系统的设计。如果有多个中断处理程序，处理器就必须决定调用哪一个，这个信息可能已经包含在最初的中断信号中，否则处理器必须给发中断的设备发送请求，以获取含有所需信息的响应。

一旦完成对程序计数器的装入，处理器就到下一个指令周期，该指令周期也是从取指开始的。由于取指是由程序计数器的内容决定的，因此控制被转移到中断处理程序，该程序的执行引起后面的操作。

6）与被中断程序相关的程序计数器和 PSW 被保存到系统栈中，此外，还有一些信息被当作正在执行程序的状态的一部分。需要保存寄存器的内容，因为中断处理程序可能会用到这些寄存器，因此，所有值和任何其他的状态信息都需要保存。在典型情况下，中断处理程序一开始就在栈中保存所有寄存器的内容。

7）中断处理程序开始处理中断，其中包括检查与 I/O 操作相关的状态信息或其他引起中断的事件，还可能包括给 I/O 设备发送附加命令或应答。

8）当中断处理结束后，被保存的寄存器值从栈中释放并恢复到寄存器中。

9）最后，从栈中恢复 PSW 和程序计数器的值，其结果是来自前面被中断程序的下一条要执行的指令。

保存被中断程序的所有状态信息并在以后恢复这些信息，这是十分重要的，因为中断并不是程序调用的一个例程，它可能在任何时候（在用户程序执行过程中的任何一点上）发生，是不可预测的。

1.4.3　多个中断

实际上，当正在处理一个中断时，很可能发生一个或多个中断，例如，一个程序可能从一条通信线中接收数据并打印结果。每完成一个打印操作，打印机就会产生一个中断，每当一个数据单元到达，通信线控制器也会产生一个中断。数据单元可能是一个字符，也可能是连续的一个字符串，这取决于通信规则本身。在任何情况下，都有可能在处理打印机中断的过程中发生一个通信中断。

处理多个中断有两种方法。

第一种方法是当正在处理一个中断时，禁止再发生中断，即处理器对任何新的中断请求信号不予理睬。如果在这期间发生了中断，那么通常中断会保持挂起，当处理器再次允许中断时，再由处理器检查。这种方法很简单，因为所有中断都严格按顺序处理，见图 1-11a。

上述方法的缺点是没有考虑相对优先级和时间限制的要求。例如，当来自通信线的输入到达时，可能需要快速接收，以便为更多的输入让出空间。如果在第二批输入到达时第一批还没有处理完，就有可能由于 I/O 设备的缓冲区装满或溢出而丢失数据。

第二种方法是定义中断优先级，允许高优先级的中断打断低优先级的中断处理程序的运行，见图 1-11b。例如，假设一个系统有 3 个 I/O 设备，即打印机、磁盘和通信线，优先级依次为 2、4 和 5，图 1-12 给出了可能的顺序。用户程序在 $t=0$ 时开始，在 $t=10$ 时发生了一个打印机中断；用户信息被放置到系统栈中并开始执行打印机中断服务例程（Interrupt Service Routine，ISR）；当这个例程仍在执行时，在 $t=15$ 时发生了一个通信中断，由于通信线的优先级高于打印机，因此必须先处理这个中断，打印机 ISR 被打断，其状态被压入栈中，并开始执行通信 ISR；当这个程序正在执行时，又发生了一个磁盘中断（$t=25$），由于这个中断的优先级比较低，因此它被简单地挂起，通信 ISR 运行直到结束。

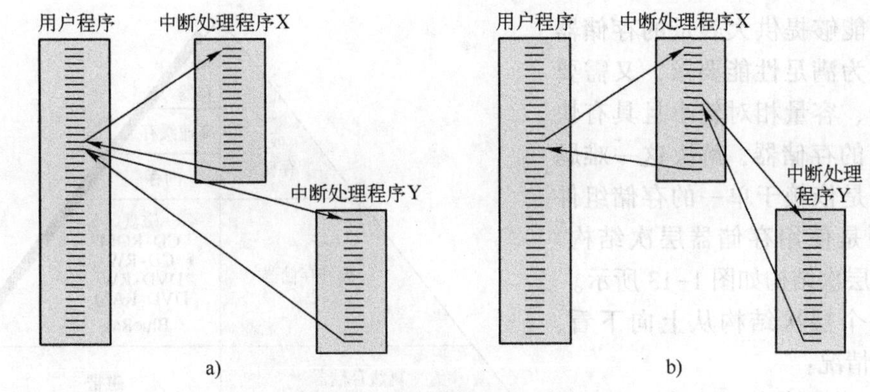

图 1-11　多中断中的控制转移
a）顺序中断处理　b）嵌套中断处理

当通信 ISR 完成后（$t=25$），恢复此前执行打印机 ISR 的处理器状态。但是，在执行这个例程中的任何一条指令前，处理器都必须完成高优先级的磁盘中断，这样控制权将转移给磁盘 ISR。只有当这个例程也完成（$t=35$）时，才恢复打印机 ISR。当打印机 ISR 完成时（$t=40$），控制最终返回到用户程序。

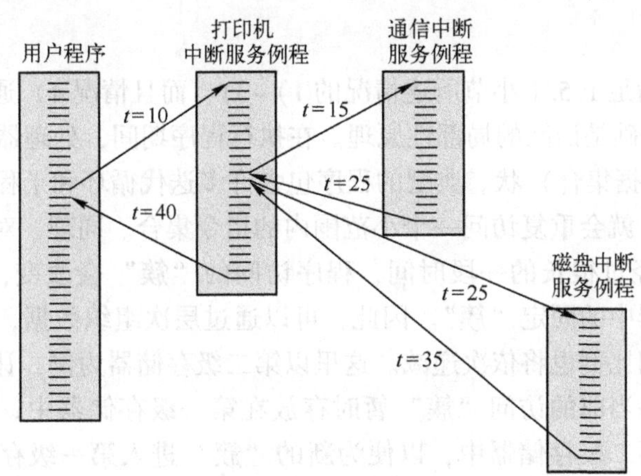

图 1-12　多中断的时间顺序

1.5　存储器的层次结构

在计算机中，与处理器直接相连的存放数据的器件称为内存。内存用来保存数据和程序指令。不直接与处理器相连的介质（如磁盘）则称为外存。

1.5.1　存储器的重要特性

计算机存储器的重要特性有容量、速度和价格，这 3 个重要特性之间存在一定的折中。在任何时候，实现存储器系统都会用到各种各样的技术，各种技术之间往往存在以下关系：

- 存取时间越快，每“位”的价格越高。
- 容量越大，每“位”的价格越低。
- 容量越大，存取速度越慢。

设计者所面临的困难是明显的，由于需求是较大的容量和每“位”较低的价格，因而通常希望使用能够提供大容量的存储器技术。但是为满足性能要求，又需要使用昂贵的、容量相对较小且具有快速存取时间的存储器，解决这一难题的方法并不是依赖于单一的存储组件或技术，而是使用存储器层次结构。一种典型的层次结构如图 1-13 所示。

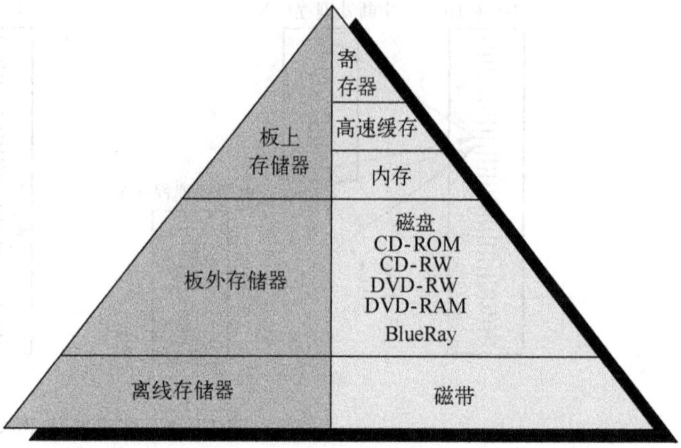

图 1-13　典型的存储器层次结构

当沿这个层次结构从上向下看，会出现以下情况：

1）每“位”的价格递减。

2）容量递增。

3）存取时间递增。

4）处理器访问存储器的频率递减。

容量较大、价格较便宜的慢速存储器，是容量较小、价格较贵的快速存储器的后备。这种存储器的层次结构能够成功的关键在于低层访问频率递减。

1.5.2　局部性原理

现有存储器系统满足 1.5.1 小节所述情况的 1)~3)，而且情况 4）通常也是有效的。

情况 4）有效的基础是访问的局部性原理。在执行程序期间，处理器的指令访存和数据访存呈“簇”（指一组数据集合）状。典型的程序包含许多迭代循环和子程序，一旦程序进入一个循环或子程序执行，就会重复访问一个小范围内的指令集合。同理，对表和数组的操作涉及存取“一簇”数据。经过很长的一段时间，程序访问的“簇”会改变，但在较短的时间内，处理器主要访问存储器中的固定“簇”。因此，可以通过层次组织数据，使得随着组织层次的递减，对各层次的访问比例也将依次递减。这里以第二级存储器为例，让第二级存储器包含所有的指令和数据，程序当前的访问“簇”暂时存放在第一级存储器中。有时，第一级存储器中的某个簇要换出到第二级存储器中，以便为新的“簇”进入第一级存储器让出空间。但平均来说，大多数存储访问是对第一级存储器中的指令和数据的访问。

此原理适用于多级存储器组织结构。较快、较小和较贵的存储器由位于处理器内部的寄存器组成。典型情况下，一个处理器包含多个寄存器，某些处理器甚至包含上百个寄存器。向下跳过两级存储器层次就到了内存层次，内存是计算机中主要的内部存储器系统。内存中的每个单元位置都有唯一的地址对应，而且大多数机器指令会访问一个或多个内存地址。内存通常是高速的、容量较小的高速缓存的扩展。高速缓存对程序员不可见，或者更确切地说，对处理器不可见。高速缓存可在内存和处理器的寄存器之间分段移动数据，以提高数据访问性能。

前面描述的 3 种形式的存储器通常是易失性的，且采用的是半导体技术。半导体存储器的类型很多，速度和价格也各不相同。数据更多地永久保存在外部海量存储设备中，通常是硬盘和可移动的存储介质，如可移动磁盘、磁带和光存储介质。非易失性外部存储器也称为二级存储器或辅助存储器，用于存储程序和数据文件，其表现形式是程序员可以看到的文件（File）和记录（Record），而不是单个字节或字（Word）。硬盘还可用来作为内存的扩展，即虚拟存储器。

在软件中还可以有效地增加额外的存储层次。例如，一部分内存可以作为缓冲区（Buffer），用于临时保存从磁盘中读出的数据。这种技术有时称为磁盘高速缓存，可以通过以下两种方法来提高性能：

1）磁盘成簇写。即采用次数少、数据量大而非次数多、数据量小的传输方式。对整批数据进行一次传输可以提高磁盘的性能，同时减少对处理器的影响。

2）一些注定要“写出”的数据也许会在下一次存储到磁盘之前被程序访问到。在此情况下，数据能迅速地从软件设置的磁盘高速缓存中取出，而不是从缓慢的磁盘中取回。

1.5.3　高速缓存

尽管高速缓存对操作系统是不可见的，但它与其他存储管理硬件相互影响。此外，很多用于虚拟存储的原理也可以用于高速缓存。

在全部指令周期中，处理器在取指令时至少访问一次存储器，而且通常还要多次访问存储器以用于取操作数或保存结果。处理器执行指令的速度受存储周期（从存储器中读一个字或写一个字到存储器中所用的时间）的限制。由于处理器和内存的速度不匹配，因此这个限制成为很严重的问题。理想情况下，内存可以采用与处理器中的寄存器相同的构造技术，这样内存的存储周期才能跟得上处理器周期。但这样做的成本太高。实际解决方法是利用局部性原理，即在处理器和内存之间提供一个容量小而速度快的存储器，称为高速缓存。

高速缓存试图使访问速度接近现有最快的存储器，同时保持价格便宜的大存储容量（以较为便宜的半导体存储器技术实现）。图 1-14a 说明了这个概念。图中有一个相对容量大而速度比较慢的内存和一个容量较小且速度较快的高速缓存。高速缓存包含一部分内存数据的副本。当处理器试图读取存储器中的一个字节或字时，要进行一次检查以确定这个字是否在高速缓存中。如果在，则该字节从高速缓存传递给处理器；如果不在，则先将由固定数目的字节组成的一块内存数据读入高速缓存，然后该字节从高速缓存传递给处理器。由于访问局部性现象的存在，当一块数据被取入高速缓存以满足一次存储器访问时，很可能紧接着的多次访问的数据是该块中的其他字节。

图 1-14b 描述了高速缓存的多级使用。L2 缓存较慢，但通常容量比 L1 缓存的大；L3 缓存又比 L2 缓存慢，比 L2 缓存的容量大。

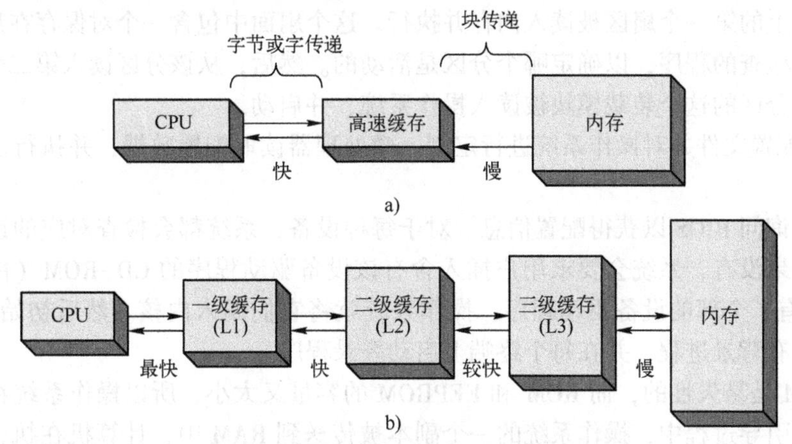

图 1-14　高速缓存和内存

a）单个高速缓存　b）三级高速缓存

此外，当启动某个任务时，计算机预测 CPU 可能会需要哪些数据，并将这些数据预先送到高速缓冲存储器区域。当指令需要数据时，CPU 会首先检查高速缓冲存储器中是否有所需要的数据。如果有，就从高速缓冲存储器中直接读取数据而无须访问RAM。在其他条件相同的情况下，高速缓冲存储器的容量越大，处理的速度就越快。

1.5.4 启动计算机

有一些数字设备（如掌上计算机和视频游戏机）的操作系统很小，可以存储在只读存储器（ROM）上。而大多数计算机的操作系统都很庞大，所以其大部分内容都存储在硬盘上。

从开启计算机到计算机准备完毕并能接收用户发出的命令之间所发生的一系列事件称为“引导”过程。在此过程中，操作系统内核会加载到内存中，并在计算机运行时一直驻留在内存中。内核提供的是操作系统中最重要的服务（如内存管理和文件访问服务），其他部分（如定制实用程序）则只有当需要时才载入。

计算机的小型引导程序内置于计算机系统单元内专门的ROM电路中。开启计算机时，ROM电路通电并通过执行引导程序启动引导过程。引导过程有以下6个主要步骤：

1）通电。打开电源开关，电源指示灯变亮，电源开始给计算机电路供电。

2）启动引导程序。微处理器开始执行存储在ROM（或闪速RAM）中的引导程序。

3）开机自检。计算机对系统的几个关键部件进行诊断测试。

计算机启动过程中，BIOS首先检查所安装的RAM数量，键盘和其他基本设备是否已安装并正常响应。接着，它开始扫描系统总线（ISA和PCI）并找出连接在上面的所有设备。其中的有些设备是典型的遗留设备（即在即插即用技术发明之前设计的），并且有固定的中断级别和I/O地址（也许能用I/O卡上的开关和跳接器设置，但是不能被操作系统修改）。这些设备被记录下来，即插即用设备也被记录下来。如果现有设备的状况和系统上一次启动时的不同，则针对新的设备进行配置。

4）识别外围设备。计算机能识别与之相连接的外围设备，并检查设备的设置。

BIOS根据存储在CMOS存储器中的设备清单启动设备。用户可以在系统刚启动时进入BIOS配置程序，对设备清单进行修改。通常，如果存在移动存储介质，则系统试图从这里启动。如果失败，则查看是否存在可启动CD-ROM。如果都没有，系统就从硬盘启动。

5）加载操作系统。将操作系统从硬盘（启动设备）读取并复制到RAM中。

启动设备上的第一个扇区被读入内存并执行。这个扇面中包含一个对保存在启动扇面末尾的分区表进行检查的程序，以确定哪个分区是活动的。然后，从该分区读入第二个启动装载模块。来自活动分区的这个装载模块被读入操作系统，并启动。

6）检查配置文件并对操作系统进行定制。微处理器读取配置数据，并执行由用户设置的启动程序。

操作系统询问BIOS以获得配置信息。对于每种设备，系统都会检查对应的设备驱动程序是否存在。如果没有，系统会要求用户插入含有该设备驱动程序的CD-ROM（由设备供应商提供）。一旦有了全部的设备驱动程序，操作系统就将它们调入内核。然后初始化有关表格，创建需要的所有背景进程，并在每个终端上启动登录程序。

由于RAM是易失性的，而ROM和EEPROM的容量又太小，所以操作系统存储在计算机的硬盘上。在引导过程中，操作系统的一个副本被传送到RAM中，计算机在执行输入、输出或存储等操作时，就能够按需要从RAM中快速访问操作系统（见图1-15）。

1.6 对称多处理器和多核计算机结构

程序员用大多数程序设计语言把算法定义成指令序列。处理器通过顺序执行机器指令来执行程序，每条指令以取指、取操作数、执行操作、存储结果的操作序列方式执行。在微操作级别，同一时间会有多个控制信号产生。指令流水线技术至少可以把取操作和执行操作重叠起来，以实现并行执行。

随着计算机技术的发展和硬件价格的下降，设计者找到了越来越多的并行处理的机会。这些并行处理的方法通常用于提高性能，在某些情况下也可以用于提高可靠性。3 种最流行的通过复制处理器提供并行性的手段是对称多处理器、多核计算机和集群。下面介绍前两种。

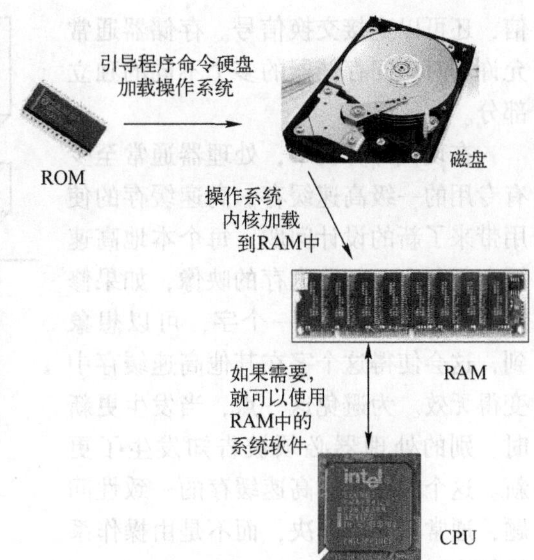

图 1-15　引导程序将操作系统复制到 RAM 中，以便处理器可以直接访问操作系统

1.6.1　对称多处理器

一个对称多处理器（Symmetrical Multi-Processing，SMP）是具有以下特点的独立计算机系统：

1）具有两个或两个以上可比性能的处理器。

2）这些处理器共享内存和 I/O 设备，并且通过总线或其他内部连接方式互连，从而使每个处理器的访存时间大致相同。

3）通过相同通道或者可以连接到相同设备的不同通道，所有处理器都共享对 I/O 设备的访问。

4）所有处理器都可以执行相同的功能（即对称的）。

5）整个系统由一个统一的操作系统控制，该操作系统为多个处理器及其程序提供作业、进程、文件和数据元素等各种级别的交互。

上面的 1）~4）是不言而喻的，5）则阐明了 SMP 与松散耦合的多处理系统（如集群）的不同之处。在多处理系统中，交互的物理单元通常是一条消息或一个文件。而在 SMP 中，交互的基本单元可以是单个的数据元素，并且进程之间可以进行高度的协作。

SMP 组织相对于单处理器组织有大量潜在优势：

1）性能：如果计算机要做的工作包含可以并行完成的部分，那么拥有多个处理器的系统与只有一个相同类型处理器的系统相比能提供更好的性能。

2）可用性：在对称多处理器中，因为所有的处理器都可以执行相同的功能，所以单个处理器的失效并不会导致停机。相反，系统可以继续工作，只是性能有所下降而已。

3）渐增式成长：用户可以通过增加处理器来提高系统性能。

4）可伸缩性：厂商可以提供一系列不同价格和性能指标的产品，其中，产品性能可以通过系统中处理器的数量来配置。

这些优势还只是潜在的，操作系统必须提供工具和功能来利用 SMP 系统的并行性。

SMP 的一个突出特点是多处理器的存在对用户是透明的。操作系统管理每个处理器上的进程调度和处理器之间的同步。图 1-16 说明了 SMP 的一般组织结构。SMP 中有多个处理器，每个都有它自己的控制单元、算术逻辑单元和寄存器；每个处理器都可以通过某种形式的互连机制访问共享内存和 I/O 设备；共享总线就是一个通用方法。处理器可以通过存储器互相通信，还可以直接交换信号。存储器通常允许同时访问存储器的多个不同的独立部分。

在现代计算机中，处理器通常至少有专用的一级高速缓存。高速缓存的使用带来了新的设计问题。每个本地高速缓存都包含一部分内存的映像，如果修改了高速缓存中的一个字，可以想象到，这会使得这个字在其他高速缓存中变得无效。为避免这一点，当发生更新时，别的处理器必须被告知发生了更新。这个问题称为高速缓存的一致性问题，通常用硬件解决，而不是由操作系统解决。

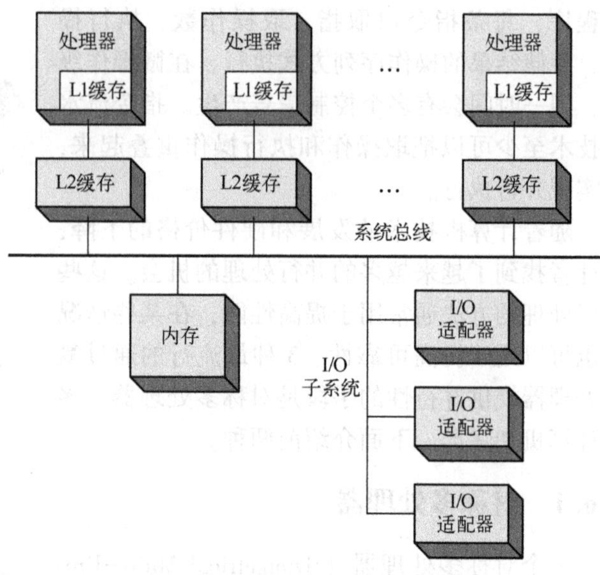

图 1-16 SMP 的一般组织结构

1.6.2 多核计算机

几十年来，微处理器系统的性能经历了一个稳定的指数提升过程，其中的部分原因是硬件的发展，如微型计算机组件的日益小型化所带来的时钟频率的提高以及将高速缓存向处理器移近的能力。性能提升的另一种方法是不断增加处理器设计的复杂度以开发指令执行和内存访问的并行化。然而，设计师已经达到了实践中的极限，很难通过设计更为复杂的处理器来得到更好的性能。进而发现，利用不断发展的硬件来提升性能的最好方式是将多个处理器以及数量可观的高速缓存放在单个芯片上。

所谓双核处理器，简单地说，就是在一块 CPU 基板（硅片）上集成两个处理器（“核”），并通过并行总线将各处理器连接起来，从而提高计算能力。

多核计算机是指将多个处理器组装在同一块硅片上，故又名单芯片多处理器。核上通常会包含组成一个独立处理器的所有零部件，诸如寄存器、ALU、流水线硬件及控制单元，再加上 L1 指令和数据高速缓存。除了拥有多个核之外，现代的多核芯片还包含 L2 高速缓存，甚至在某些芯片中包含了 L3 高速缓存。多核系统更易于扩充，并且能够在更纤巧的外形中融入更强大的处理性能，这种外形所用的功耗更低、计算功耗产生的热量更少。

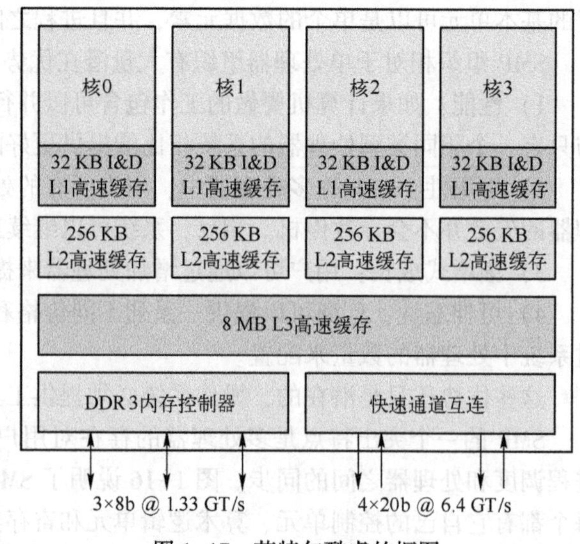

图 1-17 英特尔酷睿的框图

多核系统的一个例子是英特尔酷睿 i7。酷睿 i7 包含 4 个 x86 处理器，每个处理器都有其专用的 L2 高速缓存，所有处理器共享一个 L3 高速缓存（见图 1-17）。英特尔使用预取机制使高速缓存更为有效，在该机制中，硬件将根据内存的访问模式来推测即将被访问到的数据，并将其预先放到高速缓存中。

多核技术的开发源于工程师认识到，仅提高单核芯片的速度会产生过多热量且无法带来相应的性能改善。即便是没有热量问题，其性价比也令人难以接受，速度稍快的处理器价格要高很多。

英特尔工程师开发了多核芯片，该架构实现“分治法”策略，通过划分任务，线程应用能够充分利用多个执行内核，并可在特定的时间内执行更多任务。搭载多核处理器的单枚芯片能够直接插入单一的处理器插槽中，而操作系统会利用所有相关的资源将它的每个执行内核作为分立的逻辑处理器。通过在各个执行内核之间划分任务，多核处理器可在特定的时钟周期内执行更多任务。

多核架构能够使软件更出色地运行，并创建一个促进未来软件编写更趋完善的架构。随着向多核处理器的移植，已有软件无须被修改就可以支持多核平台。操作系统专为充分利用多个处理器而设计并运行。为了充分利用多核技术，应用开发人员需要在程序设计中融入更多思路，但设计流程与对称多处理（SMP）系统的设计流程相同，并且单线程应用也继续运行。

得益于线程技术的应用在多核处理器上运行时将显示出卓越的性能可扩充性。此类软件包括多媒体应用（内容创建、编辑等）、工程和其他技术计算应用，以及诸如应用服务器和数据库等中间层与后层服务器的应用。

总之，多核技术是处理器发展的必然。单芯片多处理器通过在一个芯片上集成多个微处理器核心来提高程序的并行性。每个微处理器核心实质上都是一个相对简单的单线程微处理器或者比较简单的多线程微处理器，这样多个微处理器核心就可以并行地执行程序代码，因而具有较高的线程级并行性。单芯片多处理器已经成为处理器体系结构发展的一个重要趋势。由英特尔研发的、指甲盖大小的研究用处理器已可支持万亿次计算。无须太久，人们便可将超级计算机移植至桌面或掌中。

【习题】

选择题：

1. 现代计算机使用电作为能源，使用（　　）进行数据的表示、处理、存储和移动。

A. 电缆和插件　　B. 数字信号和板卡　　C. 电线和插座　　D. 电信号和电路

2. （　　）是为处理器、内存和 I/O 模块间提供通信的设施。

A. 内存　　B. 系统总线　　C. 处理器　　D. I/O 模块

3. 内存模块由一组存储单元组成，这些单元由（　　）编号的地址定义。每个单元都包含一个二进制数，可以解释为一个指令或数据。

A. 顺序　　B. 倒序　　C. 随机　　D. 间隔

4. CPU 从主存中取出一条指令并完成执行的时间称为（　　）。

A. 时钟周期　　B. 机器周期　　C. 指令周期　　D. 总线周期

5. （ ① ）是指 CPU 一次可以处理的二进制数的位数，它直接关系到计算机的计算精度、速度等指标；运算速度是指计算机每秒能执行的指令条数，通常用（ ② ）为单位来描述。

① A. 字长　　B. 主频　　C. 运算速度　　D. 存储容量

② A. MB　　B. Hz　　C. MIPS　　D. BPS

6. 在计算机中，（　　）。

A. 指令和数据都采用十进制数

B. 指令和数据都采用二进制存储

C. 指令采用十进制存储，数据采用二进制存储

D. 指令采用二进制存储，数据采用十进制存储

7. 一个完整的计算机系统由（　　）组成。

A. CPU 和系统软件　　B. 输入设备、输出设备和系统软件

C. CPU 和存储器　　D. 硬件系统和软件系统

8. 在计算机系统中采用总线结构，便于实现系统的积木化构造，同时可以（　　）。

A. 提高数据传输速度　　B. 提高数据传输量

C. 减少信息传输线的数量　　D. 减少指令系统的复杂性

9. 指令系统中采用不同寻址方式的目的是（　　）。

A. 提高从内存获取数据的速度　　B. 提高从外存获取数据的速度

C. 降低操作码的译码难度　　D. 扩大寻址空间并提高编程灵活性

10. 在 CPU 中，用于跟踪指令地址的寄存器是（　　）。

A. 地址寄存器（MAR）　　B. 数据寄存器（MDR）

C. 程序计数器（PC）　　D. 指令寄存器（IR）

11. 下列存储器件中，存取速度最快的是（　　）。

A. 主存　　B. Cache　　C. 磁带　　D. 磁盘

12. 使用（　　）技术，计算机的微处理器可以在完成一条指令前就开始执行下一条指令。

A. 流水线　　B. 面向对象　　C. 迭代　　D. 中间件

13. 利用通信网络将多台个人计算机互联，构成多处理机系统，其系统结构形式属于（　　）计算机。

A. 多指令流单数据流（MISD）　　B. 单指令流单数据流（SISD）

C. 多指令流多数据流（MIMD）　　D. 单指令流多数据流（SIMD）

14. 计算机启动时使用的有关计算机硬件配置的重要参数保存在（　　）中。

A. Cache　　B. CD-ROM　　C. RAM　　D. CMOS

15. 程序计数器（PC）包含在（　　）中。

A. 运算器　　B. 控制器　　C. 存储器　　D. I/O 接口

16. 在单 CPU 系统中，若 I/O 设备与主机采用中断控制方式交换信息，则 CPU 与 I/O 设备间是（　　）。

A. 串行工作，数据传送过程与主程序间是串行工作

B. 串行工作，数据传送过程与主程序间是并行工作

C. 并行工作，数据传送过程与主程序间是串行工作

D. 并行工作，数据传送过程与主程序间是并行工作

17. 总线宽度分为地址总线宽度和数据总线宽度。其中，数据总线宽度决定了 CPU 能够使用多大容量的（①）；若计算机的地址总线的宽度为 32 位，则最多允许直接访问（②）的物理空间。

① A. Cache　　B. 主存储器　　C. U 盘　　D. 磁盘

② A. 4 MB　　B. 400 MB　　C. 4 GB　　D. 400 GB

18. 利用（　　）功能，处理器可以在 I/O 操作的执行过程中执行其他指令。

A. 程序　　B. 控制　　C. 中继　　D. 中断

思考题：

1. 请列出并简要定义计算机的 4 个主要组成部分。
2. 请定义处理器寄存器的两种主要类别。
3. 一般而言，一条机器指令能指定的 4 种不同的操作是什么？
4. 什么是中断？
5. 多中断的处理方式是什么？
6. 内存层次各个元素间的特征是什么？
7. 什么是高速缓存？
8. 多处理器系统和多核系统的区别是什么？

【实验与思考】熟悉计算机指令的执行

1. 背景知识

考虑一个简单的例子。假设一台机器具有图 1-18 中列出的所有特征，处理器包含一个称为累加器（AC）的数据寄存器，所有指令和数据长度均为 16 位，使用 16 位的单元或字来组织存储器。指令格式中的 4 位是操作码，因而最多有 2^4 = 16 种不同的操作码（由 1 位十六进制数字表示）。操作码定义了处理器执行的操作。指令格式的余下 12 位，可直接访问的存储器尺寸最大为 2^{12} = 4096（4 K）个字（用 3 位十六进制数字表示）。

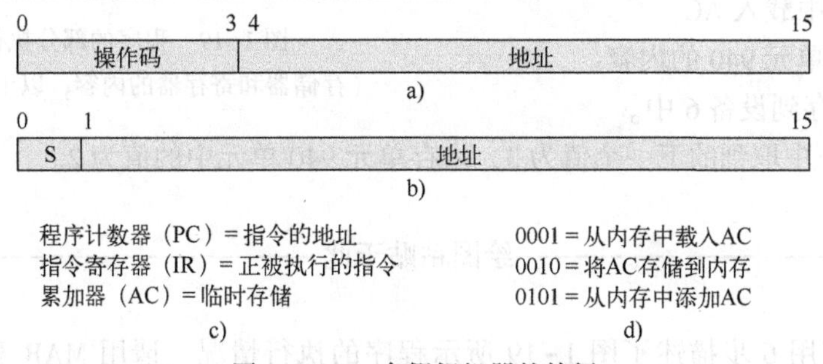

图 1-18　一台假想机器的特征

图 1-19 描述了程序的部分执行过程，显示了存储器和处理器寄存器的相关部分。给出的程序片段把地址为 940 的存储单元中的内容与地址为 941 的存储单元中的内容相加，并将结果保存在后一个单元中。这需要 3 条指令，可用 3 个取指阶段和 3 个执行阶段来描述：

1）PC 中包含第一条指令的地址 300，该指令内容（值为十六进制数 1940）被送入指令寄存器（IR）中，PC 增 1。注意，该处理过程使用了存储器地址寄存器（MAR）和存储器缓冲寄存器（MBR）。为简单起见，这里未显示这些中间寄存器。

2）IR 中最初的 4 位（第一个十六进制数）表示需要加载 AC，剩下的 12 位（后 3 个十六进制数）表示地址为 940。

3）从地址为 301 的存储单元中取下一条指令（5941），PC 增 1。

4）AC 中以前的内容和地址为 941 的存储单元中的内容相加，结果保存在 AC 中。

5）从地址为 302 的存储单元中取下一条指令（2941），PC 增 1。

6）AC 中的内容被存储在地址为 941 的存储单元中。

在本例中，为把地址为 940 的存储单元中的内容与地址为 941 的存储单元中的内容相加，一共需要3个指令周期，每个指令周期都包含一个取指阶段和一个执行阶段。若使用更复杂的指令集，则需要的指令周期更少。大多数现代处理器都具有包含多个地址的指令，因此指令周期可能涉及多次访问存储器。此外，除存储器访问外，指令还可用于I/O操作。

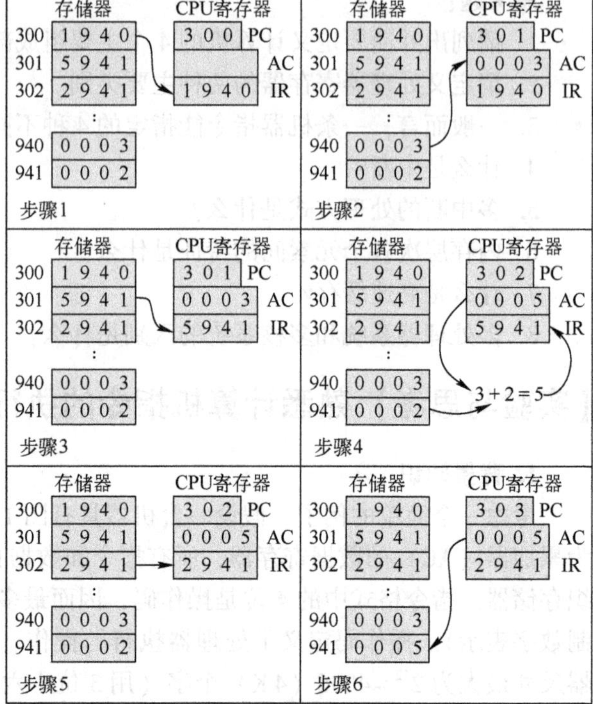

图1-19 程序的部分执行过程
（存储器和寄存器的内容，以十六进制表示）

2. 工具/准备工作

在开始本实验之前，请回顾本章的相关内容。

需要准备一台连接因特网的计算机。

3. 实验内容与步骤

步骤1：如图1-18所示，假设处理器还有两条I/O指令：

0011=从I/O中载入AC

0111=把AC保存到I/O中

此时，使用12位地址标识一个特殊的外部设备。请给出以下程序的执行过程（按照图1-19的格式绘图并粘贴如下）：

1）从设备5中载入AC。

2）加入内存单元940的内容。

3）把AC保存到设备6中。

假设从设备5中取到的下一个值为3，内存单元940单元中的值为2。

------------------------------绘图粘贴于此------------------------------

步骤2：前面用6步描述了图1-19所示程序的执行情况，请用MAR和MBR扩充这一描述。

答：____________________

4. 实验总结

5. 教师实验评价

第2章 操作系统概述

如果把硬件设想成计算机系统的核心，那么操作系统的主要任务是协助计算机完成基本硬件操作，并且和更外层的应用软件进行交互，完成诸如打印和存储数据等操作。因此，操作系统最明显的职责就是为运行软件提供环境，为应用程序提供与硬件交互的接口，其主要功能是为运行中的程序动态地分配可共享的系统资源。

当用户使用某个应用软件发出命令后，应用软件就会命令操作系统做什么，操作系统再命令设备驱动程序，最后由设备驱动程序驱动硬件，硬件开始工作（见图2-1）。

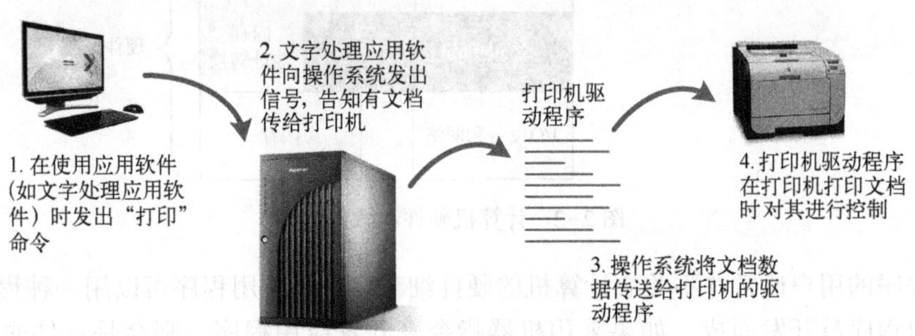

图2-1　打印文档的多层软件接力传递

在实际应用中，与操作系统相邻的层次间的接口不断被改变：一方面，原来由操作系统负责的部分功能被迁移到硬件中；另一方面，一些与应用程序解决的问题无关的程序化函数被加入到操作系统中。虽然操作系统也是软件，但诸如Windows软件、Mac软件和Linux软件之类的术语一般是指相关的应用软件，例如Microsoft Word。

2.1　什么是操作系统

操作系统（Operating System，OS）是直接运行在“裸机”上的最基本的系统软件，任何其他软件都必须在操作系统的支持下才能运行。操作系统是用户和计算机的接口，同时也是计算机硬件和其他软件的接口。操作系统的功能包括管理计算机系统的硬件、软件及数据资源，控制程序运行，让计算机系统的所有资源最大限度地发挥作用，提供各种形式的用户界面和改善人机界面，使用户有一个好的工作环境，为其他应用软件提供支持，为其他软件的开发提供必要的服务和相应的接口等。操作系统管理着计算机硬件资源，同时按照应用程序的资源请求分配资源，如划分CPU时间、开辟内存空间、调用打印机等。

操作系统是管理和控制计算机硬件与软件资源的计算机程序，是计算机系统的内核与基石，它需要处理如管理与配置内存、决定系统资源供需的优先次序、控制输入与输出装置、操作网络与管理文件系统等基本事务。操作系统也提供一个让使用者与系统互动的操作界面。

在计算机科学中，操作系统理论是历史悠久而又活跃的分支，而操作系统的设计与实现则是软件工业的基础与内核。操作系统的形态多样，不同机器安装的操作系统从简单到复杂，从非智能手机的嵌入式系统到超级计算机的大型操作系统。许多操作系统制造者对它涵盖范畴的定义也不尽一致，例如有些操作系统整合了图形用户界面，而有些仅使用命令行界面，将图形用户界面视为一种非必要的应用程序。

2.1.1　作为用户/计算机接口

为用户提供应用的硬件和软件可以视为一种层次结构（见图 2-2）。

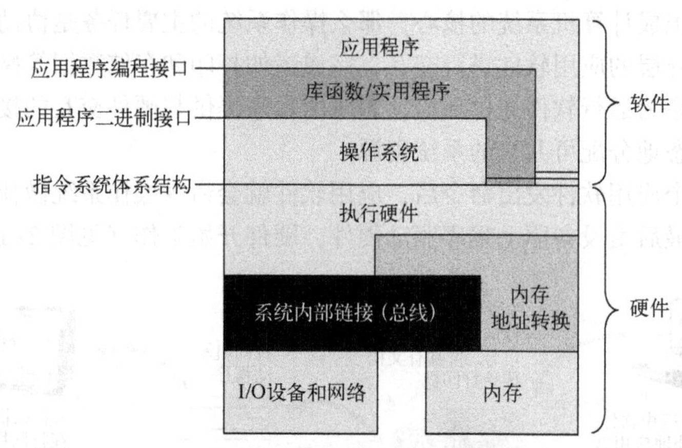

图 2-2　计算机硬件和软件结构

应用程序的用户通常并不关心计算机的硬件细节。一个应用程序可以用一种程序设计语言描述，并由程序员开发而成。如果采用机器指令来开发应用程序，则会是一件非常复杂的任务。为简化这一任务，需要提供一些系统程序，这其中的一部分被称为实用工具或库程序，它们实现了在创建程序、管理文件和控制 I/O 设备中经常使用的功能，程序员在开发应用程序时将使用这些功能提供的接口，应用程序运行时将调用这些实用工具以实现特定的功能。

操作系统为程序员屏蔽了硬件细节，并为程序员使用系统提供了方便的接口，它可以使程序员和应用程序更容易地访问及使用这些功能与服务。操作系统执行不同任务的过程通常称为“服务”，分为“外部”和“内部”两种。

操作系统提供内部服务来保证计算机系统有效地运行，这些内部服务一般只受到操作系统本身的控制。操作系统可控制输入/输出、分配系统资源、管理程序和数据的存储空间以及检测设备是否失效。操作系统负责分配系统资源，如磁盘空间、内存量或者处理器时间等，以便程序可以有效地运行。

操作系统的主要功能是为管理硬件资源和为应用程序开发人员提供良好的环境来使应用程序具有更好的兼容性。为了达到这个目的，内核提供一系列具备预定功能的多内核函数，通过一组称为系统调用的接口呈现给用户。系统调用把应用程序的请求传给内核，调用相应的内核函数完成所需的处理，将处理结果返回给应用程序。

由操作系统提供的所有系统调用所构成的集合即程序接口或应用编程接口（Application Programming Interface，API），是应用程序同系统之间的接口。

操作系统提供外部服务以协助用户启动程序、管理被存储的数据和维护安全。操作系统提供选择程序的方法，也能帮助查找、重命名、删除文档及其他在存储介质中的数据。一些操作系统在允许用户访问程序和数据之前，还会检查用户 ID 和口令以维护程序和数据的安全。

图 2-2 也指明了典型计算机系统中的 3 种重要的接口。

1）指令系统体系结构（ISA）：定义了计算机遵循的机器语言指令系统，该接口是硬件与软件的分界线。应用程序和实用程序都可以直接访问 ISA，这些程序使用指令系统的一个子集（用户级 ISA）。操作系统能使用其他一些操作系统资源的机器语言指令（系统级 ISA）。

2）应用程序二进制接口（ABI）：定义了程序间二进制可移植性的标准，即操作系统的系统调用接口以及系统中通过 ISA 能使用的硬件资源和服务。

3）应用程序编程接口：允许应用程序访问系统的硬件资源和服务，这些服务由用户级 ISA 和高级语言（HLL）库调用来提供。使用 API 能让应用软件更容易地通过重新编译移植到其他具有相同 API 的系统中。

作为用户和计算机之间的接口，用户通过操作系统可以快速、有效、安全、可靠地使用计算机的各类资源。通常，操作系统提供两类这样的接口，即程序一级的接口（系统调用）和操作一级的接口（联机用户命令和脱机用户命令）。

2.1.2　作为资源管理器

一台计算机就是一组用于数据移动、存储、处理和控制这些功能的资源。操作系统通过与应用软件、设备驱动程序和硬件之间的交互来管理计算机资源。在计算机系统中，资源是指任何能够根据要求完成任务的部件。例如，微处理器的每个周期都是可以用来完成任务的资源。当控制单元指导微处理器内部活动时，操作系统也以稍微高级的形式控制着微处理器的工作。当用户使用应用软件时，操作系统在幕后处理着各种资源管理任务，例如管理处理器资源、管理内存、记录存储器资源、确保输入/输出有序地进行，以及确立用户界面的基本要素等。

许多称为“进程”的计算机活动都会争取微处理器的资源。用键盘和鼠标输入时，正在运行的程序会发出命令。与此同时，数据必须传送给显示设备或打印机，来自因特网的网页也会到达计算机，操作系统必须确保每一个进程都能够分享到必要的微处理器周期。

内存是计算机中最重要的资源之一，微处理器处理的数据和执行的指令都存储在内存中。当用户想要同时运行多个程序时，操作系统就必须在内存中为不同的程序分配特定的空间。当多个程序在运行时，操作系统需要避免内存泄露，即确保指令和数据不能从内存中的一个区域“溢出”到已经分配给其他程序的另一个区域，否则数据就会被破坏，程序可能崩溃。

通过管理计算机资源，操作系统控制着计算机的基本功能，但这个控制是通过一种不寻常的方式来实施的。通常，人们把控制机制想象为在被控制对象之外，或者至少与被控制对象有一些差别和距离（例如，住宅供热系统是由自动调温器控制的，它完全不同于热产生和热发送装置）。但是，操作系统却不是这样的情况，作为控制机制，它的不同之处在于：

1）与普通的计算机软件相同，操作系统也是由处理器执行的一段或一组程序。

2）操作系统经常会释放控制，而且必须依赖处理器才能恢复控制。

操作系统与其他计算机程序的主要区别在于程序的意图。操作系统控制处理器使用其他系统资源，并控制其他程序的执行时机。但是，当处理器要做任何一件这类事情时，都必须停止执行操作系统程序，转而去执行其他程序。因此，这时操作系统会释放对处理器的控制，让处理器去做其他一些工作，然后恢复控制权，让处理器准备好做下一件工作。

图 2-3 所示为操作系统作为资源管理器示意图。操作系统中的一部分在内存中，其中包

括内核程序和当前正在使用的某些操作系统程序，内核程序包含操作系统中常用的功能。内存的其余部分包含用户程序和数据，它的分配由操作系统和处理器中的存储管理硬件联合控制完成。

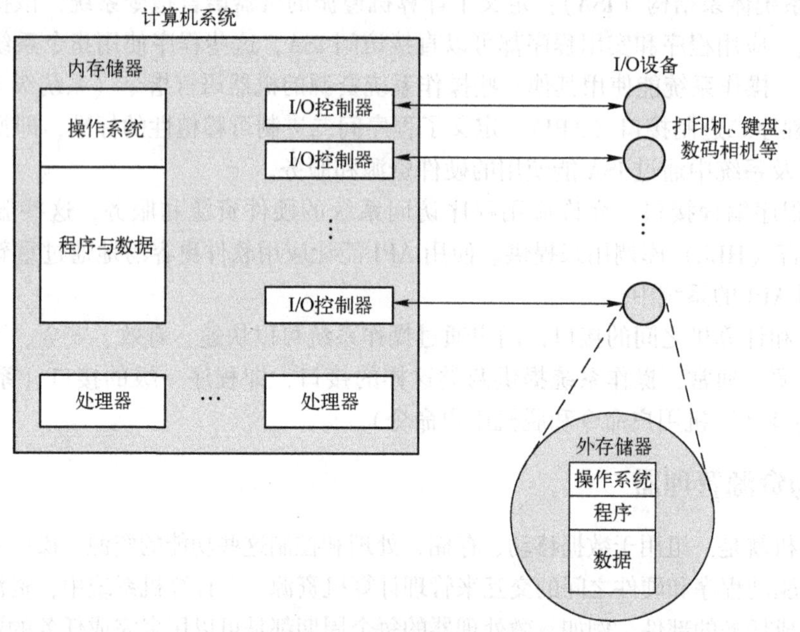

图 2-3　操作系统作为资源管理器示意图

操作系统决定程序运行过程中何时使用 I/O 设备，并控制文件的访问和使用。处理器自身也是一种资源，操作系统必须决定在运行一个特定的用户程序时可以分配多少处理器时间。在多处理器系统中，这个决定要传达到所有的处理器。

在幕后，操作系统负责存储和检索计算机硬盘及其他存储设备上的文件。它能记住计算机中所有文件的名字和位置，并且知道哪里有可以存储新文件的空闲空间。每个与计算机相连接的设备都可视作输入或输出资源。操作系统会与设备驱动程序通信，以确保数据在计算机和外围设备间可以顺畅地传输。如果外围设备或其驱动程序不能正常运行，那么操作系统会采取适当措施，并在屏幕上显示警告信息。

操作系统会确保有序地处理输入和输出，并在计算机忙于其他任务时使用“缓冲区”来收集和存放数据。所谓“缓冲区”，是指内存中用来存放正在等待从一个设备传输到另一个设备中的数据的区域。例如，使用键盘缓冲区，无论用户敲击键盘的速度有多快，或者计算机同时还在做其他事情，计算机都不会漏掉用户按下的任何一个键。

在操作系统中，任何资源分配和调度策略都必须考虑 3 个因素：

1）公平性。通常希望给竞争使用某一特定资源的所有进程，尤其是同一类作业，提供几乎相等和公平的访问机会。

2）有差别的响应性。可能需要区分不同服务要求的不同作业类。操作系统将试图给出满足所有要求的分配和调度决策，并且动态地进行决策。例如，如果一个进程正在等待使用一个 I/O 设备，那么操作系统会尽可能迅速地调度这个进程，从而释放这个设备以方便其他进程使用。

3）有效性。操作系统希望获得最大的吞吐量和最小的响应时间，并且在分时的情况下，能够容纳尽可能多的用户。这些要求实际上互相矛盾，需要在给定状态下寻找适当的平衡。

2.1.3　作为扩展机器

由于硬件升级、新硬件的出现、新服务的提供以及错误的纠正，操作系统需要能够不断地发展。操作系统的这种经常性的变化，对其设计提出了一定的要求，例如，构造系统时应该采用模块化结构，清楚地定义模块间的接口，并备有说明文档。事实上，对于现代操作系统这样的大型程序，简单的模块化是不够的，还需要做更多的其他工作。

尽管操作系统的主要目的是在幕后控制计算机系统的运作，但是许多操作系统仍然提供了一些实用程序作为工具，帮助用户来控制及定制计算机设备和工作环境。例如，Microsoft Windows 为用户提供了对以下行为的控制：

- 启动程序。在启动计算机时，Windows 会显示图形对象（如图标、“开始”按钮、“程序”菜单等），用户可以使用这些图形对象来启动程序。
- 管理文件。Windows 资源管理器是有用的实用程序，它允许用户查看文件列表、将文件移动到不同的存储设备上，以及复制、重命名和删除文件。
- 获得帮助。Windows 提供了“帮助”系统，用户可以用它来了解各种命令是如何执行的。
- 定制用户界面和配置设备。Windows 的“系统”管理界面提供了帮助用户定制工作环境的实用程序，从而帮助用户安装和配置计算机的硬件及外围设备（见图 2-4）。

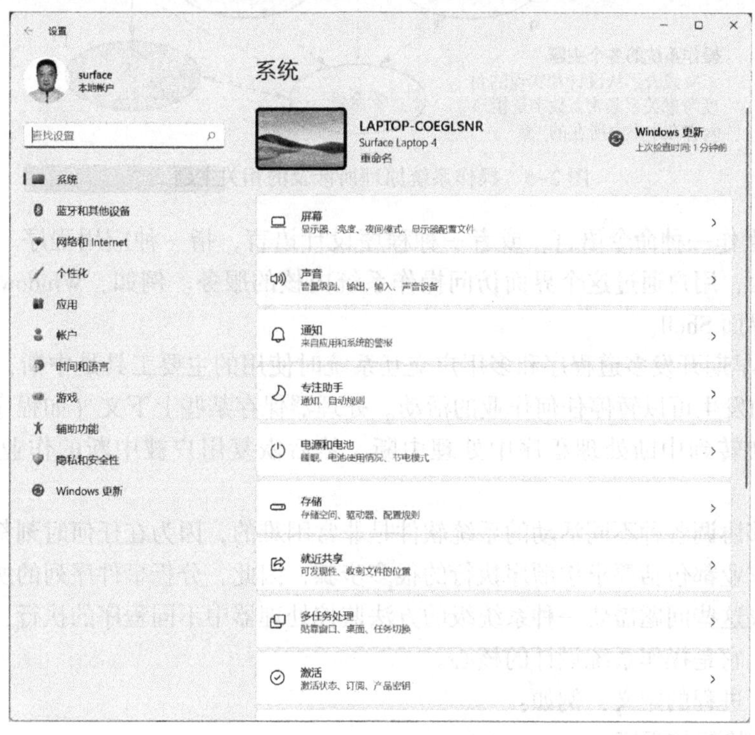

图 2-4　Windows 11 的系统管理界面

2.1.4　操作系统的核心概念

操作系统的设计和实现是所有其他程序设计和实现的基础。理解操作系统的原理和技术，有助于编写出更好的中间件和应用程序，也有助于为新设备编写驱动程序、创建新的微内核服务器，提供能够高效处理发展需求的新系统等。

中间件是为系统软件和应用软件提供连接的软件，以便于软件各部件之间的沟通。分布式应用软件借助这种软件在不同的技术之间共享资源。

大多数操作系统都使用一些共同的基本概念，诸如进程、地址空间以及文件等，这是我们首先需要理解的重要内容。操作系统原理所涉及的相关主题如图 2-5 所示。现代操作系统至少具有 4 种职能：存储管理（即内存管理）、进程描述、I/O 设备管理和文件管理。操作系统的用户界面（GUI）或命令解释（Shell）程序负责操作系统与外界的联系。

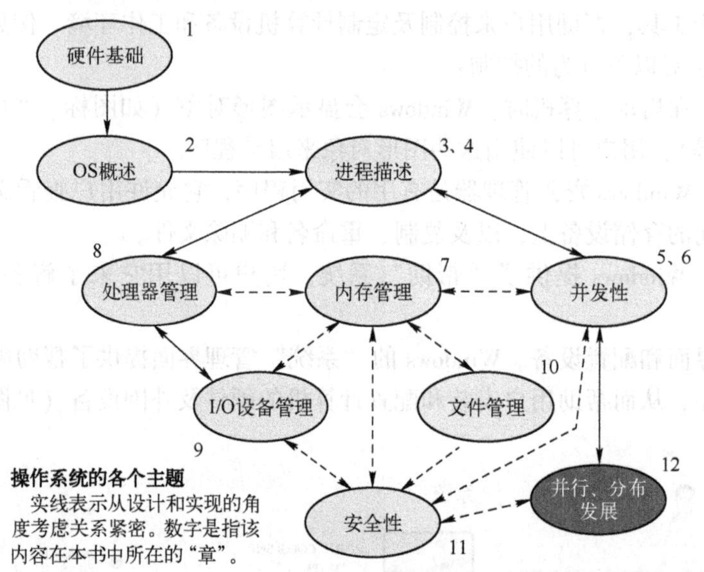

图 2-5　操作系统原理所涉及的相关主题

Shell 可以看作一种命令语言，或者一种程序设计语言，指一种应用程序。这个应用程序提供了一个界面，用户通过这个界面访问操作系统内核的服务。例如，Windows Explorer 是一个典型的图形界面 Shell。

1）进程。早期开发多道程序和多用户交互系统时使用的主要工具是中断，一个已定义事件（如 I/O）的发生可以暂停任何作业的活动。处理器保存某些上下文（如程序计数器和其他寄存器）后，跳转到中断处理程序中处理中断，然后恢复用户被中断的作业或其他作业的处理。

设计出能够协调各种不同活动的系统软件是非常困难的，因为在任何时刻都有许多作业在运行中，每个作业都包括要求按顺序执行的很多步骤，因此，分析事件序列的所有组合几乎是不可能的。解决这些问题需要一种系统级的方法监控处理器中不同程序的执行，进程的概念为此提供了基础，它是操作系统设计的核心。

有很多关于进程的定义，例如：

- 一个正在执行的程序。
- 计算机中正在运行的程序的一个实例。
- 可以分配给处理器并由处理器执行的一个实体。
- 由单一顺序的执行线索、一个当前状态和一组相关的系统资源所描述的活动单元。

进程本质上是正在执行的一个程序，它也是容纳运行一个程序需要的所有信息的容器。在使用 Windows 时，打开“任务管理器”（按〈Ctrl+Alt+Del〉组合键）可以查看正在执行的进程（见图 2-6）。在普通的计算会话中，计算机平均运行 50 个进程。在理想状态下，操作系统能帮助微处理器无缝地切换多个进程。而根据操作系统和计算机硬件的性能差异，管理进程的方式有多任务、多线程以及多重处理。

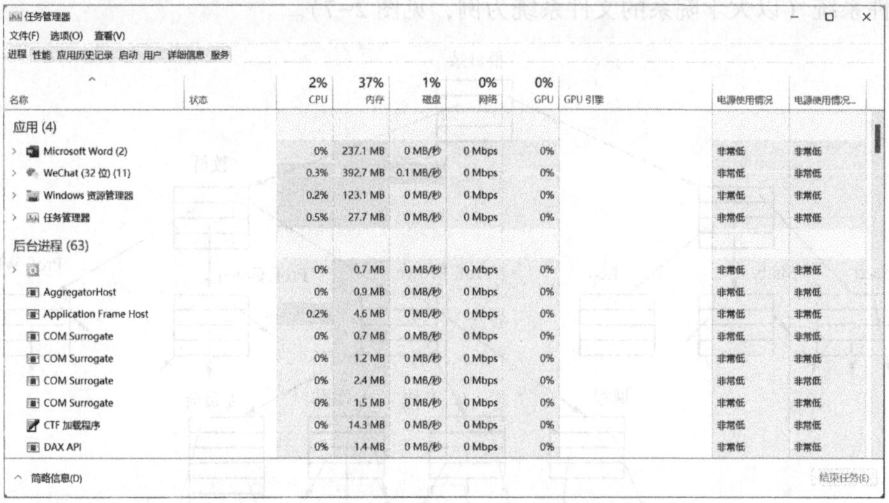

图 2-6　Windows 11 任务管理器中的进程

多数进程是在后台运行的执行各种任务的程序。而机器人程序和蠕虫有时也会产生异常进程。可以使用搜索引擎来查询和了解进程名称。

2）地址空间与内存管理。计算机的主存用来保存正在执行的程序。在非常简单的操作系统中，内存中一次只能有一个程序。如果要运行第二个程序，那么第一个程序必须被移出内存，再把第二个程序装入内存。较复杂的操作系统允许在内存中同时运行多道程序。为了避免它们彼此互相干扰，需要有某种保护机制，这种机制是由操作系统掌控的硬件形式。

另一种同样重要的并与存储器有关的内容，是管理进程的地址空间。通常，每个进程都有一些可以使用的地址集合，典型值从 0 开始直到某个最大值。在最简单的情形下，一个进程可拥有的最大地址空间小于主存。在这种方式下，进程可以用满其地址空间，而且内存中也有足够的空间容纳该进程。

在这个地址空间中，进程可以进行读/写。这个地址空间中存放可执行程序、程序的数据以及程序的堆栈。与每个进程相关的还有资源集，通常包括寄存器（含有程序计数器和堆栈指针）、打开文件的清单、报警信息、有关进程清单，以及运行该程序所需要的所有其他信息。进程执行的上下文环境又称进程状态，是操作系统用来管理进程所需的内部数据。这种内部信息和进程是分开的，因为操作系统信息不允许被进程直接访问。通过支持模块化程序设计的计算环境和数据的灵活使用，可以很好地满足用户的要求。

3）文件。典型情况下，操作系统使用文件系统机制和虚存来满足基本的存储器管理。文件系统实现了长期存储，它在一个有名字的对象中保存信息，这个对象称为文件（File）。对程序员来说，文件是一个很方便的概念；对操作系统来说，文件是访问控制和保护的一个有用单元。虚存机制则允许程序从逻辑的角度访问存储器，而不用考虑物理内存上可用的空间数量。

操作系统的一项主要功能是隐藏磁盘和其他 I/O 设备的细节特性，并为程序员提供一个良好、清晰的独立于设备的抽象文件模型。显然，创建、删除、读和写文件等都需要系统调用。

在文件可以读取之前，必须先在磁盘上定位和打开文件，在文件读过之后应该关闭该文件，有关的系统调用则用于完成这类操作。为了提供保存文件的地方，大多数操作系统支持目录（Directory）的概念，从而可把文件分组存放，需要通过系统调用来创建和删除目录、将已有的文件放入目录中、从目录中删除文件等。目录项可以是文件或者目录，这样就形成了层次结构——文件系统（以大学院系的文件系统为例，见图 2-7）。

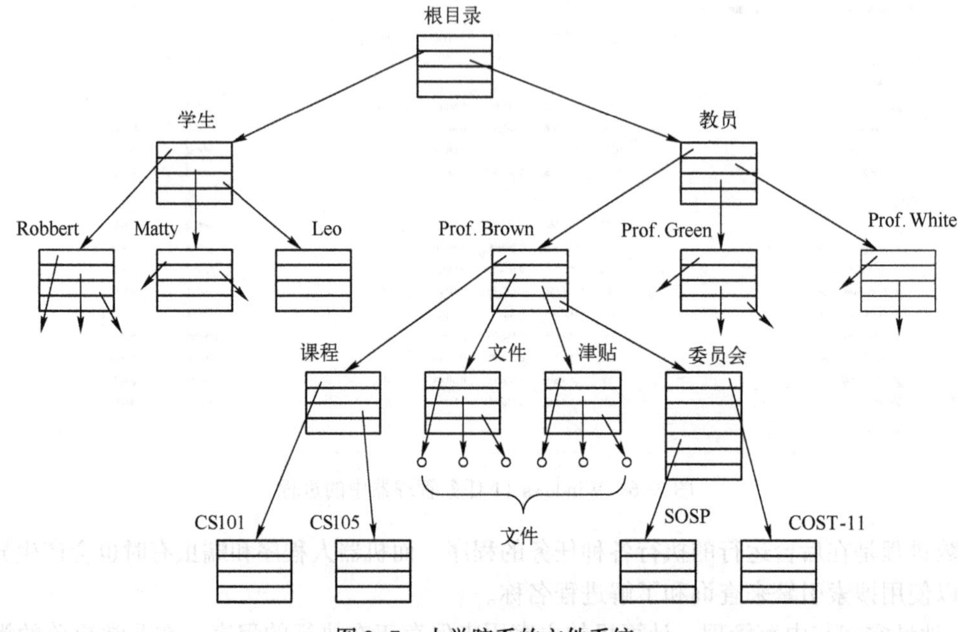

图 2-7　大学院系的文件系统

4）调度和资源管理。操作系统的一个关键任务是管理各种可用资源（如内存空间、I/O 设备、处理器），并调度各种活动进程使用这些资源。此外，对系统活动的度量在监视性能及进行调节方面是非常重要的。

5）输入/输出（I/O）。所有的计算机都有用来获取输入和产生输出的物理设备。各种类型的输入和输出设备，如键盘、显示器、打印机等，都依靠操作系统管理。所以，每个操作系统都有管理 I/O 设备的 I/O 子系统。某些 I/O 软件是设备独立的，即这些 I/O 软件部分可以同样应用于许多或者全部的 I/O 设备上。I/O 软件的其他部分，如设备驱动程序，是专门为特定的 I/O 设备设计的。

6）保护。计算机内保存了大量信息，用户经常希望对其进行保护，这些信息包括电子邮件、商业计划、财务数据等诸多内容。信息保护是在使用分时系统时提出的，计算机网络进一步关注和发展了这个问题。由于环境不同，涉及一个组织的威胁的本质也不同。但是，有一些通用工具可以嵌入支持各种保护和安全机制的计算机及操作系统内部。管理系统的安全性完全依靠操作系统，大多数与操作系统相关的安全和保护问题可以分为 4 类：

① 可用性：保护系统不被打断。

② 保密性：保证用户不能读到未授权访问的数据。

③ 数据完整性：保护数据不被未授权修改。

④ 认证：涉及用户身份的正确认证，以及消息或数据的合法性。

7）图形用户界面（GUI）。用户界面是指用来帮助用户与计算机相互通信的软件与硬件的结合，包括能够帮助用户查看和操作计算机的显示器、鼠标和键盘，以及软件元素（如图标、菜单和工具栏按钮）。常见的桌面操作系统都使用基本类似的图形用户界面。

操作系统的用户界面为可兼容的软件定义了所谓的“外观”和“体验”。例如，在 Windows 下运行的应用软件使用一组基于操作系统用户界面的标准菜单、按钮和工具栏。

2.2　操作系统的发展历程

操作系统并不是与计算机硬件一起诞生的，它是在人们使用计算机的过程中，为了满足两大需求，即提高资源利用率、增强计算机系统性能，伴随着计算机技术本身及其应用的日益发展，而逐步地形成和完善起来的。

了解操作系统的发展历史，有助于理解操作系统的关键性设计需求，也有助于理解现代操作系统基本特征的意义。操作系统的发展有 3 条主线，即多道程序批处理操作、分时和实时事务系统，它们在时间安排和同步中所产生的问题推动了进程概念的发展。

2.2.1　串行处理

20 世纪 40 年代后期到 50 年代中期，程序员们都是直接与计算机硬件打交道的，因为当时还没有操作系统。这些机器都由一个控制台运行，控制台上包括显示灯、触发器、某种类型的输入设备和打印机。用机器代码编写的程序通过输入设备（如纸带或卡片阅读机）载入计算机。如果出现一个错误使得程序停止，那么错误原因会由显示灯指示。如果程序正常完成，那么将由打印机输出结果。这些早期的系统引出了两个主要问题：

1）调度。大多数装置都使用登记表预订机器时间。通常，一个用户可以以半小时为单位登记一段时间。有可能用户预约了 1 h 而只用 45 min 就完成了工作，在剩下的时间中计算机只能闲置。另一方面，如果用户遇到一个问题，没有在分配的时间内完成工作，在解决这个问题之前就会被强制停止。

2）准备时间。一个程序称为作业，它可能包括往内存中加载编译器和高级语言程序（源程序），保存编译好的程序（目标程序），然后加载目标程序和公用函数并链接在一起。每一步都可能需要安装或拆卸磁带，或者准备卡片组。如果在此期间发生错误，那么用户只能全部重新开始。因此，程序运行前的准备需要花费大量的时间。

这种操作模式称为串行处理，反映了用户必须顺序访问计算机的事实。后来，为使串行处理更加有效，开发了各种各样的系统软件工具，其中包括公用函数库、链接器、加载器、调试器和 I/O 驱动程序，它们作为公用软件，对所有的用户都是可用的。

2.2.2　简单批处理系统

早期的计算机是非常昂贵的，由于调度和准备而浪费机器时间会令人难以接受，因此，最大限度地利用处理器显得非常重要。为提高利用率，人们提出了批处理操作系统的概念。第一个批处理操作系统（同时也是第一个操作系统）是 20 世纪 50 年代中期开发的，用在 IBM 701 上；这个系统经过改进，在 IBM 704 中得到进一步实现；到 20 世纪 60 年代早期，许多厂商为他们自己的计算机系统开发了批处理操作系统，其中，用于 IBM 7090/7094 计算机的操作系统 IBSYS 最为著名，它对其他系统有着广泛的影响。

简单批处理方案的中心思想是使用一个称为监控程序的软件，通过使用这类操作系统，用户不再直接访问机器，相反，用户把卡片或磁带中的作业提交给计算机操作员，由他们把这些作业按顺序组织成一批，并将整个批作业放在输入设备上，供监控程序使用。程序完成处理后返回监控程序，同时，监控程序自动加载下一个程序。为了理解这个方案是如何工作的，这里从两个角度进行分析，即监控程序角度和处理器角度。

1）监控程序角度。监控程序控制事件的顺序。为做到这一点，大部分监控程序必须总是处在内存（主存储器）中且可以执行（见图2-8），称为常驻监控程序。其他部分包括一些实用程序和公用函数，它们作为用户程序的子程序，在需要用到时被载入执行。

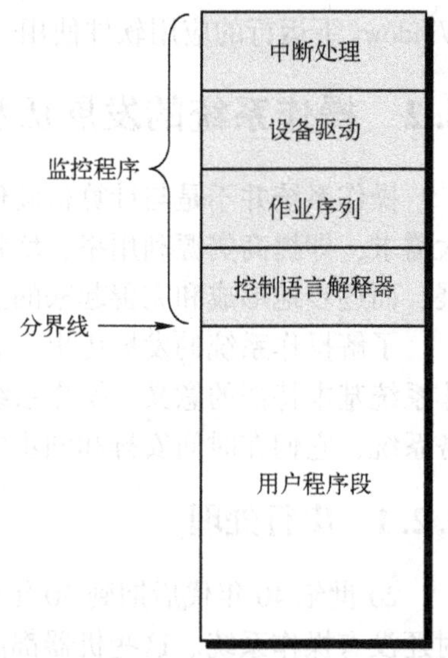

图2-8　常驻监控程序的内存布局

监控程序每次从输入设备（如卡片阅读机）中读取一个作业。读入后，当前作业被放置在用户程序区域，并且把控制权交给这个作业。作业完成后再将控制权返回给监控程序，监控程序立即读取下一个作业。每个作业的结果都被发送到输出设备（如打印机），交付给用户。

2）处理器角度。处理器执行内存中存储的监控程序的指令，这些指令读入下一个作业并将其存储到内存中的另一部分。一旦读入一个作业，监控程序中的分支指令就会指导处理器在用户程序的开始处转而继续执行用户程序中的指令，直到遇到一个结束指令或错误条件，这将导致处理器从监控程序中取下一条指令。因此，“控制权交给作业”仅仅意味着处理器当前取的和执行的都是用户程序中的指令，而“控制权返回给监控程序”的意思是处理器从监控程序中取指令并执行指令。

监控程序完成调度功能，使一批作业排队等候，处理器尽可能不留空闲时间迅速地执行作业，监控程序还改善了作业的准备时间。每个作业中的指令均以一种作业控制语言（Job Control Language，JCL）的基本形式给出。这是一种特殊类型的程序设计语言，用于为监控程序提供指令。在用户程序的执行过程中，任何输入指令都会读入一行数据，用户程序中的输入指令会导致调用一个输入例程。输入例程是操作系统的一部分，它检查输入以确保程序不会意外读入一个JCL行。用户作业完成后，监控程序扫描输入行，直到遇到下一条JCL指令。

监控程序或者说批处理操作系统只是一个简单的计算机程序，它依赖处理器可以从内存的不同部分取指令的能力，以交替地获取或释放控制权。此外，还考虑到了其他硬件功能。

内存保护和特权指令引入了操作模式的概念。用户程序在用户态执行，这时，有些内存区域是受到保护的，特权指令也不允许执行。监控程序运行在系统态，也称为内核态，在这个模式下，可以执行特权指令，也可以访问受保护的内存区域。即使是相对比较原始的批处理操作系统，也提供这些硬件功能。

对批处理操作系统来说，用户程序和监控程序交替执行。这样做时，一部分内存交给监控程序使用，监控程序消耗了一部分机器时间，构成了系统开销。尽管如此，简单批处理系统还是提高了计算机的利用率。

2.2.3　多道批处理系统

即便是应用了由简单批处理操作系统提供的自动作业序列，处理器仍然经常是空闲的。这是因为相对于处理器来说，I/O设备的速度太慢。我们知道，通常有足够的存储器空间来保存操作系统（常驻监控程序）和用户程序。假设有操作系统和两个用户程序的空间，那么，当一个作业需要等待 I/O 时，处理器可以切换到另一个可能并没有等待 I/O 的作业。此外，还可以扩展存储器以保存 3 个、4 个甚至更多的程序，并在它们之间进行切换。这种处理称作多道程序设计或多任务处理，它是现代操作系统的主要方案。

多道程序设计是为了让处理器和 I/O 设备（包括存储设备）同时保持忙状态，以实现最大效率。其关键机制是：在响应表示 I/O 事务结束的信号时，操作系统将对内存中驻留的不同程序进行处理器切换。

和简单的批处理系统一样，多道程序批处理系统必须依赖于某些计算机硬件功能，其中最显著的辅助功能是支持 I/O 中断和 DMA（Direct Memory Access，直接存储器存取）的硬件。通过中断驱动的 I/O 或 DMA，处理器可以为一个作业发出 I/O 命令。当设备控制器实现 I/O 时，处理器执行另一个作业；当 I/O 操作完成时，处理器被中断，控制被传递给操作系统中的中断处理程序，然后操作系统把控制传递给另一个作业。

多道程序操作系统比单个程序（或者说单道程序系统）相对复杂一些。那些准备要运行的多个作业必须保留在主存储器中，这就需要用到存储器管理。此外，如果多个作业都准备运行，那么处理器必须决定运行哪一个，这就需要某种调度算法。

2.2.4　分时系统

使用多道程序设计可以使批处理变得更加有效。但是，对很多作业（如事务处理）来说，需要提供一种模式，以使用户可以直接与计算机交互。如今，人们常常使用专用的个人计算机或工作站来完成交互式的计算任务，但这在 20 世纪 60 年代还行不通，当时大多数计算机都非常庞大而且昂贵，因此分时系统应运而生。

多道程序设计允许处理器同时处理多个交互作业，由于多个用户分享处理器时间，因而该技术称为分时。通用分时的主要设计目标是能及时响应单个用户的要求，但是由于成本的原因，又要同时支持多个用户。由于用户的反应时间相对比较慢，因此这两个目标是可以同时实现的。在分时系统中，多个用户可以通过终端同时访问系统，由操作系统控制用户程序以很短的时间为单位交替执行。例如，如果一个典型的用户平均需要 2 s 的处理时间，则 1 min 内可以有近 30 个这样的用户共享同一个系统，并且感觉不到互相的干扰。当然，在这一计算过程中，还必须考虑操作系统的开销因素。

批处理和分时都使用了多道程序设计，其比较如表 2-1 所示。

表 2-1　批处理多道程序设计和分时的比较

比较内容	批处理多道程序设计	分　时
主要目标	充分使用处理器	减小响应时间
操作系统指令源	作业控制语言 作业提供的命令	终端输入的命令

分时和多道程序设计引发了操作系统中的许多新问题。如果内存中有多个作业，则必须保证它们不相互干扰。对多个交互用户，必须对文件系统进行保护，只有授权用户才可以访问某个特定的文件。另外，还必须处理资源（如打印机和海量存储器）竞争问题。

2.2.5　实时操作系统与网络操作系统

实时操作系统（RTOS）是指当外界事件或数据产生时，能够接收并以足够快的速度予以处理，其处理的结果又能在规定的时间之内来控制生产过程或对处理系统做出快速响应，并控制所有实时任务协调一致运行的操作系统。因此，及时响应和高可靠性是实时操作系统的主要特点。实时操作系统有硬实时和软实时之分，硬实时要求在规定的时间内必须完成操作，这是在操作系统设计时保证的；软实时则只要按照任务的优先级，尽可能快地完成操作即可。通常，使用的操作系统在经过一定改变之后就可以变成实时操作系统，如微软的 Windows NT 或 IBM 的 OS/390 有实时系统的特征。这就是说，即使一个操作系统不是严格的实时系统，它们也能解决一部分实时应用问题。

网络操作系统是在网络环境下实现对网络资源的管理和控制的操作系统，是用户与网络资源之间的接口。网络操作系统建立在独立的操作系统之上，是为网络用户提供使用网络系统资源的桥梁。在多个用户争用系统资源时，网络操作系统进行资源调剂管理，它依靠各个独立的计算机操作系统对所属资源进行管理，协调和管理网络用户进程或程序与联机操作系统进行交互。

2.2.6 现代操作系统

操作系统的结构和功能一直在不断发展，引入的许多新的设计要素使操作系统有了本质性的变化。现代操作系统响应新的硬件发展、新的应用程序和新的安全威胁。促使操作系统发展的硬件因素主要有包含多处理器的计算机系统、高速增长的机器速度、高速网络连接和容量不断增加的各种存储设备。多媒体应用、因特网和 Web 访问、客户—服务器计算等应用领域也影响了操作系统的设计。在安全性方面，互联网访问增加了潜在的威胁和更加复杂的攻击，如病毒、蠕虫和黑客技术，这些都对操作系统的设计产生了深远的影响。

人们对操作系统要求的变化，不仅要求设计人员修改和增强操作系统的现有体系结构，而且要求设计人员采用新的操作系统组织方法。为此，设计人员采用了很多不同的方法和设计要素，它们大致可分为微内核体系结构、对称多处理、分布式操作系统、多线程和面向对象设计等类别。

多数操作系统都只有一个单体内核，操作系统应提供的多数功能或资源都由这个大内核来执行，包括调度、文件系统、网络、设备驱动器、存储管理等。典型情况下，这个大内核是作为一个进程实现的，所有元素都共享相同的地址空间。微内核体系结构只给内核分配一些最基本的功能，包括地址空间、进程间通信（Inter Process Communication，IPC）和基本的调度。其他操作系统服务则由运行在用户模式且与其他应用程序类似的进程提供，这些进程可根据特定的应用和环境需求进行定制，有时也称这些进程为服务器。这种方法分离了内核和服务程序的开发，可为特定的应用程序或环境要求定制服务程序。微内核方法可使系统结构的设计更加简单、灵活，非常适合分布式环境。实际上，微内核可以按相同的方式与本地和远程服务进程交互，使分布式系统的构造更为方便。

多线程技术是指把执行一个应用程序的进程划分为可以同时运行的多个线程。线程和进程的区别如下：

- 线程：可分派的工作单元。它包括处理器上下文环境（包含程序计数器和栈指针）和栈中自身的数据区域（目的是启用子程序分支）。线程顺序执行且可以中断，因此处理器可以转到另一个线程。
- 进程：一个或多个线程和相关系统资源（如包含数据和代码的存储器空间、打开的文件和设备）的集合。它严格对应于一个正在执行的程序的概念。通过把一个应用程序分解成多个线程，程序员可以在很大程度上控制应用程序的模块性及相关事件的时间安排。

多线程对于执行许多本质上独立且不需要串行处理的应用程序很有用，例如监听和处理很多客户请求的数据库服务器。在同一个进程中运行多个线程时，在线程间来回切换所涉及的处理器开销，要比在不同进程间进行切换的开销少。

对称多处理（SMP）不仅指计算机硬件体系结构，也指采用该体系结构的操作系统行为。对称多处理器的操作系统可调度进程或线程到所有的处理器上运行。对称多处理体系结构与单处理器体系结构相比，具有更多的优势：

1）性能：若计算机要完成的工作可组织为让部分工作并行完成，则有多个处理器的系统与只有一个同类型处理器的系统相比，其性能更佳。这可用图 2-9 进行说明。对多道程序设计而言，一次只能执行一个进程，此时所有的其他进程都在等待处理器。对多处理系统而言，多个进程可分别在不同的处理器上同时运行。

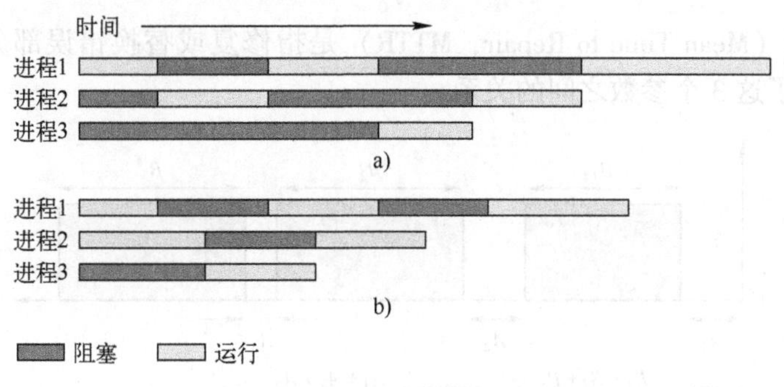

图 2-9　多道程序设计和多道处理

a）交错（多道程序设计，单处理器）　b）交错与重叠（多道程序设计，双处理器）

2）可用性：在对称多处理计算机中，由于所有处理器都可以执行相同的功能，因而单个处理器的失效并不会导致机器停止。相反，系统可以继续运行，只是性能有所降低。

3）可扩展性：可通过添加额外的处理器来增强系统的功能。可根据系统配置的处理器数量，提供一系列不同价格和不同性能特征的产品。

多线程和对称多处理实际上是两个独立的概念。即使是在单处理器计算机中，多线程对结构化的应用程序和内核进程也是很有用的。由于多个处理器可以并行运行多个进程，因而对称多处理计算机对非线程化的进程也是有用的。这两个方式是互补的，一起使用会更有效。

对称多处理技术的特征之一是多处理器的存在对用户是透明的。操作系统负责在多个处理器中调度线程或进程，并负责处理器间的同步。另一个不同的问题是给一群计算机（多机系统）提供单系统外部特征。此时，需要处理的是一群实体（计算机），每个实体都有自己的内存、外存和其他 I/O 模块。

操作系统设计的另一项革新是使用了面向对象技术。面向对象设计可为小内核增加模块化的扩展。在操作系统一级，基于对象的结构可使程序员定制操作系统，而不会破坏系统的完整性。面向对象技术还使得分布式工具和分布式操作系统的开发变得更容易。

2.3　操作系统的容错性

容错性是指系统或部件在发生软硬件错误时，能够继续正常运行的能力。这种能力通常会涉及一定程度的冗余，旨在提高系统的可靠性。通常来讲，通过增加系统的容错性进而增加可靠性，需要在经济层面及性能层面付出一定的代价。因此，在多大程度上采取容错措施必须由所消耗资源的重要程度来决定。

2.3.1　基本概念

与容错性相关的系统运行质量的基本度量指标包括可靠性、平均失效时间和可用性。这些概念最初用来衡量硬件故障，但如今在硬件和软件错误方面用得更为普遍。

系统可靠性 $R(t)$ 的定义如下：从时刻 $t=0$ 开始系统正确运行，到时刻 t 该系统正确运行的概率。对于计算机系统和操作系统，“正确运行”意味着一系列程序正常运行，并保护数据不被意外地修改。平均失效时间（Mean Time to Failure，MTTF）又称平均故障实践间隔，定义为：

$$\text{MTTF}=\int_0^{\infty}R(t)\,\mathrm{d}t$$

平均修复时间（Mean Time to Repair，MTTR）是指修复或替换错误部分所花费的平均时间。图2-10说明了这3个参数之间的关系。

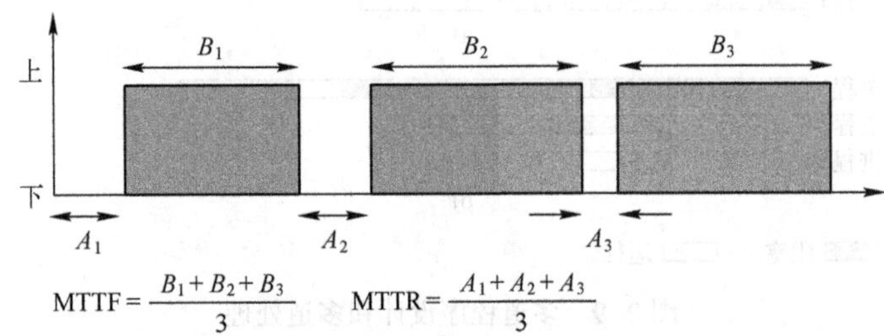

图2-10　系统运行状态

系统或服务的可用性定义为系统能够有效服务用户请求的时间段。类似地，可用性是指在某个给定的时刻和条件下，实体正常运行的概率。系统不可用的时间称为宕机时间，系统可用的时间称为正常运行时间。一个系统的可用性 A 可表示为：

$$A=\frac{\text{MTTF}}{\text{MTTF}+\text{MTTR}}$$

表2-2中列出了一些已确认的可用性类别和每年的宕机时间。

表2-2　可用性类别和每年的宕机时间

类　别	可　用　性	每年的宕机时间
连续型	1	0
容错	0.99999	5 min
故障恢复	0.9999	53 min
高可用性	0.999	8.3 h
一般可用性	0.99~0.995	44~87 h

通常，MTTF是一个比可用性更好的指标，因为短宕机时间和短正常运行时间的组合可能会被人们判定为高可用性组合，但若正常运行时间比完成一个服务的时间还短，那么用户就无法得到任何服务。

2.3.2 错误

IEEE 标准将“错误”定义为一个不正确的硬件或软件状态，这种状态由环境、设计错误、程序错误、数据结构错误所导致的组件错误、操作错误、物理干扰产生。该标准还规定故障表现为：①硬件设备或组件缺陷，如短路或线路损坏；②计算机程序中不正确的步骤、过程或数据定义。

错误分为以下几类：

1）永久性错误。错误在故障部分替换或修复前将一直存在，如硬盘磁头损坏、软件错误、通信部件损坏等。

2）临时性错误。错误出现在特定操作条件下，可分为如下几类：

① 瞬时性错误。这类错误仅发生一次，如冲击噪声造成的位传输错误、电源故障、改变内存位的辐射等。

② 间歇性错误。这类错误发生在多个不可预测的时间点，如连接松动导致的错误。

一般而言，系统的容错性是通过增加冗余度来实现的。冗余的实现有以下几种方法：

1）空间（物理）冗余。包括使用多个组件同时执行相同的功能，或设置一个可用组件作为备份，以防另一个组件出现错误的情况。前者的例子如使用多条并行线路并以多数输出的结果作为输出，后者的例子如互联网上的备用域名服务器。

2）时间冗余。指检测到错误时重复某一功能或操作。该方法对于临时性错误有效，但对永久性错误无效。如检测到异常时，使用数据链路控制协议重传数据块。

3）信息冗余。通过复制或编码数据的方式来检测和修复位数据，进而提高容错性，如存储系统所用的差错控制编码电路和 RAID 磁盘所用的纠错技术。

2.3.3 操作系统机制

操作系统软件中采用了许多技术来提高容错性，例如：

- 进程隔离：进程在内存、文件存取和执行过程中通常是相互隔离的。操作系统为进程管理所提供的这一结构，可为其他进程不受产生错误进程的影响提供一定的保护。
- 并发控制：进程通信或协作时可能出现的一些困难与错误，以及为保证正确操作和从错误状态（如死锁）中恢复的技术。
- 虚拟机：虚拟机提供了更高程度的应用隔离和错误隔离。虚拟机也可用于提供冗余，即用一个虚拟机充当另一个虚拟机的备份。
- 检测点和回滚机制：检测点是应用程序状态的一个副本，该副本在可考虑范围内保存于对错误免疫的存储介质中。回滚则从先前存储的检测点重新开始执行。发生错误时，应用程序的状态回滚到检测点并从那里开始重新执行。该技术可用于从瞬时错误及永久性硬件故障、某些类型的软件异常中恢复。数据库和事务处理系统中通常内置这样的机制。

2.4 多处理器和多核操作系统设计因素

现代操作系统不仅要求设计人员修改和增强操作系统的现有体系结构，而且要求设计人员采用新的操作系统组织方法。多处理器和多核操作系统就是设计人员所要面对的主要设计因素。

2.4.1　对称多处理器操作系统

在SMP系统中，内核可在任何一个处理器上执行，最典型的情况是处理器分别从可用进程池或线程池获取任务并进行自调度。内核可由多个进程或多个线程构造而成，允许各部分并行执行。共享资源（如数据结构）及内核各部分同时运行引起并发事件（如设备访问），SMP方式可使操作系统变得更复杂。设计者必须要考虑这一点，并采用相关技术来解决和同步资源请求。

SMP操作系统管理处理器资源和其他计算机资源，以使用户能以与多道单处理器系统相同的方式看待SMP系统。用户可能会使用多进程或多线程的方式来构建应用，而不关心计算机使用的是单处理器还是多处理器。因此，多处理器操作系统不仅要提供多道系统的所有功能，而且必须提供适应多处理器需要的额外功能。关键的设计问题如下：

1）并发进程或线程：内核程序应可重入，以使多个处理器能同时执行同一段内核代码。当多个处理器执行内核的相同或不同部分时，为避免数据损坏和无效操作，需要妥善管理内核表和数据结构。

2）调度：任何一个处理器都可以执行调度，这既增加了执行调度策略的复杂度，也增加了保证调度相关数据结构不被损坏的复杂度。如果使用的是内核级多线程方式，就存在将同一进程的多个线程同时调度在多个处理器上的可能性。

3）同步：因为可能会存在多个活跃进程访问共享地址空间或共享I/O资源的情况，因此必须认真考虑如何提供有效的同步机制这一问题。同步用来实现互斥及事件排序。在多处理器操作系统中，锁是一种通用的同步机制。

4）内存管理：多处理器上的内存管理不仅要处理单处理器上内存管理涉及的所有问题，还要解决进程控制问题。另外，操作系统还要充分利用硬件提供的并行性来实现最优性能。不同处理器上的分页机制必须进行调整，以实现多处理器共享页或段时的数据一致性，执行页面置换。物理页的重用是人们关注的最大问题，即必须保证物理页在重新使用前不能访问它以前的内容。

5）可靠性和容错性：出现处理器故障时，操作系统应能妥善地降低故障的影响。调度器和操作系统的其他部分必须能识别出发生故障的处理器，并重新组织管理表。

多处理器操作系统的设计问题通常要扩展多道单处理器设计问题的解决方案。

2.4.2　多核操作系统

多核操作系统设计的考虑因素，包含了SMP系统的所有设计问题，但人们需要关注其潜在的并行规模问题。目前，多核供应商可提供在单个芯片容纳多达8个核的系统，而且随着处理器技术的发展，核的数量还会增加，共享和专用缓存的大小也会增加，即人们正在进入一个众核系统的时代。

（1）众核系统

英特尔研究员蒂莫西·马特森曾经表示，英特尔的48核单芯片云计算机处理器的架构具备“任意伸缩性”。他说：“从理论上讲，这种架构可以容纳1000个内核，可以不断向其中添加内核。”马特森称，只有当内核达到1000个左右时，芯片上核心网络的网孔直径才会对性能产生不利影响。英特尔仍然认为，未来的微处理器发展主要依靠向芯片中增加更多的核心来实现。随着核心数量的增加，设计师必须克服伸缩性的问题。

众核系统的设计挑战是如何有效利用多核计算能力及如何智能且有效地管理芯片上的资源，核心关注点在于如何将众核系统固有的并行能力与应用程序的性能需求相匹配。对于当前的多核系统，可以从 3 个层次开发其潜在的并行能力。首先是每个核内部的硬件并行，即指令级并行，这一层次可能会被应用程序和编译器用到，也可能用不到；其次是处理器层次上的潜在并行能力，即每个处理器上的多道程序或多线程程序的执行能力；最后是多核上的一个应用程序以并发多进程或多线程形式执行的潜在并行能力。对于后面两个层次，如果没有强大有效的操作系统的支持，那么硬件资源将得不到有效利用。

从根本上讲，多核技术问世后，如何更好地提取出可并行的计算负载一直是操作系统设计者努力解决的问题。

（2）虚拟机方式

需要认识到，随着单芯片上核数量的不断增加，在单个核上尝试多道程序设计以支持多应用运行可能是对资源的错位使用。相反，如果为一个进程分配一个或更多的核，并让处理器去处理进程，就能避免很多由任务切换及调度引起的开销。这样，多核操作系统就成为管理程序，负责为应用程序分配“核”资源的高层次决策，而不用过多地关注其他资源的分配。

这种方式的机理如下：早期的计算机，一个程序运行在一个单独的处理器上，而多道程序设计的出现，使得每个应用程序都好像运行在一个专用的处理器上。多道程序设计基于进程这一概念，进程是运行环境的抽象。为了管理进程，操作系统需要一块受保护的空间，以避免用户和程序的干扰，于是出现了内核模式和用户模式的区别。实际上，这两种模式将一个处理器抽象成了两个虚拟处理器。然而，随着虚拟处理器的出现，出现了谁将获得真正处理器的竞争。在这些处理器之间进行切换产生的开销也开始增长，并已影响了系统的响应能力，这一情况在多核出现后更加严重。但对于众核系统，可以考虑抛弃内核模式和用户模式的区别，让操作系统成为管理程序，让应用程序自己负责资源管理，操作系统为应用分配处理器和内存资源，而应用程序使用编译器生成的元数据，能够知道如何最优地使用分配的资源。

【习题】

选择题：

1. 如果把硬件设想成计算机系统的核心，那么操作系统的主要任务是（　　）。

① 协助计算机完成基本硬件操作

② 和外层应用软件进行交互

③ 完成诸如打印和存储数据等应用操作

④ 为事务处理提供数据库管理系统运行环境

A. ①②③　　B. ②③④　　C. ①③④　　D. ①②④

2. 操作系统最明显的职责就是（　　）。

① 为人机交互提供更好的多媒体互动界面

② 为运行软件提供环境

③ 为运行中的程序动态地分配可共享的系统资源

④ 为应用程序提供与硬件交互的接口

A. ①②④　　B. ①③④　　C. ②③④　　D. ①②③

3. 计算机启动时，可以通过存储在（　　）中的引导程序引导操作系统。

A. RAM　　B. ROM　　C. Cache　　D. CPU

4. 操作系统是裸机上的第一层软件，其他系统软件，如（ ① ）等，和应用软件一样，都是建立在操作系统基础上的。图 2-11 中的 a、b、c 分别表示（ ② ）。

① A. 编译程序、财务软件和数据库管理软件
B. 汇编程序、编译程序和 Java 解释器
C. 编译程序、数据库管理系统软件和汽车防盗程序
D. 语言处理程序、办公管理软件和气象预报软件

② A. 应用软件开发者、最终用户和系统软件开发者
B. 应用软件开发者、系统软件开发者和最终用户
C. 最终用户、系统软件开发者和应用软件开发者
D. 最终用户、应用软件开发者和系统软件开发者

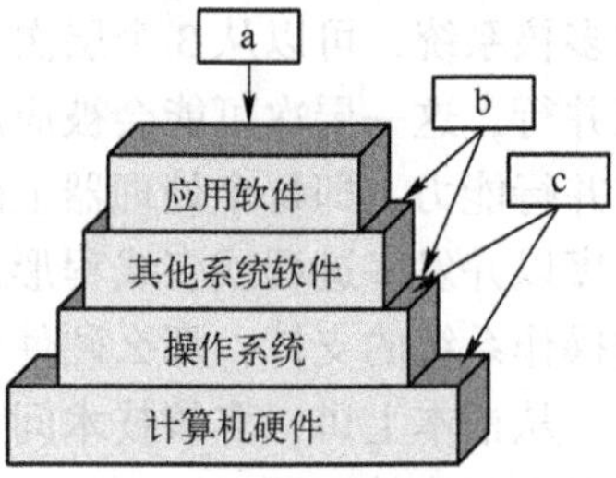

图 2-11　选择题 4 图

5. （ ）不是操作系统关心的主要问题。
A. 管理计算机裸机
B. 设计、提供用户程序与计算机硬件系统的界面
C. 管理计算机系统资源
D. 高级程序设计语言的编译器

6. （ ）支持网络系统的功能，并具有透明性。
A. 批处理操作系统　B. 分时操作系统　C. 实时操作系统　D. 分布式操作系统

7. 下列选项中，不属于网络操作系统的是（ ）。
A. UNIX　B. Windows Server　C. DOS　D. Linux

8. 计算机操作系统的主要功能是（ ）。
A. 实现网络连接　B. 管理系统所有的软硬件资源
C. 把源程序转换为目标程序　D. 进行数据处理

9. 下列关于操作系统的叙述中，不正确的是（ ）。
A. 操作系统是最基本的系统软件
B. 操作系统直接运行在计算机上，是对计算机硬件资源的第一次扩充
C. 操作系统就是 BIOS
D. 应用程序必须在操作系统的支持下才能运行

10. 操作系统提供（ ）服务来保证计算机系统有效地运行，这些服务一般只受到操作系统本身的控制。
A. 内部　B. 外部　C. 核心　D. 传统

11. 操作系统提供（ ）服务以协助用户启动程序、管理被存储的数据和维护安全。
A. 内部　B. 外部　C. 核心　D. 传统

12. 操作系统控制（ ）。
① 输入/输出　② 分配系统资源
③ 管理程序和数据的存储空间　④ 检测设备是否失效
A. ①②④　B. ①②③　C. ①②③④　D. ②③④

13. 操作系统负责分配系统资源，如（ ）等，以便程序可以有效地运行。
① 磁盘空间　② 内存量　③ 处理器时间　④ 数据库结构
A. ①②③　B. ①②④　C. ②③④　D. ①③④

14. 为了使应用程序具有更好的兼容性，操作系统（ ）提供一系列具备预定功能的多

内核函数，通过一组称为系统调用的接口呈现给用户。

A. 程序　　B. 函数　　C. 界面　　D. 内核

15. 由操作系统实现提供的所有系统调用所构成的集合即（　　），是应用程序同系统之间的接口。

A. CMI　　B. API　　C. DIY　　D. APP

16.（　　）是指系统或部件在发生软硬件错误时能够继续正常运行的能力。这种能力通常会涉及一定程度的冗余，旨在提高系统的可靠性。

A. 耐久性　　B. 鲁棒性　　C. 容错性　　D. 易用性

17. 下列关于 UNIX 的叙述中，（　　）不正确。

① UNIX 是一个单用户多任务操作系统

② UNIX 支持很多文本编辑器

③ UNIX 文件系统可以安装或卸载

A. ①和②　　B. ③　　C. ②和③　　D. ①

18. 操作系统为用户提供了两类接口：操作一级的接口和程序控制一级的接口。以下不属于操作一级接口的是（　　）。

A. 操作控制命令　　B. 系统调用　　C. 菜单　　D. 窗口

19. 在 Linux 操作系统中，可以通过（　　）命令终止进程的执行。

A. ps　　B. configure　　C. kill　　D. dd

思考题：

1. 操作系统设计的 3 个目标是什么？
2. 操作系统由哪些基本部分组成？
3. 什么是操作系统的内核？
4. 什么是多道程序设计？单道程序和多道程序之间有何区别？
5. 什么是进程？
6. 程序驻留在哪里？作业驻留在哪里？进程驻留在哪里？
7. 操作系统是怎样使用进程上下文的？
8. 列出并简要介绍 5 种典型操作系统的存储管理职责。
9. 描述时间片轮转调度技术。
10. 解释单体内核和微内核的区别。
11. 什么是多线程？
12. 虚拟内存和物理内存之间有何联系？
13. 列出对称多处理操作系统设计时要考虑的关键问题。

【实验与思考】熟悉操作系统实例

这里，我们来熟悉几个主流的操作系统实例，以帮助读者熟悉现代操作系统的设计原理和实现问题。

请记录：在下列空格中，填写 3 个概念中的一个：内核、Shell 或者文件系统。

① ____________ 表现为用户界面，把用户的需求翻译为系统活动。

② ____________ 在用户之间管理和分配资源。

③ ____________ 提供命令解释。

④ ________________以层次化的结构组织和存储数据。

⑤ ________________进行内存管理。

⑥ ________________组成部分是文件和目录。

⑦ ________________管理硬盘、磁带机、打印机、终端、通信线路和其他设备。

1. Windows 系统

MS-DOS 是微软公司最早成功应用于个人计算机上的著名操作系统，1985 年，微软公司在 MS-DOS 的基础上推出 Windows。Windows/DOS 于 1993 年被 Windows NT 替代。和以往的 Windows 版本相比，Windows NT 有着类似的图形界面，但内核设计更加完善。Windows NT 针对 32 位计算机设计，包含了内核和执行体以及一系列面向对象的特征。此后，Windows 操作系统不断推出新版本。Windows 8 是 Windows NT 之后的又一次重要革新，是可用于个人计算机、便携式计算机、平板计算机、家庭影院等硬件设备上的跨平台操作系统。Windows 8 基于微软的 Metro 设计语言对触屏设备进行了优化，这些优化主要体现在操作系统平台和用户接口上，并带来了更好的用户体验。在 Windows 8 推出前，Windows 的内核和执行体一直延续了类似的结构。Windows 8 从根本上改变了操作系统的内核结构，尤其是线程管理和虚拟内存管理。

2015 年 7 月 29 日，微软发布了 Windows 10 正式版，这是一个跨平台及设备应用的操作系统，有家庭、专业、企业、教育、移动、移动企业和物联网核心 7 个发行版本，分别面向不同的用户和设备。

2021 年 6 月 24 日，微软发布了 Windows 11 桌面端操作系统，应用于个人计算机和平板计算机等设备。Windows 11 提供了许多创新功能，增加了新版开始菜单和输入逻辑等，支持混合工作环境，侧重于在灵活多变的体验中提高最终用户的工作效率。2022 年 5 月 19 日，微软宣布 Windows 11 可以广泛部署，这意味着任何拥有符合 Windows 11 最低配置要求的 PC 都能够安装该系统。

Windows 的内核是用 C 语言编写的，但其设计原理与面向对象设计密切相关。面向对象方法简化了进程间资源和数据的共享，便于保护资源免受未经许可的访问。

类似于其他操作系统，Windows 分别有面向应用和操作系统核心的软件，后者包括在内核模式下运行的执行体、内核、设备驱动器和硬件抽象层。在内核模式下运行的软件可以访问系统数据和硬件，在用户模式下运行的其他软件则不能访问系统数据（见图 2-12）。

Windows 的体系结构是高度模块化的。每个系统函数都由一个操作系统部件管理，操作系统的其余部分和所有应用程序都通过相应的部件使用标准接口来访问这个函数。关键的系统数据只能通过相应的函数访问。从理论上讲，任何模块都可以移动、升级或替换，而不需要重写整个系统或其标准应用程序编程接口（API）。

Windows 利用一组受环境子系统保护的通用内核模式构件为多操作系统特性编写的应用程序提供支持。每个子系统在执行时都包括一个独立的进程，该进程包含共享的数据结构、优先级和需要实现特定功能的执行对象的句柄。首个这类应用程序启动时，Windows 会话管理器会启动上述进程。子系统进程作为系统用户运行，因此执行体会保护其地址空间免受普通用户进程的影响。

受保护子系统提供图形或命令行用户界面，为用户定义操作系统的外观。另外，每个受保护的子系统都会为特定的操作环境提供 API，这表明为那些特定操作环境创建的应用程序在 Windows 下不用改变即可运行，原因是它们所看到的操作系统接口与编写它们时的接口相同。

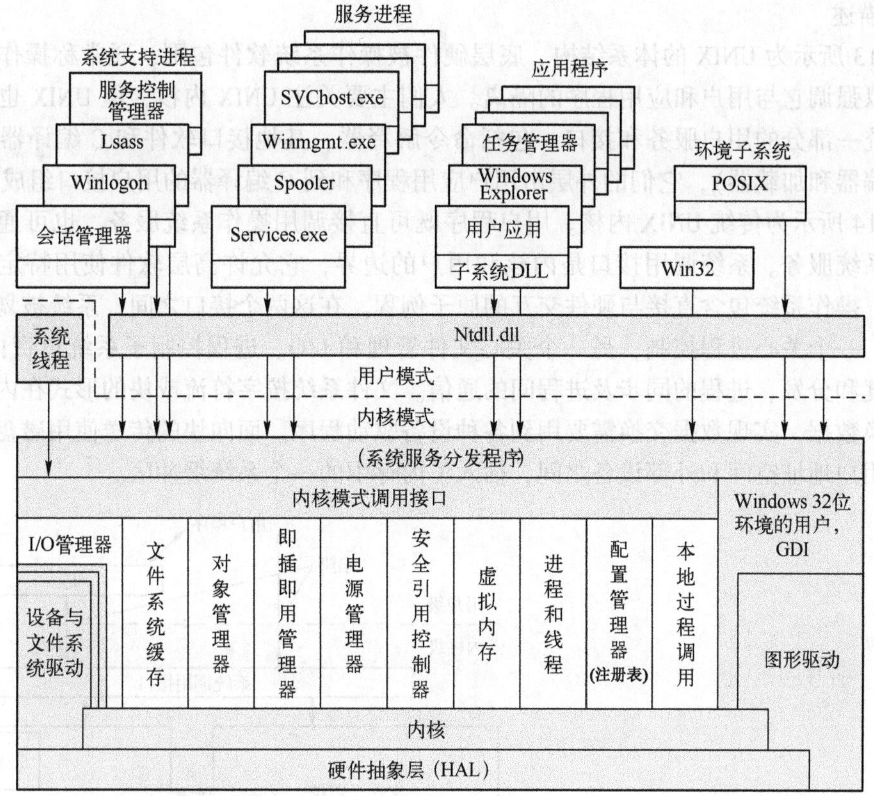

图 2-12　Windows 内核体系结构

请记录： Windows 操作系统的主要优点是什么？

答：____

____

____

2. UNIX 系统

UNIX 系统最初是在贝尔实验室开发的，1970 年在 PDP-7 上开始运行。贝尔实验室和其他地方关于 UNIX 的工作，产生了一系列的 UNIX 版本。第一个里程碑式的成果是把 UNIX 系统从 PDP-7 上移植到了 PDP-11 计算机上，首次暗示 UNIX 将成为所有计算机上的操作系统。另一个里程碑式的成果是用 C 语言重写了 UNIX，而以往人们认为，操作系统这样需要处理时间限制事件的复杂系统，必须完全用汇编语言编写。如今，所有的 UNIX 实现都是用 C 语言编写的。

1974 年，UNIX 系统首次出现在一本技术期刊中，这引发了人们对该系统的兴趣，随后 UNIX 向商业机构和大学提供了许可证。首个在贝尔实验室外使用的版本是 1976 年的第 6 版，随后于 1978 年发行的第 7 版是大多数现代 UNIX 系统的先驱。最重要的非 AT&T 系统是加州大学伯克利分校开发的 UNIX BSD，它最初在 PDP 机上运行，后来在 VAX 机上运行。之后，AT&T 系统被继续开发并改进，1982 年，贝尔实验室将 UNIX 的多个 AT&T 变体合并成为一个系统，即商业版的 UNIX System Ⅲ。后来又增加了很多功能组件，形成了 UNIX System V。

（1）描述

图2-13所示为UNIX的体系结构。底层硬件被操作系统软件包围，通常称操作系统为系统内核，以强调它与用户和应用程序的隔离。人们主要关注UNIX内核，但UNIX也拥有许多可视为系统一部分的用户服务和接口，包括命令解释器、其他接口软件和C编译器部分（编译器、汇编器和加载器），它们的外层由用户应用程序和到C编译器的用户接口组成。

图2-14所示为传统UNIX内核。用户程序既可直接调用操作系统服务，也可通过库程序调用操作系统服务。系统调用接口是内核和用户的边界，它允许高层软件使用特定的内核函数。另外，操作系统包含直接与硬件交互的原子例程。在这两个接口之间，系统被划分为两个主要部分：一个关心进程控制，另一个关心文件管理和I/O。进程控制子系统负责内存管理、进程的调度和分发、进程的同步及进程间的通信。文件系统按字符流或块的形式在内存和外部设备间交换数据，实现数据交换需要用到各种设备驱动程序。面向块的传送使用磁盘高速缓存方法：在用户地址空间和外部设备之间，插入了内存中的一个系统缓冲区。

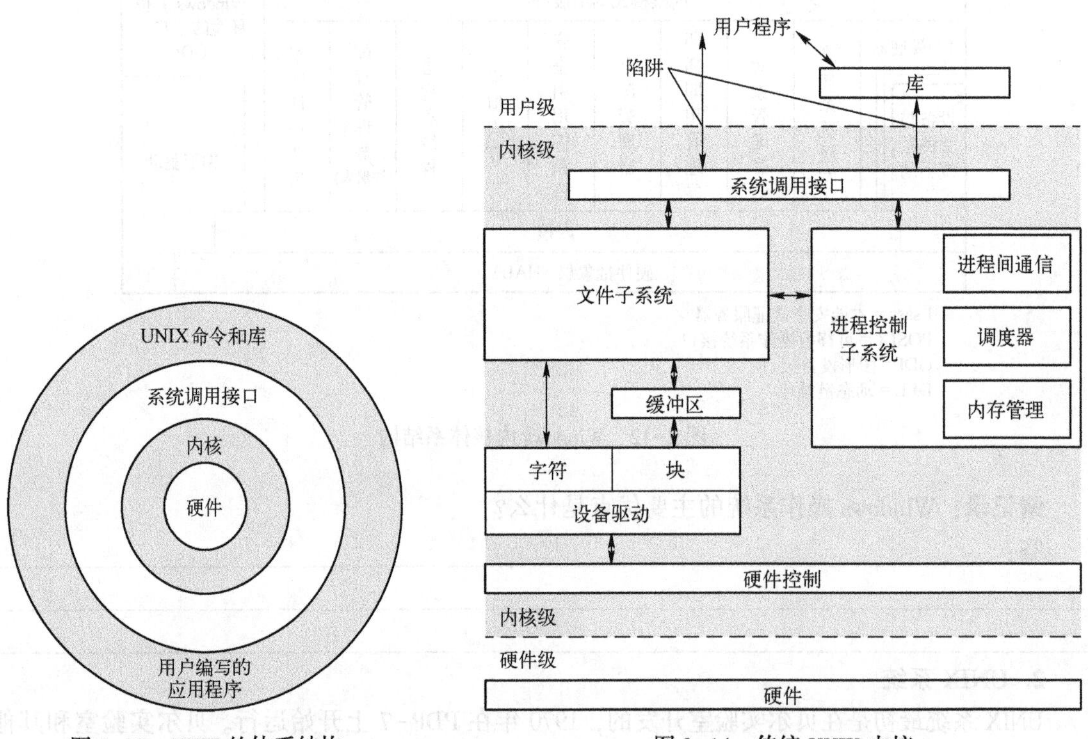

图2-13　UNIX的体系结构

图2-14　传统UNIX内核

传统UNIX系统主要是指System V Release 3（SVR3）、4.3BSD（Berkeley Software Distribution）及更早的版本。关于传统UNIX可以表述为：它被设计成在单一处理器上运行，缺乏保护数据结构免受多个处理器同时访问的能力；它的内核不通用，只支持一种文件系统、进程调度策略和可执行文件格式。传统UNIX的内核不可扩展，不能重用代码。增加不同UNIX版本的功能时，必须添加许多新代码，因此其内核非常大，且不是模块化的。

（2）现代UNIX系统

随着UNIX的不断发展，出现了很多具有不同功能的不同版本。因此，人们开始希望得到具有现代操作系统特征和模块化结构的全新版本。典型的现代UNIX内核如图2-15所示。它有一个以模块化方式编写的小核心软件，该软件可提供许多操作系统进程需要的功能和服务。

每个外部圆圈都表示相应的功能及以多种方式实现的接口。

下面给出现代 UNIX 系统的一些例子。

① System V Release 4（SVR4）。由 AT&T 和 Sun 共同开发的 SVR4 结合了 SVR3、4.3BSD、Microsoft Xenix System V 和 Sun OS 的特点，几乎完全重写了 System V 的内核，形成了一个整洁且复杂的版本。这一版本的新特性包括实时处理支持、进程调度类、动态分配数据结构、虚拟内存管理、虚拟文件系统和可抢占的内核。SVR4 为商业 UNIX 的部署提供了统一平台，是最重要的 UNIX 变体，它合并了以往 UNIX 系统中的大多数重要特征，可运行于从 32 位微处理器到超级计算机的任何处理器上。

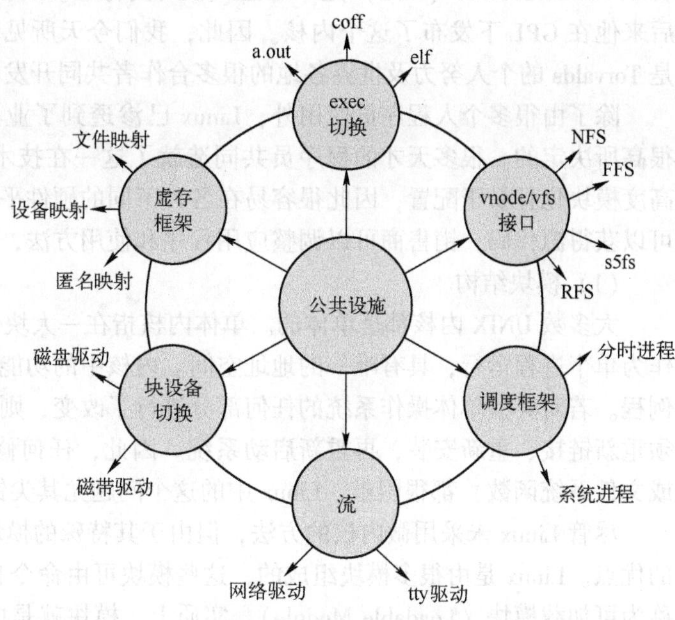

图 2-15　现代 UNIX 内核

② BSD。UNIX 的 BSD 系列在操作系统设计原理的演化中意义重大。4. xBSD 广泛用于高校，是许多商业 UNIX 产品的基础，大多数 UNIX 的增强功能首先都出现在 BSD 版中。

4. 4BSD 是伯克利最后发布的 BSD 版本，随后其设计和实现小组被解散。它是 4. 3BSD 的重要升级，包含了一个新的虚存系统，改变了内核结构，增强了一系列其他特性。应用最广且文档最好的 BSD 版本是 FreeBSD。FreeBSD 常用于互联网的服务器、防火墙和许多嵌入式系统中。

③ Solaris 10。Solaris 是 Sun 基于 SVR4 的 UNIX 版本，它具有 SVR4 的所有特征和许多更高级的特征，如完全可抢占、多线程内核，完全支持 SMP 及文件系统的面向对象接口。Solaris 是使用最为广泛且最成功的商用 UNIX 版本。

请记录：

请通过网络搜索对 UNIX 操作系统做进一步的深入了解，并简单阐述你对 UNIX 操作系统的认识和看法（主要优点）。

答：____

3. Linux 系统

Linux 最初是 IBM PC（Intel 80386）上所用的一个 UNIX 变体，它由芬兰的计算机科学专业学生 Linus Torvalds 编写。1991 年，Torvalds 在因特网上公布了最早的 Linux 版本，此后很多人通过网上合作为 Linux 的发展做出了贡献。由于 Linux 免费且源代码公开，因此很快成为 Sun 和 IBM 公司的工作站及其他 UNIX 工作站的替代操作系统。如今，Linux 已成为功能全面的 UNIX 系统，可在包括 Intel Pentium 和 Itanium、Motorola/IBM PowerPC 的所有平台上运行。

Linux 是由免费软件基金赞助的免费软件包。FSF 的目标是推出与平台无关的稳定软件，这种软件必须免费、高质，并为用户团体所接受。FSF 的 GNU 项目为软件开发者提供了工具，

GNU Public License（GPL）是 FSF 正式认可的标志。Torvalds 在开发内核时使用了 GNU 工具，后来他在 GPL 下发布了这个内核。因此，我们今天所见的 Linux 发行版是 FSF 的 GNU 项目，是 Torvalds 的个人努力及世界各地的很多合作者共同开发的产品。

除了由很多个人程序员使用外，Linux 已渗透到了业界，这主要是由于 Linux 内核的质量很高所决定的。很多天才的程序员共同造就了这一在技术上给人留下深刻印象的产品。Linux 高度模块化且易于配置，因此很容易在各种不同的硬件平台上显示出最佳的性能。另外，由于可以获得源代码，销售商可以调整应用程序和使用方法，以满足其特定的要求。

（1）模块结构

大多数 UNIX 内核都是单体的。单体内核指在一大块代码中包含所有的操作系统功能，并作为单个进程运行，具有唯一的地址空间。内核中的功能部件可以访问所有的内部数据结构和例程。若对典型单体操作系统的任何部分进行了改变，则变化生效前，所有的模块和例程都必须重新链接、重新安装，再重新启动系统。因此，任何修改（如增加一个新的设备驱动程序或文件系统函数）都很困难，Linux 中的这个问题尤其尖锐。

尽管 Linux 未采用微内核的方法，但由于其特殊的模块结构，因而也具有很多微内核方法的优点。Linux 是由很多模块组成的，这些模块可由命令自动加载和卸载。这些相对独立的块称为可加载模块（Loadable Module）。实质上，模块就是内核在运行时可以链接或断开链接的对象文件。一个模块通常实现一些特定的功能，如一个文件系统、一个设备驱动或内核上层的一些特征。尽管模块可以因为各种目的而创建内核线程，但其自身不作为进程或线程执行。当然，模块会代表当前进程在内核模式下执行。因此，虽然 Linux 被认为是单体内核，但其模块结构克服了开发和发展内核过程中所遇到的困难。

（2）内核组件

图 2-16 所示为基于 IA-64 体系结构（如 Intel 的 Itanium）的 Linux 内核的主要组件。图中显示了运行在内核上的一些进程。每个方框都表示一个进程，每条带箭头的曲线都表示一个正在执行的线程。内核本身包括一组相互关联的组件，箭头表示主要的关联。底层的硬件也是一个组件集，箭头表示硬件组件被哪个内核组件使用或控制。当然，所有的内核组件都在 CPU 上执行，但为了简洁，图中未显示它们之间的关系。

主要内核组件的简要介绍如下：

- 信号：内核使用信号来向进程提供信息。例如，使用信号来告知进程出现了某些错误（如被零除错误）。
- 系统调用：进程通过系统调用来请求系统服务。系统调用有几百个，大致分为 6 类：文件系统、进程、调度、进程间通信、套接字（网络）和其他。
- 进程和调度器：创建、管理、调度进程。
- 虚拟内存：为进程分配和管理虚拟内存。
- 文件系统：为文件、目录和其他文件的相关对象提供一个全局的分层命名空间，并提供文件系统函数。
- 网络协议：为用户的 TCP/IP 协议套件提供套接字接口。
- 字符设备驱动：管理向内核一次发送/接收一字节数据的设备，如终端、调制解调器和打印机。
- 块设备驱动：管理以块为单位向内核发送/接收数据的设备，如各种形式的外存（磁盘、CD-ROM 等）。

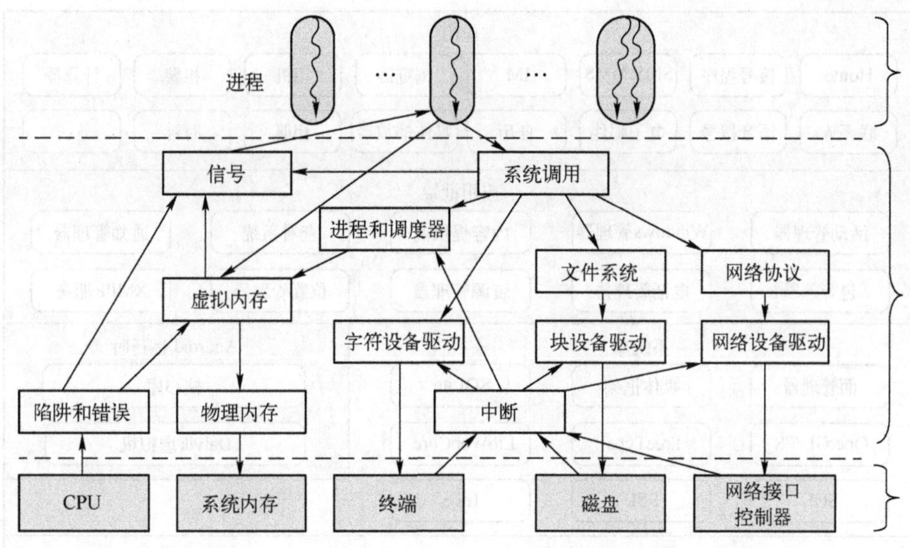

图 2-16　基于 IA-64 体系结构的 Linux 内核的主要组件

- 网络设备驱动：管理网卡和通信端口，即管理连接到网桥或路由的网络设备。
- 陷阱和错误：处理 CPU 产生的陷阱和错误，如内存错误。
- 物理内存：管理实际内存中的内存页池，并为虚拟内存分配内存页。
- 中断：处理来自外设的中断。

请记录：

请列举 Linux 操作系统的主要组成部分。Linux 操作系统的主要优点是什么？

答：______________________________

____

____

4. 安卓系统

安卓（Android）系统是为触屏移动设备（如智能手机、平板计算机）设计的基于 Linux 的操作系统，也是最流行的手机操作系统。当然，这只是安卓系统强势增长的原因之一。从更广泛的层面上来看，操作系统应能在任何含有电子芯片的硬件设备上使用，而不仅仅是在服务器和个人主机上使用，安卓系统恰恰很好地体现了这一点。也正因为如此，安卓系统成为“物联网”操作系统的标杆，它能把传感器和应用更好地联系起来，构建更多、更好的智能设备。

最初的安卓系统由 Android 公司开发，随后该公司于 2005 年被谷歌公司收购。最早的商业版本 Android 1.0 于 2008 年发布。2007 年，开放手机联盟（OHA）成立。创立之初，OHA 的成员共有 84 家公司，它们共同为手机设备制定了公开标准。安卓系统的发布由 OHA 负责，开源性是安卓系统成功的关键因素。

（1）软件体系结构

安卓系统是一个包括操作系统内核、中间件和关键应用的软件栈。图 2-17 所示为安卓系统的软件体系结构。因此，安卓系统应视为一个完整的软件栈，而非单个操作系统。从某种意义上讲，安卓是一种嵌入式 Linux，但它所提供的功能并不是一个简单的嵌入式内核就可以做到的。

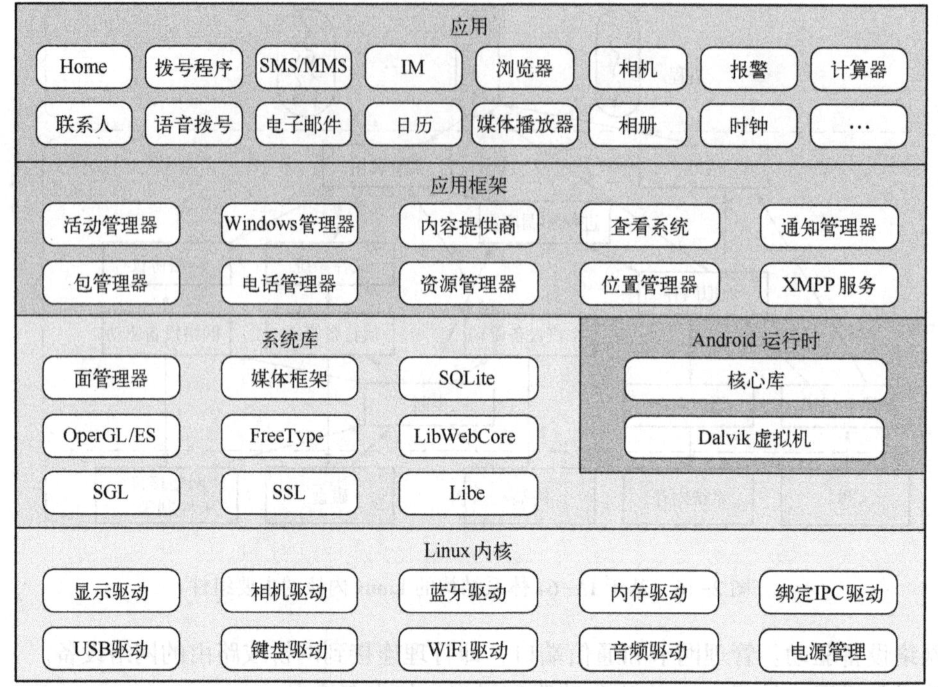

图 2-17　安卓系统的软件体系结构

安卓系统的内核与 Linux 的内核非常相似但不完全相同。变化之一是安卓系统中没有不适合在移动设备环境中应用的驱动，这使得安卓系统的内核更小。此外，安卓系统针对移动设备环境提高了内核的功能。

安卓系统依赖 Linux 内核来提供核心的系统服务，如安全、内存管理、进程管理、网络协议栈和驱动模型。内核也扮演硬件和软件中间的抽象层角色，以使安卓系统能使用 Linux 系统支持的大多数硬件驱动。

(2) 系统体系结构

从应用开发者的角度来看，图 2-18 所示的安卓系统体系结构是图 2-17 所示的软件体系结构的简化抽象。

从这个角度来看，安卓系统包含了如下几层：

1）应用和框架：应用开发者最关心这一层及访问低层服务的 API。

2）Binder IPC：Binder 进程间的通信机制允许应用框架打破进程的界限来访问安卓系统服务代码，从而允许系统的高层框架 API 与安卓的系统服务进行交互。

3）安卓系统服务：框架中的大部分能够调用系统服务的接口都向开发者开放，以便开发者能够使用底层的硬件和内核功能。安卓系统服务分为两部分，即媒体服务处理播放和录制媒体文件，系统服务处理应用所需要的系统功能。

4）硬件抽象层（HAL）：提供调用核心层设备驱动的标准接口，以便上层代码不需要关心具体驱动和硬件的实现细节。安卓的 HAL 与标准 Linux 中的 HAL 基本一致。

5）Linux 内核：已被裁剪到满足移动环境的需求。

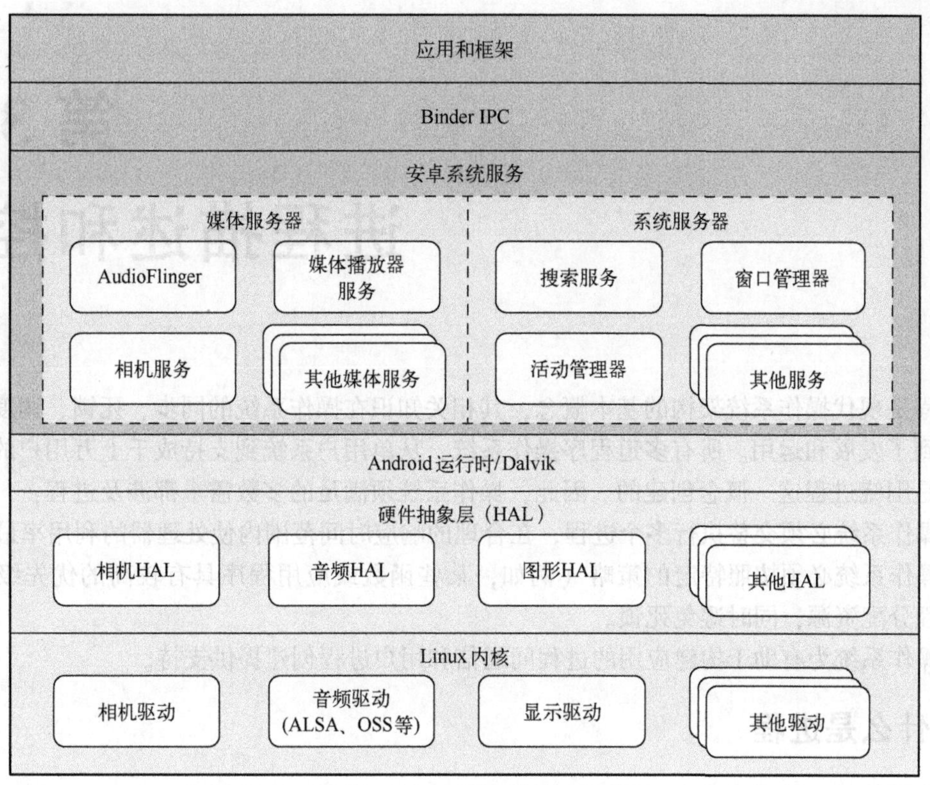

图 2-18　安卓系统体系结构

请记录：

请简述安卓系统的主要优点是什么。

答：____

____

____

5. 实验总结

____

____

____

6. 教师实验评价

____

第 3 章
进程描述和控制

进程是现代操作系统架构的基本概念，其相关知识在操作系统的同步、死锁、调度等问题上都得到了发展和运用。所有多道程序操作系统，从单用户系统到支持成千上万用户的主机系统，都是围绕进程这一概念创建的。因此，操作系统须满足的多数需求都涉及进程：

- 操作系统必须交替执行多个进程，在合理的响应时间范围内使处理器的利用率最大。
- 操作系统必须按照特定的策略（例如，某些函数或应用程序具有较高的优先级）给进程分配资源，同时避免死锁。
- 操作系统为有助于构建应用的进程间通信和用户进程创建提供支持。

3.1 什么是进程

操作系统以一种有序的方式管理应用程序的执行，以达到以下目的：

1）资源对多个应用程序是可用的。

2）物理处理器在多个应用程序间切换以保证所有程序都在执行中。

3）处理器和 I/O 设备能得到充分利用。

现代操作系统所采用的方法都是针对依据一个或多个进程而存在的应用程序的。人们可以把进程看作由一组元素组成的实体，进程的两个基本元素是程序代码（可能被执行相同程序的其他进程共享）和与代码相关联的数据集。假设处理器开始执行这个程序代码，执行实体为进程，进程在执行时，任意给定一个时间，都可以唯一地表征为以下元素：

- 标识符：跟这个进程相关的唯一标识符，用来区别其他进程。
- 状态：如果进程正在执行，那么进程处于运行态。
- 优先级：相对于其他进程的优先级。
- 程序计数器：程序中即将被执行的下一条指令的地址。
- 内存指针：包括程序代码和进程相关数据的指针，以及与其他进程共享内存块的指针。
- 上下文数据：进程执行时处理器的寄存器中的数据。
- I/O 状态信息：包括显式的 I/O 请求、分配给进程的 I/O 设备（如磁带驱动器）和被进程使用的文件列表等。
- 记账信息：包括处理器时间总和、使用的时钟数总和、时间限制、记账号等。

标识符
状态
优先级
程序计数器
内存指针
上下文数据
I/O状态信息
记账信息
⋮

图 3-1　简化的进程控制块

上述信息被存放在一个称为进程控制块（Process Control Block，PCB）（见图 3-1）的数据结构中。进程控制块是操作系统为了控制和管理并发执行的进程而设置的一个专门的数据结构，用它来记录进程的外部特征，描述进程的运动变化过程。进程控制块是系统感知进程存在的唯一标志，进程与进程控制块一一对应。进程控制块通常是系统内存占用区中的一个连续区域，它存放着操作系统用于描述进程情况及控制进程运行所需的全部信息，它使一个在多道程序环境下不能独立运行的程序成为一个能独立运行的基本单位，并且能与其他进程并发执行。

进程控制块包含了充分的信息，这样就可以中断一个进程的执行，并且后来可恢复执行该进程，它是操作系统能够支持多进程和提供多重处理技术的关键工具。当进程被中断时，操作系统会把程序计数器和处理器寄存器保存到进程控制块中的相应位置，进程状态也被改变为其他的值，如阻塞态或就绪态。操作系统可以自由地把其他进程置为运行态，把其他进程的程序计数器和进程上下文数据加载到处理器寄存器中，这样其他进程就可以开始执行。可以说，进程是由程序代码和相关数据及进程控制块组成的。对于一个单处理器计算机，在任何时间最多都只有一个进程在执行，其状态为运行态。

3.2　进程状态

操作系统会为一个被执行的程序创建一个进程或任务。从处理器的角度看，它在指令序列中按某种顺序执行指令，这个顺序根据程序计数器的寄存器中不断变化的值来指示，程序计数器可能指向不同进程中不同部分的程序代码；从程序自身的角度看，它的执行涉及程序中的一系列指令。

可以通过列出为该进程执行的指令序列来描述单个进程的行为，这样的序列称为进程的轨迹，通过给出各个进程交替的轨迹来描述处理器的行为。图 3-2 所示为 3 个进程在内存中布局的简单例子。为简化讨论，假设 3 个进程都由完全载入内存的程序表示，此外，使用一个小的分派器（即调度器）使处理器从一个进程切换到另一个进程。图 3-3 所示为这 3 个进程执行过程早期的轨迹：进程 A 和 C 最初执行 12 条指令，进程 B 执行 4 条指令，假设进程 B 的第 4 条指令调用了进程必须等待的 I/O 操作。

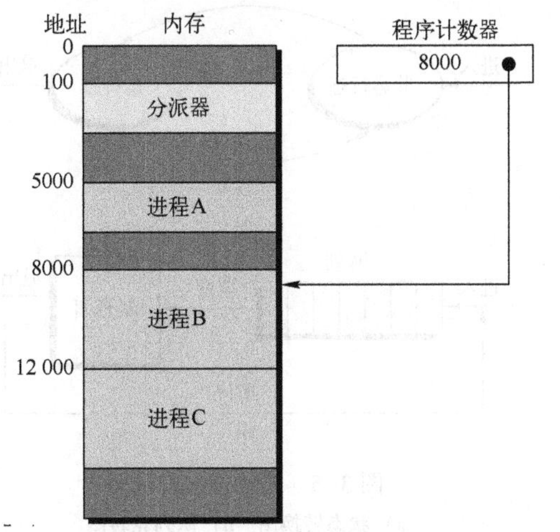

图 3-2　3 个进程在内存中布局的简单例子

a)	b)	c)
5000	8000	12000
5001	8001	12001
5002	8002	12002
5003	8003	12003
5004		12004
5005		12005
5006		12006
5007		12007
5008		12008
5009		12009
5010		12010
5011		12011

5000是进程　A的程序起始地址
8000是进程　B的程序起始地址
12000是进程　C的程序起始地址

图 3-3　图 3-2 中的进程执行过程早期的轨迹

从处理器的角度看这些轨迹，图 3-4 给出了最初 52 个指令周期中交替的轨迹（为方便起见，指令周期给出了编号）。实例中由分派器执行的指令顺序是相同的，因为分派器的同一个功能在执行。假设操作系统允许一个进程最多连续执行6个指令周期，在此之后将被中断，那么就避免了任何一个进程独占处理器时间。如图3-4所示，进程A最初的6条指令被执行，接下来是一个超时并执行分派器的某些代码，在控制转移给进程B之前，分派器执行了6条指令。在进程B的4条指令被执行后，进程B请求一个它必须等待的I/O动作，因此，处理器停止执行进程B，并通过分派器转移到进程C。在超时后，处理器返回进程A，当处理超时时，进程B仍然在等待那个I/O操作的完成，因此分派器再次转移到进程C。

3.2.1　两状态进程模型

操作系统的基本职责是控制进程的执行，这包括确定交替执行的方式和给进程分配资源。在设计控制进程的程序时，第一步就是描述进程所表现出的行为。

任何时刻，一个进程要么正在执行，要么没有执行，即处于运行态或非运行态这两种状态之一，据此可以构造最简单的模型（见图3-5a）。当操作系统创建一个新进程时，该进程以非运行态加入系统中，并等待执行机会。当前正在运行的进程不时被中断，操作系统中的分派器会选择一个新进程运行。前一个进程从运行态转换到非运行态，另外一个进程转换到运行态。

1	5000
2	5001
3	5002
4	5003
5	5004
6	5005
------------------ 超时	
7	100
8	101
9	102
10	103
11	104
12	105
13	8000
14	8001
15	8002
16	8003
------------------ 超时	
17	100
18	101
19	102
20	103
21	104
22	105
23	12000
24	12001
25	12002
26	12003

27	12004
28	12005
------------------ 超时	
29	100
30	101
31	102
32	103
33	104
34	105
35	5006
36	5007
37	5008
38	5009
39	5010
40	5011
------------------ 超时	
41	100
42	101
43	102
44	103
45	104
46	105
47	12006
48	12007
49	12008
50	12009
51	12010
52	12011
------------------ 超时	

100是分派器程序的起始地址；阴影部分表示分派器进程的执行第1、3列对指令周期计数；第2、4列表示正在被执行的指令地址

图3-4　图3-2中进程的组合轨迹

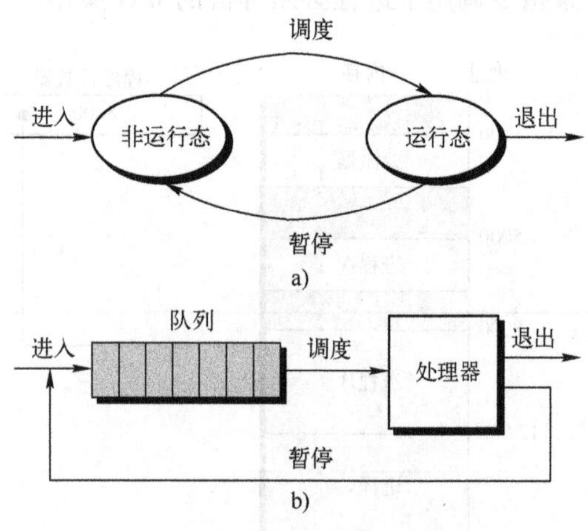

图3-5　两状态进程模型

a）状态转换图　b）队列轮转图

从这个简单模型可以看到操作系统的一些设计元素，必须用某种方式来表示每个进程，使得操作系统能够跟踪它，也就是说，必须有一些与进程相关的信息，包括进程在内存中的当前状态和位置，即进程控制块。未运行的进程在某种类型的队列中等待它们的执行时机。图3-5b给出

了一个结构，其中有一个队列，队列中的每一项都指向某个特定进程的指针，或队列可以由数据块构成的链表组成，每个数据块都表示一个进程。被中断的进程转移到等待进程队列中，或者如果进程已经结束或取消，则被销毁（离开系统）。在任何一种情况下，分派器均从队列中选择一个进程来执行。

3.2.2　进程的创建和终止

无论使用哪种进程行为模型，进程的生存期都基于进程的创建和终止。

1. 进程的创建

当一个新进程被添加到那些正在被管理的进程集合中时，操作系统需要建立用于管理该进程的数据结构，并在内存中为其分配地址空间，这就是新进程的创建过程。

通常有 4 个事件会导致创建一个进程（见表 3-1）。在批处理环境中，响应作业提交时会创建进程；在交互环境中，一个新用户试图登录时会创建进程。不论在哪种情况下，新进程的创建都由操作系统负责，操作系统也可能会代表应用程序创建进程。例如，如果用户请求打印一个文件，则操作系统可以创建一个管理打印的进程，使请求进程可以继续执行，这与完成打印任务的时间无关。

表 3-1　创建进程的原因

事　件	说　明
新的批处理作业	通常，位于磁带或磁盘中的批处理作业控制流被提供给操作系统。当操作系统准备接纳新工作时，它将读取下一个作业控制命令
交互登录	终端用户登录到系统
操作系统因为提供一项服务而创建	操作系统可以创建一个进程，代表用户程序执行一个功能，使用户无须等待（如控制打印的进程）
由现有的进程派生	基于模块化的考虑，或者为了开发并行性，用户程序可以指示创建多个进程

操作系统创建进程的方式对用户和应用程序都是透明的，但是也允许一个进程引发另一个进程的创建。例如，一个应用程序进程可以产生另一个进程，以接收应用程序产生的数据，并将数据组织成适于以后分析的格式。新进程与应用程序并行地运行，并在得到新的数据时被激活。这个方案对构造应用程序非常有用，例如，服务器进程（如打印服务器、文件服务器）可以为它处理的每个请求产生一个新进程。

当操作系统为另一个进程的显式请求创建一个进程时，这个动作称为进程派生。当一个进程派生另一个进程时，前一个称为父进程，被派生的进程称为子进程。在典型的情况下，相关进程需要相互之间的通信和合作。这对程序员来说会是一项非常困难的任务。

2. 进程的终止

表 3-2 所示为一些常见的识别条件，概括了进程终止的典型原因。任何一个计算机系统都必须为进程提供表示其完成的方法，批处理作业中包含一个 Halt（停止）指令或其他操作系统显式服务调用来终止进程。在前一种情况下，Halt 指令将产生一个中断，警告操作系统一个进程已经完成。对于交互式应用程序，用户的行为将指出进程何时完成，例如，在分时系统中，当用户退出系统或关闭自己的终端时，该用户的进程将被终止。在个人计算机或工作站中，用户可以结束一个应用程序（如字处理或电子表格）。所有这些行为都最终导致发送给操作系统一个服务请求，以终止发出请求的进程。

表 3-2　导致进程终止的原因

事　件	说　明
正常完成	进程自行执行一个操作系统服务调用，表示它已经结束运行
超过时限	进程运行时间超过规定的时限。可以测量很多种类型的时间，包括总的运行时间（挂钟时间）、花费在执行上的时间，以及交互进程从上一次用户输入到当前时刻的时间总量
无可用内存	系统无法满足进程所需要的内存空间
越界	进程试图访问不允许访问的内存单元
保护错误	进程试图使用不允许使用的资源或文件，或者试图以一种不正确的方式使用，如往只读文件中写
算术错误	进程试图进行被禁止的计算，如除以零或者存储大于硬件可以接纳的数字
时间超出	进程等待某一事件发生的时间超过了规定的最大值
I/O 失败	在输入或输出期间发生错误，如找不到文件、在超过规定的次数后仍然读/写失败（如当遇到了磁盘中的一个坏区时）或者无效操作（如从打印机中读）
无效指令	进程试图执行一个不存在的指令（通常是由于转移到了数据区并企图执行数据）
特权指令	进程试图使用为操作系统保留的指令
数据误用	错误类型或未初始化的一块数据
操作员或操作系统干涉	由于某些原因，操作员或操作系统终止进程（如存在死锁）
父进程终止	当一个父进程终止时，操作系统可能会自动终止该进程的所有后代进程
父进程请求	父进程通常具有终止其任何后代进程的权力

此外，很多错误和故障条件都会导致进程终止。在有些操作系统中，进程可以被创建它的进程终止，或当其父进程终止时终止。

3.2.3　5 状态进程模型

如果所有进程都做好了执行的准备，则图 3-5b 给出的排队原则是有效的。队列是“先进先出”的表，对可运行的进程处理器以一种轮转方式操作（依次给队列中的每个进程一定的执行时间，然后进程返回队列，阻塞情况除外）。

但是，存在着一些处于非运行态但已经就绪的等待执行的进程，同时也存在一些处于阻塞态的等待 I/O 操作结束的进程。因此，如果使用单个队列，那么分派器应该扫描这个列表，查找那些未被阻塞且在队列中时间最长的进程。解决这一问题的一种比较自然的方法是将非运行态分成两种状态，即就绪态和阻塞态，还应该增加两个已经证明很有用的状态，即新建态和退出态（见图 3-6）。

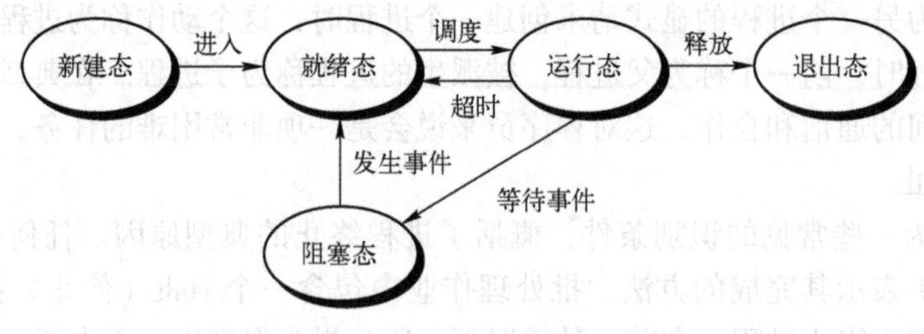

图 3-6　5 状态进程模型

1）运行态：进程正在执行。如果计算机只有一个处理器，那么一次最多只有一个进程处于这个状态。

2）就绪态：进程已经做好准备，只要有机会就开始执行。

3）阻塞态：进程在某些事件发生前不能执行，如 I/O 操作完成。

4）新建态：刚刚创建的进程，操作系统还没有把它加入可执行进程组中。通常是进程控制块已经创建但还没有加载到内存中的新进程。

5）退出态：操作系统从可执行进程组中释放出的进程，或者是因为它自身的原因停止了，再或者是因为某种原因被取消。

新建态和退出态对进程管理是非常有用的。新建态对应于刚刚定义的进程。例如，如果一位新用户试图登录到分时系统中，或者一个新的批作业被提交执行，那么操作系统可以分两步定义新进程。首先，操作系统执行一些必需的辅助工作，将标识符关联到进程，分配或创建管理进程需要的所有表。此时，进程处于新建态，这意味着操作系统已经执行了创建进程的必需动作，但还没有执行进程。例如，操作系统可能基于性能或内存局限性的原因，限制系统中的进程数量。当进程处于新建态时，操作系统所需要的关于该进程的信息保存在内存的进程表中，但进程自身还未进入内存，也就是说即将执行的主程序代码不在内存中，也没有为与这个程序相关的数据分配空间。当进程处于新建态时，程序保留在外存，通常是磁盘中。

当进程到达一个自然结束点，却由于出现不可恢复的错误而取消时，或当具有相应权限的另一个进程取消该进程时，进程被终止。终止会使进程转换到退出态，此时，该进程不再被执行，与作业相关的表和其他信息被操作系统临时保留起来，这给辅助程序或支持程序提供了提取所需信息的时间。一个实用程序为了分析性能和利用率，可能需要提取进程的历史信息。一旦这些程序提取了所需要的信息，操作系统就不再需要保留任何与该进程相关的数据，该进程将从系统中删除。

在图 3-6 所示的导致操作系统进程状态转换的事件类型中，可能的转换如下：

- 空→新建：创建执行一个程序的新进程，见表 3-1。
- 新建→就绪：准备好接纳一个进程时，把一个进程从新建态转换到就绪态。大多数系统都基于现有的进程数或分配给现有进程的虚存数量设置一些限制，以确保不会因为活跃进程的数量过多而导致系统的性能下降。
- 就绪→运行：选择一个处于就绪态的进程投入运行，这是调度器或分派器的工作。
- 运行→退出：如果当前运行的进程表示自己已经完成或取消，则它将被终止（见表 3-2）。
- 运行→就绪：这类转换很常见，原因是正在运行的进程到达了“允许不中断执行”的最大时间段。实际上，所有多道程序操作系统都实行了这类时间限定。这类转换还有很多其他原因，例如，有些操作系统给不同的进程分配了不同的优先级，假设进程 A 在一个给定的优先级运行，而具有更高优先级的进程 B 正处于阻塞态，如果操作系统知道进程 B 等待的事件已经发生了，则将 B 转换到就绪态，然后因为优先级的原因中断进程 A 的执行，将处理器分派给进程 B，此时，操作系统抢占了进程 A。一般来说，“抢占”这个术语被定义为收回一个进程正在使用的资源。在这种情况下，资源就是处理器本身。进程正在执行并且可以继续执行，但是由于其他进程需要执行而被抢占。还有一种情况是，进程自愿释放对处理器的控制，例如一个周期性地进行记账和维护的后台进程。
- 运行→阻塞：如果进程需要请求它必须等待的某些事件，则进入阻塞态。对操作系统的请求通常以系统服务调用的形式发出，也就是说，正在运行的程序请求调用操作系统中一部分代码所发生的过程。例如，进程可能请求操作系统的一个服务，但操作系统无法立即予以响应，也就是说可能请求了一个无法立即得到的资源，如文件或虚存中的共享区域。再例如也可能需要进行某种初始化的工作，如 I/O 操作所遇到的情况，并且只有在该初始化动作完成后才能继续执行。当进程互相通信，一个进程等待另一个进程提供输入时，或者等待来自另一个进程的信息时，都可能被阻塞。

- 阻塞→就绪：当所等待的事件发生时，处于阻塞态的进程转换到就绪态。
- 就绪→退出：为了清楚起见，图 3-6 中未画出这种转换。在某些系统中，父进程可以在任何时刻终止一个子进程。如果一个父进程终止，那么与该父进程相关的所有子进程都将被终止。阻塞→退出属于类似的情况。

图 3-7 所示为进程在状态间的转换，图 3-8a 给出了两个可能实现的排队模型：就绪队列和阻塞队列。进入系统的每个进程都被放置在就绪队列中，当操作系统选择另一个进程运行时，将从就绪队列中选择。如果没有优先级方案，那么这就是一个简单的先进先出队列。当一个正在运行的进程被移出处理器时，它根据情况或者被终止，或者被放置在就绪或阻塞队列中。最后，当一个事件发生时，所有位于阻塞队列中的等待这个事件的进程都被转换到就绪队列中。

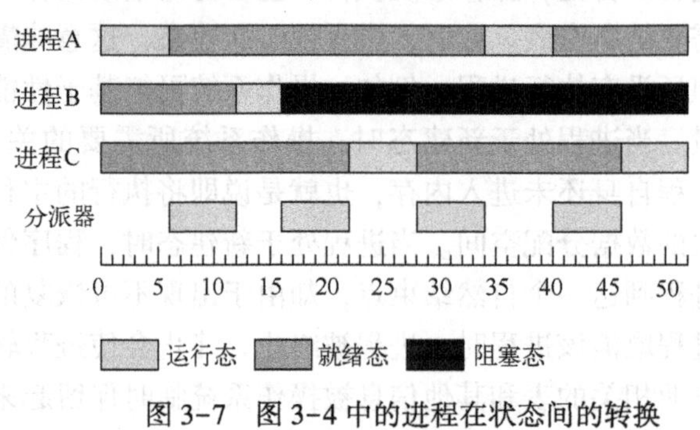

图 3-7　图 3-4 中的进程在状态间的转换

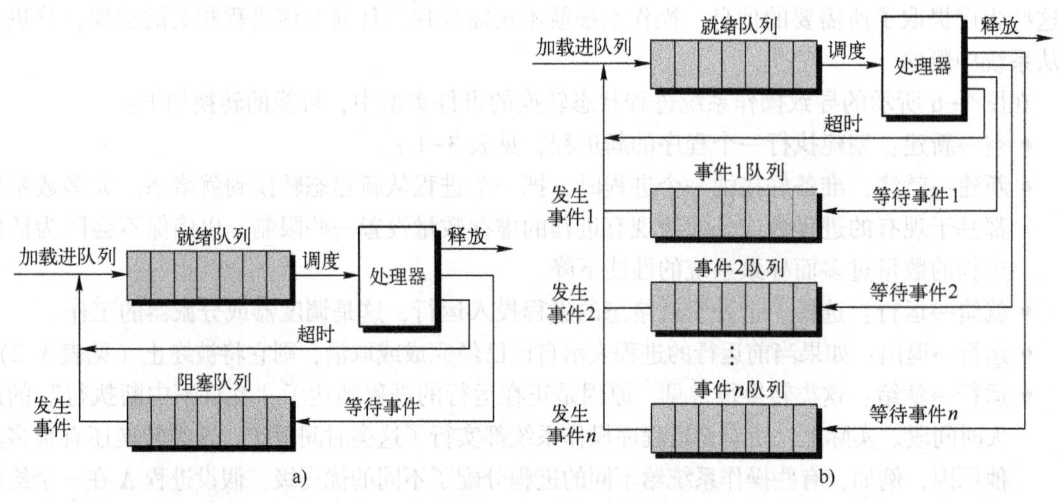

图 3-8　图 3-6 的排队模型

a）单阻塞队列　b）多阻塞队列

后一种方案意味着当一个事件发生时，操作系统必须扫描整个阻塞队列，搜索那些等待该事件的进程。在大型操作系统中，队列中可能有几百甚至几千个进程，因此，拥有多个队列将会很有效，一个事件可以对应一个队列。那么，当事件发生时，相应队列中的所有进程都转换到就绪态（见图 3-8b）。

还有一种改进，就是如果按照优先级方案分派进程，维护多个就绪队列（每个优先级一个队列），会带来很多便利。操作系统可以很容易地确定哪个就绪进程具有最高优先级且等待时间最长。

3.2.4　被挂起的进程

就绪态、运行态和阻塞态这 3 种基本状态提供了一种为进程行为建立模型的系统方法，并指导操作系统的实现。许多操作系统都是按照这样的 3 种状态进行具体构造的。但是，往模型中增加其他状态也是合理的。为了说明加入新状态的好处，这里考虑一个没有使用虚拟内存的系统，每个被执行的进程都必须完全载入内存，因此，图 3-8b 中，所有队列中的所有进程都必须驻留在内存中。

所有这些设计机制都是由于 I/O 活动比计算速度慢很多，因此在单道程序系统中，处理器大多数时间是空闲的，但图 3-8b 的方案并未完全解决这个问题。在这种情况下，内存保存了多个进程，当一个进程在等待时，处理器可以转移到另一个进程，但是处理器比 I/O 要快得多，以至于内存中的所有进程都在等待 I/O 的情况很常见。因此，即使是多道程序设计，大多数时间处理器仍然可能处于空闲状态。

一种解决方法是扩充内存以适应更多的进程，但是这种方法有两个缺陷：第一个是内存的价格问题，当内存增加到兆位及千兆位时，价格也会随之增加；第二个是程序对内存空间需求的增长速度比内存价格下降的速度快。因此，更大的内存往往导致更大的进程，而不是更多的进程。

另一种解决方案是交换，包括把内存中某个进程的一部分或全部移到磁盘中。当内存中没有处于就绪状态的进程时，操作系统就把被阻塞的进程换出到磁盘中的“挂起”队列，即暂时保存从内存中被“驱逐”出来的进程队列，或者说是被挂起的进程队列。操作系统在此之后取出挂起队列中的另一个进程，或者接收一个新进程的请求，将其纳入内存运行。

“交换”是一个 I/O 操作，因而也可能使问题更加恶化。但是由于磁盘 I/O 一般是系统中最快的 I/O（相对于磁带或打印机 I/O），所以交换通常会提高性能。

为使用这样的交换，在进程行为模型（见图 3-9a）中必须增加另一个状态——挂起态。当内存中的所有进程都处于阻塞态时，操作系统可以把其中的一个进程置于挂起态，并将它转移到磁盘中，内存中释放的空间可被调入的另一个进程使用。

当操作系统已经执行了一个换出操作后，为将一个进程取到内存中，它可以有两种选择，即接纳一个新创建的进程或调入一个以前被挂起的进程。显然，通常倾向于调入一个前面被挂起的进程，给它提供服务，而不是增加系统中的负载总数。

但是，这个推理也有一个问题：所有已经挂起的进程在挂起时都处于阻塞态。显然，把被阻塞的进程取回内存没有意义，因为它仍然没有准备好执行。但是，考虑到挂起态中的每个进程最初都是阻塞在一个特定事件上的，当这个事件发生时，进程就不再阻塞，可以继续执行。因此，人们需要重新考虑设计方式。

这里有两个独立的概念：进程是否在等待一个事件（阻塞与否）以及进程是否已经被换出内存（挂起与否）。为适应这种情况，需要 4 种状态：

1）就绪态：进程在内存中并可以执行。

2）阻塞态：进程在内存中并等待一个事件。

3）阻塞/挂起态：进程在外存中并等待一个事件。

4）就绪/挂起态：进程在外存中，但是只要被载入内存，就可以执行。

到现在为止的论述都假设没有使用虚拟内存，进程或者都在内存中，或者都在内存之外。在虚拟内存方案中，可能会执行到只有一部分内容在内存中的进程，如果访问的进程地址不在内存中，则进程的相应部分可以被调入内存。虚拟内存的使用会消除显式交换的需要，这是因为通过处理器中的存储管理硬件，任何期望的进程中的地址都可以移入或移出内存。但是，如果有足够多的活动进程，并且所有进程都有一部分在内存中，则有可能导致虚拟内存系统崩溃。因此，即使在虚拟存储系统中，操作系统也需要不时地根据执行情况显式地、完全地换出进程。

图 3-9b 所示为已开发的状态转换图（图中的虚线表示可能但并不是必需的转换）。

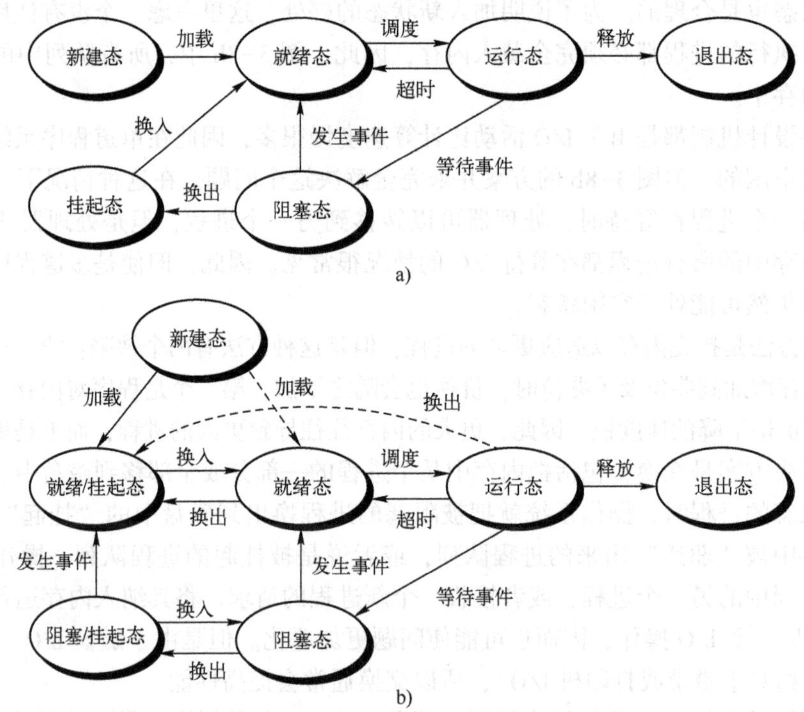

图 3-9　有挂起状态的进程状态转换图
a）包含单挂起态的模型　b）包含两个挂起态的模型

比较重要的新转换是：

- 阻塞→阻塞/挂起：如果没有就绪进程，则至少换出一个阻塞进程，为另一个没有阻塞的进程让出空间。如果操作系统确定了当前正在运行的进程，或就绪进程为了维护基本的性能要求而需要更多的内存空间，那么即使有可用的就绪态进程，也可能出现这种转换。
- 阻塞/挂起→就绪/挂起：如果等待的事件发生了，则处于阻塞/挂起态的进程可转换到就绪/挂起态。注意，这要求操作系统必须能够得到挂起进程的状态信息。
- 就绪/挂起→就绪：如果内存中没有就绪态进程，那么操作系统需要调入一个进程继续执行。此外，当处于就绪/挂起态的进程比处于就绪态的任何进程的优先级都要高时，也可以进行这种转换。这种情况的产生是由于操作系统设计者规定，调入高优先级的进程比减少交换量更重要。
- 就绪→就绪/挂起：通常，操作系统更倾向于挂起阻塞态进程，而不是就绪态进程，因为就绪态进程可以立即执行，而阻塞态进程占用了内存空间但不能执行。但如果释放内存以得到足够空间的唯一方法是挂起一个就绪态进程，那么这种转换也是必需的。并且，如果操作系统确信高优先级的阻塞态进程很快将会就绪，那么它可能选择挂起一个低优先级的就绪态进程，而不是一个高优先级的阻塞态进程。

还需要考虑的其他转换有：

- 新建→就绪/挂起及新建→就绪：当创建一个新进程时，该进程或者加入就绪队列，或者加入就绪/挂起队列。不论哪种情况，操作系统都必须建立一些表以管理进程，并为进程分配地址空间。操作系统可能更倾向于在初期执行这些辅助工作，这使得它可以维护大量未阻塞的进程。通过这一策略，内存中经常会没有足够的空间分配给新进程，因此使用了（新建→就绪/挂起）转换。另一方面，可以根据创建进程的适时原理，尽可能推迟创建进程以减少操作系统的开销，并在系统被阻塞态进程阻塞时允许操作系统执行进程创建任务。

- 阻塞/挂起→阻塞：这种转换在设计中比较少见，如果一个进程还没有准备好执行，且不在内存中，则调入它没有意义。但是考虑到下面的情况：一个进程终止，释放了一些内存空间，阻塞/挂起队列中有一个进程比就绪、挂起队列中任何进程的优先级都要高，并且操作系统有理由相信阻塞进程的事件很快就会发生，这时，把阻塞进程而不是就绪进程调入内存是合理的。
- 运行→就绪/挂起：通常，当分配给一个运行进程的时间期满时，它将转换到就绪态。但是，如果位于阻塞挂起队列中的具有较高优先级的进程不再被阻塞，操作系统抢占这个进程，那么也可以直接把这个运行进程转换到就绪/挂起队列中，并释放一些内存空间。
- 各种状态→退出：在典型情况下，一个进程或者因为它已经完成，或者因为出现了一些错误条件而在运行时终止。在某些操作系统中，一个进程可以被创建它的进程终止，或当父进程终止时终止。如果允许这样，则进程在任何状态都可以转换到退出态。

表 3-3 列出了进程的一些挂起原因。在所有这些情况中，挂起进程的活动都是由最初请求挂起的代理请求的。

表 3-3　导致进程挂起的原因

事　件	说　明
交换	操作系统需要释放足够的内存空间，以调入并执行处于就绪状态的进程
其他 OS 原因	操作系统可能挂起后台进程或工具程序进程，或者被怀疑导致问题的进程
交互式用户请求	用户可能希望挂起一个程序的执行，目的是调试或与一个资源的使用进行连接
定时	一个进程可能会周期性地执行（如记账或系统监视进程），而且可能在等待下一个时间间隔时被挂起
父进程请求	父进程可能会希望挂起后代进程的执行，以检查或修改挂起的进程，或者协调不同后代进程之间的行为

3.3　进程描述

操作系统控制计算机系统内部的事件，为处理器执行进程而进行调度和分派，给进程分配资源，并响应用户程序的基本服务要求。因此，可以把操作系统看作管理系统资源的实体。

进程在某一时刻的资源分配示意图如图 3-10 所示。在多道程序设计环境下，虚拟内存中有许多已经创建的进程（P_1，…，P_n），每个进程在执行期间都需要访问某些系统资源，包括

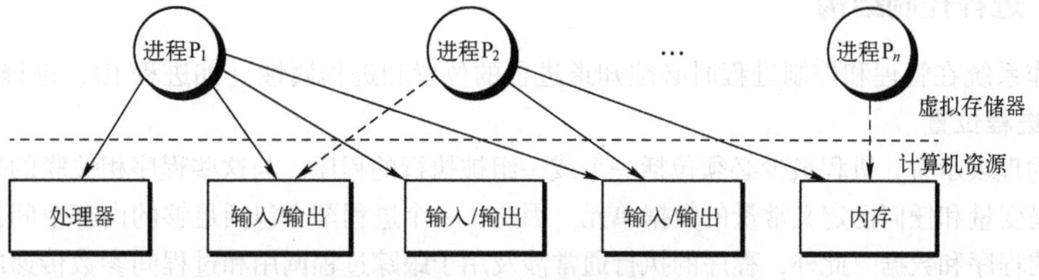

图 3-10　进程在某一时刻的资源分配示意图

处理器、I/O 设备和内存。在图 3-10 中，进程 P_1 正在运行，该进程至少有一部分在内存中，并且还控制着两个 I/O 设备；进程 P_2 也在内存中，但由于正在等待分配给 P_1 的 I/O 设备而被阻塞；进程 P_n 已经被换出，因此是挂起的。

3.3.1　操作系统的控制结构

为了管理进程和资源，操作系统必须掌握每个进程和资源当前状态的信息，普遍的方法是操作系统构造并维护它所管理的每个实体的信息表。图 3-11 所示为操作系统控制表的通用结构。

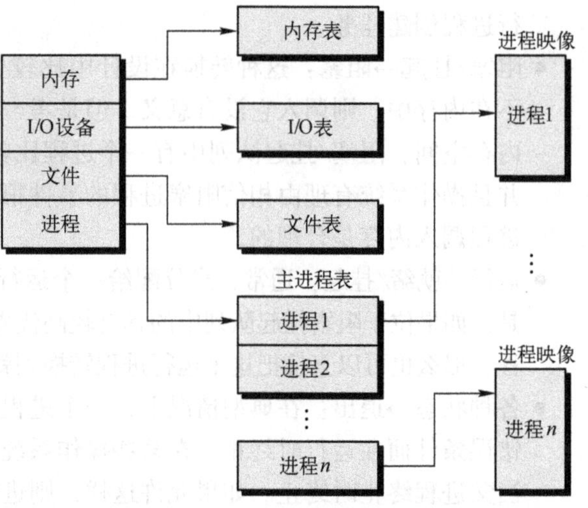

图 3-11　操作系统控制表的通用结构

操作系统维护着 4 种不同类型的表：内存表、I/O 表、文件表和进程表。尽管不同操作系统中的实现细节不同，但基本上所有操作系统维护的信息都可以分为这 4 类。

内存表用于跟踪内存（实存）和外存（虚拟内存）。内存的某些部分为操作系统保留，剩余部分是进程可以使用的，保存在外存中的进程使用某种类型的虚拟内存或简单的交换机制。内存表必须包括以下信息：

- 分配给进程的内存。
- 分配给进程的外存。
- 内存块或虚拟内存块的所有保护属性，如哪些进程可以访问某些共享内存区域。
- 管理虚拟内存所需要的任何信息。

操作系统使用 I/O 表管理计算机系统中的 I/O 设备和通道。在任何给定的时刻，一个 I/O 设备或者是可用的，或者是已分配给某个特定的进程。如果正在进行 I/O 操作，则操作系统需要知道 I/O 操作的状态和作为 I/O 传送的源与目标的内存单元。

操作系统还维护着文件表，这些表提供关于文件是否存在、文件在外存中的位置、当前状态和其他属性的信息。大部分信息（不是全部信息）可能由文件管理系统维护和使用。最后，操作系统为了管理进程必须维护进程表。

尽管图 3-11 给出了 4 种不同的表，但是这些表必须以某种方式链接起来或交叉引用。内存、I/O 和文件是代表进程而被管理的，因此进程表中必须有对这些资源的直接或间接引用。文件表中的文件可以通过 I/O 设备访问，有时它们也位于内存中或虚拟内存中。这些表自身必须可以被操作系统访问到，因此它们受制于内存管理。

3.3.2　进程控制结构

操作系统在管理和控制进程时必须知道进程的位置和进程属性（如进程 ID、进程状态）。

1. 进程位置

从物理表示看，进程最少必须包括一个或一组被执行的程序。与这些程序相关联的是局部变量、全局变量和任何已定义常量的数据单元。因此，一个进程至少包括足够的内存空间，以保存该进程的程序和数据。此外，程序的执行通常涉及用于跟踪过程调用和过程间参数传递的栈。与每个进程相关联的还有操作系统用于控制进程的许多属性。通常，属性的集合称为进程控制块

(这个数据结构也被称为任务控制块、进程描述符和任务描述符)。程序、数据、栈和属性的集合称为进程映像，其中典型的元素包括用户数据、用户程序、系统栈以及进程控制块。

进程映像也称进程图像，是进程执行的上下文环境，包括处理机中各通用寄存器的值、进程的内存映像、打开文件的状态和进程占用资源的信息等。进程映像由进程控制块、进程执行的程序和数据、进程执行时所使用的工作区等组成。

进程映像的位置依赖于所使用的内存管理方案。对于最简单的情况，进程映像保存在外存(通常是磁盘)的邻近或连续的存储块中。因此，如果操作系统要管理进程，其进程映像至少有一部分必须位于内存中。为执行该进程，整个进程映像必须载入内存中或至少载入虚拟内存中。操作系统需要知道每个进程在磁盘中的位置，并且对于内存中的每个进程，需要知道其在内存中的位置。当进程被换出时，部分进程映像可能保留在内存中，操作系统必须跟踪每个进程映像的哪一部分仍然在内存中。

现代操作系统假定分页硬件允许用不连续的物理内存来支持部分常驻内存的进程。在任何给定的时刻，进程映像的一部分可以在内存中，剩余部分可以在外存中 。因此，操作系统维护的进程表必须表明每个进程映像中每页的位置。

图 3-11 描绘了位置信息的结构。有一个主进程表，每个进程在表中都有一个表项，每一项至少包含一个指向进程映像的指针。如果进程映像包括多个块，则这个信息直接包含在主进程表中，或可以通过交叉引用内存表中的项得到。当然，这一描述是一般性描述，特定的操作系统将按自己的方式组织位置信息。

2. 进程属性

复杂的多道程序系统需要关于每个进程的大量信息，该信息可以保留在进程控制块中。不同的系统以不同的方式组织该信息。可以把进程控制块信息分成 3 类，即进程标识信息、进程状态信息和进程控制信息。

实际上，在所有的操作系统中，对于进程标识符，每个进程都分配了一个唯一的数字标识符。进程标识符可以简单地表示为主进程表（见图 3-11）中的一个索引，否则必须有一个映射，使得操作系统可以根据进程标识符定位相应的表。这个标识符在很多地方都是很有用的，操作系统控制的许多其他表可以使用进程标识符交叉引用进程表。例如，内存表可以组织起来，以便提供一个关于内存的映射，指明每个区域分配给了哪个进程。I/O 表和文件表中也有类似的引用。当进程相互之间进行通信时，进程标识符可用于通知操作系统某一特定通信的目标；当允许进程创建其他进程时，标识符可用于指明每个进程的父进程和后代进程。除了进程标识符外，还给进程分配了一个用户标识符，用于标明拥有该进程的用户。

处理器状态信息包括处理器寄存器的内容。当一个进程正在运行时，其信息在寄存器中。当进程被中断时，所有的寄存器信息都必须保存起来，使得进程恢复执行时这些信息都可以被恢复。所涉及的寄存器的种类和数目取决于处理器的设计。在典型情况下，寄存器组包括用户可见寄存器、控制与状态寄存器和栈指针。

所有的处理器设计都包括一个或一组通常称为程序状态字（PSW）的寄存器，它包含状态信息，如条件码和其他状态信息。

进程控制块中第三个主要的信息类可以称为进程控制信息，这是操作系统控制和协调各种活动进程所需要的额外信息。

进程控制块是操作系统中最重要的数据结构，它包含操作系统所需要的关于进程的所有信息。实际上，操作系统中的每个模块，包括那些涉及调度、资源分配、中断处理、性能监控和分析的模块，都可能读取和修改进程控制块。可以说，进程控制块集合定义了操作系统的状态。

3.4 进程控制

大多数处理器都至少支持两种执行模式，即与操作系统相关联的执行模式及与用户程序相关联的执行模式。某些指令只能在特权态下运行，包括读取或改变诸如程序状态字之类控制寄存器的指令、原始 I/O 指令和与内存管理相关的指令。另外，有部分内存区域仅在特权态下可以被访问到。

非特权态常称为用户态，这是因为用户程序通常在该模式下运行。特权态可称为系统态、控制态或内核态。内核态指的是操作系统的内核，这是操作系统中包含重要系统功能的部分。表 3-4 列出了操作系统内核的典型功能。

使用两种模式可以保护操作系统和重要的操作系统表（如进程控制块）不受用户程序的干涉。在内核态下，软件具有对处理器及所有指令、寄存器和内存的控制能力，这一级的控制对用户程序不是必需的，也不是用户程序可访问的。

表 3-4 操作系统内核的典型功能

进程管理
• 进程的创建和终止 • 进程的调度和分派 • 进程切换 • 进程同步以及对进程间通信的支持 • 进程控制块的管理
内存管理
• 给进程分配地址空间 • 交换 • 页和段的管理
I/O 管理
• 缓冲区管理 • 给进程分配 I/O 通道和设备
支持功能
• 中断处理 • 记账 • 监视

3.4.1 进程创建

一旦操作系统决定基于某种原因创建一个新进程，就可以按以下步骤进行：

1）给新进程分配一个唯一的进程标识符。此时，在主进程表中增加一个新表项，表中的每个表项都对应着一个进程。

2）给进程分配空间，包括进程映像中的所有元素。因此，操作系统必须知道私有用户的地址空间（程序和数据）和用户栈需要多少空间。可以根据进程的类型使用默认值，也可以在作业创建时根据用户请求设置。如果一个进程是由另一个进程生成的，则父进程可以把所需的值作为进程创建请求的一部分传递给操作系统。如果任何现有的地址空间被这个新进程共享，则必须建立正确的连接。最后，必须给进程控制块分配空间。

3）初始化进程控制块。进程标识符部分包括进程 ID 和其他相关的 ID，如父进程的 ID 等；处理器状态信息部分的大多数项目通常初始化为 0，程序计数器（被置为程序入口点）和系统栈指针（用来定义进程栈边界）除外。进程控制信息部分的初始化基于标准默认值和为该进程所请求的属性。例如，进程状态在典型情况下被初始化为就绪态或就绪/挂起态；除非显式地请求更高的优先级，否则优先级的默认值为最低优先级；除非显式地请求或从父进程处继承，否则进程最初不拥有任何资源（I/O 设备、文件）。

4）设置正确的连接。例如，如果操作系统把每个调度队列都保存成链表，则新进程必须放置在就绪或就绪/挂起链表中。

5）创建或扩充其他数据结构。例如，操作系统可能为每个进程保存着一个记账文件，可用于编制账单及进行性能评估。

3.4.2　进程切换

从表面上看，进程切换的功能是很简单的。在某一时刻，一个正在运行的进程被中断，操作系统指定另一个进程为运行态，并把控制权交给这个进程。但是这会引发若干问题。首先是触发进程切换的事件，其次是模式切换与进程切换之间的区分，最后为实现进程切换，操作系统必须对它所控制的各种数据结构完成相应的操作。

1. 中断事件

进程切换可以在操作系统从当前正在运行的进程中获得控制权的任何时刻发生。表 3-5 所示为把控制权交给操作系统的机制。

表 3-5　把控制权交给操作系统的机制

机　制	原　因	使　用
中断	当前指令的外部执行	对异步外部事件的反应
陷阱	与当前指令的执行相关	处理一个错误或异常条件
系统调用	显式请求	调用操作系统函数

首先考虑系统中断。大多数操作系统区分两种类型的系统中断，一种称为中断，另一种称为陷阱。前者与某种类型的外部事件相关，如完成一次 I/O 操作；后者与当前正在运行的进程所产生的错误或异常条件相关，如非法的文件访问。对于普通中断，控制首先转移给中断处理器，做一些辅助工作，然后转到与已经发生的特定类型的中断相关的操作系统例程。例如：

- 时钟中断：操作系统确定当前正在运行的进程的执行时间是否已经超过了最大允许时间片（即进程在被中断前可以执行的最大时间段），如果超过了，则进程必须切换到就绪态，调入另一个进程。
- I/O 中断：操作系统确定是否发生了 I/O 活动。如果 I/O 活动是一个或多个进程正在等待的事件，操作系统就把所有相应的阻塞/挂起态进程转换到就绪/挂起态。操作系统必须决定是继续执行当前处于运行态的进程，还是让具有高优先级的就绪态进程抢占这个进程。
- 内存失效；处理器访问一个虚拟内存地址，且此地址单元不在内存中时，操作系统必须从外存中把包含这个引用的内存块（页或段）调入内存中。在发出调入内存块的 I/O 请求之后，操作系统可能会执行一个进程切换，以恢复另一个进程的执行，发生内存失效的进程被置为阻塞态，当想要的块调入内存中时，该进程被置为就绪态。

对于陷阱，操作系统确定错误或异常条件是否是致命的。如果是，当前正在运行的进程被转换到退出态，并发生进程切换；如果不是，操作系统的动作取决于错误的种类和操作系统的设计，其行为可以是试图恢复或通知用户，操作系统可能会进行一次进程切换或者继续执行当前正在运行的进程。

最后，操作系统可能被来自当前程序的系统调用激活。例如，一个用户进程正在运行，并且正在执行一条请求 I/O 操作的指令，如打开文件，这个调用导致转移到作为操作系统代码一部分的一个例程上继续执行。通常，使用系统调用会导致把用户进程置为阻塞态。

2. 模式切换

中断阶段是指令周期的一部分。在中断阶段，处理器通过检查中断信号来判断是否发生了任何中断。如果没有未处理的中断，那么处理器继续取指令，即取当前进程中的下一条指令。如果存在一个未处理的中断，则处理器需要做以下工作：

1）把程序计数器设置成中断处理程序的开始地址。

2）从用户态切换到内核态，使得中断处理代码可以包含有特权的指令。

在处理器继续取指令阶段，取出中断处理程序的第一条指令，它将给中断提供服务。此时，被中断的进程上下文保存在被中断程序的进程控制块中。

中断处理程序通常是执行一些与中断相关的基本任务的小程序。例如，它重置表示出现中断的标志或指示器。中断处理程序可能给产生中断的实体（如 I/O 模块）发送应答，还做一些与产生中断的事件结果相关的基本辅助工作。例如，如果中断与 I/O 事件有关，那么中断处理程序将检查错误条件；如果发生了错误，那么中断处理程序会给最初请求 I/O 操作的进程发一个信号。如果是时钟中断，则处理程序会将控制移交给分派器，当分配给当前正在运行进程的时间片用尽时，分派器将控制转移给另一个进程。

在大多数操作系统中，发生中断并非必须伴随进程切换。中断处理器执行之后，当前正在运行的进程可能继续执行。在这种情况下，所需要做的是中断发生时保存处理器状态信息，当控制返回给这个程序时恢复这些信息。在典型情况下，保存和恢复功能由硬件实现。

3. 进程状态的变化

显然，模式切换与进程切换是不同的。发生模式切换可以不改变正处于运行态的进程状态，在这种情况下，保存上下文环境和以后恢复上下文环境只需要很少的开销。但是，如果当前正在运行的进程被转换到另一个状态（就绪态、阻塞态等），则操作系统必须使其环境产生实质性的变化。

完整的进程切换步骤如下：

1）保存处理器上下文环境，包括程序计数器和其他寄存器。

2）更新当前处于运行态进程的进程控制块，包括将进程的状态改变到另一状态（就绪态、阻塞态、就绪/挂起态或退出态）。还必须更新其他相关域，包括离开运行态的原因和记账信息。

3）将该进程的进程控制块移到相应的队列（就绪、在事件 i 处阻塞、就绪/挂起）。

4）选择另一个进程执行。

5）更新所选择进程的进程控制块，包括将进程的状态变为运行态。

6）更新内存管理的数据结构，这取决于如何管理地址转换。

7）恢复处理器中被选择的进程最近一次切换出运行态时的上下文环境，这可以通过载入程序计数器和其他寄存器以前的值来实现。

因此，进程切换涉及状态变化，与模式切换相比需要做更多的工作。

3.5　操作系统的执行

我们已经知道，实际上操作系统与普通的计算机软件以同样的方式运行，也就是说，它也是由处理器执行的一个程序，并且操作系统经常释放控制权，并依赖于处理器恢复控制权。图 3-12 所示为操作系统和用户进程的关系。

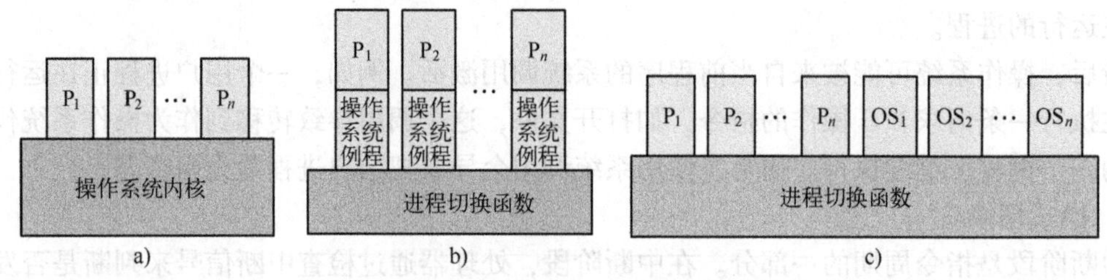

图 3-12　操作系统和用户进程的关系

a）分离的内核　b）在用户进程内执行操作系统例程　c）操作系统例程作为分离的进程执行

3.5.1　无进程的内核

在一些传统的操作系统中，是在所有的进程之外执行操作系统内核的。通过这种方法，当正在运行的进程被中断或产生一个系统调用时，该进程的上下文环境被保存起来，控制权转交给内核。操作系统有自己的内存区域和系统栈，用于控制过程调用和返回。操作系统可以执行任何预期的功能，并恢复被中断进程的上下文，以使被中断的用户进程重新执行。或者，操作系统可以完成保存进程环境的功能，并继续调度和分派另一个进程，是否这样做取决于中断的原因和当前的情况。其关键点是，进程的概念仅适用于用户程序，操作系统代码作为一个在特权模式下工作的独立实体被执行。

3.5.2　在用户进程中执行

在较小机器（PC、工作站）的操作系统中，在用户进程的上下文中执行几乎所有的操作系统软件。其观点是，操作系统从根本上说是用户调用的一组例程，在用户进程环境中执行以实现各种功能。在任何时刻，操作系统都管理着 n 个进程映像，每个映像不仅包括虚拟内存中的用户进程，而且还包括内核的程序、数据和栈区域。

图 3-13 所示为这种策略下的一个典型的进程映像结构。当进程在内核模式下时，独立的内核栈用于管理调用/返回。操作系统代码和数据位于共享地址空间中，被所有的用户进程共享。

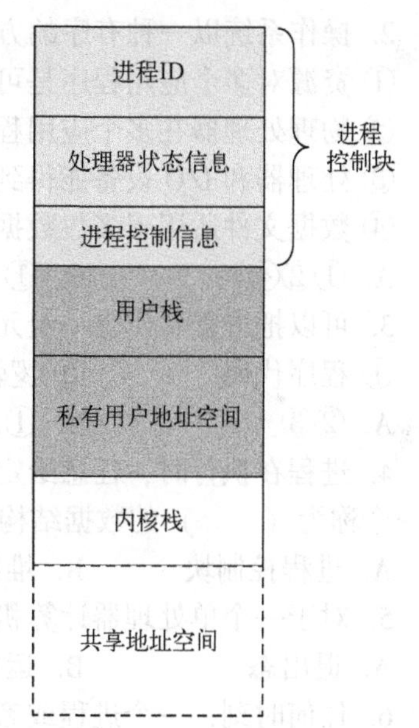

图 3-13　典型的进程映像结构：操作系统在用户空间中执行

当发生一个中断、陷阱或系统调用时，处理器被置于内核态，控制权转交给操作系统。为了将控制权从用户程序转交给操作系统，首先需要保存模式上下文环境并进行模式切换，然后切换到一个操作系统例程，但此时仍然是在当前用户进程中继续执行，因此不需要进行进程切换，仅在同一个进程中进行模式切换。

如果操作系统完成其操作后确定需要继续运行当前进程，则进行一次模式切换，在当前进程中恢复被中断的程序。该方法的重要优点是，一个用户程序被中断以使用某些操作系统例程，然后被恢复，所有这些不以牺牲两次进程切换为代价。如果确定需要进行进程切换，而不是返回到先前执行的程序，则控制权被转交给进程切换例程。这个例程可能在当前进程中执行，也可能不在当前进程中执行，这取决于系统的设计。在某些特殊情况下，例如当前进程必须置于非运行态，而另一个进程将指定为正在运行的进程，为方便起见，这样一个转换过程在逻辑上可以视为在所有进程之外的环境中被执行。

基于用户态和内核态的概念，即使操作系统例程在用户进程环境中执行，用户也不能篡改或干涉操作系统例程。这进一步说明进程和程序的概念是不同的。在一个进程中，用户程序和操作系统程序都有可能执行，而在不同用户进程中执行的操作系统程序是相同的。

3.5.3　基于进程的操作系统

基于进程的操作系统是把操作系统作为一组系统进程来实现，作为内核一部分的软件在内核态下执行。不过在这种情况下，主要的内核函数被组织成独立的进程，同样，还可能有些在任何进程之外执行的进程切换代码。

这种方法利用程序设计原理，促使使用模块化操作系统，并且模块间具有最小的、简明的接口。此外，一些非关键的操作系统函数可简单地用独立的进程实现，例如，用于记录各种资源（如处理器、内存、通道）的使用程度和系统中用户进程的执行速度的监控程序。这个程序没有为任何活动进程提供特定的服务，它只能被操作系统调用。作为一个进程，这个函数可以在指定的优先级上运行，并且在分派器的控制下与其他进程交替执行。最后，把操作系统作为一组进程实现，在多处理器或多机环境中都是十分有用的，这时，一些操作系统服务可以传送到专用处理器中执行，以提高性能。

【习题】

选择题：

1. 所有多道程序操作系统，从单用户系统到支持成千上万用户的主机系统，都是围绕（　　）这一概念创建的。

A. 函数　　B. 模块　　C. 线程　　D. 进程

2. 操作系统以一种有序的方式管理应用程序的执行，以达到（　　）目的。

① 资源对多个应用程序是可用的

② 物理处理器在多个应用程序间切换以保证所有程序都在执行中

③ 处理器和I/O设备能得到充分利用

④ 数据文件适用于多数数据库格式

A. ①②④　　B. ①②③　　C. ①③④　　D. ②③④

3. 可以把进程看作由一组元素组成的实体。进程的两个基本元素是（　　）。

① 程序代码　　② 逻辑函数　　③ 执行模块　　④ 相关数据集

A. ②③　　B. ①②　　C. ①④　　D. ②④

4. 进程在执行时，任意给定一个时间，都可以唯一地表征为一组元素，这些信息被存放在一个称为（　　）的数据结构中。

A. 进程控制块　　B. 堆栈　　C. 列表　　D. 多维数组

5. 对于一个单处理器计算机，在任何时间最多都只有一个进程在执行，其状态为（　　）。

A. 退出态　　B. 运行态　　C. 就绪态　　D. 新建态

6. 任何时刻，一个进程或者正在执行，或者没有执行，即处于（　　）这两种状态之一。

A. 就绪态与运行态　　B. 新建态和就绪态

C. 运行态与退出态　　D. 运行态或非运行态

7.（　　）包含了充分的信息，这样就可以中断一个进程的执行，并且可在后来恢复执行该进程，它是操作系统能够支持多进程和提供多重处理技术的关键工具。

A. 堆栈　　B. 进程控制块　　C. 列表　　D. 多维数组

8. 当操作系统为另一个进程的显式请求创建一个进程时，这个动作称为进程（　　）。

A. 派生　　B. 退出　　C. 组合　　D. 继承

9.（　　）态是指该进程正在执行。如果计算机只有一个处理器，那么一次最多只有一个进程处于这个状态。

A. 新建　　B. 阻塞　　C. 运行　　D. 就绪

10.（　　）态是指进程已经做好准备，只要有机会就开始执行。

A. 新建　　B. 阻塞　　C. 运行　　D. 就绪

11. (　　) 态是指进程在某些事件发生前不能执行，如 I/O 操作完成。

A. 新建　　B. 阻塞　　C. 运行　　D. 就绪

12. (　　) 态是指刚刚创建的进程，操作系统还没有把它加入可执行进程组中。通常是进程控制块已经创建但还没有加载到内存中的新进程。

A. 退出　　B. 阻塞　　C. 新建　　D. 就绪

13. (　　) 态是指操作系统从可执行进程组中释放出的进程，或者是因为它自身的原因停止了，或者是因为某种原因被取消。

A. 退出　　B. 阻塞　　C. 新建　　D. 就绪

14. 以下关于父进程和子进程的叙述中，不正确的是（　　）。

A. 父进程创建子进程，因此父进程执行完之后，子进程才能运行

B. 父进程和子进程之间可以并发执行

C. 父进程可以等待所有子进程结束后再执行

D. 撤销父进程时，可同时撤销其子进程

15. 某系统的进程状态转换如图 3-14 所示，图中的 1、2、3 和 4 分别表示引起状态转换的不同原因，原因 4 表示（ ① ）；一个进程状态转换会引起另一个进程状态转换的是（ ② ）。

① A. 就绪进程被调度　　B. 运行进程执行了 P 操作

C. 发生了阻塞进程等待的事件　　D. 运行进程的时间片结束

② A. 1→2　　B. 2→1　　C. 3→2　　D. 2→4

16. 设系统中有 $n(n>2)$ 个进程，且当前操作系统没有执行管理程序，则不可能发生的情况是（　　）。

A. 没有运行进程，有 2 个就绪进程，$n-2$ 个进程处于等待状态

B. 有 1 个运行进程，没有就绪进程，$n-1$ 个进程处于等待状态

C. 有 1 个运行进程，有 1 个就绪进程，$n-2$ 个进程处于等待状态

D. 有 1 个运行进程，有 $n-1$ 个就绪进程，没有进程处于等待状态

17. 某系统进程的状态包括运行、活跃就绪、静止就绪、活跃阻塞和静止阻塞。针对图 3-15 中的进程状态模型，为了确保进程调度的正常工作，(a)、(b) 和 (c) 的状态分别为（　　）。

A. 静止就绪、静止阻塞和活跃阻塞　　B. 静止就绪、活跃阻塞和静止阻塞

C. 活跃阻塞、静止就绪和静止阻塞　　D. 活跃阻塞、静止阻塞和静止就绪

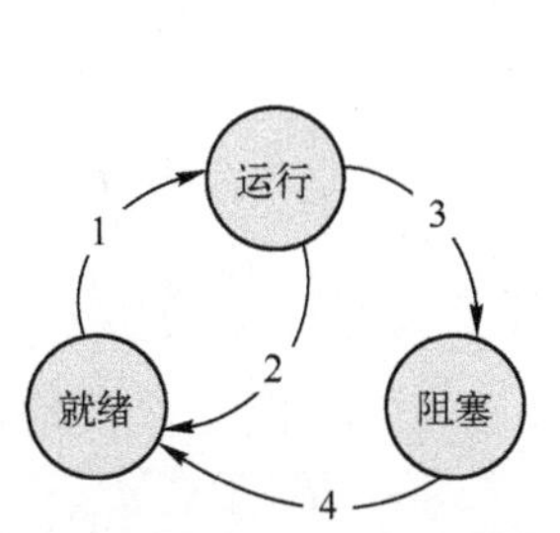

图 3-14　选择题 15 图

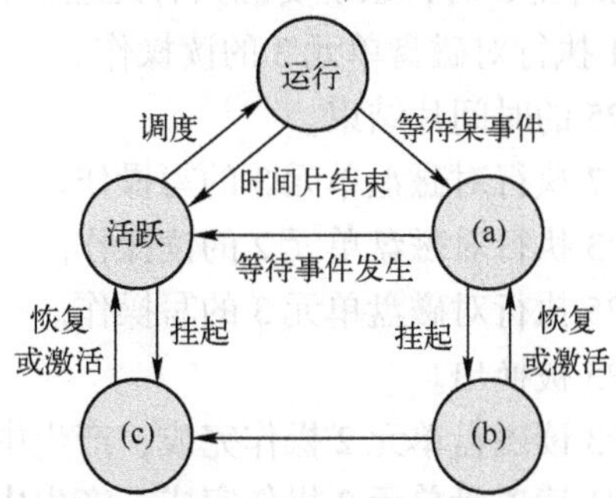

图 3-15　选择题 17 图

18.（　　）是系统中断的一种类型，它与当前正在运行的进程所产生的错误或异常条件相关，如非法的文件访问。

A. 退出　　B. 陷阱　　C. 挂起　　D. I/O中断

19.（　　）是指操作系统确定是否发生了I/O活动。如果I/O活动是一个或多个进程正在等待的事件，操作系统就把所有相应的阻塞态进程转换到就绪态。

A. 退出　　B. 陷阱　　C. 挂起　　D. I/O中断

思考题：

1. 什么是指令跟踪？
2. 通常有哪些常见事件会触发进程的创建？
3. 对于图3-6中的状态进程模型，请简单定义每个状态。
4. 抢占一个进程是什么意思？
5. 什么是交换？其目的是什么？
6. 为什么图3-9b中有两个阻塞态？
7. 列出挂起态进程的4个特点。
8. 操作系统会为哪类实体维护其信息表？
9. 列出进程控制块中的3类信息。
10. 为什么需要两种模式（用户态和内核态）？
11. 操作系统创建一个新进程所执行的步骤是什么？
12. 中断和陷阱有什么区别？
13. 请举出中断的3个例子。
14. 模式切换和进程切换有什么区别？
15. 表3-6所示的状态转换是简化的进程管理模型，其中的标号表示就绪、运行、阻塞和非常驻态之间的转换。

表3-6 状态转换

	就绪	运行	阻塞	非常驻态
就绪	—	1	—	5
运行	2	—	3	—
阻塞	4	—	—	6

请分别列出可以引发每一个上述状态转换的事件，可以用图示的方式说明。

16. 假设在时刻5时，系统资源只有处理器和内存被使用。考虑如下事件：

时刻5：P1执行对磁盘单元3的读操作。

时刻15：P5的时间片结束。

时刻18：P7执行对磁盘单元3的写操作。

时刻20：P3执行对磁盘单元2的读操作。

时刻24：P5执行对磁盘单元3的写操作。

时刻28：P5被换出。

时刻33：P3读磁盘单元2操作完成，产生中断。

时刻36：P1读磁盘单元3操作完成，产生中断。

时刻38：P8结束。

时刻 40：P5 写磁盘单元 3 操作完成，产生中断。

时刻 44：P5 被调入。

时刻 48：P7 写磁盘单元 3 操作完成，产生中断。

请分别写出时刻 22、37 和 47 的每个进程的状态。如果一个进程在阻塞态，那么写出其等待的事件。

17. 图 3-9b 包含了 7 种状态。原则上，如果在任意两个状态之间进行转换，那么共可能有 42 个不同的转换。在这些转换中：

1）列出所有可能的转换，并举例说明什么事件可以导致状态转换的发生。

2）列出所有不可能的转换并说明其原因。

18. 对于图 3-9b 中给出的状态进程模型，请仿照图 3-8b 画出它的排队图。

19. 考虑图 3-9b 所示的状态转换图。假设操作系统正在分派进程，有进程处于就绪态和就绪/挂起态，并且至少有一个处于就绪/挂起态的进程比处于就绪态的所有进程的优先级都高。有两种极端的策略：

1）总是分派一个处于就绪状态的进程，以减少交换。

2）总是把机会给具有最高优先级的进程，即使会导致在不需要交换时进行交换。

请给出一种能均衡考虑优先级和性能的中间策略。

【实验与思考】Windows 进程的“一生”

1. 背景知识

Windows 所创建的每个进程都从调用 CreateProcess( ) API 函数开始，该函数的任务是在对象管理器子系统内初始化进程对象。每一个进程都以调用 ExitProcess( ) 或 TerminateProcess( ) API 函数终止。通常，应用程序的框架负责调用 ExitProcess( ) 函数。对于 C++ 运行库来说，这一调用发生在应用程序的 main( ) 函数返回之后。

（1）创建进程

CreateProcess( ) 调用的核心参数是可执行文件运行时的文件名及其命令行。表 3-7 列出了每个参数的名称及使用目的。

表 3-7　CreateProcess( ) 函数的参数

参数名称	使用目的
LPCTSTRlpApplivationName	全部或部分地指明包括可执行代码的 EXE 文件的文件名
LPCTSTRlpCommandLine	向可执行文件发送的参数
LPSECURIITY_ATTRIBUTESlpProcessAttributes	返回进程句柄的安全属性。主要指明这一句柄是否应该由其他子进程所继承
LPSECURIITY_ATTRIBUTESlpThreadAttributes	返回进程的主线程的句柄的安全属性
BOOLbInheritHandle	一种标志，告诉系统允许新进程继承创建者进程的句柄
DWORDdwCreationFlags	特殊的创建标志（如 CREATE_SUSPENDED）的位标记
LPVOIDlpEnvironment	向新进程发送的一套环境变量，如为 null 值，则发送调用者环境
LPCTSTRlpCurrentDirectory	新进程的启动目录
STARTUPINFOlpStartupInfo	STARTUPINFO 结构，包括新进程的输入和输出配置的详情
LPPROCESS_INFORMATION lpProcessInformation	调用的结果块；发送新应用程序的进程、主线程的句柄和 ID

可以指定 lpApplivationName 参数，即应用程序的名称，其中包括相对于当前进程的当前目录的全路径或者利用搜索方法找到的路径；lpCommandLine 参数允许调用者向新应用程序发送数据；接下来的 3 个参数与进程和它的主线程以及返回的指向该对象的句柄的安全性有关。

然后是标志参数，用于在 dwCreationFlags 参数中指明系统应该给予新进程什么行为。经常使用的标志是 CREATE_SUSPNDED，告诉主线程立刻暂停。当准备好时，应该使用 ResumeThread() API 来启动进程。另一个常用的标志是 CREATE_NEW_CONSOLE，用于告诉新进程启动自己的控制台窗口，而不是利用父窗口。这一参数还允许设置进程的优先级，用于向系统指明相对于系统中所有其他的活动进程来说，给此进程多少 CPU 时间。

接着是 CreateProcess() 函数调用所需要的 3 个通常使用默认值的参数。第一个参数是 lpEnvironment 参数，指明为新进程提供的环境；第二个参数是 lpCurrentDirectory，可用于向主创进程发送与默认目录不同的新进程使用的特殊的当前目录；第三个参数是 STARTUPINFO 数据结构所必需的，用于在必要时指明新应用程序主窗口的外观。

CreateProcess() 的最后一个参数用于新进程对象及其主线程的句柄和 ID 的返回值缓冲区。从 PROCESS_INFORMATION 结构中返回的句柄调用 CloseHandle() API 函数很重要，因为如果不将这些句柄关闭，那么有可能危及主创进程终止之前的任何未释放的资源。

（2）正在运行的进程

如果一个进程拥有至少一个执行线程，则为正在系统中运行的进程。通常，这种进程使用主线程来指示它的存在。当主线程结束时，调用 ExitProcess() API 函数，通知系统终止它所拥有的所有正在运行、准备运行或正在挂起的其他线程。当进程正在运行时，可以查看它的许多特性，其中的少数特性也允许进行修改。

首先可查看的进程特性是系统进程标识符（PID），可利用 GetCurrentProcessId() API 函数来查看。与 GetCurrentProcess() 相似，对该函数的调用不能失败，但返回的 PID 在整个系统中都可使用。其他可显示当前进程信息的 API 函数还有 GetStartupInfo() 和 GetProcessShutdownParameters()，可给出进程存活期内的配置详情。

通常，一个进程需要它的运行期环境的信息。例如 API 函数 GetModuleFileName()和 GetCommandLine()，可以给出用在 CreateProcess()中的参数以启动应用程序。在创建应用程序时，可使用的另一个 API 函数是 IsDebuggerPresent()。

可利用 API 函数 GetGuiResources()来查看进程的 GUI 资源。此函数既可返回指定进程中的打开的 GUI 对象的数目，也可返回指定进程中打开的 USER 对象的数目。进程的其他性能信息可通过 GetProcessIoCounters()、GetProcessPriorityBoost()、GetProcessTimes() 和 GetProcessWorkingSetSize() API 得到。以上几个 API 函数都只需要具有 PROCESS_QUERY_INFORMATION 访问权限的指向所感兴趣进程的句柄。

另一个可用于进程信息查询的 API 函数是 GetProcessVersion()。此函数只需要感兴趣进程的 PID（进程标识号）。本实验的清单 3-2 中列出了这一 API 函数与 GetVersionEx() 的共同作用，可确定运行进程的系统的版本号。

（3）终止进程

所有进程都是以调用 ExitProcess()或者 TerminateProcess()函数结束的。但最好使用前者，而不要使用后者，因为进程是在完成了所有的关闭“职责”之后以正常的终止方式来调用前者的。而外部进程通常调用后者，即突然终止进程的进行，由于关闭时的途径不太正常，因此有可能引起错误的行为。

TerminateProcess( ) API 函数只要打开带有 PROCESS_TERMINATE 访问权的进程对象，就可以终止进程，并向系统返回指定的代码。这是一种“野蛮”的终止进程的方式，但是有时却是需要的。

如果开发人员确实有机会来设计“谋杀”（终止别的进程的进程）和“受害”进程（被终止的进程)，则应该创建一个进程间通信的内核对象，如一个互斥程序，这样，“受害”进程只能等待或周期性地测试它是否应该终止。

2. 工具/准备工作

在开始本实验之前，请回顾本书的相关内容。

需要准备一台运行 Windows 操作系统的计算机，且该计算机中需安装 Visual C++。

3. 实验内容与步骤

本“实验与思考”的目的是：

1）通过创建进程、观察正在运行的进程和终止进程的程序设计及调试操作，进一步熟悉操作系统的进程概念，理解 Windows 进程的“一生”。

2）通过阅读和分析实验程序，学习创建进程、观察进程和终止进程的程序设计方法。

(1) 当前进程对象信息的获取

操作系统将当前运行的应用程序看作进程对象。利用系统提供的唯一的称为句柄（HANDLE）的号码，就可与进程对象交互。这一号码只对当前进程有效。

本实验表示了一个简单的进程句柄的应用。在系统中运行的任何进程都可调用 GetCurrentProcess( ) API 函数和 GetCurrentProcessId( ) 函数。GetCurrentProcess( ) 函数可返回标识进程本身的句柄，GetCurrentProcessId( ) 函数可返回进程标识号。然后就可在 Windows 需要该进程的有关情况时，利用这一句柄或进程标识号来获取。

步骤 1：在 C++开发环境中输入程序 3-1. cpp。

清单 3-1 通过句柄或进程标识号获取当前进程信息。

```
# include <windows. h>
# include <iostream>

int  main( ) {
    //从当前进程中提取句柄
    HANDLEhProcessThis = : : GetCurrentProcess( ) ;
    //提取当前进程的 ID 号
    DWORDdwIdThis = : : GetCurrentProcessId( ) ;
    //获得这一进程所需的操作系统版本
    DWORDdwVerReq = : : GetProcessVersion( dwIdThis) ;
    WORDwMajorReq = (WORD) (dwVerReq >> 16) ; //右移 16 位
    WORDwMinorReq = (WORD) ( dwVerReq & 0xffff) ;
    std : :cout << "当前进程标识号: "<< dwIdThis << ", 所需的操作系统版本: "
            <<wMajorReq << "." << wMinorReq << std : : endl ;
    //设置版本信息的数据结构,以便保存操作系统的版本信息
    OSVERSIONINFOEXosvix;
    : :ZeroMemory( &osvix, sizeof( osvix) ) ;
    osvix. dwOSVersionInfoSize = sizeof( osvix) ;
    //提取当前操作系统的版本信息
    : :GetVersionEx( reinterpret_cast < LPOSVERSIONINFO > ( &osvix) ) ;
    std : :cout <<" 当前操作系统版本: "<< osvix. dwMajorVersion << "."
```

```
        <<osvix. dwMinorVersion << std :: endl;
    //请求内核提供该进程所属的优先权类
    DWORDdwPriority = ::GetPriorityClass(hProcessThis) ;
    //发出消息,为用户描述该类
    std ::cout << "Current process priority: " ;
    switch(dwPriority)
    {
        case HIGH_PRIORITY_CLASS: std ::cout << "高" ; break;
        case NORMAL_PRIORITY_CLASS: std ::cout << "普通" ; break;
        case IDLE_PRIORITY_CLASS:   std ::cout << "空闲"; break;
        case REALTIME_PRIORITY_CLASS: std :: cout << "实时"; break;
        default: std ::cout << "未知"; break;
    }
    std ::cout << std :: endl;
    getchar();//仅仅为了让窗口停下来,以便观察
    return 0;
}
```

清单 3-1 中列出的是一种获得进程句柄的方法。对进程句柄可进行的唯一有用的操作是在 API 调用时，将其作为参数返回给系统，正如清单 3-1 中对 GetPriorityClass() API 函数的调用。在这种情况下，系统向进程对象内“窥视”，以决定其优先级，然后将此优先级返回给应用程序。

OpenProcess()和 CreateProcess() API 函数也可以用于提取进程句柄。前者提取的是已经存在的进程的句柄，而后者创建一个新进程，并将其句柄提供出来。

步骤 2：编译源程序。

你采用的编译方法是（写出编程软件）：________

步骤 3：运行可执行文件。请直接找到可执行文件（如 3-1. exe），单击鼠标右键，选择以管理员身份运行，下同

运行结果：________

____

步骤 4：通过改编程序，增加第二次进程优先级的输出。功能要求如下，在进程运行期间，打开任务管理器，找到当前进程，设置优先级，然后更改当前进程的优先级，使进程执行第二次输出优先级的代码，观察结果。

请问在任务管理器观察到的当前进程的进程名（映像名称）是：________

进程标识号是：________

请描述这次的运行结果：________

____

步骤 5：改编程序，在第二次进程优先级输出前，用编程的方式修改进程优先级。改变优先级的 API 函数 SetPriorityClass()的调用格式如下：

::SetPriorityClass（进程句柄,进程优先级）

其中，进程优先级使用的是优先级类中的成员，如 HIGH_PRIORITY_CLASS。

给出更改进程优先级的代码：

____

____

运行结果：________

通过步骤2~5的运行结果，观察进程标识号有什么规律，是同一个进程吗？为什么？

____

____

知识点回顾：

① 获取当前进程的API：______________________

② 获取当前进程的进程标识号（PID）的API：______________

③ 获取进程所需的操作系统版本的API：______________

④ 获取进程优先级的API：______________________

⑤ 设置进程优先级的API：______________________

⑥ 提取当前操作系统版本信息的API：______________

(2) 获取系统中的进程对象信息

步骤1：在C++开发环境中输入程序3-2.cpp。

清单3-2显示了如何找出系统中正在运行的所有进程，如何利用OpenProcess()API函数来获得每一个访问进程的进一步信息。

清单3-2 利用进程快照获取系统中正在运行的进程，并输出相关的信息。

```
# include <windows. h>
# include <tlhelp32. h>
# include <iostream>
# include <Psapi. h>
# pragma comment(lib,"psapi. lib")
//创建函数 GetKernelModePercentage(),计算进程内核模式消耗的时间百分比
//参数:ftKernel 表示内核模式时间,ftUser 表示用户模式时间
DWORD GetKernelModePercentage(const FILETIME &ftKernel, const FILETIME & ftUser)
{
    //将 FILETIME 结构转化为 64 位整数
    ULONGLONGqwKernel = ( ( (ULONGLONG) ftKernel. dwHighDateTime) << 32) +
                        ftKernel. dwLowDateTime;
    ULONGLONGqwUser = ( ( (ULONGLONG) ftUser. dwHighDateTime) << 32) +
                        ftUser. dwLowDateTime;
    //将消耗时间相加,然后计算消耗在内核模式下的时间百分比
    ULONGLONG qwTotal = qwKernel + qwUser;
    if(qwTotal !=0) {
        DWORDdwPct = (DWORD) ( ( (ULONGLONG) 100 * qwKernel) / qwTotal) ;
        return(dwPct) ;
    }
    else return 0;
}

//获取当前系统运行的进程,并显示相关的进程信息
int  main()
{
    // 对当前系统中运行的进程获取"快照"
    HANDLE hSnapshot=::CreateToolhelp32Snapshot(
        TH32CS_SNAPPROCESS,     // 在快照中包含所有的系统进程
        0);  // 需要获取的进程号,如果是全部进程,则可以设置为 0
    //初始化过程入口
```

```
PROCESSENTRY32 pe;
::ZeroMemory(&pe,sizeof(pe));
pe.dwSize=sizeof(pe);
BOOL bMore=::Process32First(hSnapshot,&pe);
int pcount=0;//进程计数器
while(bMore)
{
   pcount++;
   //打开用于读取的进程
   HANDLE hProcess=::OpenProcess(
       PROCESS_QUERY_INFORMATION,          // 指明要得到的信息
       FALSE,                              // 不必继承这一句柄
       pe.th32ProcessID);                  // 要打开的进程的 ID
   if (hProcess!=NULL)
   {
       //找出进程的时间
       FILETIME ftCreation,ftKernelMode,ftUserMode,ftExit;
       ::GetProcessTimes(
           hProcess,                       // 所感兴趣的进程
           &ftCreation,                    // 进程的启动时间
           &ftExit,                        // 结束时间（如果有的话）
           &ftKernelMode,                  // 在内核模式下消耗的时间
           &ftUserMode);                   // 在用户模式下消耗的时间

       //内核模式时间,64 位整数
       ULONGLONG Kernel=(((ULONGLONG)ftKernelMode.dwHighDateTime)<<32)+
                       ftKernelMode.dwLowDateTime;
       //用户模式时间,64 位整数
       ULONGLONG User=(((ULONGLONG)ftUserMode.dwHighDateTime)<<32)+
                       tUserMode.dwLowDateTime;

       //计算内核模式消耗的时间百分比
       DWORD dwPctKernel=::GetKernelModePercentage(
           ftKernelMode,                   // 在内核模式下消耗的时间
           ftUserMode);                    // 在用户模式下消耗的时间

       //提取进程的内存使用情况
       PROCESS_MEMORY_COUNTERS memoryinfo;
       ::GetProcessMemoryInfo(hProcess,&memoryinfo,sizeof(memoryinfo));

     //向用户显示进程的某些信息
       std::cout<< "进程号：" << pe.th32ProcessID
             << "，父进程号：" << pe.th32ParentProcessID
       //若进程名输出有问题，则可将进程名单独改用其他输出函数
       //如可以用_tprintf(_T("%s"),pe.szExeFile)输出结果

          << "，进程名：" <<pe.szExeFile
          << "，物理内存：" << memoryinfo.WorkingSetSize/1024<<"K"
          <<"，虚拟内存："<<memoryinfo.PagefileUsage/1024<<"K"
       //在 VC++ 6.0 中，如果 User 和 Kernel 变量输出有误
```

```
            //可改用 printf(",用户名模式时间:%llu ms",user),   kernel 亦然
                <<",用户模式时间:" << User<<"ms"
                <<",内核模式时间:"<<Kernel<<"ms"
                << ",内核模式百分比 " << dwPctKernel <<"%"<< std::endl;

            //消除句柄
            ::CloseHandle(hProcess);
        }
        //转向下一个进程
        bMore=::Process32Next(hSnapshot,&pe);
    }
    std::cout<<"系统中运行的进程总数为:"<<pcount<<std::endl;
    getchar();
    return 0;
}
```

步骤2：编译并运行可执行文件，观察运行结果。

选取你感兴趣的5个进程并记录下相关的信息：

____

____

请描述运行结果（结合操作系统知识，讲述清楚结果是什么，提供了哪些信息给我们）：

____

请对比实验中获取的进程数和任务管理器显示的进程数，数目一样吗？如果不同，请指出区别或原因。

____

步骤3：完善程序，如何增加显示进程程序文件的完整路径。

简要提示：

GetProcessImageFileName()可以在Windows XP和Windows 7的32位和64位操作系统获取进程路径。

```
TCHARszImagePath[MAX_PATH];
GetProcessImageFileName(hProcess,           //进程句柄
szImagePath,                                //包括设备名的完整路径程序文件
sizeof(szImagePath))                        //存放结果的变量的字节数
```

可以用_tprintf(_T("%s "),szImagePath) 输出结果（_tprintf 所需的头文件为 tchar.h）。

请记录你的处理过程和结果（写出一个进程的输出结果即可，另外说明遇到的问题或见解）。

处理过程：____

____

结果与说明：____

____

知识点回顾：

① 获取当前系统所有进程快照的API：______________________

② 通过进程标识号（PID）打开进程句柄的API：______________________

③ 通过进程句柄获取相关时间信息的API：______________________

④ 通过进程句柄获得进程内存信息的 API：________________

(3) 创建进程

步骤 1：回顾知识，并请回答：

Windows 所创建的每个进程都是以调用________________API 函数开始和以调用________________或________________API 函数终止的。

步骤 2：在 C++开发环境中输入程序 3-3. cpp。

清单 3-3　创建子进程。

```
#include <windows. h>
#include <iostream>
#include <stdio. h>

//创建子进程,形参表示第几代子进程,即克隆号
voidStartClone( int nCloneID)
{
    //提取用于当前可执行文件的文件名
    TCHARszFilename[ MAX_PATH] ;
    : : GetModuleFileName( NULL, szFilename, MAX_PATH) ;

    // 格式化用于子进程的命令行,并通知其 EXE 文件名和克隆 ID
    TCHARszCmdLine[ MAX_PATH] ;
    //提示:除了 Visual C++ 6.0 以外,很多编译器都需要在%d 前面加空格,使字符串和数值分隔开
    //此外,VS 下可能出现 TCHAR 不识别或 sprintf 语句有错误的情况,可以将字符集调整为多字节
    //字符集来解决
    : : sprintf( szcmdLine," \" %s\" %d" ,szFilename,nCloneID) ;

    // 用于子进程的 STARTUPINFO 结构
    STARTUPINFO si;
    : : ZeroMemory( reinterpret_cast <void * > (&si) ,sizeof( si) ) ;
    si. cb = sizeof( si) ;// 必须是本结构的大小

    //返回用于子进程的进程信息
    PROCESS _INFORMATION pi;

    //调用 API 创建子进程,程序为当前的可执行文件,传递给子进程的参数为可执行文件和克隆号
    BOOLbCreateOK= : : CreateProcess(
        szFilename,             // 产生这个 EXE 应用程序的名称
        szCmdLine,              // 传递给子进程的参数
        NULL,                   // 默认的进程安全性
        NULL,                   // 默认的线程安全性
        FALSE,                  // 不继承句柄
        CREATE_NEW_CONSOLE,  // 使用新的控制台
        NULL,                   // 新的环境
        NULL,                   // 当前目录
        &si,                    // 启动信息
        &pi) ;                  // 返回的进程信息
```

```
        //对子进程释放引用
        if (bCreateOK)
        {
            ::CloseHandle(pi.hProcess) ;
            ::CloseHandle(pi.hThread) ;
        }
    }

    int main(intargc, char * argv[] )
    {
        //确定进程在列表中的位置
        intnClone(0) ;
        if (argc>1)
        {   //从第二个参数中提取克隆 ID
            :: sscanf(argv[1] , "%d" , &nClone) ;

        }
            //显示进程信息
        std::cout << "进程标识符 PID:" << :: GetCurrentProcessId()
                  << ",克隆 ID:" << nClone
                  << std::endl;

        //检查是否有创建子进程的需要
        const int c_nCloneMax=15;
        if (nClone < c_nCloneMax)
        {
            //调用函数,创建子进程
            StartClone(++nClone) ;
        }

        //在终止之前暂停一下
        std ::cout << "input a char ^_^";
         getchar();//从键盘输入一个字符
        std ::cout << "I am gone……Bye_bye";
        :: Sleep(1000);

        return 0;
    }
```

步骤 3：编译源程序。

你采用的编译工具是：____

____

步骤 4：运行可执行文件。请直接找到可执行文件（如 3-3. exe），双击运行

请描述运行情况：____

____

清单 3-3 展示的是一个简单的使用 CreateProcess( ) API 函数的例子。首先形成简单的命令行，提供当前 EXE 文件的指定文件名和代表生成克隆进程的号码。大多数参数都可取默认值，其中，创建标志参数使用了______________________标志，指示新进程分配它自己的控制

台，这使得运行实例程序时任务栏上产生了许多活动标记。然后该克隆进程的创建方法关闭传递过来的句柄并返回 main( ) 函数。在关闭程序之前，每一进程的执行主线程都暂停，以便让用户看到其中的至少一个窗口。

CreateProcess( ) 函数有________个参数？请分析参数情况，如果是输入形参，则指出具体的值是多少。

	含义	输入/输出	值
a.	________________	________	________________
b.	________________	________	________________
c.	________________	________	________________
d.	________________	________	________________
e.	________________	________	________________
f.	________________	________	________________
g.	________________	________	________________
h.	________________	________	________________
i.	________________	________	________________
j.	________________	________	________________

清单 3-3 共出现了几个控制台窗体？创建了多少个子进程？每个子进程都做了什么事情？

____

____

其中，第一个父进程的进程号是________________，克隆 ID 是________________。第一个子进程的进程号是________________，克隆 ID 是________________。最后一个子进程的进程号是________________，克隆 ID 是________________。

请仔细阅读代码，并概括清单 3-3 的功能：

____

____

（4）父子进程

步骤 1：在 C++开发环境中输入程序 3-4. cpp。

清单 3-4　父进程和子进程通过互斥体进行通信。

```
# include <windows. h>
# include <iostream>
# include <stdio. h>
static LPCTSTR g_szMutexName = "w2020. mutex. Suicide";

//创建当前进程的克隆进程
voidStartClone( )
{
    //提取当前可执行文件的文件名
    TCHARszFilename [MAX_PATH];
    ::GetModuleFileName(NULL, sz Filename, MAX_PATH);

    //格式化用于子进程的命令行,包含可执行文件名和字符串 child
    TCHARszCmdLine[MAX_PATH];
    //提示:除了 Visual C++ 6.0 以外,很多编译器都需要在 child 前面加空格
```

```
:: sprintf(szCmdLine, "\" %s\" child" , szFilename) ;

    //子进程的启动信息结构
    STARTUPINFO si;
    ::ZeroMemory(reinterpret_cast < void * > (&si) , sizeof(si));
si. cb = sizeof(si) ;                                  // 应当是此结构的大小

    //返回用于子进程的进程信息
    PROCESS_INFORMATION pi;

    //用同样的可执行文件名和命令行创建进程,并指明它是一个子进程
    BOOLbCreateOk = :: CreateProcess(
        szFilename,                         // 产生的应用程序名称 (本 EXE 文件)
        szCmdLine,                          // 传递给子进程的参数
        NULL,                               // 用于进程的默认安全性
        NULL,                               // 用于线程的默认安全性
        FALSE,                              // 不继承句柄
        CREATE_NEW_CONSOLE,                 // 创建新窗口
        NULL,                               // 新环境
        NULL,                               // 当前目录
        &si,                                // 启动信息结构
        &pi ) ;                             // 返回的进程信息

  //释放指向子进程的引用
    if (bCreateOK)
    {
        : : CloseHandle(pi. hProcess) ;
        : :CloseHandle(pi. hThread) ;
    }
}
void Parent()
{
    //创建互斥程序体
    std ::cout << "父进程开始创建互斥体对象……" << std :: endl;
    HANDLEhMutexSuicide = :: CreateMutex(
        NULL,                               // 默认的安全性
        TRUE,                               // 最初拥有的状态
        g_szMutexName) ;                    // 互斥体名
    if (hMutexSuicide != NULL)
    {
        //创建子进程
        std ::cout << "互斥体创建成功,开始创建子进程……" << std :: endl;
        :: StartClone() ;
        //暂停
        : : sleep(5000) ;
        //将互斥体传给子进程
        std ::cout << "释放互斥体,将其传递给子进程" << std :: endl;
        ::ReleaseMutex(hMutexSuicide) ;
        //消除句柄
        ::CloseHandle(hMutexSuicide) ;
    }
}

void Child()
```

```
{
    //打开互斥体
    std ::cout << "子进程打开互斥体对象句柄 " << std :: endl;
    HANDLEhMutexSuicide = :: OpenMutex(
        SYNCHRONIZE,          // 打开用于同步
        FALSE,                // 不需要向下传递
        g_szMutexName) ;       // 名称
    if (hMutexSuicide != NULL)
    {
        //报告正在等待
        std ::cout << "子进程正在等待父进程释放互斥体…… " << std :: endl;
        ::WaitForSingleObject(hMutexSuicide, INFINITE) ;//一直等待

        std :: cout << "子进程获得了互斥体。" << std :: endl;
      :: CloseHandle(hMutexSuicide) ; // 清除互斥体句柄
      }
    }

int main(intargc, char * argv[ ] )
{
    //决定其行为是父进程还是子进程
    ①if (argc > 1 && :: strcmp(argv[1] , "child" ) = = 0)
      {
    ②        Child( ) ;// 调用子进程需要执行的方法
      }
    ③ else
      {
    ④        Parent( ) ;// 调用父进程需要执行的方法
      }

    ⑤ std::cout << "进程" << :: GetCurrentProcessId( ) << "结束了" << std::endl;
    ⑥ :: Sleep(5000) ;//停止 5000 ms,以便观察,可以根据需要调整数据
    ⑦ return 0;
}
```

步骤2：编译源程序。

你采用的编译工具是：______________________________

____

步骤3：运行可执行文件。请找到可执行文件，双击运行

运行结果：

窗口1：______________________________

____

窗口2：______________________________

____

根据记录结果请回答：

父进程窗口是____________（填写窗口1或2，下同），进程号是____________。

子进程窗口是______________，进程号是____________。

互斥体名称是______________________，创建者是______________________。

观察 main( ) 函数中的语句编号，请分析父进程和子进程分别执行了哪些语句？填写语句编号。

父进程：____________________

子进程：____________________

步骤 4：请通过增加程序功能的方式，分别输出父进程和子进程执行时 agrc 和 argv 的内容。

增加代码的位置说明：

____

____

具体代码：

____

____

结果：

父进程：

argc：____________________

agrv：____________________

子进程：

argc：____________________

agrv：____________________

知识点回顾：

① 创建进程的 API：____________________

② 创建互斥体的 API：____________________

③ 打开互斥体的 API：____________________

④ 关闭句柄的方法：____________________

⑤ 等待获取互斥体对象的方法：____________________

⑥ 释放互斥体对象的方法：____________________

⑦ 获取当前进程可执行文件名和路径的方法：____________________

4. 实验总结

____

____

____

5. 教师实验评价

____

第4章 线程

线程，有时被称为轻量级进程，是程序中的一个单一的顺序控制流程，是程序执行流的最小单元。此外，线程是进程中的一个实体，是被系统独立调度和分派的基本单位。线程自己不拥有系统资源，只拥有一些在运行中必不可少的资源，但它可与同属一个进程的其他线程共享进程所拥有的全部资源。一个线程可以创建和撤销另一个线程，同一进程中的多个线程之间可以并发执行。线程之间的相互制约，致使线程在运行中呈现出间断性。线程也有就绪、阻塞和运行3种基本状态。每个程序都至少有一个线程，若程序只有一个线程，那就是程序本身。

4.1 线程的概念

有关进程的概念，主要包含两个特点：

1）资源所有权：进程中包括存放进程映像的虚拟地址空间，该进程映像是程序、数据、栈和进程控制块中定义的属性的集合。进程总是拥有对资源的控制权或所有权，这些资源包括内存、I/O通道、I/O设备和文件等。操作系统提供保护功能，以防止进程之间发生不必要的与资源相关的冲突。

2）调度/执行：一个进程可以沿着一个或多个程序的执行路径（轨迹）执行，其执行过程可能与其他进程的执行过程交替进行。因此，进程具有一个执行状态（运行、就绪等）和一个被分配的优先级，它是一个可被操作系统调度和分派的实体。

这两个特点是独立的，因此操作系统能够分别处理它们。为区分这两个特点，通常将分派的单位称为线程或轻量级进程，而将拥有资源所有权的单位称为进程或任务。

4.1.1 多线程

每个进程中，只有一个线程在执行的传统方法被称为单线程方法。图4-1左半部分所示的两种安排都是单线程方法，例如，MS-DOS就是一个支持单用户进程和单线程的操作系统，其他操作系统支持多用户进程，如各种版本的UNIX，但每个进程中只有一个线程在执行。

多线程是指操作系统在单个进程内具有多个并发执行路径的能力，即同时运行多个线程来完成不同的工作。图4-1右半部分描述了多线程方法。例如，Java运行时环境是单进程多线程的。Windows、Solaris和很多现代版本的UNIX操作系统都采用每个进程支持多个线程的方法。

在多线程环境中，进程被定义成资源分配的单位和一个被保护的单位。与进程相关联的有：

1）存放进程映像的虚拟地址空间。

2）受保护地对处理器、其他进程（用于进程间通信）、文件和I/O资源（设备和通道）的访问。

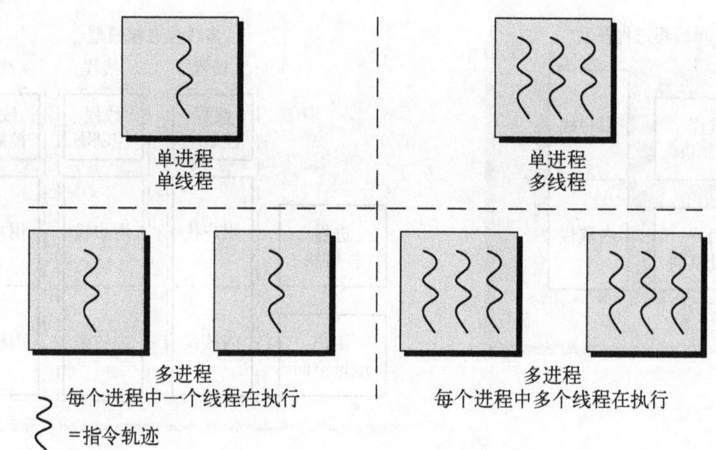

图 4-1　线程和进程

4.1.2　线程的属性

在多线程操作系统中，每个线程都作为利用 CPU 的基本单位，是花费最小开销的实体。线程具有以下属性：

1）轻型实体。线程中的实体基本上不拥有系统资源，只有一些必不可少的、能保证其独立运行的资源。比如，在每个线程中都应具有一个用于控制线程运行的线程控制块（TCB），用于指示被执行指令序列的程序计数器、保留局部变量、少数状态参数和返回地址等一组相关的寄存器和堆栈。

2）独立调度和分派的基本单位。由于线程很“轻”，故线程的切换非常迅速且开销小。

3）可并发执行。一个进程中的多个线程之间可以并发执行，不同进程中的线程也能并发执行。

4）共享进程资源。同一进程中的各个线程都可以共享该进程所拥有的资源，这首先表现在所有线程都具有相同的地址空间（进程的地址空间），线程可以访问该地址空间的每一个虚地址。此外，还可以访问进程所拥有的已打开文件、定时器、信号量机构等。

每个线程有：

- 线程执行状态（运行、就绪等）。
- 在未运行时保存的线程上下文。线程可被视为进程内的一个独立操作的程序计数器。
- 一个执行栈。
- 用于每个线程局部变量的静态存储空间。
- 与进程内的其他线程共享的、对进程的内存和资源的访问。

图 4-2 从进程管理的角度来说明线程。在单线程进程模型中，进程的表示包括它的进程控制块和用户地址空间，以及在进程执行中管理调用/返回行为的用户栈和内核栈。当进程正在运行时，处理器寄存器将被该进程所控制；当进程不运行时，这些处理器寄存器中的内容将被保存。在多线程进程模型中，进程仍然只有一个与之关联的进程控制块和用户地址空间。但是每个线程都有一个独立的栈，还有独立的控制块用于包含寄存器值、优先级和其他与线程相关的状态信息。

因此，进程中的所有线程共享该进程的状态和资源，它们驻留在同一块地址空间中，并且可以访问相同的数据。当一个线程改变了内存中的一个数据项时，其他线程在访问这一数据项

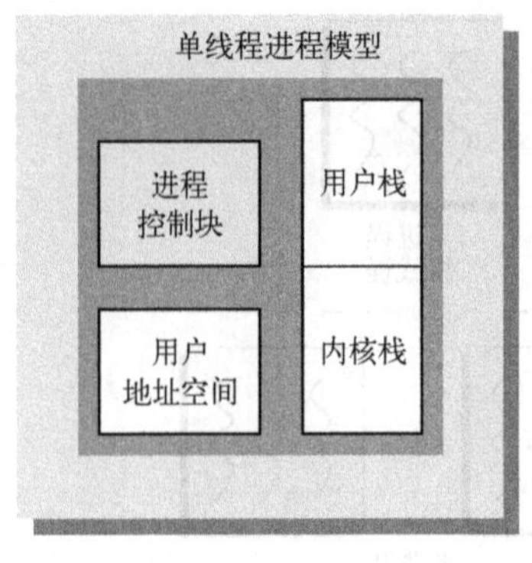

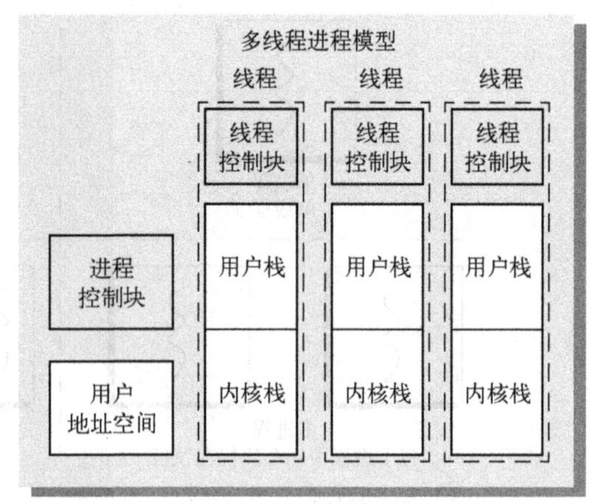

图 4-2　单线程和多线程的进程模型

时能够看到变化后的结果。如果一个线程以读权限打开一个文件，那么同一个进程中的其他线程也能够从这个文件中读取数据。

从性能比较可以看出，线程的重要优点是：

1）在一个已有进程中创建一个新线程比创建一个全新进程所需的时间少很多，例如，在 UNIX 中创建线程要比创建进程快 10 倍。

2）终止一个线程比终止一个进程花费的时间少。

3）同一进程内线程间的切换比进程间切换花费的时间少。

4）线程提高了不同执行程序间通信的效率。在大多数操作系统中，独立进程间的通信需要内核的介入，以提供保护和通信所需要的机制。但是，由于同一进程中的线程共享内存和文件，它们无须调用内核就可以互相通信。

因此，如果一个应用程序或函数被实现为一组相关联的执行单位，那么用一组线程比用一组分离的进程更有效。

文件服务器是使用线程的应用程序的例子。当每个新文件请求到达时，文件管理程序会创建一个新的线程。由于服务器会处理很多请求，因此会在短期内创建和销毁许多线程。如果服务器运行在多处理器机器上，同一进程中的多个线程就可以同时在不同的处理器上执行。此外，由于文件服务中的进程或线程必须共享文件数据，并据此协调它们的行为，因此使用线程和共享内存比使用进程和消息传递要快。

在单处理器多处理系统中，为了简化在逻辑上完成若干项不同功能的程序的结构，线程也是有用的。例如：

- 前台和后台工作：在电子表格程序中，一个线程可以显示菜单并读取用户输入，而另一个线程执行用户命令并更新电子表格。这种方案允许程序在前一条命令完成前提示输入下一条命令，因而常常会使用户感觉到应用程序的响应速度有所提高。
- 异步处理：程序中的异步元素可以用线程实现。例如，为避免掉电带来的损失，往往把文字处理程序设计成每隔 1 min 将内存（RAM）缓冲区中的数据写入磁盘一次。可以创建一个线程，其任务是周期性地进行备份，并且直接由操作系统调度该线程。这样，在主程序中就不需要特别的代码来提供时间检查或者协调输入/输出了。
- 执行速度：一个多线程进程在计算这批数据的同时可以从设备读取下一批数据。在多处理器系统中，同一个进程中的多个线程可以同时执行。这样，即便一个线程在读取数据时由于 I/O 操作而被阻塞，另外一个线程也可以继续运行。

- 模块化程序结构：涉及多种活动或多种输入/输出的源和目的地的程序更易于用线程设计和实现。

在支持线程的操作系统中，调度和分派是在线程基础上完成的，因此大多数与执行相关的信息都可以保存在线程级的数据结构中。但是，有些活动影响着进程中的所有线程，操作系统必须在进程级对它们进行管理。例如，挂起操作涉及把一个进程的地址空间换出内存来为其他进程的地址空间腾出位置。因为一个进程中的所有线程共享同一个地址空间，所以它们都会同时被挂起。类似地，进程的终止会导致进程中所有线程的终止。

4.1.3　线程的功能特性

和进程一样，线程具有执行状态，并且可以相互之间进行同步。

1. 线程状态

和进程一样，线程的关键状态有运行态、就绪态和阻塞态，但线程没有挂起态。挂起态是一个进程级的概念。如果一个进程被换出，由于它的所有线程都共享该进程的地址空间，因此也必须都被换出。

有 4 种与线程状态改变相关的基本操作：

1）派生：派生一个新进程的同时也为该进程派生了一个线程。随后，进程中的线程可以在同一个进程中派生另一个线程，并为新线程提供指令指针和参数；新线程拥有自己的寄存器上下文和栈空间，且被放置在就绪队列中。

2）阻塞：当线程需要等待一个事件时，它将被阻塞，此时处理器转而执行另一个就绪线程。

3）解除阻塞：当阻塞线程的一个事件发生时，该线程被转移到就绪队列中。

4）结束：当一个线程完成时，其寄存器上下文和栈都被释放。

在单处理器中，多道程序设计使得多个进程中的多个线程可以交替执行。在图 4-3 所示的例子中，两个进程中的 3 个线程在处理器中交替执行。在当前正在运行的线程阻塞或它的时间片用完时，执行传递到另一个线程。在这个例子中，线程 C 在线程 A 用完它的时间片后开始运行，即使此时线程 B 也在就绪态。是选择 B 还是选择 C 是一个调度决策问题。

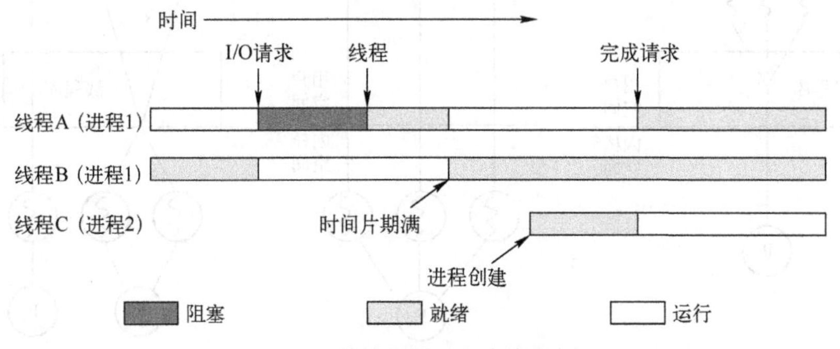

图 4-3　单处理器上的多线程例子

2. 线程同步

一个进程中的所有线程可共享同一个地址空间和打开的文件等资源。一个线程对资源的任何修改都会影响同一个进程中其他线程的环境。因此，需要同步各种线程的活动，以便它们互不干涉且不破坏数据结构。例如，如果两个线程都试图同时往一个双向链表中增加一个元素，则可能会丢失一个元素或者破坏链表结构。

线程同步带来的问题和使用的技术通常与进程同步相同。

4.1.4　线程和进程的区别

线程和进程的区别在于，子进程和父进程有不同的代码和数据空间，而多个线程则共享数据空间，每个线程都有自己的执行堆栈和程序计数器为其执行上下文。多线程主要是为了节约CPU时间。线程的运行中需要使用计算机的内存资源和CPU。

通常在一个进程中可以包含若干个线程，线程可以利用进程所拥有的资源。在引入线程的操作系统中，通常都把进程作为分配资源的基本单位，而把线程作为独立运行和独立调度的基本单位。由于线程比进程小，基本上不拥有系统资源，故对它的调度所付出的开销就会小得多，能更高效地提高系统内多个程序间并发执行的程度，从而显著提高系统资源的利用率和吞吐量。

如今，通用操作系统都引入了线程，以便进一步提高系统的并发性，并把它视为现代操作系统的一个重要指标。

4.2　线程分类

线程可以分为两大类，即用户级线程和内核级线程，后者又称为内核支持的线程或轻量级进程。

4.2.1　用户级线程

在一个纯粹的用户级线程软件中，有关线程管理的所有工作都由应用程序完成，内核意识不到线程的存在。图4-4a说明了纯粹的用户级线程方法。任何应用程序都可以通过使用线程库被设计成多线程程序。线程库是用于用户级线程管理的一个例程包，它包含用于创建和销毁线程的代码、在线程间传递消息和数据的代码、调度线程执行的代码，以及保存和恢复线程上下文的代码。

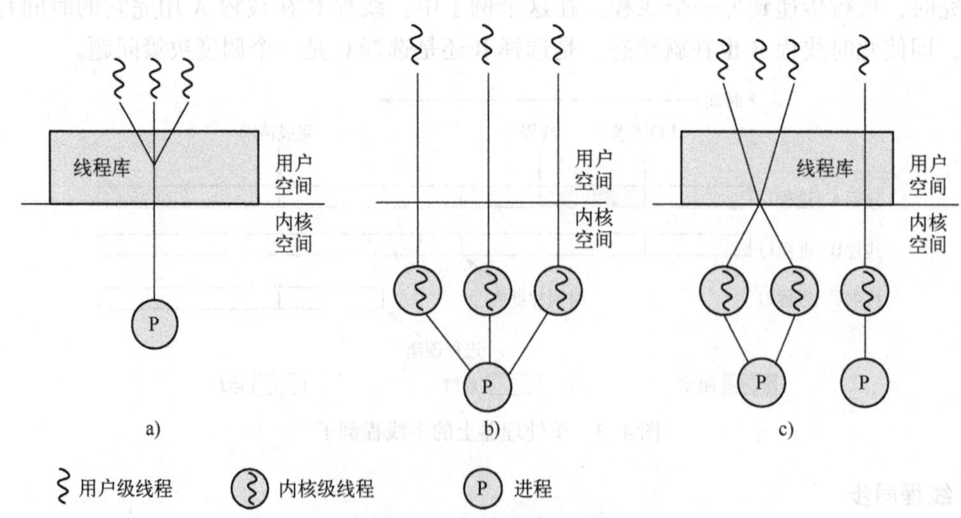

图4-4　用户级线程和内核级线程

a）纯粹的用户级　b）纯粹的内核级　c）组合

在默认情况下，应用程序从单线程开始运行。该应用程序及其线程被分配给一个由内核管理的进程。在应用程序运行（进程处于运行态）的任何时刻，都可以派生一个在相同进程中运行的新线程。派生线程是通过调用线程库中的派生例程得到的。通过过程调用，控制权被传递给派生例程。线程库为新线程创建一个数据结构，然后使用某种调度算法，把控制权传递给该进程中处于就绪态的一个线程。当控制权被传递给线程库时，需要保存当前线程的上下文，然后当控制权从线程库中传递给一个线程时，将恢复那个线程的上下文。上下文实际上包括用户寄存器的内容、程序计数器和栈指针。

上述的所有活动都发生在用户空间中，并且发生在一个进程内，而内核并不知道这些活动。内核继续以进程为单位进行调度，并且给该进程指定一个执行状态（就绪态、运行态、阻塞态等）。

使用用户级线程而非内核级线程有很多优点，包括：

1）由于所有线程管理数据结构都在一个进程的用户地址空间中，线程切换不需要内核态特权，因此，进程不需要为了线程管理而切换到内核态，节省了用户态到内核态的两次状态转换的开销。

2）调度可以是与应用程序相关的。一个应用程序可能更适合简单的轮转调度算法，而另一个应用程序可能更适合基于优先级的调度算法。可以做到为应用程序量身定做调度算法而不扰乱底层的操作系统调度程序。

3）用户级线程可以在任何操作系统中运行，不需要对底层内核进行修改以支持用户级线程。线程库是一组供所有应用程序共享的应用程序级别的函数。

用户级线程相对于内核级线程也有两个明显的缺点：

1）在典型的操作系统中，许多系统调用都会引起阻塞。因此，当用户级线程执行一个系统调用时，不仅这个线程会被阻塞，进程中的所有线程都会被阻塞。

2）在纯粹的用户级线程策略中，一个多线程应用程序不能利用多处理技术。内核一次只把一个进程分配给一个处理器，因此，一个进程中只有一个线程可以执行。事实上，在一个进程内，相当于实现了应用程序级别的多道程序。虽然多道程序会使得应用程序的速度明显提高，但是同时执行部分代码更会使某些应用程序受益。

4.2.2 内核级线程

在一个纯粹的内核级线程软件中，有关线程管理的所有工作都是由内核完成的。应用程序部分没有进行线程管理的代码，只有一个到内核线程设施的应用程序编程接口（API）。例如，Windows 就使用了这种方法。

图 4-4b 所示为纯粹的内核级线程的方法。内核为进程及其内部的每个线程维护上下文信息。调度是由内核基于线程完成的。该方法克服了用户级线程方法的两个基本缺陷。首先，内核可以同时把同一个进程中的多个线程调度到多个处理器中；然后，如果进程中的一个线程被阻塞，那么内核可以调度同一个进程中的另一个线程。内核级线程方法的另一个优点是内核例程自身也是可以使用多线程的。

相对于用户级线程方法，内核级线程方法的主要缺点是：在把控制从一个线程传送到同一个进程内的另一个线程时，需要内核的状态切换。

从表面看，使用内核级线程多线程技术比使用单线程的进程有明显的速度提高，但使用用户级线程却比使用内核级线程有额外的提高。不过这个额外的提高是否真的能够实现，则取决于应用程序的性质。如果应用程序中的大多数线程切换都需要内核态的访问，那么基于用户级线程的方案不会比基于内核级线程的方案好多少。

4.2.3　混合方法

某些操作系统提供了一种混合的用户级线程/内核级线程设施（见图 4-4c）。在混合系统中，线程的创建完全在用户空间中完成，线程的调度和同步也在应用程序中进行。一个应用程序中的多个用户级线程被映射到一些（小于或等于用户级线程的数目）内核级线程上。程序员可以为特定的应用程序和处理器调节内核级线程的数目，以达到整体最佳结果。

在混合方法中，同一个应用程序中的多个线程可以在多个处理器上并行地运行，某个会引起阻塞的系统调用不会阻塞整个进程。如果设计正确，那么该方法将会结合纯粹的用户级线程方法和内核级线程方法的优点，同时克服它们的缺点。

资源分配和分派单元的概念一直体现在单个进程的概念中，即线程和进程的关系是 1∶1 的。研究的热点是，在一个进程中提供多个线程。这是一种多对一的关系。此外，还有两种组合，即多对多的关系和一对多的关系。

4.3　多核和多线程

使用多核系统支持单个多线程应用程序的情况可能会出现在工作站、游戏机或者正在运行处理器密集型应用的个人计算机上。这种情况会带来一些性能和应用程序设计上的问题。

多核架构带来的潜在性能提升取决于一个应用程序有效使用可用并行资源的能力。研究表明，大量应用程序可以有效地利用多核系统。由于采取了很多措施来降低硬件架构、操作系统、中间件和数据库应用软件本身的串行部分的比例，因此数据库管理系统和数据库应用程序能有效地使用多核系统。另外，许多不同类型的服务器程序能够有效使用并行化的多核架构，因为服务器程序通常会并行地处理许多相对独立的事务。

除了通用的服务器软件以外，其他一些种类的应用程序也可以从多核系统中直接获益，因为它们的吞吐量能够随着处理器核心的数量而伸缩。例如：

- 多进程应用程序：其特征是具有多个单线程的进程，如 Oracle 数据库。
- Java 应用程序：Java 从根本上支持线程的概念。不仅 Java 语言本身能够很方便地支持多线程应用程序开发，Java 虚拟机也是一个多线程进程，它为 Java 应用程序提供调度机制和内存管理操作。基于 J2EE 开发的所有应用程序都可以直接从多核技术中获益。
- 多实例应用程序：即使个别应用程序没有利用大量的线程来实现伸缩性，但它仍然可以通过并行运行多个应用程序的实例来从多核架构中获益。如果多个应用程序实例需要一定程度上的隔离性，则可以使用虚拟化技术（虚拟出支撑操作系统的硬件）为每个实例提供独立、安全的环境。

【习题】

选择题：

1. 线程，也被称为轻量级（　　），是程序中的一个单一的顺序控制流程，是程序执行流的最小单元。

A. 模块　　B. 进程　　C. 程序　　D. 微核

2. 线程是被系统独立调度和分派的基本单位，线程自己不拥有（　　）。

A. 运行条件　　B. 函数变量　　C. 程序指令　　D. 系统资源

3. 线程有（　）等基本状态。每一个程序都至少有一个线程，若程序只有一个线程，那么就是程序本身。

① 运行　　② 就绪　　③ 挂起　　④ 阻塞

A. ①②④　　B. ①②③④　　C. ②③④　　D. ①③④

4.（　　）中包括一个存放其映像的虚拟地址空间，它是程序、数据、栈和进程控制块中定义的属性的集合。

A. 模块　　B. 进程　　C. 线程　　D. 程序

5. 有关进程的概念，主要包含两个特点，它们是（　　）。这两个特点是独立的，因此操作系统能够分别处理它们。

① 资源所有权　　② 调度/执行　　③ 多线程　　④ 程序调用

A. ①③　　B. ①④　　C. ②③　　D. ①②

6.（　　）是指进程总是拥有对资源的控制或所有权，这些资源包括内存、I/O 通道、I/O 设备和文件等。

A. 资源所有权　　B. 调度/执行　　C. 多线程　　D. 程序调用

7.（　　）是指进程具有一个执行状态（运行、就绪等）和一个被分配的优先级，它是一个可被操作系统调度和分派的实体，分派的单位称为线程。

A. 资源所有权　　B. 调度/执行　　C. 多线程　　D. 程序调用

8.（　　）是指操作系统在单个进程内具有多个并发执行路径的能力，即同时运行多个线程来完成不同的工作。

A. 资源所有权　　B. 调度/执行　　C. 多线程　　D. 程序调用

9. 在多线程操作系统中，每个线程都作为利用（　　）的基本单位，是花费最小开销的实体。

A. I/O 设备　　B. 外存　　C. 内存　　D. CPU

10. 线程具有的属性包括（　　）。

① 独立调度和分派的基本单位　　② 轻型实体

③ 可并发执行　　④ 共享进程资源

A. ①②④　　B. ①②③④　　C. ①②③　　D. ②③④

11. 进程中的所有线程（　　）该进程的状态和资源，它们驻留在同一块地址空间中，并且可以访问相同的数据。

A. 共享　　B. 独占　　C. 排除　　D. 分解

12. 所有线程都共享其所在进程的地址空间，因此，线程没有（　　）。

A. 阻塞态　　B. 运行态　　C. 挂起态　　D. 就绪态

13. 与线程状态改变相关的基本操作包括（　　）。

① 派生　　② 阻塞　　③ 解除阻塞　　④ 结束

A. ②③④　　B. ①②③　　C. ①③④　　D. ①②③④

14. 子进程和父进程有（　　）。

A. 相同的代码和数据空间　　B. 不同的代码和数据空间

C. 不同的代码和相同的数据空间　　D. 相同的代码和不同的数据空间

15. 多个线程（　　）数据空间，每个线程都有自己的执行堆栈和程序计数器为其执行上下文。

A. 共享　　B. 抢占　　C. 互斥使用　　D. 轮换使用

16. 运行线程需要使用计算机的内存资源和 CPU。多线程主要是为了根据具体情况来节约（　　）。

A. 设备利用时间　　B. CPU 时间　　C. 外存空间　　D. 内存空间

17. 线程的实现可以分为两大类，即（　　）线程。

A. 轻量和重量级　　B. 用户和内核级　　C. 程序和指令级　　D. 模块和函数级

18.（　　）线程可以在任何操作系统中运行，不需要对底层内核进行修改。

A. 函数级　　B. 系统级　　C. 内核级　　D. 用户级

19. 在一个纯粹的（　　）线程软件中，有关线程管理的所有工作都是由内核完成的，应用程序部分没有进行线程管理的代码。

A. 重量级　　B. 系统级　　C. 内核级　　D. 用户级

20. 使用多核系统支持单个（　　）应用程序的情况，其潜在性能提升取决于一个应用程序有效使用可用并行资源的能力。

A. 多线程　　B. 单线程　　C. 模块　　D. 用户

思考题：

1. 请列出线程间的状态切换比进程间的状态切换开销更小的原因。
2. 在进程概念中体现出的两个独立且无关的特点是什么？
3. 给出在单用户多处理系统中使用线程的 4 个例子。
4. 哪些资源通常被一个进程中的所有线程共享？
5. 列出用户级线程相对于内核级线程的 3 个优点和两个缺点。
6. 在进程中使用多线程有两个好处：

1）在进程中创建一个新线程的开销比创建一个新进程的开销小。

2）同一进程的线程间的通信简单。

那么在同一进程中，两个线程切换的开销是否也比不同进程的两个线程切换的开销小？

7. 在比较用户级线程和内核级线程时曾指出用户级线程的一个缺点是，当一个用户级线程执行系统调用时，不仅这个线程被阻塞，进程中的所有线程都被阻塞。请问这是为什么？

8. 考虑这样一个环境，用户级线程和内核级线程呈一对一的映射关系，并且允许进程中的一个或多个线程产生会引发阻塞的系统调用，而其他线程可以继续运行。解释为什么在单处理器机器上，这个模型可以使多线程程序比相应的单线程程序的运行速度更快。

9. 当一个进程退出时，其正在运行的线程是否会继续运行？

【实验与思考】利用互斥体保护共享资源

在本实验中，通过对互斥体对象的了解，加深对 Windows 线程同步的理解。

1）了解在进程中如何使用互斥体对象。

2）了解父进程创建子进程的程序设计方法。

1. 工具/准备工作

在开始本实验之前，请回顾本章的相关内容。

需要准备一台运行 Windows 操作系统的计算机，并且该计算机中需安装 Visual C++ 6.0。

2. 实验内容与步骤

清单 4-1 的程序中显示的类 CCountUpDown 使用了一个互斥体来保证对两个线程间单一数值的访问。每个线程都企图获得控制权来改变该数值，然后将该数值写入输出流中。创建者实际上创建的是互斥体对象。计数方法的执行、等待及释放，为的是共同使用互斥体所需的资源(因而也就是共享资源)。

步骤 1： 编辑实验源程序 4-1. cpp （也可直接打开下载的源程序文件 4-1. cpp)。

清单 4-1 利用互斥体保护共享资源。

```
// mutex 项目
# include <windows. h>
# include <iostream>
//利用互斥体来保护同时访问的共享资源
classCCountUpDown
{
    public:
    //创建者创建两个线程来访问共享值
    CCountUpDown( int nAccesses):
        m_hThreadInc(INVALID_HANDLE_VALUE),
        m_hThreadDec( INVALID_HANDLE_VALUE),
        m_hMutexValue( INVALID_HANDLE_VALUE),
        m_nValue(0),
        m_nAccess( nAccesses)
    {
        //创建互斥体用于访问数值
        m_hMutexValue = : : CreateMutex(
            NULL,                               // 默认的安全性
            TRUE,                               // 初始时拥有,在所有的初始化结束时将释放
            NULL);                              // 匿名的
        m_hThreadInc = : : CreateThread(
            NULL,                               // 默认的安全性
            0,                                  // 默认堆栈
            IncThreadProc,                      // 类线程进程
            reinterpret_cast <LPVOID> (this),   // 线程参数
            0,                                  // 无特殊的标志
            NULL);                              // 忽略返回的 id
        m_hThreadDec = : : CreateThread(
            NULL,                               // 默认的安全性
            0,                                  // 默认堆栈
            DecThreadProc,                      // 类线程进程
            reinterpret_cast <LPVOID> (this),   // 线程参数
            0,                                  // 无特殊的标志
            NULL);                              // 忽略返回的 id

        //允许另一个线程获得互斥体
        : : ReleaseMutex( m_hMutexValue);
    }

    //解除程序释放对对象的引用
    virtual ~ CCountUpDown( )
    {
        : : CloseHandle( m_hThreadInc);
        : : CloseHandle( m_hThreadDec);
        : : CloseHandle( m_hMutexValue);
    }
```

```
//简单的等待方法,在两个线程终止之前可暂停主调者
virtual voidWaitForCompletion( )
{
    //确保所有对象都已准备好
    if (m_hThreadInc ! = INVALID_HANDLE_VALUE &&
      m_hThreadDec ! = INVALID_HANDLE_VALUE)
    {
        // 等待两者完成(顺序并不重要)
        : : WaitForSingleObject( m_hThreadInc, INFINITE) ;
        : : WaitForSingleObject( m_hThreadDec, INFINITE) ;
    }
}

protected:
//改变共享资源的简单方法
virtual voidDoCount( int nStep)
{
    // 循环,直到所有的访问都结束为止
    while (1)
    {
        //等待访问数值
        : : WaitForSingleObject( m_hMutexValue, INFINITE) ;
        if (m_nAccess>0) {
            //改变并显示该值
            m_nValue+ = nStep;

            std: : cout<<"thread: "<<: : GetCurrentThreadId( )
                    <<"value: "<<m_nvalue<<"access: "<<m_nAccess
                    <<std: : endl;

            //发出访问信号并允许线程切换
            --m_nAccess;
            : : Sleep(1000);     // 实现线程切换,并使显示速度放慢

            //释放对数值的访问
            : : ReleaseMutex( m_hMutexValue) ;
        }
        else break;
    }
}

static DWORD WINAPIIncThreadProc( LPVOID lpParam)
{
    //将参数解释为"this" 指针
    CCountUpDown * pThis =
        reinterpret_cast<CCountUpDown * >( lpParam) ;

    //调用对象的增加方法并返回一个值
    pThis->DoCount( +1) ;
    return(0) ;
}

static DWORD WINAPIDecThreadProc( LPVOID lpParam)
{
    //将参数解释为"this"指针
```

```
        CCountUpDown * pThis=
            reinterpret_cast<CCountUpDown * >(lpParam);
        //调用对象的减少方法并返回一个值
        pThis->DOCount(-1);
        return(0);
    }

protected:
        HANDLE m_hThreadInc;
        HANDLE m_hThreadDec;
        HANDLE m_hMutexValue;
        int m_nValue;
        int m_nAccess;
};

void main()
{
    CCountUpDown ud(50) ;
    ud.WaitForCompletion();
}
```

步骤 2：单击 Build 菜单中的 Compile 4-1. cpp 命令，并单击“是”按钮确认，系统对 4-1. cpp 进行编译。

步骤 3：编译完成后，单击 Build 菜单中的 Build 4-1. exe 命令，建立 4-1. exe 可执行文件。

请记录：操作能否正常进行？如果不行，则可能的原因是什么？

____

步骤 4：在工具栏单击 Execute Program 按钮，执行 4-1. exe 程序。

分析清单 4-1 的运行结果，可以看到线程（加和减线程）的交替执行（因为 Sleep() API 允许 Windows 切换线程）。在每次运行之后，数值应该返回初始值（0），因为在每次运行至 Sleep()语句后，写入线程在等待队列中变成最后一个，内核保证它在其他线程工作时不会再运行，加、减线程各自运行了 25 次。

1）请描述运行结果（如果运行不成功，则可能的原因是什么?）：

____

____

2）根据运行输出结果，对照分析清单 4-1 程序，可以看出程序运行的流程吗？请简单描述加、减线程是如何交替执行的。

____

____

3）清单 4-1 中的临界资源、临界区各是什么？是如何实现线程对临界资源的互斥访问的?

____

____

3. 实验总结

____

____

____

4. 教师实验评价

____

第5章 互斥与同步

操作系统设计中的核心问题之一是进程和线程的管理，即：

- 多道程序设计技术：管理单处理器系统中的多个进程。
- 多处理器技术：管理多处理器系统中的多个进程。
- 分布式处理器技术：管理多台分布式计算机系统中多个进程的执行，如集群技术。

并发是所有这些问题的基础，也是操作系统设计的基础。并发的设计问题包括进程间的通信、资源共享与竞争（如内存、文件、I/O 访问）、多个进程活动的同步以及分配给进程的处理器时间等。这些问题不仅会出现在多处理器和分布式处理器环境中，也会出现在单处理器的多道程序设计系统中。表 5-1 列出了一些与并发相关的关键术语。

表 5-1　与并发相关的关键术语

术　语	说　明
原子操作	一个函数或动作由一个或多个指令序列实现，对外是不可见的。也就是说，没有其他进程可以看到其中间状态或者中断此操作。要保证指令的序列要么作为一个组来执行，要么都不执行，对系统状态没有可见的影响。原子性保证了并发进程的隔离
临界区	是一段代码。在这段代码中，进程将访问共享资源，当已有进程在这段代码中运行时，新进程就不能执行这段代码
死锁	指两个或两个以上的进程因其中的每个进程都在等待其他进程做完某些事情而不能继续执行
活锁	指两个或两个以上的进程为了响应其他进程中的变化而持续改变自己的状态，但不做有用的工作
互斥	指当一个进程在临界区访问共享资源时，其他进程不能进入该临界区访问任何共享资源
竞争条件	指多个线程或者进程在读/写一个共享数据时，其结果依赖于它们执行的相对时间
饥饿	指一个可运行的进程尽管能继续执行，但被调度程序无限期地忽视而不能被调度执行

并发会出现在以下 3 种不同的上下文中：

1）多应用程序：多道程序设计技术允许在多个活动的应用程序间动态地共享处理器时间。

2）结构化应用程序：作为模块化设计和结构化程序设计的扩展，一些应用程序可以被有效地设计成一组并发进程。

3）操作系统结构：基于应用结构化程序的特点，操作系统自身作为一组进程或线程实现。

5.1　并发的原理

在单处理器多道程序设计系统中，进程被交替执行，表现出一种并发执行的外部特征。即使不能实现真正的并行处理，在进程间来回切换也需要一定的开销，交替执行在处理效率和程序结构上还是带来了很多好处。在多处理器系统中，不仅可以交替执行进程，也可以重叠执行进程。

从表面上看，交替和重叠代表了完全不同的执行模式，而实际上，这两种技术都可以看作并发处理的实例。在单处理器的情况下，问题源于多道程序设计系统的一个基本特性，即进程的相对执行速度不可预测。进程的相对执行速度取决于其他进程的活动、操作系统处理中断的方式及操作系统的调度策略。这就带来了以下的困难：

1）全局资源的共享充满了危险。例如，如果两个进程都使用同一个全局变量，并且都对该变量执行读/写操作，那么不同的读/写执行顺序是非常关键的。

2）操作系统很难对资源进行最优化分配。例如，进程 A 可能请求使用一个特定的 I/O 通道并获得控制权，但在使用之前这个通道被阻塞了，操作系统却仍然锁定这个通道以防止其他进程使用，这种情况就有可能导致死锁。

3）定位程序设计错误非常困难。这是因为结果通常是不确定的和不可再现的。

这些困难在多处理器系统中都有具体表现，因为在这样的系统中进程执行的相对速度也是不可预测的。一个多处理器系统还必须处理多个进程同时执行所引发的问题。

5.1.1 关于原语

原语是指在操作系统中调用核心层子程序的指令。原语与一般广义指令的区别在于它是不可中断的，而且总是作为一个基本单位出现。原语与一般过程的区别在于它是“原子操作”，即一个操作中的所有动作要么全做，要么全不做。换言之，它是一个不可分割的基本单位，因此，在执行过程中不允许被中断。原子操作在内核态下执行，常驻内存。原语的作用是实现进程的通信和控制。如果系统对进程的控制不使用原语，就会造成其状态的不确定性，从而达不到进程控制的目的 。

原语分为 4 类：请求（Req）型原语，用于高层向低层请求某种业务；证实（Cfm）型原语，用于提供业务的层证实某个动作已经完成；指示（Ind）型原语，用于提供业务的层向高层报告一个与特定业务相关的动作；响应（Res）型原语，用于应答，表示来自高层的指示原语已收到。

5.1.2 同步与互斥概述

在操作系统中，进程是占有资源的最小单位，但对于某些资源来说，其在同一时间只能被一个进程所占用。这些一次只能被一个进程所占用的资源就是所谓的临界资源。典型的临界资源如打印机，或是存储在硬盘或内存中被多个进程所共享的一些变量和数据等（这类资源如果不被当成临界资源加以保护，则很有可能造成数据丢失问题）。

对临界资源的访问必须是互斥进行的，也就是当临界资源被占用时，另一个申请临界资源的进程会被阻塞，直到其所申请的临界资源被释放。而进程内访问临界资源的那段程序代码被称为临界区。

进程同步是指在多道程序的环境下存在着不同的制约关系，为了协调这种互相制约的关系，需要实现资源共享和进程协作，从而避免进程之间的冲突。

进程同步也是进程之间直接的制约关系，为完成某种任务而建立了两个或多个线程，这些线程需要在某些位置上协调它们的工作次序而等待，传递信息所产生的制约关系。进程间的直接制约关系来源于它们之间的合作。比如说进程 A 需要从缓冲区读取进程 B 产生的信息，当缓冲区为空时，进程 B 因为读取不到信息而被阻塞。而当进程 A 产生的信息放入缓冲区时，进程 B 才会被唤醒。

进程互斥是进程之间的间接制约关系。当一个进程进入临界区并使用临界资源时，另一个进程必须等待。只有当使用临界资源的进程退出临界区后，这个进程才会解除阻塞状态。比如进程 B 需要访问打印机，但此时进程 A 占用了打印机，进程 B 就会被阻塞，直到进程 A 释放了打印机资源，进程 B 才可以继续执行。

5.1.3 简单举例

考虑下面的过程：

```
void echo()
{
    chin = getchar();
    chout = chin;
    putchar(chout);
}
```

这个过程显示了字符回显程序的基本步骤，每击一下键就从键盘获得输入。每个输入字符都保存在变量 chin 中，然后传送给变量 chout，并回送给显示器。任何程序都可以重复地调用这个过程，接收用户输入，并在屏幕上显示。

现在考虑一个支持单用户的单处理器多道程序设计系统，用户可以从一个应用程序切换到另一个应用程序，每个应用程序都使用同一键盘输入和同一屏幕输出。由于每个应用程序都需要使用过程 echo，所以它被视为一个共享过程，并载入所有应用程序公用的全局存储区中。

进程间的共享内存是非常有用的，它允许进程间有效而紧密地交互。但是，这种共享也可能会带来一些问题。考虑下面的顺序：

1）进程 P_1 调用 echo 过程，在使用 getchar()返回它的值并存储于 chin 后立即被中断，此时，最近输入的字符 x 被保存在变量 chin 中。

2）进程 P_2 被激活并调用 echo 过程，echo 过程运行得出结果，输入内容，然后在屏幕上显示单个字符 y。

3）进程 P_1 被恢复。此时 chin 中的值 x 被写覆盖，因此已丢失，而 chin 中的值 y 被传送给 chout 并显示出来。

此时，第一个字符丢失，第二个字符被显示了两次，问题的本质在于共享全局变量 chin。多个进程访问这个全局变量时，如果一个进程修改了它，然后被中断，则另一个进程可能在第一个进程使用它的值之前又修改了这个变量。假设在这个过程中一次只可以有一个进程，那么前面的顺序会产生如下结果：

1）进程 P_1 调用 echo 过程，在使用 getchar()返回它的值并存储于 chin 后立即被中断，此时，最近输入的字符 x 被保存在变量 chin 中。

2）进程 P_2 被激活并调用 echo 过程。由于 P_1 在 echo 过程中，但 P_1 当前处于阻塞态，因此 P_2 仍被阻塞且不能进入这个过程，等待 echo 过程可用。

3）一段时间后，进程 P_1 被恢复，完成 echo 的执行，并显示出正确的字符 x。

4）当 P_1 退出 echo 后，解除了 P_2 的阻塞。P_2 被恢复后，成功地调用 echo 过程。

这个例子说明，如果需要保护共享的全局变量（及其他共享的全局资源），唯一的办法是控制访问该变量的代码。如果定义一条规则，一次只允许一个进程进入 echo，并且只有在 echo 过程运行结束后它才对另一个进程是可用的，那么这类错误就不会发生了。

这个例子还说明，即使只有一个处理器，在多道程序设计系统中也有可能产生并发问题。在多处理器系统中，同样也存在保护共享资源的问题，解决方法是相同的。首先，假设没有机制来控制及访问共享的全局变量：

1）进程 P_1 和 P_2 分别在一个单独的处理器上执行，它们都调用了 echo 过程。

2）有下面的事件发生，同一行的事件表示是同时发生的：

```
进程 P1                          进程 P2
chin =getchar( ) ;               ·
·                                chin = geichar( ) ;
chout = chin;                    chout = chin;
putchar( chout) ;                ·
·                                putchar( chout) ;
·                                ·
```

其结果是输入 P_1 的字符在显示前丢失，输入 P_2 的字符被显示在 P_1 和 P_2 中。如果增加“一次只能有一个进程处于 echo 中”的规则，则会产生以下的执行顺序：

1）进程 P_1 和 P_2 分别在一个单独的处理器上执行，P_1 调用了 echo。

2）当 P_1 在 echo 过程中时，P_2 不能调用 echo。由于 P_1 已经在 echo 过程中（不论 P_1 是在阻塞还是在执行），P_2 被阻塞且不能进入该过程，因此 P_2 只能等待 echo 过程可用。

3）一段时间后，进程 P_1 完成 echo 的执行，退出该过程并继续执行，在 P_1 从 echo 中退出的同时，P_2 立即被恢复并开始调用 echo。

在单处理器系统的情况下，出现问题的原因是中断可能会在进程中的任何地方停止指令的执行；在多处理器系统的情况下，不仅同样的条件会引发问题，而且当两个进程同时执行且都试图访问同一个全局变量时，也会引发问题。这两类问题的解决方案是相同的，即控制对共享资源的访问。

竞争条件发生在多个进程或者线程读/写数据时，其最终的结果依赖于多个进程的指令执行顺序。考虑下面两个简单例子。

例 1：假设进程 P_1 和 P_2 共享全局变量 a。在执行的某一时刻，P_1 更新 a 为 1，在执行的另一时刻，P_2 更新 a 为 2。此时，两个任务竞争更新变量 a。在本例中，竞争的“失败者”（即最后更新全局变量 a 的进程）决定了变量 a 的最终值。

例 2：考虑进程 P_3 和 P_4 共享全局变量 b 和 c，并且初始值 $b = 1$，$c = 2$。在执行的某一时刻，P_3 执行赋值语句 $b = b + c$，在另一执行时刻，P_4 执行赋值语句 $c = b + c$。两个进程更新不同的变量，两个变量的最终值依赖于两个进程执行赋值语句的顺序。如果 P_3 首先执行赋值语句，那么最终的值为 $b = 3$，$c = 5$。如果 P_4 首先执行赋值语句，那么最终的值为 $b = 4$，$c = 3$。

5.1.4　进程的交互

操作系统需要关注的有关并发的设计和管理问题包括：

1）操作系统必须能够跟踪不同的进程。这可以通过进程控制块来实现。

2）操作系统必须为每个活跃进程分配和释放各种资源。有时，多个进程都想访问相同的资源。这些资源包括：

- 处理器时间：调度管理。
- 存储器：内存管理。大多数操作系统使用虚拟存储方案。
- 文件：文件管理。
- I/O 设备：设备管理。

3）操作系统必须保护每个进程的数据和物理资源，避免其他进程的无意干涉，这涉及与存储器、文件和 I/O 设备相关的技术。

4）一个进程的功能和输出结果必须与执行速度无关（相对于其他并发进程的执行速度）。

为理解如何解决与执行速度无关的问题，首先需要考虑进程间的交互方式。可以根据进程相互之间的感知程度对进程间的交互方式进行分类。表 5-2 列出了 3 种可能的感知程度及相关内容。

表 5-2 进程的交互

感知程度	关　系	一个进程对其他进程的影响	潜在的控制问题
进程之间相互不知道对方的存在	竞争	• 一个进程的结果与另一进程的活动无关 • 进程的执行时间可能会受到影响	• 互斥 • 死锁（可复用的资源） • 饥饿
进程间接知道对方的存在（如共享对象）	通过共享合作	• 一个进程的结果可能依赖于从另一进程获得的信息 • 进程的执行时间可能会受到影响	• 互斥 • 死锁（可复用的资源） • 饥饿 • 数据相关性
进程直接知道对方的存在（它们有可用的通信原语）	通过通信合作	• 一个进程的结果可能依赖于从另一进程获得的信息 • 进程的执行时间可能会受到影响	• 死锁（可消耗的资源） • 饥饿

1）进程之间相互不知道对方的存在：这是一些独立的进程，例如多个独立进程的多道程序设计，可以是批处理作业，也可以是交互式的会话，或者是两者的混合。尽管这些进程不会一起工作，但操作系统需要知道它们对资源的竞争情况，例如，两个无关的应用程序可能都想访问同一个磁盘、文件或打印机。操作系统必须控制对它们的访问。

2）进程间接知道对方的存在：这些进程并不需要知道对方的进程 ID，但它们共享某些对象，如一个 I/O 缓冲区。这类进程在共享同一个对象时表现出合作行为。

3）进程直接知道对方的存在：这些进程可以通过进程 ID 互相通信，用于合作完成某些活动。同样，这类进程表现出合作行为。

实际条件并不总是像表 5-2 中给出的那么清晰，几个进程可能既表现出竞争，又表现出合作。然而，对操作系统而言，分别检查表中的每一项并确定它们的本质是必要的。

1. 进程间的资源竞争

当并发进程竞争使用同一资源时，它们之间会发生冲突。这种情况简单描述为两个或更多的进程在它们的执行过程中需要访问一个资源，每个进程都不知道其他进程的存在，且每个进程都不受其他进程的影响，每个进程也都不影响它所使用资源的状态。这类资源包括 I/O 设备、存储器、处理器时间和时钟等。

竞争进程间没有任何信息交换，但是，一个进程的执行可能会影响竞争进程的行为。特别是当两个进程都期望访问同一个资源时，如果操作系统把这个资源分配给一个进程，那么另一个就必须等待。因此，被拒绝访问进程的执行速度就会变慢。一种极端情况是，被阻塞的进程永远不能访问这个资源，因此该进程就不能成功地结束运行。

竞争进程面临 3 个控制问题，即互斥、死锁和饥饿。

首先是互斥的要求。假设两个或更多个进程需要访问不可共享的资源（即临界资源，如打印机），在执行过程中，每个进程都给该 I/O 设备发送命令，接收状态信息，发送数据和接收数据。使用临界资源的这一部分程序就是程序的临界区，一次只允许一个程序处于临界区中。

实施互斥产生了两个额外的控制问题。一个是死锁。例如，考虑两个进程 P_1 和 P_2 以及两个资源 R_1 和 R_2，假设每个进程为执行部分功能都需要访问这两个资源，那么就有可能出现下列情况：操作系统把 R_1 分配给 P_2，把 R_2 分配给 P_1，每个进程都在等待另一个资源，且在获得其他资源并完成功能前，谁都不会释放自己已经拥有的资源，这两个进程就会发生死锁。

另一个控制问题是饥饿。假设有 3 个进程（P_1、P_2 和 P_3），每个进程都周期性地访问资源 R。考虑这种情况，P_1 拥有资源，P_2 和 P_3 都被延迟，等待这个资源。当 P_1 退出它的临界区时，P_2 和 P_3 都允许访问 R，假设操作系统把访问权授予 P_3，并在 P_3 完成临界区之前 P_1 又需要访问该临界区，如果在 P_3 结束后操作系统又把访问权授予 P_1，并且接下来把访问权轮流授予 P_1 和 P_3，那么即使没有死锁，P_2 也可能被无限地拒绝访问资源。

由于操作系统负责分配资源，因此不可避免地要涉及对竞争的控制。此外，进程自身需要能够以某种方式表达互斥的要求，如在使用前对资源加锁。图 5-1 用抽象术语给出了互斥机制。假设有 n 个进程并发执行，每个进程都包括在某资源 Ra 上操作的临界区，以及不涉及资源 Ra 的其他代码。因为所有的进程都需要访问同一资源 Ra，在同一时刻只有一个进程在临界区，因此为实施互斥，需要两个函数即 entercritical( ) 和 exitcritical( )，每个函数的参数都是竞争使用的资源名。如果一个进程在临界区中，那么任何试图进入临界区的其他进程都必须等待。

```
/* 进程 1 */
void P1
{
  while (true) {
    /* 处理代码 */ ;
    entercritical(Ra) ;
    /* 临界区 */ ;
    exitcritical(Ra) ;
    /* 其他代码 */
  }
}
```

```
/* 进程 2 */
void P2
{
  while (true) {
    /* 处理代码 */ ;
    entercritical(Ra) ;
    /* 临界区 */ ;
    exitcritical(Ra) ;
    /* 其他代码 */
  }
}
```

…

```
/* 进程 n */
void Pn
{
  while (true) {
    /* 处理代码 */ ;
    entercritical(Ra) ;
    /* 临界区 */ ;
    exitcritical(Ra) ;
    /* 其他代码 */
  }
}
```

图 5-1　互斥机制

2. 进程间通过共享的合作

通过共享进行合作的情况，包括进程间在互相并不确切知道对方的情况下进行交互。例如，多个进程可能访问一个共享变量、共享文件或数据库，进程可能使用并修改共享变量而不涉及其他进程，但却知道其他进程也可能访问相同的数据。因此，这些进程必须合作，以确保它们共享的数据得到正确管理。控制机制必须确保共享数据的完整性。

由于数据保存在资源中（设备或存储器），因此会再次涉及有关互斥、死锁和饥饿等控制问题。唯一的区别是可以以两种不同的模式（读和写）访问数据项，并且写操作必须保证互斥。

此外还有一个新要求，即数据的一致性。举个简单的例子，考虑一个关于记账的应用程序，在这个程序中可能会修改各种数据项。假设两个数据项 a 和 b 保持着相等关系（a=b），也就是说，任何一个程序如果修改了其中一个变量，就必须修改另一个。来看下面的两个进程：

```
P1:
    a = a + 1;
    b = b + 1;
P2:
    b = 2 * b;
    a = 2 * a;
```

如果最初的状态是一致的，则分别执行每个进程都会使共享数据保持一致状态。现在考虑下面的并发执行，两个进程在每个数据项（a 和 b）上都考虑到了互斥：

```
a = a + 1;
b = 2 * b;
b = b + 1;
a = 2 * a;
```

按照这个执行顺序，结果不再保持条件 a = b。例如，开始时有 a = b = 1，在这个执行序列结束时有 a = 4 和 b = 3。为避免这个问题，可以把每个进程中的整个序列声明成一个临界区。

在通过共享进行合作的情况下，临界区的概念是非常重要的，前面讲到的抽象函数 entercritical( )和 exitcritical( )也可以用在这里。这种情况下，该函数的参数可能是一个变量、一个文件或任何其他共享对象。此外，如果使用临界区来保护数据的完整性，则没有确定的资源或变量可作为参数。此时，可以把参数视为一个在并发进程间共享的标识符，用于标识必须互斥的临界区。

3. 进程间通过通信的合作

考虑每个进程都有自己独立的环境，不包括其他进程，进程间的交互是间接的，并且都存在共享。在竞争的情况下，它们在不知道其他进程存在时共享资源；在共享的情况下，它们共享变量，每个进程未明确知道其他进程的存在，只知道需要维护数据的完整性。当进程通过通信进行合作时，各个进程都与其他进程进行连接，通信提供了同步和协调各种活动的方法。

在典型情况下，通信可由各种类型的消息组成。发送消息和接收消息的原语由程序设计语言提供，或者由操作系统的内核提供。

由于在传递消息的过程中，进程间未共享任何对象，因而这类合作不需要互斥，但是仍然存在死锁和饥饿的问题。例如有两个进程可能都被阻塞，每个都在等待来自对方的通信，这时会发生死锁。另一方面，考虑 3 个进程 P_1、P_2和 P_3，它们都有如下特性：P_1不断地试图与 P_2或 P_3通信，P_2和 P_3都试图与 P_1通信，如果 P_1和 P_2不断地交换信息，而 P_3一直被阻塞且等待与 P_1通信，由于 P_1一直是活跃的，因此虽不存在死锁，但 P_3处于饥饿状态。

5.1.5 互斥的要求

为了提供对互斥的支持，必须满足以下要求：

1）必须强制实施互斥：在与相同资源或共享对象的临界区有关的所有进程中，一次只允许一个进程进入临界区。

2）一个在非临界区停止的进程不能干涉其他进程。

3）不允许出现需要访问临界区的进程被无限延迟的情况，即不会产生死锁或饥饿。

4）当没有进程在临界区中时，任何需要进入临界区的进程都必须能够立即进入。

5）对相关进程的执行速度和处理器的数目没有任何要求及限制。

6）一个进程驻留在临界区中的时间必须是有限的。

有很多方法都可以满足这些互斥条件。一种是软件方法，由并发执行的进程担负这个责任，这类进程不论是系统程序还是应用程序，都需要与另一个进程合作，而不需要程序设计语言或操作系统提供任何支持来实施互斥。尽管该方法会增加开销和缺陷，但由此可以更好地理解并发处理的复杂性。第二种方法涉及专门的机器指令，它可以减少开销，但却很难成为一种通用的解决方案。第三种方法是在操作系统或程序设计语言中提供某种级别的支持。

表 5-3 总结了操作系统常用的并发机制。

表 5-3　常用并发机制

并发机制	说　明
信号量	用于进程间传递信号的一个整数值。在信号量上只有 3 种操作可以进行，即初始化、递减和增加，这 3 种都是原子操作。递减操作可以用于阻塞一个进程，增加操作可以用于解除阻塞一个进程
二元信号量	只取 0 值和 1 值的信号量
互斥量	类似于二元信号量。关键区别在于为其加锁（设定值为 0）的进程和为其解锁（设定值为 1）的进程必须为同一进程
条件变量	一种数据类型，用于阻塞进程或线程，直到特定的条件为真
管程	一种编程语言结构，在一个抽象数据类型中封装了变量、访问过程和初始化代码。管程的变量只能由管程自己的访问过程来访问，每次只能有一个进程在其中执行。访问过程即临界区。管程可以有一个等待进程队列
事件标志	作为同步机制的一个内存字。应用程序代码可以为标识中的每个位关联不同的事件。通过测试相关的一个或多个位，线程可以等待一个事件或多个事件。在全部的所需位都被设定（AND）或至少一个位被设定（OR）之前，线程会一直被阻塞
信箱/消息	两个进程交换信息的一种方法，也可以用于同步
自旋锁	一种互斥机制，进程在一个无条件循环中执行，等待锁变量的值变为可用

5.2　互斥：硬件的支持

在单处理器机器中，并发进程不能重叠，只能交替。此外，一个进程会一直运行，直到它调用了一个系统服务或被中断。因此，为支持互斥，只需要保证一个进程不被中断就可以了，这种功能可以通过系统内核为启用和禁用中断定义的原语来提供。一个进程可以通过下面的方法实施互斥（与图 5-1 对比）：

```
while (true) {
    /* 禁用中断 */;
    /* 临界区 */;
    /* 启用中断 */;
    /* 其余部分 */;
}
```

由于临界区不能被中断，故可以保证互斥，但这种方法的代价很高。由于处理器被限制于只能交替执行程序，因此执行的效率会明显降低。另一个问题是该方法不能用于多处理器结构中，当一个计算机系统包括多个处理器时，就有可能（典型地）有一个以上的进程同时执行，在这种情况下，禁用中断不能保证互斥。

在多处理器配置中，几个处理器共享内存，在这种情况下不存在主/从关系，处理器间的行为是无关的，表现出一种对等关系，处理器之间没有支持互斥的中断机制。

在硬件级别上，对存储单元的访问排斥对相同单元的其他访问。基于这一点，处理器的设计者提出了一些机器指令，用于保证两个动作的原子性（即表示不能被中断的单个步骤的指令），如在一个取指令周期中对一个存储器单元的读和写或者读和测试是否唯一。在该指令执行的过程中，任何其他指令访问内存都将被阻止，而且这些动作在一个指令周期中完成。

下面介绍两种常见的指令。

1. 比较和交换指令

定义如下：

```
int compare_and_swap(int *word, int testval, int newval)
{
    int oldval;
    oldval = *word;
    if (oldval == testval) *word = newval;
    return oldval;
}
```

该指令的一个版本是用一个测试值检查一个内存单元（*word）。如果该内存单元的当前值是 testval，就用 newval 取代该值，否则保持不变。该指令总是返回旧内存值。因此，如果返回值与测试值相同，则表示该内存单元已被更新。由此可见，这个原子指令由两部分组成：比较内存单元值和测试值；如果值相同，则产生交换。整个比较和交换功能按原子操作执行，即它不接收中断。

该指令的另一个版本是返回一个布尔值：交换发生时为真（true），否则为假（false）。几乎所有的处理器都支持该指令的某个版本，而且多数操作系统都利用该指令支持并发。

图 5-2a 给出了基于这个指令的互斥规程。

parbegin(P_1，P_2，…，P_n)的含义如下：阻塞主程序，初始化并行过程 P_1，P_2，…，P_n，P_1，P_2，…，P_n过程全部终止之后才恢复主程序的执行。

共享变量 bolt 被初始化为 0。唯一可以进入临界区的是发现 bolt 等于 0 的那个进程。所有试图进入临界区的其他进程都进入忙等待模式。术语“忙等待”或“自旋等待”是指这样一种技术：进程在得到临界区访问权之前，它只能继续执行测试变量的指令来得到访问权，除此之外不能做其他事情。当一个进程离开临界区时，它把 bolt 重置为 0，此时只有一个等待进程被允许进入临界区。进程的选择取决于哪个进程正好执行紧接着的比较和交换指令。

2. 交换指令

定义如下：

```
void exchange(int *register, int *memory)
{
    int temp;
    temp = *memory;
    *memory = *register;
    *register = temp;
}
```

该指令对一个寄存器和一个存储单元的内容进行交换。

```
/* 程序互排除 */
const int n= /* 进程个数 */ ;
int bolt;
void P(int i)
{
    while (true) {
        while (compare_and_swap(bolt, 0, 1)==1)
        /* 不做任何事 */;
        /* 临界区 */ ;
        bolt = 0;
        /* 其余部分 */ ;
    }
}
void main()
{
    bolt = 0;
    parbegin( P(1), P(2), …, P(n) ) ;
}
```

a)

```
/* 程序互排除 */
int const n = /* 进程个数 */ ;
int bolt;
void P(int i)
{
    int keyi = 1;
    while (true) {
        do exchange(&keyi, &bolt)
        while (keyi, i = 0) ;
        /* 临界区 */ ;
        bolt = 0;
        /* 其余部分 */ ;
    }
}
void main()
{
    bolt = 0;
    parbegin(P(1), P(2), …, P(n) ) ;
}
```

b)

图 5-2　对互斥的硬件支持

a）比较和交换指令　b）交换指令

图 5-2b 所示为基于交换指令的互斥规程：共享变量 bolt 初始化为 0，每个进程都使用一个局部变量 key 且初始化为 1。唯一可以进入临界区的是发现 bolt 等于 0 的那个进程，它通过把 bolt 置为 1 来排斥所有其他进程进入临界区。当一个进程离开临界区时，bolt 重置为 0，允许另一个进程进入这个临界区。

如果 bolt = 0，则没有进程在临界区中；如果 bolt = 1，则 key 值等于 0 的进程在临界区中。使用专门的机器指令实施互斥的优点是：

- 适用于在单处理器或共享内存的多处理器上任何数目的进程。
- 简单且易于证明。
- 可用于支持多个临界区，每个临界区都可以用它自己的变量定义。

但是，它也有一些缺点：

- 使用了忙等待：当一个进程在等待进入临界区时，会继续消耗处理器时间。

- 可能饥饿：当一个进程离开临界区并且有多个进程正在等待时，选择哪一个等待进程是任意的，因此某些进程可能会被无限地拒绝进入。
- 可能死锁：考虑单处理器中的下列情况，即进程 P_1执行专门指令（如 compare&swapexchange）并进入临界区，然后 P_1被中断并把处理器让给具有更高优先级的 P_2。如果 P_2试图使用同一资源，那么由于互斥机制，它将被拒绝访问。因此，它会进入忙等待循环。但是，由于 P_1比 P_2的优先级低，因此它将永远不会被调度执行。

5.3　信号量

信号量是解决并发问题过程中所使用的一种设施，可以用来保证两个或多个关键代码段不被并发调用。在进入一个关键代码段之前，进程（或线程）必须获取一个信号量；一旦该关键代码段完成了，那么该进程（或线程）必须释放信号量。其他想进入该关键代码段的进程（或线程）必须等待，直到第一个进程（或线程）释放信号量。

5.3.1　信号量的设置

迪杰斯特拉（Dijkstra，1965年）方法指出，两个或多个进程可以通过简单的信号进行合作，一个进程可以被迫在某一位置停止，直到它接收到一个特定的信号。任何复杂的合作需求都可以通过适当的信号结构得到满足。为了发送信号，需要使用一个称为信号量的特殊变量。为了通过信号量s传送信号，进程可执行原语semSignal(s)；为了通过信号量s接收信号，进程可执行原语semWait(s)；如果相应的信号仍然没有发送，则进程被阻塞，直到发送完为止。

为达到预期的效果，可以把信号量视为一个具有整数值的变量，对它定义3个操作：

1）一个信号量可以初始化成非负数。

2）semWait操作使信号量减1。若值为负数，则执行semWait的进程被阻塞，否则进程继续执行。

3）semSignal操作使信号量加1。若值小于或等于0，则由semWait操作阻塞的进程被解除阻塞。

开始时，信号量的值为0或正数。如果该值为正数，则该值等于发出semWait操作后可立即继续执行的进程的数量。如果该值为0（由于初始化，或者由于有等于信号量初值的进程已经等待），则发出semWait操作的下一个进程会被阻塞，此时该信号量的值变为负值。之后，每个后续的semWait操作都会使信号量的负值绝对值更大。该负值等于正在等待解除阻塞的进程的数量。在信号量为负值的情形下，每一个semSignal操作都会将等待进程中的一个进程解除阻塞。

这个信号量定义的3个有意义的结论是：

1）通常，在进程对信号量减1之前，无法提前知道该信号量是否会被阻塞。

2）当进程对一个信号量加1之后，另一个进程会被唤醒，两个进程继续并发运行。而在一个单处理器系统中，同样无法知道哪一个进程会立即继续运行。

3）在向信号量发出信号后，不需要知道是否有另一个进程正在等待，被解除阻塞的进程数量或者没有，或者是一个。

除了这3种操作外，没有其他方法可以检查或操作信号量。图5-3给出了关于信号量原语的规范定义，假设semWait和semSignal原语是原子操作。图5-4给出了二元信号量原语的定义。

```
struct semaphore {
    int count;
    queueType queue;
} ;
void semWait(semaphpre s)
{
    s.count- -;
    if (s.count < 0) {
        /* 把当前进程插入队列当中 */ ;
        /* 阻塞当前进程 */ ;
    }
}
void semSignal(semaphone s) {
    s.count+ +;
    if (s.count <= 0) {
        /* 把进程 P 从队列当中移除 */ ;
        /* 把进程 P 插入就绪队列 */ ;
    }
}
```

图 5-3 信号量原语的规范定义

```
struct binary semaphore {
    enum {zero, one} value;
    queueType queue;
} ;
void semWait(binary_semaphpre s)
{
    if s.value = = one)
        s.value = zero;
    else {
        /* 把当前进程插入队列当中 */ ;
        /* 阻塞当前进程 */ ;
    }
}
void semSignalB(semaphone s) {
    if (a.queue is empty() )
        a.value = one;
    else {
        /* 把进程 P 从等待队列当中移除 */ ;
        /* 把进程 P 插入就绪队列 */ ;;
    }
}
```

图 5-4 二元信号量原语的定义

一个二元信号量的值只能是 0 或 1，可以使用下面 3 种操作：

1）一个二元信号量可以初始化成 0 或 1。

2）semWaitB 操作检查信号的值，如果值为 0，那么进程执行 semWaitB 就会受阻；如果值为 1，那么将值改变为 0，并且继续执行该进程。

3）semSignalB 操作检查是否有进程在该信号上受阻。如果有，通过 semWaitB 操作受阻的进程就会被唤醒；如果没有进程受阻，那么值会被设置为 1。

理论上，二元信号量更易于实现，并且可以证明它和一般的信号量具有同样的表达能力。为了区分这两种信号量，非二元信号量也常被称为计数信号量或一般信号量。与二元信号量相关的一个概念是互斥量。两者的关键区别在于为互斥量加锁（设定其值为 0）的进程和为互斥量解锁（设定其值为 1）的进程必须是同一个进程。相比之下，可能由某个进程对二元信号量进行加锁操作，而由另一个进程为其解锁。

不论是计数信号量还是二元信号量，都需要使用队列来保存信号量上等待的进程。这就产生了一个问题：进程按照什么顺序从队列中移出？最公平的策略是先进先出（FIFO）：被阻塞时间最久的进程最先从队列释放。采用这个策略定义的信号量称为强信号量，没有规定进程从队列中移出顺序的信号量称为弱信号量。图5-5是一个关于强信号量操作的例子。

这里的进程A、B和C依赖于进程D的结果，在初始时刻①，A正在运行，B、C和D就绪，信号量为1，表示D的一个结果可用。当A执行一条semWait指令后，信号量减为0，A能继续执行，随后它加入就绪队列；在时刻②，B正在运行，最终执行一条semWait指令，并被阻塞；在时刻③，D被允许运行；在时刻④，当D完成一个新结果后，它执行一条semSignal指令，允许B移到就绪队列中；在时刻⑤，D加入就绪队列，C开始运行，当它执行semWait指令时被阻塞。类似地，在时刻⑥，A和B运行，且被阻塞在这个信号量上，允许D恢复执行。当D有一个结果后，执行一条semSignal指令，把C移到就绪队列中，随后的D循环将解除A和B的阻塞状态。

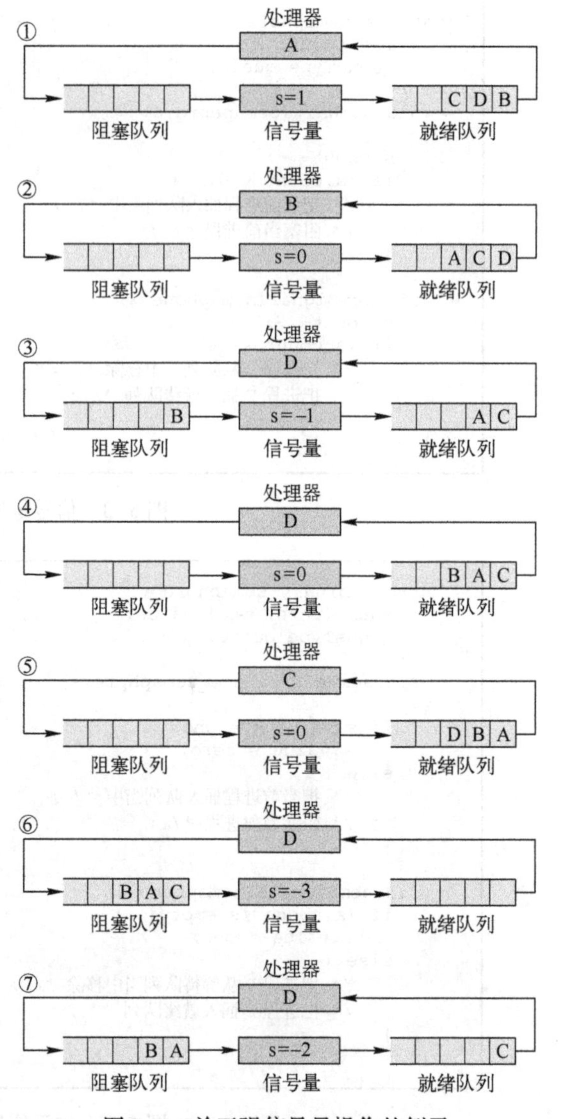

图5-5　关于强信号量操作的例子

5.3.2　强信号量的互斥算法

针对互斥算法，强信号量是操作系统提供的典型的信号量形式，它可以保证不会饥饿且更方便。图5-6给出了一种使用信号量s解决互斥问题的方法。设有*n*个进程，用数组P(i)表示，所有的进程都需要访问共享资源。每个进程进入临界区前执行semWait(s)，如果s的值为负，则进程被阻塞；如果值为1，则s被减为0，进程立即进入临界区；由于s不再为正，因而其他任何进程都不能进入临界区。

信号量一般初始化为1，这样第一个执行semWait的进程可以立即进入临界区，并把s的值置为0。接着任何试图进入临界区的其他进程，都将发现第一个进程忙，因此被阻塞，把s的值置为-1。可以有任意数目的进程试图进入，每个不成功的尝试都会使s的值减1，当最初进入临界区的进程离开时，s增加1，一个被阻塞的进程（如果有的话）被移出等待队列，置就绪态。这样，当操作系统下一次调度时，它可以进入临界区。

图5-7所示为3个进程访问受信号量保护的共享数据的一种可能的执行顺序。在这个例子中，3个进程（A、B、C）访问一个受信号量lock保护的共享资源。进程A执行（lock）；由于信号量在本次senWait操作时值为1，因而A可以立即进入临界区，并把信号量的值置为0；当A在临界区时，B和C都执行一个semWait操作并被阻塞；当A退出临界区并执行sem-

```
/* 程序互排除 */
const int n = /* 进程数 */ ;
semaphore s = 1;
void P(int i) {
   while (ture) {
      semWait(s) ;
      /* 临界区 */ ;
      semSignal(s) ;
      /* 其他部分 */ ; }
}
void mail() {
   parbegin(P(1) , P(2) , …, P(n) ) ;
}
```

图 5-6　使用信号量解决互斥问题

Signal(lock)时，队列中的第一个进程 B 现在可以进入临界区。

图 5-6 所示的程序也可以很好地解决一次允许多个进程进入临界区的要求。这个要求可以通过把信号量初始化成某个特定值来达到。因此，在任何时候，s. count 的值可以解释如下：

1） s. count ≥ 0：s. count 是可以执行 semWait(s)而不被阻塞的进程数（如果此期间没有 semSignal(s) 行）。这种情形允许信号量支持同步与互斥。

2） s. count < 0：s. count 的大小是阻塞在 s. queue 队列中的进程数。

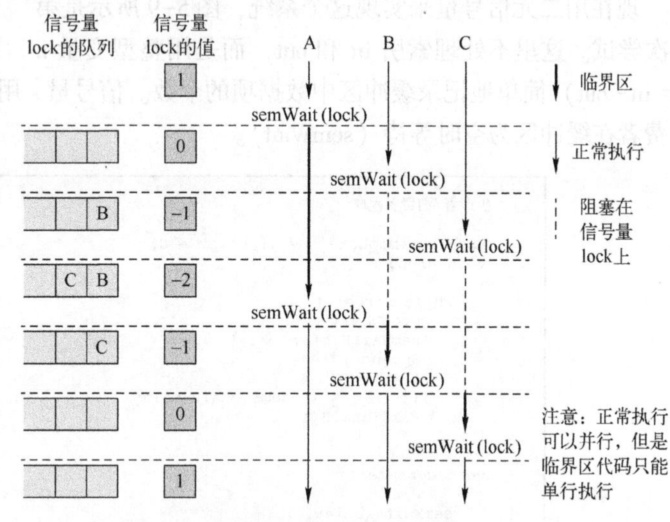

图 5-7　进程访问受信号量保护的共享数据的一种可能的执行顺序

5.3.3　生产者/消费者问题

生产者/消费者问题也称有限缓冲问题，是并发处理中常见的一个多线程同步问题的经典案例。该问题描述了两个共享固定大小缓冲区的线程（即所谓“生产者”和“消费者”）在实际运行时会发生的问题。生产者的主要作用是生成一定量的数据并放到缓冲区中，然后重复此过程。与此同时，消费者也在缓冲区消耗这些数据。该问题的关键是要保证生产者不会在缓冲区满时加入数据，消费者也不会在缓冲区空时消耗数据。

要解决这个问题，就必须让生产者在缓冲区满时休眠（要么干脆就放弃数据），等到下次消费者消耗缓冲区中的数据时，生产者才能被唤醒，开始往缓冲区添加数据。同样，也可以让消费者在缓冲区空时进入休眠，等到生产者往缓冲区添加数据之后，再唤醒消费者。通常采用进程间通信的方法解决该问题，常用的方法有信号灯法等。如果解决方法不够完善，则容易出现死锁的情况。出现死锁时，两个线程都会陷入休眠，等待对方唤醒自己。该问题也能被推广到多个生产者和消费者的情形。

下面讨论该问题的多种解决方案以证明信号量的能力和缺陷。首先假设缓冲区是无限的，并且是一个线性的元素数组。用抽象的术语，可以定义如下的生产者函数和消费者函数：

```
producer:                         consumer:
while (true) {                    while (true) {
    /*生产 v */;                      while (in <= out)
    b(in) = v;                            /* 不做事 */;
    in ++;                            w = b(out);
}                                     out ++;
                                      /* 消费 w */;
                                  }
```

图 5-8 所示为缓冲区 b 的结构。生产者可以按自己的步调产生项目并保存在缓冲区中。每次操作后，缓冲区中的索引（in）增加 1。消费者以类似的方法继续，但必须确保它不会从一个空的缓冲区中读取数据，因此，消费者在开始进行之前应该确保生产者已经生产（in > out）。

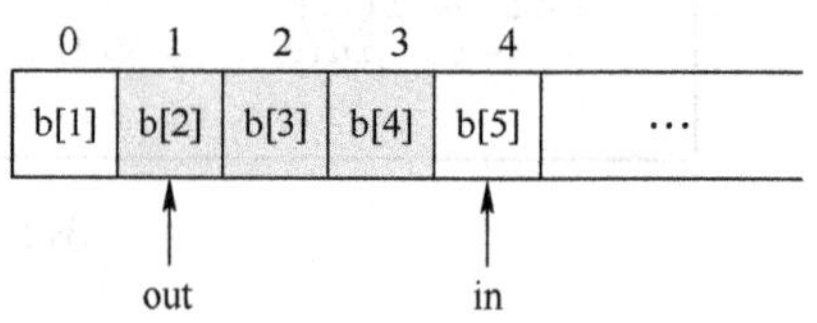

图 5-8　用于生产者/消费者问题的无限缓冲区 b 的结构

现在用二元信号量来实现这个系统，图 5-9 所示是第一次尝试。这里不处理索引 in 和 out，而是用整型变量 n（= in- out）简单地记录缓冲区中数据项的个数。信号量 s 用于实施互斥，信号量 delay 用于迫使消费者在缓冲区为空时等待（semWait）。

```
/* 生产者/消费者程序 */
    int n;
    binary_semaphore s = 1, delay = 0;
    void producer()
    {
        while (true) {
            produce() ;
            semWaitB(s) ;
            append() ;
            n + +;
            if (n = = 1) semSignalB(delay) ;
            semSignalB(s) ;
        }
    }
    void consumer()
    {
        semWaitB(delay) ;
        while (true) {
            semWaitB(s) ;
            take() ;
            n - - ;
            semSignalB(s) ;
            consume() ;
            if (n = = 0) semWaitB(delay) ;
        }
    }
    void main()
    {
        n = 0;
        parbegin(producer, consumer) ;
    }
```

图 5-9　使用二元信号量解决无限缓冲区生产者/消费者问题的不正确方法（第一次尝试）

这种方法看上去很直观。生产者可以在任何时候自由地往缓冲区中添加数据项。它在添加数据前执行 semWaitB(s)，之后执行 semSignalB(s)，以阻止消费者或任何别的生产者在添加操作过程中访问缓冲区。同时，当生产者在临界区中时，将 n 的值增 1。如果 n=1，则在本次添加之前缓冲区是空的，因此生产者通过执行 semSignalB(delay)来通知消费者这个事实。消费者在一开始时就使用 semWaitB(delay)等待生产出第一个项目，然后在自己的临界区中取到这一项并将 n 减 1。如果生产者总能够保持在消费者之前工作（一种普通情况），即 n 将总为正，则消费者很少会被阻塞在信号量 delay 上。因此，生产者和消费者都可以正常运行。

但是这个程序仍有缺陷。当消费者消耗尽缓冲区中的项时，需要重置信号量 delay。因此，它被迫等待到生产者往缓冲区中放置了更多项，这正是语句 if n = = 0 semWaitB(delay)的目的。考虑表 5-4 中列出的情况，在第 14 行，消费者执行 semWaitB 操作失败。但是消费者确实用尽了缓冲区并把 n 置为 0（第 8 行），然而生产者在消费者测试到这一点（第 14 行）之前将 n 增加 1，结果导致 semSignalB 和前面的 semWaitB 不匹配。第 20 行中 n 的值为-1，表示消费者已经消费了缓冲区中不存在的一项。仅把消费者临界区中的条件语句移出也不能解决问题，因为这将导致死锁（如表 5-4 的第 8 行后）。

表 5-4　图 5-9 中程序的可能情况

序号	生　产　者	消　费　者	s	n	delay
1			1	0	0
2	semWaitB(s)		0	0	0
3	n + 1		0	1	0
4	if(n= =1)(semSignalB(delay))		0	1	1
5	semSignalB(s)		1	1	1
6		semWaitB(delay)	1	1	0
7		semWaitB(s)	0	1	0
8		n- -	0	0	0
9		semSignalB(s)	1	0	0
10	semWaitB(s)		0	0	0
11	n+ +		0	1	0
12	if(n= =1)(semSignalB(delay))		0	1	1
13	semSignalB(s)		1	1	1
14		if(n= =0)(semSignalB(delay))	1	1	1
15		semSignalB(s)	0	1	1
16		n- -	0	1	1
17		semSignalB(s)	1	0	1
18		if(n= =0)(semWaitB(delay))	1	0	0
19		semWaitB(s)	0	0	0
20		n- -	0	-1	0
21		semSignalB(s)	1	-1	0

注：阴影区域表示由信号量控制的临界区。

解决这个问题的方法是引入一个辅助变量，可以在消费者的临界区中设置这个变量供以后使用（见图 5-10）。通过仔细跟踪这个逻辑过程，可以确认不会再发生死锁。

如果使用一般信号量（也称为计数信号量），那么可以得到一种更清晰的解决方法（见图 5-11）。

变量 n 为信号量，它的值等于缓冲区中的项数。假设在抄录这个程序时发生了错误，操作 semSignal(s)和 semSignal(n)被互换，这就要求生产者在临界区中执行 semSignal(n)操作时不会被消费者或另一个生产者打断。这实际上并不会影响程序，因为无论任何情况，消费者在继续进行之前都必须在两个信号量上等待。现在假设 semWait(n)和 semWait(s)操作偶然被颠倒，

```
/* 生产者/消费者程序 */
   int n;
   binary_semaphore s = 1, delay = 0;
   void producer()
   {
      while (true) {
         produce() ;
         semWaitB(s) ;
         append() ;
         n + +;
         if (n = = 1) semSignalB(delay) ;
         semSignalB(s) ;
      }
   }
   void consumer()
   {
      int m;   /* 局部变量 */
      semWaitB(delay) ;
      while (true) {
         semWaitB(s) ;
         take() ;
         n - - ;
         m = n;
         semSignalB(s) ;
         consume() ;
         if (m = = 0) semWaitB(delay) ;
      }
   }
   void main()
   {
      n = 0;
      parbegin(producer, consumer) ;
   }
```

图 5-10 使用二元信号量解决无限缓冲区生产者/消费者问题的正确方法

```
/* 生产者/消费者程序 */
   semaphore n = 0, s = 1;
   void producer()
   {
      while (true) {
         produce() ;
         semWait(s) ;
         append() ;
         semSignal(s) ;
         semSignal(n) ;
      }
   }
   void consumer()
   {
      while (true) {
         semWait(n) ;
         semWait(s) ;
         take() ;
         semSignal(s) ;
         consume() ;
      }
   }
   void main()
   {
      parbegin(producer, consumer) ;
   }
```

图 5-11 使用一般信号量解决无限缓冲区生产者/消费者问题的方法

这时会产生严重的甚至致命的错误。如果当缓冲区为空（n. count = 0）时消费者曾经进入过临界区，那么任何一个生产者都不能继续往缓冲区中添加数据项，系统发生死锁。这是一个体现信号量的微妙之处和进行正确设计的困难之处的较好示例。

最后给生产者/消费者问题增加一个新的实际约束，即缓冲区是有限的。缓冲区被视为一个循环存储器（见图 5-12），指针值必须表达为按缓冲区的大小取模，并总是保持表 5-5 所示的关系。

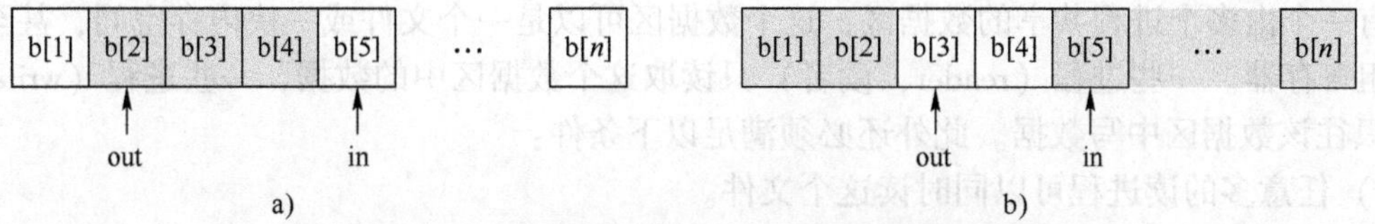

图 5-12　生产者/消费者问题的有限循环缓冲区

表 5-5　被阻塞和解除阻塞时的生产者与消费者的关系

被阻塞	解除阻塞
生产者：往一个满的缓冲区中输入	消费者：移出一项
消费者：从空缓冲区中移出	生产者：插入一项

生产者和消费者函数可以表示成如下形式（变量 in 和 out 初始化为 0，n 代表缓冲区的大小）：

```
producer:
while (true) {
    /* 生产 v */;
    while ((in+1) % n == out)
        /* 不做任何事 */
    b[in] = v;
    in = (in + 1) % n;
}
```

```
consumer:
while (true) {
    while (in == out)
        /* 不做任何事 */;
    w = b[out];
    out = (out + 1) % n;
    /* 消费 w */
}
```

图 5-13 给出了使用一般信号量的解决方案，其中增加了信号量 e 来记录空闲空间的数目。

```
/* 有限缓冲区程序 */
   construction int sizeofbuffer = /* 缓冲区大小 */ ;
   semaphone s = 1, n = 0, e = sizeofbuffer;
   void producer()
   {
       while (true) {
          produce() ;
          semWait(e) ;
          semWait(s);
          append() ;
          semSignal(s) ;
          semSignal(n) ;
       }
   }
   void consumer()
   {
       while (true) {
          semWait(n) ;
          semWait(s) ;
          take() ;
          semSignal(s) ;
          semSignal(e) ;
          consume() ;
       }
   }
   void main()
   {
       parbegin(producer, consumer) ;
   }
```

图 5-13　使用一般信号量解决有限缓冲区生产者/消费者问题的方法

5.3.4　读者/写者问题

与生产者/消费者问题一样，在设计同步和并发机制时，读者/写者问题也是一个具有普遍性和教育价值的经典问题。

读者/写者问题定义如下：

有一个由多个进程共享的数据区，这个数据区可以是一个文件或一块内存空间，甚至可以是一组寄存器。一些进程（reader，读者）只读取这个数据区中的数据，一些进程（writer，写者）只往该数据区中写数据。此外还必须满足以下条件：

1）任意多的读进程可以同时读这个文件。

2）一次只有一个写进程可以写文件。

3）如果一个写进程正在写文件，那么禁止任何读进程读文件。

也就是说，读进程是不需要排斥其他读进程的，而写进程是需要排斥其他所有进程的，包括读进程和写进程。

在读者/写者问题中，读进程不会往数据区中写数据，写进程不会从数据区中读数据。更一般的情况是，允许任何进程读/写数据区。此时，人们可以把该进程中访问数据区的部分声明成一个临界区，并强行实施一般互斥问题的解决方法。避免写进程间的相互干涉是非常重要的，此外还要求在写的过程中禁止读，以避免访问到不正确的信息。

在生产者/消费者问题中，生产者不仅是一个写进程，它必须读取队列指针，以确定往哪里写下一项，而且它还必须确定缓冲区是否已满。类似地，消费者也不仅仅是一个读进程，它必须调整队列指针以显示它已经从缓冲区中移走了一个单元。

下面分析读者/写者问题的两种解决方案。

1. 读者优先

图5-14所示是使用信号量的一种解决方案，它给出了读进程和一个写进程的实例。该方案无须修改就可用于多个读进程和写进程的情况。

```
/* 读者/写者程序 */
int readcount;
semaphone x = 1, wsem = 1;
void reader()
{
  while (true) {
    semWait(x) ;
    readcount + +;
    if (readcount = = 1)
      semWait(wsem) ;
    semSignal(x) ;
    READUNIT() ;
    semWait(x) ;
    readcount;
    if (readcount = = 0)
      semSignal(wsem) ;
    semSignal(x) ;
  }
}
void writer()
{
  while (true) {
    semWait(wsem) ;
    WRITEUNIT() ;
    semSignal(wsem) ;
  }
}

void main()
{
  readcount = 0;
  parbegin(reader, writer) ;
}
```

图5-14　使用信号量解决读者/写者问题的一种方法：读者优先

写进程非常简单，信号量wsem用于实施互斥，只要一个写进程正在访问共享数据区，其他写进程和读进程就都不能访问它。读进程也使用wsem实施互斥，但为了允许执行多个读进程，当没有读进程正在读时，第一个试图读的读进程需要在wsem上等待；当至少已经有一个读进程在读时，随后的读进程无须等待，可以直接进入。全局变量 readcount 用于记录读进程的数目，信号量 x 用于确保 readcount 被正确地更新。

2. 写者优先

在前面的解决方案中，读进程具有优先权。当一个读进程开始访问数据区时，只要至少有一个读进程正在读，就为读进程保留对这个数据区的控制权，因此，写进程有可能处于饥饿状态。图 5-15 给出了另一种解决方案，它保证当一个写进程声明进行写操作时，不允许新的读进程访问该数据区。

```
/* 读者/写者程序 */
int readcount, writecount;
void reader()
{
  while (true) {
    semWait(z) ;
    semWait(rsem) ;
    semWait(x) ;
    readcount + +;
    if (readcount = = 1)
        semWait(wsem) ;
    semSignal(x) ;
    semSignal(rsem) ;
    semSignal(z) ;
    READUNIT() ;
    semWait(x) ;
    readcount --;
    if (readcount = = 0)
       semSignal(wsem) ;
    semSignal(x) ;
  }
}
void writer()
{
  while (true) {
    semWait(y) ;
    writecount + +;
    if (writecount = =1)
        semWait(rsem) ;
    semSignal(y) ;
    semWait(wsem) ;
    WRITEUNIT() ;
    semSignal(wsem) ;
    semWait(y) ;
    writecount;
    if (writecount ==0)
       semSignal(rsem) ;
    semSignal(y) ;
  }
}

void main()
{
  readcount = writecount = 0;
  parbegin(reader, writer) ;
}
```

图 5-15　使用信号量解决读者/写者问题的另一种方法：写者优先

对于写进程，在已有定义的基础上还必须增加下列信号量和变量：

1）信号量 rsem：当至少有一个写进程准备访问数据区时，该信号量用于禁止所有的读进程。

2）变量 writecount：控制 rsem 的设置。

3）信号量 y：控制 writecount 的更新。

对于读进程，还需要一个额外的信号量。在 rsem 上不允许建造长队列，否则写进程将不能跳过这个队列，因此，只允许一个读进程在 rsem 上排队，而所有其他读进程在等待 rsem 之前在信号量 z 上排队。表 5-6 概括了可能的状态。图 5-16 给出了另一种可选的解决方案，它赋予写进程优先权，并通过消息传递来实现。在这种情况下，有一个访问共享数据区的控制进程，其他想访问这个数据区的进程给控制进程发送请求消息，如果同意访问，则会收到一个应答消息“OK”，并且通过一个“finished”消息表示访问完成。控制进程备有3个信箱，每个信箱都存放一种它可能接收到的消息。

表5-6 图5-16所示程序中的进程队列的可能状态

系统中只有读进程	• 设置 wsem • 没有队列
系统中只有写进程	• 设置 wsem 和 rsem • 写进程在 wsem 上排队
既有读进程又有写进程，但读进程优先	• 由读进程设置 wesm • 由写进程设置 resm • 所有写进程在 wsem 上排队 • 一个读进程在 rsem 上排队 • 其他读进程在 z 上排队
既有读进程又有写进程，但写进程优先	• 由写进程设置 wsem • 由写进程设置 rsem • 写进程在 wsem 上排队 • 一个读进程在 rsem 上排队 • 其他读进程在 z 上排队

```
void reader(int i)
{
  message rmsg;
    while (true) {
      rmsg = i;
      send(readrequest, rmsg) ;
      receive(mbox [i], rmsg) ;
      READUNIT() ;
      rmsg = i;
      send(finished, rmsg) ;
    }
}
void writer(int j)
{
  message rmsg;
  while (true) {
    rmsg = j;
    send(writerequest, rmsg) ;
    receive(mbox[j], rmsg) ;\
    WRITEUNIT() ;
    rmsg = j;
    send(finished, rmsg) ;
  }
}
```

```
void controller()
{
  while (true) {
    if (count > 0) {
      if (tempty(finished) ) {
        receive(finished, msg) ;
        count + +;
      }
      else if (tempty (writerequest) ) {
        receive(writerequest, msg) ;
        writer_id = msg.id;
        count = count - 100;
      }
      else if (tempty (readrequest) ) {
        receive(readrequest, msg) ;
        count --;
        send(msg.id, "OK") ;
      }
    }
    if (count == 0) {
      send(writer_id, "OK") ;
      receive(finished, msg) ;
      count = 100;
    }
    while (count < 0) {
      receive(finished, msg) ;
      count + +;
    }
  }
}
```

图5-16 使用消息传递解决读者/写者问题的一种方法

为了赋予写进程优先权，控制进程先服务于写请求消息，后服务于读请求消息。此外，必须实施互斥，为实现这一点，需要使用变量 count，它被初始化为一个大于可能的读进程数的最大值。在这个例子中，取值为100。控制器的动作可总结如下：

1）如果 count > 0，则无读进程正在等待，可能有也可能没有活跃的读进程。为清除活跃读进程，应首先服务于所有“finished”消息，然后服务于写请求，最后服务于读请求。

2）如果 count = 0，则唯一未解决的请求是写请求。允许这个写进程继续执行并等待一个“finished”消息。

3）如果 count < 0，则一个写进程已经发出了一条请求，并且正在等待消除所有活跃的读进程。因此，只有“finished”消息将得到服务。

5.4 管程

信号量为实施互斥及进程间合作提供了一种原始的但功能强大的工具，但是使用信号量设计一个正确的程序是很困难的，其难点在于 semWait 和 semSignal 操作可能分布在整个程序中，却很难看出这些在信号量上的操作所产生的整体效果。

管程是一个程序设计语言结构，它提供了与信号量同样的功能，但更易于控制。管程结构在很多程序设计语言中都得到了实现，包括并发 Pascal、Pascal-Plus、Modula-2、Modula-3 和 Java，它还被作为一个程序库实现。允许用管程锁定任何对象。特别地，对类似于链表之类的对象，可以用一个锁来锁住整个链表，也可以每个表用一个锁，还可以为表中的每个元素用一个锁。

5.4.1 使用信号的管程

霍尔定义的管程是由一个或多个过程、一个初始化序列和局部数据组成的软件模块，其主要特点如下：

1）局部数据变量只能被管程的过程访问，任何外部过程都不能访问。

2）一个进程通过调用管程的一个过程进入管程。

3）任何时候都只能有一个进程在管程中执行，其他进程被阻塞，以等待管程可用。

由于上述特点，面向对象程序设计语言可以很容易地把管程作为一种具有特殊特征的对象来实现。

通过给进程强加规定，管程可以提供一种互斥机制：管程中的数据变量每次只能被一个进程访问。可以把一个共享数据结构放在管程中，从而提供对它的保护。如果管程中的数据代表某些资源，那么管程为访问这些资源提供了互斥机制。

为进行并发处理，管程必须包含同步工具。例如，假设一个进程调用了管程，并且当它在管程中时必须被阻塞，直到满足某些条件。这就需要一种机制，使得该进程不仅被阻塞，而且能释放这个管程，以便某些其他的进程可以进入。以后，当条件满足且管程再次可用时，需要恢复该进程并允许它在阻塞点重新进入管程。

管程通过使用条件变量提供对同步的支持，这些条件变量包含在管程中，并且只有在管程中才能被访问。有两个函数可以操作条件变量：

1）cwait(c)：调用进程的执行在条件 c 上阻塞，管程现在可被另一个进程使用。

2）csignal(c)：恢复执行 cwait 之后的因为某些条件而阻塞的进程。如果有多个这样的进程，那么可选择其中一个；如果没有这样的进程，那么什么也不做。

注意，管程的 wait 和 signal 操作与信号量不同。如果管程中的一个进程发送信号，但没有在这个条件变量上等待的任务，则丢弃这个信号。

图 5-17 给出了一个管程的结构。尽管一个进程可以通过调用管程的任何一个过程进入管程，但人们仍可以把管程想象成一个入口点，并保证每次只有一个进程可以进入。其他试图进入管程的进程被阻塞并加入等待管程可用的进程队列中。当一个进程在管程中时，它可能会通过发送 cwait(x)把自己暂时阻塞在条件 x 上，随后它被放入，等待条件改变以重新进入管程的进程队列中，在 wait(x)调用的下一条指令开始恢复执行。

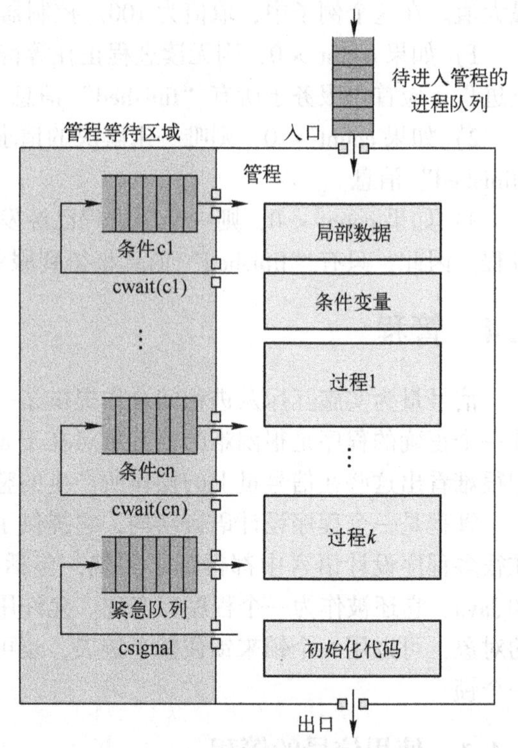

图 5-17　管程的结构

如果在管程中执行的一个进程发现条件变量 x 发生了变化，那么它将发送 csignal(x)，通知相应的条件队列条件已改变。

为给出一个使用管程的例子，这里再次考虑有界缓冲区的生产者/消费者问题。图 5-18 给出了使用管程的一种解决方案。管程模块 boundedbuffer 控制着用于保存和取回字符的缓冲区，管程中有两个条件变量（使用结构 cond 声明）：当缓冲区中至少有添加一个字符的空间时，notfull 为真；当缓冲区中至少有一个字符时，notempty 为真。

生产者可以通过管程中的过程 append 往缓冲区中添加字符，它不能直接访问 buffer。该过程首先检查条件 notfull，以确定缓冲区是否还有可用空间。如果没有，执行管程的进程在这个条件上被阻塞。其他某个进程（生产者或消费者）现在可以进入管程。后来，当缓冲区不再满时，被阻塞进程可以从队列中移出，重新被激活并恢复处理。在往缓冲区中放置一个字符后，该进程发送 notempty 条件信号。对消费者函数也可以进行类似的描述。

可见，与信号量相比较，管程担负的责任不同。管程构造了自己的互斥机制：生产者和消费者不可能同时访问缓冲区；但是，程序员必须把适当的 cwait 和 csignal 原语放在管程中，用于防止进程往一个满缓冲区中存放数据项，或者从一个空缓冲区中取数据项。而在使用信号量的情况下，执行互斥和同步都属于程序员的责任。

注意，在图 5-18 中，进程在执行 csignal()函数后立即退出管程。如果在过程最后没有发生 csignal，则发送该信号的进程被阻塞，从而使管程可用，并被放入队列中直到管程空闲。此时，一种可能是把阻塞进程放置到入口队列中，这样它就必须与其他还没有进入管程的进程竞争。但是，由于在 csignal()函数上阻塞的进程已经在管程中执行了部分任务，因此使它们优先于新进入的进程是很有意义的，这可以通过建立一条独立的紧急队列来实现，如图 5-17 所示。并发 Pascal 是使用管程的一种语言，它要求 csignal 只能作为管程过程中执行的最后一个操作出现。

如果没有进程在条件 x 上等待，那么 csignal(x)的执行将不会产生任何效果。而对于信号量，在管程的同步函数中可能会产生错误。例如，如果省略 bounded buffer 管程中的任何一个 csignal()函数，那么进入相应条件队列的进程将被永久阻塞。管程优于信号量

```
/* 生产者/消费者程序 */
monitor boundedbuffer;
char buffer [N] ;                          /* 分配 N 个数据项空间 */
int nextin, nextout;                       /* 缓冲区指针 */
int count;                                 /* 缓冲区中数据项的个数 */
cond notfull, notempty;                    /* 为同步设置的条件变量 */

void append(char x)
{
  if (count = = N)
     cwait(notfull) ;                      /* 缓冲区满，防止溢出 */
  buffer[nextin] = x;
  nextin = (nextin + 1) % N;
  count + +;
  csignal(notempty) ;                      /* 缓冲区中的数据项个数增 1 */
}
void take(char x)
{
  if (count == 0)
     cwait(notempty) ;                     /* 释放任何一个等待的进程 */
  x = buffer(nextout) ;
  nextout = (nextout + 1) % N;
  count --;                                /* 缓冲区空，防止下溢 */
  csignal(notfull) ;                       /* 释放任何一个等待的进程 */
}
{                                          /* 管程体 */
  nextin = 0; nextout = 0; count = 0;      /* 缓冲区初始化为空 */
}

void producer()
{
  char x;
  while (true) {
     produce(x) ;
     append(x) ;
  }
}
void consumer()
{
  char x;
  while (true) {
     take(x) ;
     consume(x) ;
  }
}
void mail()
{
   parbegin(producer, consumer) ;
}
```

图 5-18　使用管程解决有界缓冲区的生产者/消费者问题的方法

之处在于，所有的同步机制都被限制在管程内部，因此，不但易于验证同步的正确性，而且易于检测出错误。此外，如果一个管程被正确地编写，则所有进程对受保护资源的访问都是正确的；而对于信号量，只有当所有访问资源的进程都被正确地编写时，资源访问才是正确的。

5.4.2　使用通知和广播的管程

霍尔管程要求在条件队列中至少有一个进程，当另一个进程为该条件产生 csignal 时，该队列中的一个进程立即运行。因此，产生 csignal 的进程必须立即退出管程，或者阻塞在管程上。这种方法有两个缺陷：

1）如果产生 csignal 的进程在管程内还未结束，则需要两个额外的进程切换：阻塞这个进程需要一次切换，当管程可用时，恢复这个进程又需要一次切换。

2）与信号相关的进程调度必须非常可靠。产生一个 csignal 时，来自相应条件队列中的一个进程必须立即被激活，调度程序必须确保在激活前没有其他进程进入管程，否则，进程被激活的条件又会改变。例如，在图 5-18 中，当产生一个 csignal(notempty)时，来自 notempty 队列中的一个进程必须在一个新消费者进入管程之前被激活。另一个例子是，生产者进程可能往一个空缓冲区中添加一个字符，并在发信号之前失败，那么在 notempty 队列中的任何进程都将被永久阻塞。

兰普森和雷德尔为 Mesa 语言开发不同的管程，克服了上面列出的问题，并支持许多有用的扩展。在 Mesa 中，csignal 原语被 cnotify 取代。cnotify 可解释为：当一个正在管程中的进程执行 cnotify(x)时，它使得 x 条件队列得到通知，但发信号的进程继续执行。通知的结果是使得位于条件队列头的进程在将来合适且处理器可用时被恢复执行。但是，由于不能保证在它之前没有其他进程进入管程，因而这个等待进程必须重新检查条件。例如，boundedbuffer 管程中的过程现在采用图 5-19 所示的代码。

```
void append(char x)
{
  while (count = = N) cwait(notfull) ;          /* 缓冲区满，防止溢出 */
  buffer[nextin] = x;
  nextin = (nextin + 1) % N;                    /* 缓冲区中的数据项个数增1 */
  count + +;                                    /* 通知正在等待的进程 */
  cnotify(noempty) ;
}

void take(char x)
{
  while (count == 0) cwait(notempty) ;          /* 缓冲区空，防止下溢 */
  x = buffer[nextout] ;
  nextout = (nextout + 1) % N) ;                /* 缓冲区中的数据项个数减1 */
  count --;                                     /* 通知正在等待的进程 */
  cnotify(notfull) ;
}
```

图 5-19 有界缓冲区管程代码

if 语句被 while 循环取代，因此，这个方案导致对条件变量至少多一次额外的检测。作为回报，它不再有额外的进程切换，并且对等待进程在 cnotify 之后什么时候运行没有任何限制。

与 cnotify 原语相关的一个很有用的改进是，给每个条件原语关联一个监视计时器，不论条件是否被通知，一个等待时间超时的进程都将被设置为就绪态。当被激活后，该进程检查相关条件，如果条件满足则继续执行。超时可以防止如下情况的发生：当某些其他进程在产生相关条件的信号之前失败时，等待该条件的进程被无限制地推迟执行而处于饥饿状态。

由于进程是接到通知而不是强制激活，因此可以在指令表中添加一条 cbroadcast 原语。广播可以使所有在该条件上等待的进程都被置于就绪态，当一个进程不知道有多少进程将被激活时，这种方式是非常方便的。例如，在生产者/消费者问题中，假设 append()和 take()函数都使用可变长度的字符块，此时，如果一个生产者往缓冲区中添加了一批字符，那么它不需要知道每个正在等待的消费者准备消耗多少字符，而仅仅产生一个 cbroadcast 原语，所有正在等待的进程都会接到通知并再次尝试运行。

此外，当一个进程难以准确地判定将激活哪个进程时，也可使用广播。存储管理程序就是一个很好的例子。管理程序有 j 个空闲字节，一个进程释放了额外的 k 个字节，但它不知道哪个等待进程一共需要 $k+j$ 个字节，因此它使用广播，所有进程都检测是否有足够的存储空间。

兰普森/雷德尔管程优于霍尔管程之处在于，前者的错误比较少。在兰普森/雷德尔方法中，由于每个过程在收到信号后都检查管程变量，且由于使用了 while 结构，一个进程不正确地广播或发信号，不会导致收到信号的程序出错。收到信号的程序将检查相关的变量，如果期望的条件不满足，那么它会继续等待。

兰普森/雷德尔管程的另一个优点是，它有助于在程序结构中采用更模块化的方法。例如，考虑一个缓冲区分配程序的实现，为了在有顺序的进程间合作，必须满足两级条件：

1）保持一致的数据结构。管程强制实施互斥，并在允许对缓冲区的另一个操作之前完成一个输入或输出操作。

2）在 1 级条件的基础上，加上完成该进程的请求，分配给该进程所需的足够的存储空间。

在霍尔管程中，信号传达 1 级条件，同时也携带了一个隐含消息：我现在有足够的空闲字节，能够满足特定的分配请求。因此，该信号隐式携带 2 级条件。如果后来程序员改变了 2 级条件的定义，则需要重新编写所有发送信号的进程；如果程序员改变了对任何特定等待进程的假设（也就是说，等待一个稍微不同的 2 级不变量），则可能需要重新编写所有发送信号的进程。此时就不是模块化的结构，并且代码被修改后可能会引发同步错误（如被错误条件唤醒）。每当对 2 级条件做很小的改动时，程序员都必须记得去修改所有的进程。而对于兰普森/雷德尔管程，一次广播可以确保实现 1 级条件并携带 2 级条件的线索，每个进程将自己检查 2 级条件。不论是等待者还是发信号者对 2 级条件进行了改动，由于每个过程都会检查自己的 2 级条件，故不会产生错误的唤醒。因此，2 级条件可以隐藏在每个过程中。而对于霍尔管程，2 级条件必须由等待者带入每个发信号的进程的代码中，这违反了数据抽象和进程间的模块化原理。

5.5　消息传递

进程交互时，必须满足两个基本要求：同步和通信。为实施互斥，进程间需要同步；为了合作，进程间需要交换信息。提供这些功能的一种方法是消息传递。消息传递还可在分布式系统、共享内存的多处理器系统和单处理器系统中实现。

消息传递系统可以有多种形式，这里给出关于这类系统典型特征的一般介绍。消息传递的实际功能以一对原语的形式提供：

```
send(destination, message)
receive(source, message)
```

这是进程间进行消息传递所需要的最小操作集。一个进程以消息的形式给另一个指定的目标进程发送信息；进程通过执行 receive 原语接收信息，receive 原语指明发送消息的源进程和消息。

用于进程间通信和同步的消息传递系统的设计特点列举如下：

- 同步
  - send
    - 阻塞
    - 无阻塞
  - receive
    - 阻塞
    - 无阻塞
    - 测试是否到达
- 寻址
  - 直接
    - send
    - receive
      - 显式
      - 隐式
- 间接
  - 静态
  - 动态
  - 所有权
- 格式
  - 内容
  - 长度
    - 固定
    - 可变
- 排队规则
  - 先进先出（FIFO）
  - 优先级

5.5.1　同步

两个进程间的消息通信隐含着某种同步的信息：只有当一个进程发送消息之后，接收者才能接收消息。

当一个进程执行 send 原语时，有两种可能性：或者发送进程被阻塞，直到这个消息被目标进程接收到；或者不阻塞。类似地，当一个进程发出 receive 原语后，也有两种可能性：

1）如果一个消息在这之前已经被发送，那么该消息被接收并继续执行。

2）如果没有正在等待的消息，则该进程被阻塞，直到所等待的消息到达，或者该进程继续执行，放弃接收。

因此，发送者和接收者都可以阻塞或不阻塞。通常有 3 种组合，但任何一个特定的系统通常只实现一种或两种组合：

- 阻塞 send，阻塞 receive：发送者和接收者都被阻塞，直到完成信息的投递。这种情况有时也被称为会合，它考虑到了进程间的紧密同步。
- 无阻塞 send，阻塞 receive：尽管发送者可以继续，但接收者被阻塞，直到请求的消息到达。这可能是最有用的一种组合，它允许一个进程给各个目标进程尽快地发送一条或多条消息。在继续工作前，必须接收到消息的进程将被阻塞，直到这个消息到达。例如，一个服务器进程给其他进程提供服务或资源。
- 无阻塞 send，无阻塞 receive：不要求任何一方等待。

对大多数并发程序设计任务来说，无阻塞 send 是最自然的。例如，无阻塞 send 用于请求一个输出操作，如打印，它允许请求进程以消息的形式发出请求，然后继续。无阻塞 send 存在一个潜在的危险：错误会导致进程重复地产生消息。由于对进程没有阻塞的要求，因此这些消息可能会消耗系统资源，包括处理器时间和缓冲区空间，从而损害其他进程和操作系统。同时，无阻塞 send 给程序员增加了负担，由于必须确定消息是否收到，因而进程必须使用应答消息，以证实收到了消息。

对大多数并发程序设计任务来说，阻塞 receive 原语是最自然的。通常，请求一个消息的进程都需要这个信息才能继续执行下去，但是，如果消息丢失了（这在分布式系统中很可能发生），或者一个进程在发送预期的消息之前失败了，那么接收进程将会无限期地被阻塞下去。这个问题可以使用无阻塞 receive 来解决。但是，该方法的危险是，如果消息的发送在一个进程已经执行了与之相匹配的 receive 之后，那么该消息将会丢失。其他可能的方法是允许一个进程在发出 receive 之前检测是否有消息正在等待，或者允许进程在 receive 原语中确定多个源进程。如果一个进程正在等待从多个源进程发送来的俏息，并且只要有一个消息到达就可以继续下去，那么后一种方法是非常有用的。

5.5.2　寻址

在 send 原语中确定哪个进程接收消息是很有必要的。类似地，大多数实现允许接收进程指明消息的来源。

在 send 和 receive 原语中确定目标或源进程的方案可分为两类：直接寻址和间接寻址。

对于直接寻址，send 原语包含目标进程的标识号，而 receive 原语有两种处理方式。一种是要求进程显式地指定源进程，因此，该进程必须事先知道希望得到来自哪个进程的消息，这种方式对于处理并发进程间的合作是非常有效的。另一种情况是不可能指定所期望的源进程，例如，打印机服务等进程将接收来自各个进程的打印请求，对这类应用使用隐式寻址更为有效。此时，receive 原语的 source 参数保存了接收操作执行后的返回值。

对于间接寻址，消息不是直接从发送者发送到接收者，而是发送到一个共享数据结构，该结构由临时保存消息的队列组成，这些队列通常称为信箱（mailbox）。因此，对于两个通信进程，一个进程给合适的信箱发送消息，另一个进程从信箱中获得这些消息。

间接寻址通过解除发送者和接收者之间的耦合关系，在消息的使用上允许更大的灵活性。发送者和接收者之间的关系包括一对一、多对一、一对多或多对多。一对一的关系允许在两个进程间建立专用的通信链接，这可以把它们间的交互隔离起来，避免其他进程的错误干扰；多对一的关系对客户/服务器间的交互非常有用，一个进程给许多别的进程提供服务，这时，信箱常被称为一个端口；一对多的关系适用于一个发送者和多个接收者，它对于在一组进程间广播一条消息或某些信息的应用程序非常有用；多对多的关系使得多个服务进程可以对多个客户进程提供服务。

进程和信箱的关联可以是静态的，也可以是动态的。端口常常是静态地关联到一个特定进程上的，也就是说，端口被永久地创建并指定到该进程。在一对一的关系中就是典型的静态和永久性的关系。当有很多发送者时，发送者和信箱间的关联可以是动态的，基于这个目的可以使用诸如 connect 和 disconnect 之类的原语。

一个相关问题是信箱的所有权问题。对于端口，它通常归接收进程所有，并由接收进程创建。因此，当一个进程被撤销时，它的端口也随之被销毁。对于通用的信箱，操作系统可能提供一个创建信箱服务，这样信箱就可以视为由创建它的进程所有，在这种情况下，它们也同该进程一起终止；或者也可以视为由操作系统所有，这种情况下，销毁信箱需要一个显式命令。

5.5.3 消息格式

消息的格式取决于消息机制的目标及该机制是运行在一台计算机上还是运行在分布式系统中。对于某些操作系统，设计者优先选用短的、固定长度的消息，以减小处理和存储的开销。如果需要传递大量的数据，则数据可以放置到一个文件中，消息可以简单地引用该文件。一种更为灵活的方法是允许可变长度的消息。

图 5-20 所示为一种操作系统的支持可变长度消息的典型消息格式。该消息被划分成两部分：包含相关信息的消息头和包含实际内容的消息体。消息头可以包含消息的源和目标的标识符、长度域，以及判定各种消息类型的类型域，还可能包含一些额外的控制信息，如用于创建消息链表的指针域、记录源和目标之间传递消息的数目、顺序与序号，以及一个优先级域。

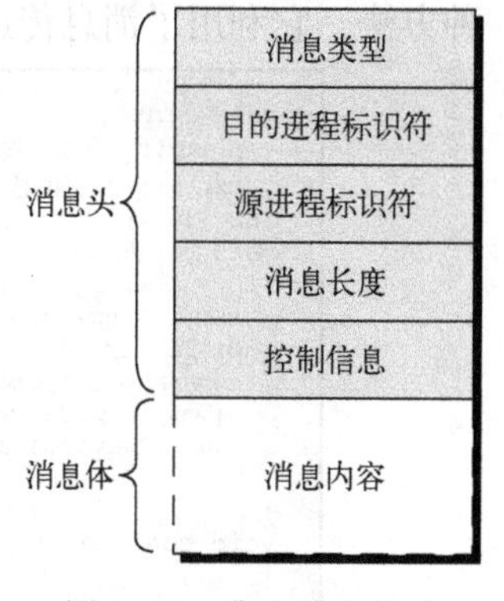

图 5-20 典型消息格式

5.5.4 排队原则

最简单的排队原则是先进先出原则，但是当某些消息比其他消息更紧急时，仅有这种原则是不够的。一个可选的原则是允许指定消息的优先级，这可以基于消息的类型指定或者由发送者指定，另一种选择是允许接收者检查消息队列并选择下一次接收哪个消息。

5.5.5 实施互斥的消息传递

图 5-21 所示为可用于实施互斥的消息传递方式。假设使用阻塞 receive 原语和无阻塞 send

原语，一组并发进程共享一个信箱box，它可供所有进程在发送和接收消息时使用，该信箱被初始化成一个无内容的消息。希望进入临界区的进程首先试图接收一条消息，如果信箱为空，则该进程被阻塞；一旦进程获得消息，就执行它的临界区，然后把该消息放回信箱。因此，消息函数可以视为在进程之间传递的一个令牌。

```
/* 程序互排除 */
const int n = /* 进程数 */
void P(int i)
{
  message msg;
  while (true) {
    receive(box, msg) ;
    /* 临界区 */ ;
    send(box, msg) ;
    /* 其他部分 */ ;
  }
}
void main()
{
  create mailbox(box) ;
  send(box, null) ;
  parbegin(P(1), P(2), …, P(n) ) ;
```

图 5-21 可用于实施互斥的消息传递方式

上面的解决方案假设有多个进程并发地执行接收操作，那么：

1）如果有一条消息，那么仅仅传递给一个进程，其他进程被阻塞。

2）如果消息队列为空，那么所有进程被阻塞；当有一条消息可用时，只有一个阻塞进程被激活并得到这条消息。

这样的假设实际上对所有消息传递机制都是真的。

作为使用消息传递的另一个例子，图 5-22 所示为解决有界缓冲区生产者/消费者问题的一种方法，它利用了消息传递的能力，除了传递信号之外还传递数据。它使用了两个信箱。当

```
const int
  capacity = /* 缓冲区容量 */ ;
  null = /* 空消息 */ ;
int i;
void producer()
{
  message pmeg;
  while (true) {
    receive(mayproduce, pmsg) ;
    pmsg = produce() ;
    send(mayconsume, pmsg) ;
  }
}
void consumer()
{
  message cmeg;
  while (true) {
    receive(mayconsume, cmsg) ;
    consume(cmsg) ;
    send(mayproduce, null) ;
  }
}
void main()
{
  create_mailbox(mayproduce) ;
  create_mailbox(mayconsume) ;
  for (int i =1; i < = capacity; i + +) send(mayproduce, null) ;
  parbegin(producer, consumer) ;
}
```

图 5-22 使用消息解决有界缓冲区生产者/消费者问题的一种方法

生产者产生数据后，它作为消息被发送到信箱 mayconsume，只要该信箱中有一条消息，消费者就可以开始消费。此后，mayconsume 用作缓冲区，缓冲区中的数据被组织成消息队列，缓冲区的大小由全局变量 capacity 确定。信箱 mayproduce 最初填满了空消息，空消息的数量等于信箱的容量，每次生产都使得 mayproduce 中的消息数减少，每次消费都使得 mayproduce 中的消息数增长。

这种方法非常灵活，可以有多个生产者和消费者，只要它们都访问这两个信箱即可。系统甚至可以是分布式系统，所有生产者进程和 mayproduce 信箱都在一个站点上，所有消费者进程和 mayconsumn 信箱都在另一个站点上。

【习题】

选择题：

1. 操作系统设计中的核心问题之一是进程和线程的管理，其关键技术包括（ ）。

① 多媒体技术　　② 多道程序设计技术

③ 多处理器技术　　④ 分布式处理器技术

A. ①②④　　B. ①③④　　C. ②③④　　D. ①②③

2. （ ）是操作系统设计中进程和线程管理问题的基础，也是操作系统设计的基础。

A. 协同　　B. 并发　　C. 整合　　D. 轮转

3. 并发的设计问题包括（ ）等。

① 进程间通信　　② 资源共享与竞争

③ 多个进程活动的同步　　④ 分配给进程的处理器时间

A. ①②③④　　B. ①②③　　C. ①③④　　D. ②③④

4. （ ）是指一个函数或动作由一个或多个指令序列实现，它对外不可见，没有其他进程可以看到其中间状态或者中断此操作。

A. 竞争条件　　B. 互斥　　C. 临界区　　D. 原子操作

5. （ ）是指当一个进程在临界区访问共享资源时，其他进程不能进入该临界区访问任何共享资源。

A. 竞争条件　　B. 互斥　　C. 临界区　　D. 原子操作

6. （ ）实际上是一段代码，在这段代码中，进程将访问共享资源，当已有进程在这段代码中运行时，新进程就不能执行这段代码。

A. 竞争条件　　B. 互斥　　C. 临界区　　D. 原子操作

7. （ ）是指多个线程或者进程在读/写一个共享数据时，其结果依赖于它们执行的相对时间。

A. 竞争条件　　B. 互斥　　C. 临界区　　D. 原子操作

8. 并发会出现在（ ）3 种不同的上下文中。

① 多应用程序　　② 多数据库结构　　③ 结构化应用程序　　④ 操作系统结构

A. ①②④　　B. ①②③　　C. ②③④　　D. ①③④

9. 在单处理器多道程序设计系统中，进程被（ ）执行，表现出一种并发执行外部特征。

A. 连续　　B. 同时　　C. 交替　　D. 重叠

10. 交替执行在处理效率和程序结构上带来了重要的好处。除此之外，在多处理器系统中，还可以（　　）执行进程。

A. 连续　　B. 同时　　C. 交替　　D. 重叠

11. 对临界资源的访问必须（　　）进行，也就是当临界资源被占用时，另一个申请临界资源的进程会被阻塞，直到其所申请的临界资源被释放。

A. 交替　　B. 互斥　　C. 同步　　D. 重叠

12. 进程（　　）是指在多道程序的环境下，存在着不同的制约关系，为了协调这种互相制约的关系，需要实现资源共享和进程协作，从而避免进程之间的冲突。

A. 交替　　B. 互斥　　C. 同步　　D. 重叠

13. 进程同步是进程之间的（　　）制约关系，进程互斥是进程之间的（　　）制约关系。

A. 直接、间接　　B. 间接、直接　　C. 直接、直接　　D. 间接、间接

14. 操作系统需要关注的有关并发的设计和管理问题包括（　　）。

① 必须能够跟踪不同的进程

② 必须为每个活跃进程分配和释放各种资源

③ 必须保护每个进程的数据和物理资源

④ 一个进程的功能和输出结果必须与执行速度无关

A. ①②④　　B. ②③④　　C. ①②③　　D. ①②③④

15. 可以根据进程相互之间知道对方是否存在的程度，对进程间的交互方式进行分类。3 种可能的感知程度及每种感知程度的结果分别是（　　）。

① 进程之间相互不知道对方的存在　　② 进程间接知道对方的存在

③ 进程直接知道对方的存在　　④ 进程之间完全没有联系的可能

A. ①③④　　B. ①②③　　C. ②③④　　D. ①②④

16. 当并发进程竞争使用同一资源时，它们之间会发生冲突。这类资源包括（　　）等。

① I/O 设备　　② 处理器时间　　③ 时钟　　④ 存储器

A. ①②④　　B. ①②③　　C. ①②③④　　D. ②③④

17. 多个进程可能访问一个共享变量、共享文件或数据库，为此进程间必须（　　），以确保它们共享的数据得到正确管理，控制机制必须确保共享数据的完整性。

A. 合作　　B. 排斥　　C. 回避　　D. 整合

18. 所谓（　　），是指用于进程间传递信号的一个整数值。在其上只有 3 种原子操作可以进行：初始化、递减和增加。

A. 消息　　B. 管程　　C. 互斥量　　D. 信号量

19. 所谓（　　），是指一种编程语言结构，在一个抽象数据类型中封装了变量、访问过程和初始化代码。其中的变量只能由自己的访问过程来访问。

A. 消息　　B. 管程　　C. 互斥量　　D. 信号量

20.（　　）问题也称有限缓冲问题，是并发处理中最常见的一个多线程同步问题的经典案例。该问题描述了两个共享固定大小缓冲区的线程在实际运行时会发生的问题。

A. 蚂蚁算法　　B. 银行家算法　　C. 生产者/消费者　　D. 哲学家就餐

思考题：

1. 请列出与并发相关的 4 种设计问题。

2. 产生并发的 3 种上下文环境是什么？

3. 执行并发进程的最基本要求是什么？
4. 竞争进程和合作进程间有什么区别？
5. 列出与竞争进程相关的 3 种控制问题，并简单地给出各自的定义。
6. 列出对互斥的要求。
7. 在信号量上可以执行什么操作？
8. 二元信号量和一般信号量有什么区别？
9. 强信号量和弱信号量有什么区别？
10. 什么是管程？
11. 对于消息，阻塞和无阻塞有什么区别？
12. 通常与读者/写者问题相关联的条件有哪些？

【实验与思考】Windows 进程同步

在本实验中：

1）回顾和理解系统进程、线程的有关概念。

2）通过对事件的了解，加深理解 Windows 线程同步。

3）通过分析实验程序，了解管理事件对象的 API。

4）了解在进程中如何使用事件对象。

1. 工具/准备工作

在开始本实验之前，请回顾本书的相关内容。

需要准备一台运行 Windows 操作系统的计算机，且该计算机中需安装 Visual C++ 6.0。

2. 实验内容与步骤

清单 5-1 程序展示了如何在进程间使用事件。父进程启动时，利用 CreateEvent( ) API 创建一个命名的、可共享的事件和子进程，然后等待子进程向事件发出信号并终止父进程。在创建时，子进程通过 OpenEvent( ) API 打开事件对象，调用 SetEvent( ) API 使其转换为已接收信号状态。两个进程在发出信号之后几乎立即终止。

步骤 1：登录进入 Windows。

步骤 2：在“开始”菜单中单击 Microsoft Visual C++ 6.0 命令，进入 Visual C++窗口。

步骤 3：编辑实验源程序 5-1. cpp（也可直接打开下载的源程序文件 5-1. cpp）。

清单 5-1　创建和打开事件对象，在进程间传送信号。

```
// event 项目
# include <windows. h>
# include <iostream>

//以下是句柄事件。实际中很可能使用共享的包含文件来进行通信
static LPCTSTR g_szContinueEvent = "w2kdg. EventDemo. event. Continue";

//本方法只是创建了一个进程的副本,以子进程模式(由命令行指定)工作
BOOL CreateChild( )
{
    //提取当前可执行文件的文件名
    TCHAR szFilename[MAX_PATH];
    ::GetModuleFileName(NULL,szFilename,MAX_PATH);
```

```
    //格式化用于子进程的命令行,指明它是一个 EXE 文件和子进程
    TCHAR szCmdLine[MAX_PATH];
    ::sprintf(szCmdLine,"\"%s\"child",szFilename);

    //子进程的启动信息结构
    STARTUPINFO si;
    ::ZeroMemory(reinterpret_cast<void *>(&si),sizeof(si));
    si.cb=sizeof(si);// 必须是本结构的大小

    //返回的子进程的进程信息结构
    PROCESS_INFORMATION pi;

    //使用同一可执行文件,并告诉该文件是一个子进程的命令行创建进程
    BOOL bCreateOK=::CreateProcess(
        szFilename,              // 生成的可执行文件名
        szCmdLine,               // 指示其行为与子进程一样的标识
        NULL,                    // 子进程句柄的安全性
        NULL,                    // 子线程句柄的安全性
        FALSE,                   // 不继承句柄
        0,                       // 特殊的创建标识
        NULL,                    // 新环境
        NULL,                    // 当前目录
        &si,                     // 启动信息结构
        &pi);                    // 返回的进程信息结构

    //释放对子进程的引用
    if (bCreateOK)
    {
        ::CloseHandle(pi.hProcess);
        ::CloseHandle(pi.hThread);
    }
    return(bCreateOK);
}

//下面的方法创建一个事件和一个子进程,然后等待子进程在返回前向事件发出信号
void WaitForChild()
{
    // create a new event object for the child process
    // to use when releasing this process
    HANDLE hEventContinue = :: CreateEvent(
        NULL,                    // 默认的安全性,子进程将具有访问权限
        TRUE,                    // 手工重置事件
        FALSE,                   // 初始时是非接收信号状态
        g_szContinueEvent);      // 事件名称
    if (hEventContinue!=NULL)
    {
        std::cout<<"event created"<<std::endl;

        //创建子进程
        if (::CreateChild())
        {
            std::cout<<" child created"<<std::endl;

            //等待,直到子进程发出信号
```

```
            std::cout<<"Parent waiting on child. "<<std::endl;
            ::WaitForSingleObject(hEventContinue,INFINITE);

            ::Sleep(1500);
            std::cout<<"parent received the envent signaling
                from child"<<std::endl;
        }

        //清除句柄
        ::CloseHandle(hEventContinue);
        hEventContinue=INVALID_HANDLE_VALUE;
    }
}

//以下方法在子进程模式下被调用,其功能只是向父进程发出终止信号
void SignalParent()
{
    //尝试打开句柄
    std::cout<<"child process beginning......"<<std::endl;
    HANDLE hEventContinue=::OpenEvent(
        EVENT_MODIFY_STATE,  // 所要求的最小访问权限
        FALSE,               // 不是可继承的句柄
        g_szContinueEvent);  // 事件名称
    if (hEventContinue!=NULL)
    {
        ::SetEvent(hEventContinue);
        std::cout<<"event signaled"<<std::endl;
    }

    //清除句柄
    ::CloseHandle(hEventContinue);
    hEventContinue=INVALID_HANDLE_VALUE;
}

int main(int argc,char * argv[])
{
    //检查父进程或子进程是否启动
    if (argc>1 && ::strcmp(argv[1], "child")==0)
    {
        // 向父进程创建的事件发出信号
        ::SignalParent();
    }
    else
    {
        // 创建一个事件并等待子进程发出信号
        ::WaitForChild();
        ::Sleep(1500);
        std::cout<<"Parent released. "<<std::endl;
    }
    return 0;
}
```

步骤 4：单击 Build 菜单中的 Compile 5-1. cpp 命令，并单击“是”按钮确认，系统对 5-1. cpp 进行编译。

步骤 5：编译完成后，单击 Build 菜单中的 Build 5-1. exe 命令，建立 5-1. exe 可执行文件。操作能否正常进行？如果不能，则可能的原因是什么？

____

步骤 6：在工具栏单击 Execute Program（执行程序）按钮，执行 5-1. exe 程序。

请记录：运行结果（分行书写。如果运行不成功，则可能的原因是什么？）：

① ______________________________

② ______________________________

③ ______________________________

④ ______________________________

⑤ ______________________________

⑥ ______________________________

请从进程并发的角度对结果进行分析，这个结果与你期望的一致吗？

____

____

阅读和分析清单 5-1，请回答：

① 程序中，创建一个事件使用了哪一个系统函数？创建时设置的初始信号状态是什么？

a. ______________________________

b. ______________________________

② 创建一个进程（子进程）使用了哪一个系统函数？

____

③ 根据步骤 6 的输出结果，对照分析清单 5-1 程序，可以看出程序运行的流程吗？请简单描述：

____

____

④ 这是一个简单的进程同步的例子。请简述进程同步在这个程序中是如何实现的。

____

____

3. 实验总结

____

____

____

4. 教师实验评价

____

第6章 死锁与饥饿

计算机系统中有很多独占性的资源，在任一时刻它们都只能被一个进程使用，常见的有打印机、磁带机以及系统内部表中的表项等。打印机同时让两个进程打印将会造成混乱的打印结果，两个进程同时使用同一文件系统表中的表项也会引起文件系统的瘫痪。正因为如此，操作系统具有授权一个进程（临时）排他地访问某一种资源的能力。

6.1 死锁原理

先来看个例子。有两个进程，准备分别将扫描的文档记录到CD上。进程A请求使用扫描仪，并被授权使用。但进程B首先请求CD刻录机，也被授权使用。接着，A请求使用CD刻录机，但该请求在B释放CD刻录机前会被拒绝。此时，进程B在占有CD刻录机的情况下又去请求扫描仪。于是，两个进程都被阻塞，并且一直处于这样的状态，这种状况就是死锁。

死锁也可能发生在机器之间。例如，办公室中用计算机联成局域网，扫描仪、CD刻录机、打印机和磁带机等设备也连接到局域网上，成为共享资源，那么也会发生上述的死锁现象。更复杂的情形可能会引起更多的设备和用户发生死锁。

软硬件资源都有可能出现死锁。例如，在一个数据库系统中，为了避免竞争，可对若干记录加锁。如果进程A对记录R1加锁，进程B对记录R2加锁，接着这两个进程各自又试图把对方的记录也加锁，那么这时会产生死锁。

大部分死锁情况的发生都和资源相关，在进程对设备、文件等取得了排他性访问权时，有可能会出现死锁。这类需要排他性使用的对象被称为资源。资源可以是硬件设备（如磁带机）或一组信息（如数据库中一个加锁的记录）。通常，在计算机中有多种（可获取的）资源。一些类型的资源会有若干个相同的实例，如3台磁带机。当某一资源有若干实例时，其中的任何一个都可以用来满足对资源的请求。简单地说，资源是随着时间的推移必须能够获得、使用以及释放的任何东西。

6.1.1 可抢占资源和不可抢占资源

资源分为两类：可抢占的和不可抢占的。

可抢占资源可以从拥有它的进程中抢占，而不会产生任何副作用，存储器就是一类可抢占资源。例如，一个系统拥有256MB的用户内存和一台打印机。如果有两个256MB内存的进程都想进行打印，进程A请求并获得了打印机，然后开始计算要打印的值，在它尚未完成计算任务之前，它的时间片用完了并被换出，然后进程B开始运行并请求打印机，但是没有成功，那么这时有潜在的死锁危险。由于进程A拥有打印机，而进程B占有了内存，两个进程都缺少对方拥有的资源，所以任何一个都不能继续执行。但是，可通过把进程B换出内存，把进程A换入内存，从而抢占进程B的内存。此时，进程A得以继续运行并执行打印任务，然后释放打印机，这样就不会产生死锁。

相反，不可抢占资源是指在不引起相关的计算失败的情况下，无法把它从占有它的进程那里抢占过来。例如，如果一个进程已开始刻盘，突然将CD刻录机分配给另一个进程，那么会划坏CD盘片。因此，在任何时刻，CD刻录机都是不可被抢占的。

总的来说，死锁和不可抢占资源有关，有关可抢占资源的潜在死锁通常可以通过在进程之间重新分配资源而化解。

使用一个资源所需要的事件顺序可以抽象地表示为：请求资源、使用资源和释放资源。

若请求时资源不可用，则请求进程被迫等待。在一些操作系统中，资源请求失败时，进程自动被阻塞，在资源可用时再唤醒它。在其他系统中，资源请求失败会返回一个错误代码，请求的进程会等待一段时间，然后重试。

请求资源的过程是依赖于系统的。当一个进程请求资源失败时，它通常会处于这样一个小循环中：请求资源，休眠，再请求。这个进程虽然没有被阻塞，但是它不能做任何有价值的工作，实际上和阻塞状态一样。

6.1.2　可重用资源和可消耗资源

资源通常可分为两类：可重用资源和可消耗资源。

1）可重用资源。可重用资源是指一次只能供一个进程安全地使用，并且不会由于使用而耗尽的资源，例如处理器、I/O通道、内存和外存、设备，以及诸如文件、数据库和信号量之类的数据结构等。进程得到资源单元，后来又释放这些单元，供其他进程使用。

涉及可重用资源造成死锁的例子是相互竞争的两个进程都要独占访问磁盘文件D和磁带设备T（见图6-1）。如果每个进程占有一个资源并请求另一个资源，就会发生死锁。如多道程序设计下交替地执行这两个进程（p0p1q0q1p2q2），就会发生死锁。

步骤	进程P的动作
p0	Request(D)
p1	Lock(D)
p2	Request(T)
p3	Lock(T)
p4	执行函数
p5	Unlock(D)
p6	Unlock(T)

步骤	进程Q的动作
q0	Request(T)
q1	Lock(T)
q2	Request(D)
q3	Lock(D)
q4	执行函数
q5	Unlock(T)
q6	Unlock(D)

图6-1　两个进程竞争可重用资源的例子

在并发程序设计下，这类死锁的确会发生，而起因却常常隐藏于复杂的程序逻辑中，这使得检测变得非常困难。处理这类死锁的一个策略是给系统设计施加关于资源请求顺序的约束。

2）可消耗资源。可消耗资源是指可以被创建（生产）和销毁（消耗）的资源，如中断、信号、消息和I/O缓冲区中的信息等。一个无阻塞的生产进程可以创建任意数目的这类资源，当消费进程得到一个资源时，该资源就不再存在了。

下面介绍一个涉及可消耗资源死锁的例子。考虑下面的进程对，每个进程都试图从另一个进程接收消息，然后发送一条消息：

```
P1                    P2
…                     …
Receive (P2);         Receive (P1);
…                     …
Send (P2,M1);         Send (P1,M2);
```

如果 Receive 阻塞（即接收进程被阻塞，直到收到消息），则发生死锁。同样，引发死锁的原因是一个设计错误，这类错误较难发现。此外，罕见的事件组合也可能导致死锁，因此只有当程序使用了相当长的一段时间甚至几年后，才可能出现这类问题（即发生死锁）。

6.1.3　资源获取

对于数据库系统的记录这类资源，应该由用户进程来管理其使用。一种可能的方法是为每一个资源配置一个被初始化为 1 的信号量，互斥信号量也能起到相同的作用。通过信号量的 down 操作来获取资源，然后使用资源，最后使用 up 操作来释放资源，步骤如图 6-2a 所示。

```
typedef int semaphone;
semaphore resource_1;



void process_A (void) {
    down (&resource_1) ;
    use_resource_1 () ;
    up (&resource_1) ;
}
```

a)

```
typedef int semaphone;
semaphone resource_1;
semaphone resource_2;

void process_A (void) {
    down (&resource_1) ;
    down (&resource_2) ;
    use_both_resources ();
    up (&resource_2) ;
    up (&resource_1) ;
}
```

b)

图 6-2　使用信号量保护资源的步骤

a）一个资源　b）两个资源

有时候，进程需要两个或更多的资源，它们可以顺序获得，如图 6-2b 所示。如果需要两个以上的资源，那么通常都是连续获取的。在只有一个进程参与时，所有的工作都可以很好地完成，进程的执行不会出现问题，因为不存在资源竞争。

现在考虑两个进程（A 和 B）以及两个资源的情况。图 6-3 所示为两种不同的方式。在图 6-3a 中，两个进程以相同的次序请求资源；在图 6-3b 中，它们以不同的次序请求资源。这种不同看似微不足道，实则不然。

在图 6-3a 中，其中的一个进程先于另一个进程获取资源。这个进程能够成功地获取第二个资源并完成它的任务。如果另一个进程想在第一个资源被释放之前获取该资源，那么它会由于资源加锁而被阻塞，直到该资源可用为止。

图 6-3b 所示的情况就不同了。可能其中的一个进程获取了两个资源并有效地阻塞了另外一个进程，直到它使用完这两个资源为止。但是，也有可能进程 A 获取了资源 1，进程 B 获取了资源 2，如果每个进程都想请求另一个资源，就会被阻塞，这样，两个进程都无法继续运行。这种情况就是死锁。

这里可以看到，编码风格上的细微差别（哪一个资源先获取）造成了可以执行的程序和不能执行且无法检测错误的程序之间的差别。

```
typedef int semaphone;
    semaphone resource_1;
    semaphone resource_2;

    void process_A (void) {
        down (&resource_1) ;
        down (&resource_2) ;
        use_both_resources () ;
        up (&resource_2) ;
        up (&resource_1) ;
    }

    void process_B (void) {
        down (&resource_1) ;
        down (&resource_2) ;
        use_both_resources () ;
        up (&resource_2) ;
        up (&resource_1) ;
    }
```

a)

```
semaphone resource_1;
semaphone resource_2;

void process_A (void) {
    down (&resource_1) ;
    down (&resource_2) ;
    use_both_resources () ;
    up (&resource_2) ;
    up (&resource_1) ;
}

void process_B (void) {
    down (&resource_2) ;
    down (&resource_1) ;
    use_both_resources () ;
    up (&resource_1) ;
    up (&resource_2;
}
```

b)

图 6-3　两个进程请求资源的方式

a）无死锁的编码　b）有可能出现死锁的编码

6.1.4　死锁的定义

如果一个进程集合中的每个进程都在等待只能由该进程集合中的其他进程才能引发的事件，那么该进程集合就是死锁的。

由于所有的进程都在等待，所以没有一个进程能引发可以唤醒该进程集合中的其他进程的事件，这样，所有的进程都只好无限期地等待下去。这里假设进程只含有一个线程，并且被阻塞的进程无法由中断唤醒。无中断条件使死锁的进程不能被时钟中断等唤醒，从而不能引发释放该集合中的其他进程的事件。

在大多数情况下，每个进程所等待的事件都是释放该进程的集合中其他进程所占有的资源。换言之，这个死锁进程集合中的每一个进程都在等待另一个死锁的进程已经占有的资源。这里，进程的数量以及占有或者请求的资源数量和种类都无关紧要，而且无论资源是何种类型（软件或者硬件），都会发生这种结果。这种死锁称为资源死锁，是最常见的死锁类型。

6.1.5　发生资源死锁的条件

发生（资源）死锁的 4 个必要条件是：

1）互斥。每个资源要么已经分配给了一个进程，要么就是可用的。

2）占有且等待。已经得到了某个资源的进程，可以再请求新的资源。

3）不可抢占。属于一个进程的资源不能被强制抢占，只能被占有它的进程显式地释放。

在很多情况下，这些条件都是很容易达到的。

4）循环等待。死锁发生时，系统中一定有由两个或两个以上的进程组成的一条环路，该环路中的每个进程都在等待下一个进程所占有的资源。

第四个条件实际上是前 3 个条件的潜在结果。死锁发生时，以上 4 个条件一定是同时满足的。如果其中任何一个条件不成立，死锁就不会发生。

前 3 个条件都只是死锁存在的必要条件，但不是充分条件。对死锁的产生，还需要第四个条件。

值得注意的是，每一个条件都与系统的一种可选策略相关。一种资源能否同时分配给不同的进程？一个进程能否在占有一个资源的同时请求另一个资源？资源能否被抢占？循环等待环路是否存在？可以通过破坏上述条件来预防死锁。

总之，有 4 种处理死锁的策略：

1）忽略该问题。

2）检测死锁并恢复。让死锁发生，一旦检测到发生死锁，就采取行动解决。

3）仔细对资源进行分配，动态地避免死锁。

4）通过破坏引起死锁的 4 个必要条件之一，防止死锁的产生。

6.2　死锁预防

死锁预防策略可试图设计一种系统来排除发生死锁的可能性。死锁预防方法分为两类：一类是间接死锁预防方法，即防止前面列出的 3 个必要条件中的任何一个的发生；另一类是直接死锁预防方法，即防止循环等待的发生。

6.2.1　互斥

一般来说，在所列出的发生死锁的 4 个条件中，第一个条件不可能禁止。如果需要对资源进行互斥访问，那么操作系统就必须支持互斥占用某些资源。例如文件，可能允许多个读访问，但只能允许互斥的写访问，此时若有多个进程请求写权限，则也可能发生死锁。

6.2.2　占有且等待

为预防占有且等待的条件，可以要求进程一次性地请求所有需要的资源，并阻塞这个进程，直到所有请求都同时满足。这种方法有两个方面的低效性。一方面，一个进程可能被阻塞很长时间，以等待满足其所有的资源请求。而实际上可能只要有一部分资源，它就可以继续执行。另一方面，分配给一个进程的资源可能会在相当长的一段时间不被该进程使用，且不能被其他进程使用。况且一个进程也可能事先并不知道它所需要的所有资源。

这也是应用程序在使用模块化程序设计或多线程结构时产生的实际问题。要同时请求所需的资源，应用程序需要知道其以后将在所有级别或所有模块中请求的所有资源。

6.2.3　不可抢占

预防不可抢占的方法有几种。一种方法是，占有某些资源的一个进程进一步申请资源时，若被拒绝，则该进程必须释放其前面占有的资源，必要时可再次申请这些资源和其他资源。另一种方法是，一个进程请求当前被另一个进程占有的一个资源时，操作系统可以抢占另一个进程，要求它释放资源。只有在任意两个进程的优先级都不同的条件下，后一种方法才能预防死锁。

此外，只有在资源状态可以很容易地保存和恢复的情况下（就像处理器一样），这种方法才是实用的。

6.2.4　循环等待

循环等待条件可通过定义资源类型的线性顺序来预防。若一个进程已分配了 R 类型的资源，则其接下来请求的资源只能是那些排在 R 类型之后的资源。

为证明这种策略的正确性，给每种资源类型指定一个下标。当 $i < j$ 时，资源 R_i 排在资源 R_j 前面。现在假设两个进程 A 和 B 死锁，原因是 A 获得 R_i 并请求 R_j，而 B 获得 R_j 并请求 R_i，那么这个条件不可能，因为这意味着 $i<j$ 且 $j<i$。

类似于占有且等待的预防方法，循环等待的预防方法可能是低效的，因此它会使进程执行速度变慢，且可能在没有必要的情况下拒绝资源访问。

6.3　死锁避免

讨论死锁预防时，可以假设一个进程请求资源时，它一次就请求了所有的资源。实际上，大多数系统通常一次只请求一个资源。系统必须能够判断分配资源是否安全，并且只能在保证安全的条件下分配资源。也确实存在一种算法总能做出正确的选择，从而避免死锁，但条件是必须事先获得一些特定的信息。

6.3.1　安全状态和不安全状态

如果没有死锁发生，并且即使所有进程突然请求针对资源的最大需求，也仍然存在某种调度次序能够使得每一个进程运行完毕，则称该状态是安全的。

使用一个资源的例子可以很容易地说明这个概念。在图 6-4a 中，A 拥有 3 个资源实例，但最终可能会需要 9 个资源实例。B 当前拥有两个资源实例，将来共需要 4 个资源实例。同样，C 拥有两个资源实例，还需要另外 5 个资源实例。总共有 10 个资源实例，其中有 7 个资源已经分配，还有 3 个资源是空闲的。

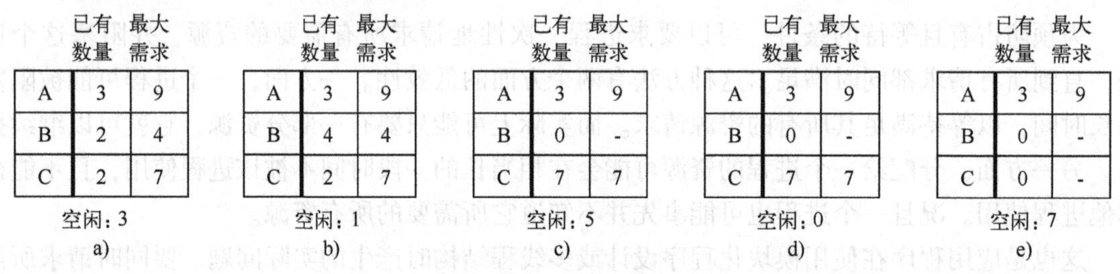

图6-4　使用资源的例子

图 6-4a 所示的状态是安全的，这是由于存在一个分配序列使得所有的进程都能完成。也就是说，这个方案可以单独地运行 B，直到它请求并获得另外两个资源实例，从而到达图 6-4b 的状态。当 B 完成后，就到达了图 6-4c 的状态。然后调度程序可以运行 C，再到达图 6-4d 的状态。当 C 完成后，到达了图 6-4e 的状态。现在 A 可以获得它所需要的 6 个资源实例并完成。这样，系统通过仔细调度，就能够避免死锁，所以图 6-4a 的状态是安全的。

现在假设初始状态如图 6-5a 所示。但这次 A 请求并得到另一个资源（见图 6-5b）。还能找到一个序列来完成所有工作吗？

调度程序可以运行 B，直到 B 获得所需资源（见图 6-5c）。最终，进程 B 完成，状态如图 6-5d 所示，此时进入了困境。只有 4 个资源实例空闲，并且所有活动进程都需要 5 个资源

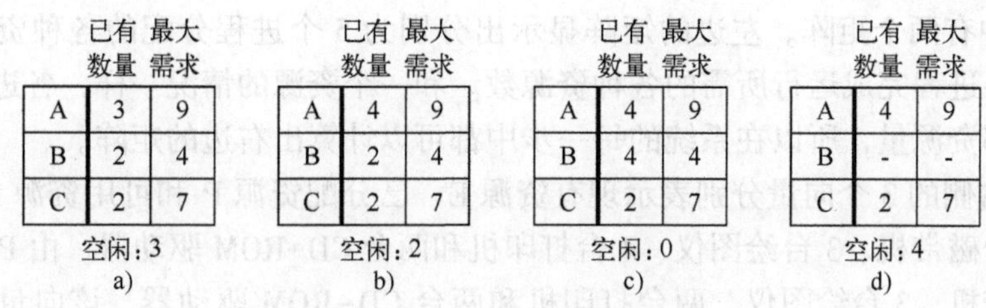

a)

	已有数量	最大需求
A	3	9
B	2	4
C	2	7

空闲：3

b)

	已有数量	最大需求
A	4	9
B	2	4
C	2	7

空闲：2

c)

	已有数量	最大需求
A	4	9
B	4	4
C	2	7

空闲：0

d)

	已有数量	最大需求
A	4	9
B	-	-
C	2	7

空闲：4

图 6-5　另一个使用资源的例子

实例，任何分配资源实例的序列都无法保证工作的完成。于是，从图 6-5a 到图 6-5b 的分配方案，从安全状态进入不安全状态。从图 6-5c 的状态出发来运行进程 A 或 C 也都不行。回过头来再看，A 的请求不应该满足。

值得注意的是，不安全状态并不是死锁。从图 6-5b 出发，系统能运行一段时间。在 A 请求其他资源实例前，A 可能先释放一个资源实例，这就可以让 C 先完成，从而避免死锁。因此，安全状态和不安全状态的区别是：从安全状态出发，系统能够保证所有进程都能完成；而从不安全状态出发，就得不到这样的保证。

6.3.2　单个与多个资源的银行家算法

迪杰斯特拉提出了一种能够避免死锁的调度算法，称为银行家算法，这是死锁检测算法的扩展。考虑一个小镇的银行家，他向一群客户分别承诺了一定的贷款额度。算法要做的是判断对请求的满足是否会导致进入不安全状态。如果是就拒绝；如果满足请求后系统仍然是安全的，就予以分配。图 6-6a 中有 4 个客户 A、B、C、D，每个客户都被授予一定数量的贷款单位，银行家知道不可能所有客户同时都需要最大贷款额，所以他只保留 10 个单位而不是 22 个单位的资金来为客户服务。这里将客户比作进程，将贷款单位比作资源，将银行家比作操作系统。

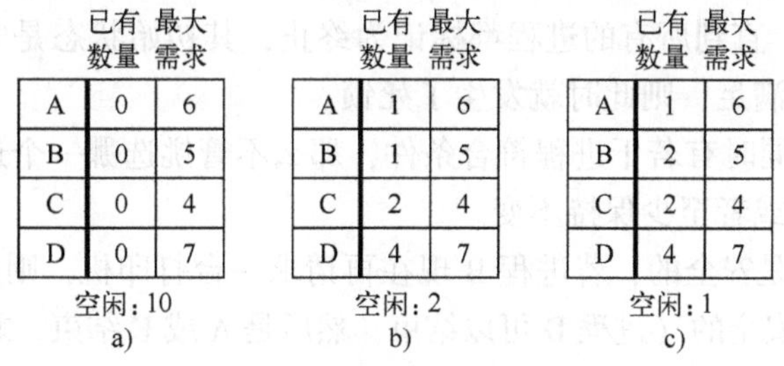

a)

	已有数量	最大需求
A	0	6
B	0	5
C	0	4
D	0	7

空闲：10

b)

	已有数量	最大需求
A	1	6
B	1	5
C	2	4
D	4	7

空闲：2

c)

	已有数量	最大需求
A	1	6
B	2	5
C	2	4
D	4	7

空闲：1

图 6-6　3 种资源分配状态

a）安全　b）安全　c）不安全

客户各自做自己的生意，在某些时刻需要贷款（相当于请求资源）。在某一时刻，具体情况如图 6-6b 所示。这个状态是安全的，由于保留着两个单位，因此银行家能够拖延除了 C 以外的其他请求，因而可以让 C 先完成，然后释放 C 所占用的 4 个单位资源。有了这 4 个单位资源，银行家就可以给 D 或 B 分配所需的贷款单位，以此类推。这里假如向 B 提供了另一个所请求的贷款单位，如图 6-6b 所示，那么就有图 6-6c 所示的状态，该状态是不安全的。如果忽然所有客户都请求最大的限额，而银行家无法满足其中任何一个的要求，那么就会产生死锁。不安全状态并不一定会引起死锁，由于客户不一定需要其最大贷款额度，但银行家不敢抱这种侥幸心理。

可以把银行家算法进行推广以处理多个资源。图 6-7 说明了多个资源的银行家算法如何工作。图 6-7 中有两个矩阵。左边的矩阵显示出分别为 5 个进程分配的各种资源数，右边的矩阵显示了使各进程完成运行所需的各种资源数。和一个资源的情况一样，各进程在执行前给出其所需的全部资源量，所以在系统的每一步中都可以计算出右边的矩阵。

图 6-7 中右侧的 3 个向量分别表示现有资源 E、已分配资源 P 和可用资源 A。由 E 可知，系统中共有 6 台磁带机、3 台绘图仪、4 台打印机和两台 CD-ROM 驱动器。由 P 可知，当前已分配了 5 台磁带机、3 台绘图仪、两台打印机和两台 CD-ROM 驱动器。该向量可通过将左边矩阵的各列相加获得，可用资源向量可通过从现有资源中减去已分配资源获得。

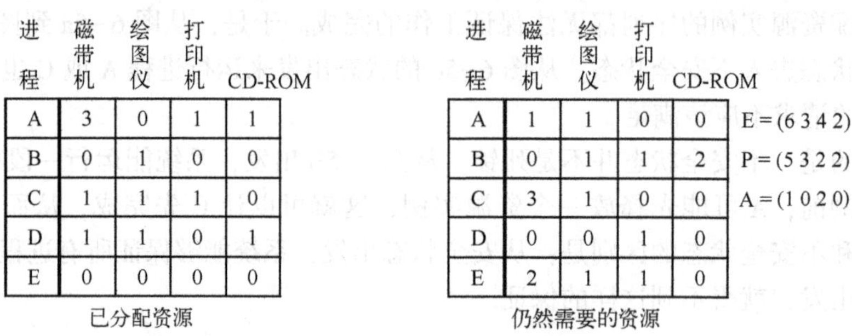

进程	磁带机	绘图仪	打印机	CD-ROM
A	3	0	1	1
B	0	1	0	0
C	1	1	1	0
D	1	1	0	1
E	0	0	0	0

已分配资源

进程	磁带机	绘图仪	打印机	CD-ROM
A	1	1	0	0
B	0	1	1	2
C	3	1	0	0
D	0	0	1	0
E	2	1	1	0

仍然需要的资源

E = (6 3 4 2)
P = (5 3 2 2)
A = (1 0 2 0)

图 6-7　多个资源的银行家算法如何工作

检查一个状态是否安全的算法如下：

1）查找右边矩阵中是否有一行，其没有被满足的资源数均小于或等于 A。如果不存在这样的行，那么系统将会死锁，因为任何进程都无法运行结束（假定进程会一直占有资源，直到它们终止为止）。

2）若找到这样一行，那么可以假设它获得所需的资源并运行结束，将该进程标记为终止，并将其资源加到 A 上。

3）重复以上两步。直到所有的进程都标记为终止，其初始状态是安全的；或者，所有进程的资源需求都得不到满足，则此时就发生了死锁。

如果在第 1）步中同时有若干进程符合条件，那么不管挑选哪一个运行都没有关系，因为可用资源或者会增多，或者至少保持不变。

图 6-7 所示的状态是安全的，若进程 B 现在再请求一台打印机，则可以满足它的请求，因为所得系统状态仍然是安全的（进程 D 可以结束，然后是 A 或 E 结束，剩下的进程相继结束）。

假设在进程 B 获得两台打印机中的一台之后，E 试图获得另一台打印机。若分配给 E，那么可用资源向量会减到（1 0 0 0），从而引起死锁。显然 E 的请求不能立即满足，必须延迟一段时间。

银行家算法虽然很有意义，却缺乏实用价值，因为很少有进程能够在运行前就知道其所需资源的最大值。而且进程数也不是确定的，往往在不断地变化（如用户的登录或退出），况且原本可用的资源也可能突然变成不可用状态（如磁带机可能会坏掉）。因此，只有极少的系统使用银行家算法来避免死锁。

6.4　死锁检测和死锁恢复

最简单的死锁解决方法是鸵鸟算法，即假装什么事情都没有发生。对此，不同的人有不同的看法。一些人认为这种方法不可取，因为不论代价有多大，都应该彻底防止死锁的发生；一些人则更关注死锁发生的频度及其严重性，以及系统因各种原因发生崩溃的次数。如果死锁实际上很少发生，那么大多数的工程师都不会以性能和可用性损失的代价去防止死锁。

对于死锁检测和死锁恢复技术，系统并不试图阻止死锁的产生，而是当检测到死锁发生后，才采取措施进行恢复。

6.4.1　死锁检测

最简单的例子是每种类型都只有一个资源。这样的系统可能有一台扫描仪、一台 CD 刻录机、一台绘图仪和一台磁带机，每种类型的资源都不超过一个。对这样的系统构造一张资源分配图，如果这张图包含了一个或一个以上的环，那么死锁就存在。此环中的任何一个进程都是死锁进程。没有这样的环，系统就没有发生死锁。

看一下更复杂的情况，假设一个系统包括 A~G 共 7 个进程，R~W 共 6 种资源。资源的占有情况和进程对资源的请求情况如下：

1）A 进程持有 R 资源，且需要 S 资源。

2）B 进程不持有任何资源，但需要 T 资源。

3）C 进程不持有任何资源，但需要 S 资源。

4）D 进程持有 U 资源，且需要 S 资源和 T 资源。

5）E 进程持有 T 资源，且需要 V 资源。

6）F 进程持有 W 资源，且需要 S 资源。

7）G 进程持有 V 资源，且需要 U 资源。

问题是："系统是否存在死锁?""如果存在的话，死锁涉及了哪些进程?"，为回答这些问题，构造了一张资源分配图（见图 6-8a）。

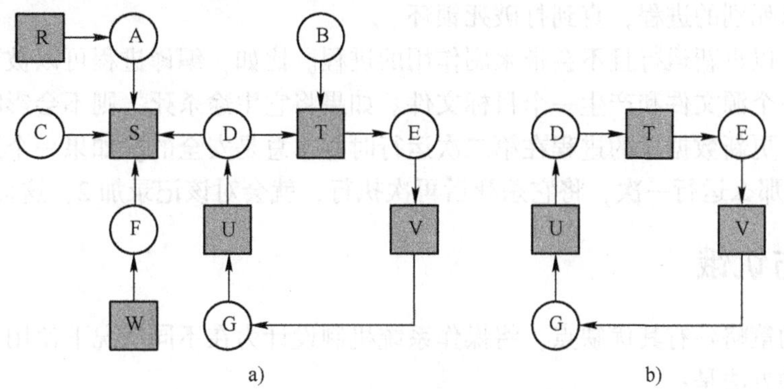

图 6-8　资源分配

a）资源分配图　b）从资源分配图中抽取的环

可以直接观察到这张图中包含了一个环（见图 6-8b）。在这个环中，可以看出进程 D、E、G 已经死锁。进程 A、C、F 没有死锁。这是因为可以把 S 资源分配给它们中的任一个，而且它们中的任一进程完成后都能释放 S，于是其他两个进程可依次执行，直至执行完毕（这里允许进程 D 每次请求两个资源）。

虽然通过观察一张简单的图就能够很容易地找出死锁进程，但为了实用，仍然需要一个正规的算法来检测死锁。例如使用一个对有向图进行检测的算法，或者如果有多种相同的资源存在，即考虑每种类型多个资源的死锁检测，那么需要采用基于矩阵的死锁检测算法等。

6.4.2 死锁恢复

假设死锁检测算法成功地检测到了死锁，下一步就需要使用一些方法使系统重新恢复正常工作。

1）利用抢占恢复。某些情况下，可能会临时将某个资源从它的当前所有者那里转移到另一个进程。在不通知原进程的情况下，将某一资源从一个进程强行取走给另一个进程使用，接着又送回，这种做法是否可行，主要取决于该资源本身的特性。用这种方法恢复通常比较困难，或者说不太可能。若选择挂起某个进程，则很大程度上取决于哪一个进程拥有比较容易收回的资源。

2）利用回滚恢复。如果系统设计人员以及主机操作员了解到死锁有可能发生，那么他们就可以周期性地对进程进行检查点检查，就是将进程的状态写入一个文件以备以后重启。该检查点中不仅包括存储映像，还包括资源状态，即哪些资源分配给了该进程。为了使这一过程更有效，新检查点不应覆盖原有文件，而应写到新文件中。这样，当进程执行时，将会有一系列的检查点文件被累积起来。

一旦检测到死锁，就很容易发现需要哪些资源。为进行恢复，要从一个较早的检查点上开始，这样，拥有所需资源的进程会回滚到一个时间点，在此时间点之前，该进程获得了一些其他的资源。在该检查点之后做的所有工作都丢失（例如，检查点之后的输出必须丢弃，因为它们还会被重新输出）。实际上是将该进程复位到一个更早的状态，那时它还没有取得所需的资源，接着就把这个资源分配给一个死锁进程。如果复位后的进程试图重新获得对该资源的控制，就必须一直等到该资源可用时为止。

3）通过杀死进程恢复。最直接的解决死锁的方法是杀死一个或若干个进程。其中的一种方法是杀死环中（或环外）的一个进程。如果可行，则其他进程将可以继续。如果这样做行不通，就继续杀死别的进程，直到打破死锁环。

最好杀死可以重新运行且不会带来副作用的进程。比如，编译进程可以被重复运行，因为它只需要读入一个源文件和产生一个目标文件。如果将它中途杀死，则不会影响下一次运行。

另一方面，更新数据库的进程在第二次运行时并非总是安全的。如果一个进程将数据库的某个记录加1，那么运行一次，将它杀死后再次执行，就会对该记录加2，这显然是错误的。

6.5 活锁与饥饿

解决死锁的策略各有其优缺点，将操作系统机制设计为在不同情况下使用不同的策略通常更为有效。一种方法是：

1）把资源分成几组不同的资源类。

2）为预防在资源类之间由于循环等待产生死锁，可使用前面定义的线性排序策略。

3）在一个资源类中，使用针对该类资源最适合的算法。

6.5.1 两阶段加锁

一般情况下，避免死锁和预防死锁并不是很有希望。但是，在一些特殊的应用中有很多卓越的专用算法。例如，在很多数据库系统中，一个常见的操作是请求锁住一些记录，然后更新所有锁住的记录。当同时有多个进程运行时，就有出现死锁的危险。常用的方法是两阶段加锁。在第一阶段，进程试图对所有所需的记录进行加锁，一次锁一个记录。如果第一阶段加锁成功，就开始第二阶段，完成更新后释放锁。

如果第一阶段中的某个进程需要的记录已经被加锁，那么该进程释放它所有加锁的记录，然后重新开始第一阶段。这种方法类似于提前或者至少是在实施一些不可逆的操作之前就请求所有资源。不过，这种策略并不通用。

6.5.2 通信死锁

另一种死锁发生在通信系统中（如网络），即两个或两个以上的进程利用发送信息来通信时。一种普遍的情形是，进程 A 向进程 B 发送请求信息，然后阻塞，直至 B 回复。假设该请求信息丢失，A 在阻塞以等待回复时，B 也在等待一个向其发送命令的请求而阻塞，因此发生死锁。

这并非经典的资源死锁。A 没有占有 B 所需的资源，反之亦然。事实上，并没有完全可见的资源。但是，根据标准的定义，在一系列进程中，每个进程都因为等待另外一个进程引发的事件而产生阻塞，这就是一种死锁。相比于更加常见的资源死锁，把上面这种情况称为通信死锁。

通信死锁不能通过对资源排序（因为没有）或者通过仔细地安排调度来避免（因为任何时刻的请求都不允许延迟）。幸运的是，另外一种技术通常可以用来中断通信死锁，这就是"超时"。在大多数网络通信系统中，只要一个信息被发送至一个特定的地方，并等待其返回一个预期的回复，发送者就同时启动计时器。若计时器在回复到达前计时就停止了，则信息的发送者可以认定信息已经丢失，并重新发送（如果需要，则一直重复）。通过这种方式，可以避免死锁。

如果原始信息没有丢失，而仅仅是回复延时，那么接收者可能收到两次甚至更多次信息，从而导致意想不到的结果。想象电子银行系统中包含付款说明的信息，很明显，不应该仅仅因为网速缓慢或者超时时间设定太短就重复（并执行）多次。应该将通信规则（通常称为协议）设计为让所有事情都正确，这是一个复杂的课题。当然，在通信系统或者网络中也可能发生资源死锁。

6.5.3 活锁

在某种情形下，轮询（忙等待）可用于进入临界区或存取资源。采用这一策略的主要原因是，相比所做的工作而言，互斥的时间很短，而挂起等待的时间开销很大。考虑一个原语，通过该原语调用进程来测试一个互斥信号量，然后或者得到该信号量，或者返回失败信息。

现在假设有一对进程，每个进程都需要两种资源（见图 6-9），它们利用轮询原语 enter_region 去尝试取得必要的锁。如果尝试失败，则该进程继续尝试。在图 6-9 中，如果进程 A 先运行并得到资源 1，然后进程 2 运行并得到资源 2，那么以后不管哪一个进程运行，都不会有任何进展，而是哪一个进程都没有被阻塞。结果是两个进程总是消耗分配给它们的 CPU 配额，但是没有进展，也没有阻塞。因此，没有出现死锁现象（因为没有进程阻塞），但是从现象上看好像死锁发生了，这就是活锁。活锁也经常出人意料地产生。在一些系统中，进程表中容纳的进程数决定了系统允许的最大进程数量，因此进程

```
void process_A (void) {
  enter_region (& resource _1);
  enter_region (& resource _2);
  use_both _resources ();
  leave_region (& resource _2);
  leave_region (& resource _1);
}

void process_B (void) {
  enter_region (& resource _2);
  enter_region (& resource _1);
  use_both _resources ();
  leave_region (& resource _1);
  leave_region (& resource _2);
}
```

图 6-9 忙等待可能导致活锁

表属于有限的资源。如果由于进程表满了而导致一次 fork 运行失败，那么一个合理的方法是，该程序等待一段随机长的时间，然后再次尝试运行 fork。

值得一提的是，一些人对饥饿（缺乏资源）和死锁并不进行区分，因为这两种情况下都没有下一步操作了。还有些人认为它们从根本上不同，因为可以很轻易地编写一个进程，让它做某个操作 n 次。一个阻塞的进程就没有那样的选择了。

6.5.4　饥饿

与死锁和活锁非常相似的一个问题是饥饿。在运行的系统中，任何时刻都可能请求资源，这就需要一些策略来决定在什么时候谁获得什么资源。虽然这个策略表面上很有道理，但依然有可能使一些进程永远得不到服务，虽然它们并不是死锁进程。

这里考虑打印机分配这个例子。设想系统采用某种算法来保证打印机分配不产生死锁，假设若干进程同时请求打印机，究竟哪一个进程能获得打印机呢？一个可能的分配方案是把打印机分配给打印最小文件的进程（假设这个信息可知）。这个方法会让尽量多的顾客满意，并且看起来很公平。考虑下面的情况：在一个繁忙的系统中，某个进程有一个文件要打印，每当打印机空闲时，系统便纵观所有进程，并把打印机分配给打印最小文件的进程。如果存在一个固定的进程流，其中的进程都是只打印小文件，那么要打印大文件的进程永远也得不到打印机。很简单，它会“饥饿而死”（无限制地推后，尽管它没有被阻塞）。

饥饿可以通过先来先服务资源分配策略来避免，由此，等待最久的进程会是下一个被调度的进程。随着时间的推移，所有进程都会变成最“老”的，因而最终能够获得资源而完成。

6.6　哲学家就餐问题

现在来考虑迪杰斯特拉引入的哲学家就餐问题。有5位哲学家住在一栋房子里，在他们的面前有一张餐桌。每位哲学家的生活就是思考和吃饭。通过多年的思考，他们一致同意最有助于思考的食物是意大利面。由于缺乏手工技能，每位哲学家都需要两把叉子来吃意大利细面。

吃饭的布置很简单（见图6-10）：一张圆桌上有一大碗面和5个盘子，每位哲学家一个，还有5把叉子。每位哲学家都会坐到桌子旁分配给他的位置上，使用盘子两侧的叉子来取面和吃面。需要设计一套礼仪（算法）以允许哲学家吃饭，该算法必须保证互斥（没有两位哲学家同时使用同一把叉子），同时还要避免死锁和饥饿。

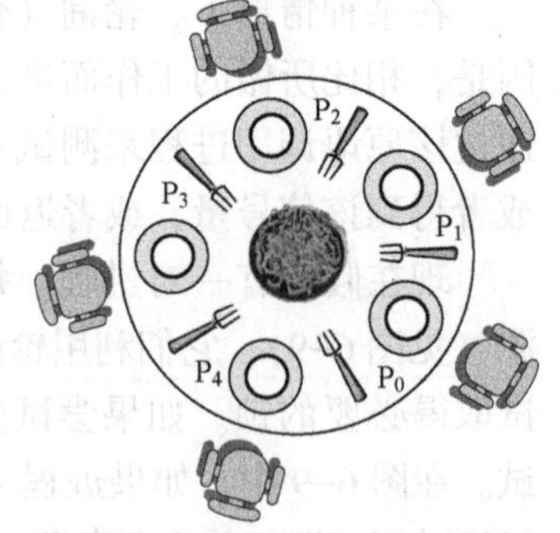

图6-10　哲学家的就餐布局

这个问题说明了死锁和饥饿中的基本问题。此外，解决方案的研究展现了并发程序设计中的许多困难。哲学家就餐问题可以视为当应用程序中包含并发线程的执行时，协调处理共享资源的一个有代表性的问题。因此，该问题是评价同步方法的一个测试标准。

6.6.1　基于信号量解决方案

图6-11给出了基于信号量的解决方案。每位哲学家都首先拿起左边的叉子，然后拿起右边的叉子。在哲学家吃完面后，这两把叉子被放回桌子。这个解决方案会导致死锁：如果所有哲学家在同一时刻感到饥饿，他们都坐下来，都拿起左边的叉子，之后都伸手拿右边的叉子，但都没拿到。在这种有损尊严的状态下，所有的哲学家都会处于饥饿状态。

```
/* 哲学家用餐程序 */
semaphore fork [5] = {1} ;
int i;
void philosopher (int i)
{
   while (true) {
   think () ;
   wait (fork [i]) ;
   wait (fork [ (i+1) mod 5]) ;
   eat () ;
   signal (fork [ (i+1) ] mod 5) ;
   signal (fork [i]) ;
   }
}
void main ()
{
   parbegin (philosopher (0) , philosopher (1) , philosopher (2) ,
   philosopher (3) , philosopher (4) ) ;
}
```

图 6-11　哲学家就餐问题的第一种解决方案

为避免死锁的危险，可以再另买 5 把叉子，或者让哲学家仅用一把叉子吃面。另一种方法是，考虑增加一位服务员，他只允许 4 位哲学家同时进入餐厅。由于最多有 4 位哲学家就餐，因而至少有一位哲学家可以拿到两把叉子。图 6-12 所示为这种方案，这里再次使用信号量，这个方案不会发生死锁和饥饿。

```
/* 哲学家用餐程序 */
semaphore fork [5] = {1} ;
semaphore room = {4} ;
int i;
void philosopher (int i)
{
   while (true) {
     think () ;
     wait (room) ;
     wait (fork [i] ) ;
     wait (fork [ (i+1) mod 5]) ;
     eat () ;
     signal (fork [ (i+1) ] mod 5) ;
     signal (fork [i]) ;
     signal (room) ;
   }
}
void main ()
{
   parbegin (philosopher (0) , philosopher (1) , philosopher (2) ,
   philosopher (3) , philosopher (4) ) ;
}
```

图 6-12　哲学家就餐问题的第二种解决方案

6.6.2　基于管程解决方案

图 6-13 给出了基于管程的哲学家就餐问题解决方案。这种方案定义了一个含有 5 个条件变量的向量，每把叉子对应一个条件变量。这些条件变量表示哲学家所等待的叉子的可用情

况。另外，用一个布尔向量记录每把叉子的可用情况（true表示叉子可用）。管程包含了两个过程。get_forks()函数表示哲学家取他左边和右边的叉子。如果至少有一把叉子不可用，那么哲学家进程就会在条件变量的队列中等待。这可让另外的哲学家进程进入管程。release_forks()函数表示两把叉子可用。注意，这种解决方案的结构和图6-11中的信号量解决方案相似。在这两种方案中，哲学家都是先取左边的叉子，然后取右边的叉子。和信号量不同的是，管程不会发生死锁，因为在同一时刻只有一个进程进入管程。比如，第一位哲学家进程进入管程，保证了只要他拿起了左边的叉子，他右边的哲学家在拿到其左边的叉子之前（即这位哲学家右边的叉子），就一定可以拿到右边的叉子。

```
monitor dining_controller;
cond ForkReady [ 5 ];                       /* 用于同步的条件变量 */
boolean fork [5] = {true} ;                 /* 每个叉子的可用状态 */

void get_forks (int pid)                    /* pid是哲学家的id号 */
{
   int left = pid;
   int right = (+ +pid) % 5;
   /* 授予左叉 */
   if ( ! fork (left)
      cwait (ForkReady [left]) ;            /* 队列中的条件变量 */
   fork (left) = false;
   /* 授予右叉 */
   if ( ! fork (right)
      cwait (ForkReady [right]) ;           /* 队列中的条件变量 */
   fork (right) = false;
}
void release_forks (int pid)
{
   int left = pid;
   int right = (+ + pid) % 5;
   /* 释放这个左叉 */
   if (empty (ForkReady [left])             /* 没有人在等待这个叉子 */
      fork (left) = true;
   else                                     /* 唤醒一个等待这个叉子的进程 */
      csignal (ForkReady [left]) ;
   /* 释放这个右叉 */
   if (empty (ForkReady [right])            /* 没有人在等待这个叉子 */
      fork (right) = true;
   else                                     /* 唤醒一个等待这个叉子的进程 */
      csignal (ForkReady [right]) ;
}
```

```
void philosopher [k = 0 to 4]               /* 5个哲学家客户端 */
{
   while (true) {
      <思考> ;
      get_fork (k) ;                        /* 客户端请求获得两个叉子 */
      <吃意大利面条>
      release_forks (k) ;                   /* 客户端释放两个叉子 */
   }
}
```

图6-13　哲学家就餐问题的管程解决方案

【习题】

选择题：

1. 计算机系统中有很多（　　）的资源，在任一时刻，它们都只能被一个进程使用。常见的有打印机等。因此操作系统具有授权一个进程（临时）排他地访问某一种资源的能力。

A. 公开性　　B. 独占性　　C. 争抢性　　D. 稀有性

2. 大部分死锁情况的发生都和（　　）相关，简单地说，它是随着时间的推移必须能够获得、使用以及释放的任何东西。

A. 资源　　B. 设备　　C. 数据　　D. 程序

3.（　　）资源可以从拥有它的进程中抢占，而不会产生任何副作用，如存储器。

A. 可利用　　B. 可扩散　　C. 不可抢占　　D. 可抢占

4. 使用一个资源所需要的事件顺序可以抽象地表示为（　　）。

① 系统规划　　② 释放资源　　③ 请求资源　　④ 使用资源

A. ②③④　　B. ①②③　　C. ③④②　　D. ③④①

5.（　　）资源是指一次只能供一个进程安全地使用，并且不会由于使用而耗尽的资源。

A. 可消耗　　B. 可重用　　C. 不可重用　　D. 不可消耗

6.（　　）资源是指可以被创建和销毁的资源。一个无阻塞的生产进程可以创建任意数目的这类资源，当消费进程得到一个资源时，该资源就不再存在了。

A. 可消耗　　B. 可重用　　C. 不可重用　　D. 不可消耗

7. 如果一个进程集合中的每个进程都在等待只能由该进程集合中的其他进程才能引发的事件，那么该进程集合就是（　　）的。

A. 消耗　　B. 饥饿　　C. 活锁　　D. 死锁

8. 发生（资源）死锁的必要条件是（　　）。

① 不可抢占　　② 循环等待　　③ 互斥　　④ 占有且等待

A. ①②④　　B. ②③④　　C. ③①④②　　D. ①②③

9. 若计算机系统中的某时刻有 5 个进程，其中一个进程的状态为“运行”，两个进程的状态为“就绪”，两个进程的状态为“阻塞”，则该系统中并发的进程数为（ ① ）；如果系统中的 5 个进程都要求使用两个互斥资源 R，那么该系统不产生死锁的最少资源数应为（ ② ）个。

① A. 2　　B. 3　　C. 4　　D. 5

② A. 5　　B. 6　　C. 8　　D. 9

10. 系统中有 R 类资源 m 个，现有 n 个进程互斥使用。若每个进程对 R 资源的最大需求为 w，那么当 m、n、w 分别取表 6-1 中的值时，对于表中的 a~f 种情况，（ ① ）可能会发生死锁。若为这些情况的 m 分别加上（ ② ），则系统不会发生死锁。

表 6-1　选择题 10 表

	a	b	c	d	e	f
m	3	3	5	5	6	6
n	2	3	2	3	3	4
w	2	2	3	3	3	2

① A. a b e　　B. c d e　　C. b d e　　D. b d f

② A. 1、1 和 1　　B. 1、1 和 2　　C. 1、1 和 3　　D. 1、2 和 1

11. 某系统中有 3 个并发进程，都需要同类资源 4 个，该系统不会发生死锁的最少资源数是（　　）。

A. 9　　B. 10　　C. 11　　D. 12

12. 若一个单处理器的计算机系统中同时存在 3 个并发进程，则同一时刻允许占用处理器的进程数（ ① ），如果这 3 个进程都要求使用两个互斥资源 R，那么系统不产生死锁的最少的 R 资源数为（ ② ）个。

① A. 至少为一个　　B. 至少为 3 个　　C. 最多为一个　　D. 最多为 3 个

② A. 3　　B. 4　　C. 5　　D. 6

13. 如果没有死锁发生，并且即使所有进程突然请求针对资源的最大需求，也仍然存在某种调度次序能够使得每一个进程运行完毕，则称该状态是（　　）的。

A. 安全　　B. 不安全　　C. 饥饿　　D. 活锁

14. 迪杰斯特拉提出了一种能够避免死锁的调度算法，称为（　　）算法，这是死锁检测算法的扩展，并可以推广至处理多个资源。

A. 资源分配　　B. 哲学家　　C. 银行家　　D. 科学家

15. 某系统中有 4 种互斥资源 R1、R2、R3 和 R4，可用资源数分别为 3、5、6 和 8。假设在 T_0时刻有 P1、P2、P3 和 P4 这 4 个进程，并且这些进程对资源的最大需求量和已分配资源数如表 6-2 所示，那么在 T_0时刻，系统中 R1、R2、R3 和 R4 的剩余资源数分别为（ ① ）。如果从 T_0 时刻开始，进程按（ ② ）顺序逐个调度执行，那么系统状态是安全的。

表 6-2　选择题 15 表

进　程	资　源							
	最大需求量				已分配资源数			
	R1	R2	R3	R4	R1	R2	R3	R4
P1	1	2	3	6	1	1	2	4
P2	1	1	2	2	0	1	2	2
P3	1	2	1	1	1	1	1	0
P4	1	1	2	2	1	1	1	1

① A. 3、5、6 和 8　　B. 3、4、2 和 2　　C. 0、1、2 和 1　　D. 0、1、0 和 1

② A. P1→P2→P4→P3　　B. P2→P1→P4→P3

C. P3→P2→P1→P4　　D. P4→P2→P3→P1

16. 假设系统中有 3 类互斥资源 R1、R2、R3，可用资源数为 8、7 和 4。在 T_0时刻，系统中有 P1、P2、P3、P4 和 P5 这 5 个进程，这些进程对资源的最大需求量和已分配资源数如表 6-3 所示。在 T_0时刻，系统剩余的可用资源数分别为（ ① ）。如果进程按（ ② ）序列执行，那么系统状态是安全的。

表 6-3　选择题 16 表

进　程	资　源					
	最大需求量			已分配资源数		
	R1	R2	R3	R1	R2	R3
P1	6	4	2	1	1	1
P2	2	2	2	2	1	1
P3	8	1	1	2	1	0
P4	2	2	1	1	2	1
P5	3	4	2	1	1	1

① A. 0、1 和 0　　B. 0、1 和 1　　C. 1、1 和 0　　D. 1、1 和 1

② A. P1→P2→P4→P5→P3　　B. P2→P1→P4→P5→P3

C. P4→P2→P1→P5→P3　　D. P4→P2→P5→P1→P3

17. 最简单的死锁解决方法是（　），但对此不同的人有不同的看法。

A. 基于矩阵　　B. 增加资源　　C. 基于时间　　D. 鸵鸟算法

18. 通过观察资源分配图能够很容易地找出死锁进程。但为了实用，仍然需要一个正规的（　）的算法来检测死锁。

A. 基于矩阵　　B. 增加资源　　C. 基于时间　　D. 鸵鸟

19. 假设死锁检测算法成功地检测到了死锁，下面属于死锁恢复方法的是（　）。

① 利用抢占恢复　　② 增加资源恢复　　③ 利用回滚恢复　　④ 杀死进程恢复

A. ②③④　　B. ①②③　　C. ①③④　　D. ①②④

20. 在通信系统中（如网络），两个或两个以上的进程利用发送信息来通信时，例如进程 A 向进程 B 发送请求信息，然后阻塞，直至 B 回复。假设该请求信息丢失，A 在阻塞以等待回复时，B 也在等待一个向其发送命令的请求而阻塞，因此发生了（　）。

A. 并发竞争　　B. 通信死锁　　C. 资源饥饿　　D. 通信活锁

21. 与死锁和活锁非常相似的一个问题是饥饿。以下（　）情境属于饥饿。

A. 硬件发生故障，系统得不到服务

B. 在通信系统中，进程 A 和进程 B 相互等待请求和回复信息

C. 没有进程阻塞，但从现象上看好像死锁发生了

D. 服务被无限制地推后，尽管它没有被阻塞

22. 饥饿可以通过（　）资源分配策略来避免。随着时间的推移，所有进程都会变成最“老”的，因而最终能够获得资源而完成。

A. 先来先服务　　B. 最小进程优先　　C. 最大进程优先　　D. 轮转

23. 迪杰斯特拉引入的（　）问题，说明了死锁和饥饿中的基本问题，对这个问题解决方案的研究展现了并发程序设计中的许多困难。

A. 资源分配　　B. 哲学家就餐　　C. 银行家放贷　　D. 并发与互斥

思考题：

1. 请给出可抢占资源和不可抢占资源的例子。
2. 请给出可重用资源和可消耗资源的例子。
3. 产生死锁的 3 个必要条件是什么？产生死锁的第四个条件是什么？
4. 如何防止占有且等待条件？
5. 给出防止不可抢占条件的两种方法。
6. 如何防止循环等待条件？
7. 死锁的避免、检测和预防之间的区别是什么？

【实验与思考】Windows 线程间的通信

1. 背景知识

(1) 文件对象

Windows 提供的线程间通信类内核对象允许同一进程或跨进程的线程之间互相发送信息，包括文件、文件映射、邮件位和命名管道等，其中最常用的是文件和文件映射。这类对象允许

一个线程很容易地向同一进程或其他进程中的另一线程发送信息。

文件对象是人们所熟悉的永久存储的传统元素。将一个文件看作内核对象可使开发人员获得比标准 C++文件操作更为强大的功能。

内核允许开发人员在系统设备或网络上创建代表永久存储数据块的文件对象。这些文件对象是对永久存储数据的低级访问者；用 C++ 运行库或其他方法打开的所有文件最终都要变成对 CreateFile( ) API 的调用。

CreateFile( )函数分配一个内核对象来代表一个永久的文件。当在磁盘上创建一个新文件或当打开一个已经存在的文件时，就调用这个 API，其参数见表 6-4。

创建调用比创建事件、互斥体或信号量要复杂。首先必须在 lpFileName 中指定对象名，并且要指向文件系统中所访问的位置。接着必须用 dwDesiredAccess 参数提供所需的访问级别。

由创建函数要求的共享模式参数 dwShareMode 可以指定另一进程企图同时访问数据时会发生什么。与所有其他第一级内核对象一样，可以利用 lpSecurityAttributes 参数指定所创建对象的安全性。接着，要通过 dwCreationDisposition 参数告诉创建函数数据在指定的永久存储介质中存在或不存在时的行为。

表 6-4　CreateFile( ) API 的参数

参 数 名	使 用 目 的
LPCTSTR lpFileName	要打开或创建的文件名
DWORDdwDesiredAccess	所要求的文件访问权；一个包括 GENERIC_READ 或 GENERIC_WRITE 的屏蔽
DWORDdwShareMode	指定与其他进程共享的文件类型（如果有的话）
LPSECURITY _ ATTRIBUTES lpSecurityAttributes	当被文件系统支持时，与备份文件对象有关的安全性
DWORD dwCreationDisposition	在文件系统的级别上所采取的操作的类型。例如，新文件的创建或打开一个已有的文件
DWORD dwFlagsAndAttributes	文件系统的属性，如只读、隐藏等。还可以是文件对象的属性，如可缓存写入等
HANDLEhTemplateFile	指向另一文件对象的句柄，常用于为新创建的文件提供属性

可以使用 dwFlagsAndAttributes 参数来指定文件的属性（如只读），并确定对数据所执行的读/写操作的行为。最后一个参数 hTemplateFile 可指定另一个文件对象作为模板，以便为新创建的文件复制属性或扩展属性。

Windows XP 系统包括许多文件对象的工具函数，表 6-5 所示为处理文件对象时需要使用的 API。

表 6-5　处理文件对象时需要使用的 API

API 名称	功 能 描 述
CreateFile( )	创建文件内核对象，用于代表文件系统中新的或已经存在的大量数据
ReadFile( )	从文件系统中的由文件对象句柄引用的文件发送数据。读操作开始于当前文件的指针位置，每读取一个字节，该位置增加
WriteFile( )	从文件系统中的由文件对象句柄引用的文件发送数据。写操作开始于当前文件的指针位置，每写入一个字节，该位置增加
SetFilePointer( )	将文件中的当前文件指针位置移动一个相对或绝对距离
SetEndOfFile( )	将文件的终止记号移动到当前文件指针的位置
LockFile( )	防止其他进程访问传递的文件内的一个区域
GetFileType( )	决定传递的句柄是否引用磁盘文件、控制台或命名的管道
GetFileSizeEx( )	提取 64 位的文件容量
GetFileTime( )	提取文件创建、最后访问和最近修改的时间
GetFileInformationByHandle( )	用传递来的文件中的详细信息填充 BY_HANDLE_FILE_ INFORMATION 数据结构

通常可以使用 ReadFile( )和 WriteFile( )API 在永久存储及应用程序间通过文件对象来移动数据。因为创建调用将对象的大多数复杂性封装起来了，这两个函数只是简单地利用指向要交换数据的文件对象的句柄（即指向内存内的数据缓存区的指针），然后计数移动数据的字节数。除此之外，这两个函数还执行重叠式的输入和输出，由于不会“堵塞”主线程，因此可用来传送大量的数据。

CreateFile( )方法除了可访问标准的永久文件外，还可访问控制台的输入和输出，以及从命名的管道来的数据。

GetFileType( )API 指明要处理的关键文件句柄的结构。除此之外，内核还提供了 GetFileInformationByHandle( )和 GetFileSizeEx( )、GetFileTime( )API 用于获得关键数据的详细情况。其他用于在文件中改变数据的工具函数包括 LockFile( )、SetFilePointer( )和 SetEndOfFile( )API。

除了这些基于句柄的 API 之外，内核还提供了大量的工具，用于按文件名对文件直接操作。文件对象用完之后，应该用 CloseHandle( )API 加以清除。

（2）文件映射对象

比使用 ReadFile( )和 WriteFile( )API 通过文件对象来读取和写入数据更为简单的是，Windows XP 还提供了一种在文件中处理数据的方法，名为内存映射文件，也称为文件映射。文件映射对象是在虚拟内存中分配的永久或临时文件对象区域（如果可能的话，可扩大到整个文件），可将其看作二进制的数据块。使用这类对象，可获得直接在内存中访问文件内容的能力。

文件映射对象提供了强大的扫描文件中数据的能力，而不必移动文件指针。对于多线程的读/写操作来说，这一点特别有用，因为很多线程都想要把读取指针移动到不同的位置。为了防止这种情况，就需要使用某种线程同步机制保护文件。

在 CreateFileMapping( )API 中，一个新的文件映射对象需要有一个永久的文件对象（由 CreateFile( )创建）。该函数使用标准的安全性要求和命名参数，还有用于允许操作（如只读）的保护标志以及映射的最大容量。随后可根据来自 OpenFileMapping( )API 的其他线程或进程使用该映射。这与事件和互斥体的打开进程是非常类似的。

内存映射文件对象的另一个强大的应用是可请求系统创建一个运行映射的临时文件。该临时文件提供一个临时的区域，用于线程或进程互相发送大量数据，而不必创建或保护磁盘上的文件。利用向创建函数中发送的 INVALID_HANDLE_VALUE 来代替真正的文件句柄，就可创建这一临时的内存映射文件；指令内核使用系统页式文件来建立支持映射的最大容量的临时数据区。

为了利用文件映射对象，进程必须将对文件的查看映射到它的内存空间中。也就是说，应该将文件映射对象想象为进程的第一步。在这一步中，当查看实际上允许访问的数据时，附加共享数据的安全性要求和命名方式。为了获得指向内存区域的指针，需要调用 MapViewOfFile( ) API，此调用使用文件映射对象的句柄作为其主要参数。此外，还有所需的访问等级（如读/写），以及开始查看时文件内的偏移和要查看的容量。该函数返回一个指向进程内的内存的指针，此指针可有多种编程方面的应用（但不能超过访问权限）。

当结束文件映射查看时，必须用接收到的指针调用 UnmapViewOfFlie( )API，然后根据映射对象调用 CloseHandle( )API，从而将其清除。

2. 工具/准备工作

1）在开始本实验之前，请回顾本书的相关内容。

2）需要准备一台运行 Windows 操作系统的计算机，且该计算机中需安装 Visual C++ 6.0。

3. 实验内容与步骤

在本实验中，通过对文件和文件映射对象的了解，加深对 Windows 线程同步的理解。

1）回顾系统进程、线程的有关概念，加深对 Windows 线程间通信的理解。

2）了解文件和文件映射对象。

3）通过分析实验程序，了解线程如何通过文件对象发送数据。

4）了解在进程中如何使用文件对象。

5）通过分析实验程序，了解线程如何通过文件映射对象发送数据。

6）了解在进程中如何使用文件映射对象。

（1）文件对象

清单 6-1 中的代码展示了线程如何通过文件对象在永久存储介质上互相发送数据。程序激活并启动了连续创建线程。每个线程都从指定的文件中读取数据，并对数据进行修改，其修改增量是以创建时发送给它的数量为依据的，然后将新数值写回文件。

步骤 1：登录 Windows。

步骤 2：在“开始”菜单中单击 Microsoft Visual C++ 6.0 命令，进入 Visual C++窗口。

步骤 3：编辑实验源程序 6-1.cpp（也可直接打开下载的源程序文件 6-1.cpp）。

清单 6-1　演示线程通过文件对象发送数据。

```
// fileobj 项目
# include <windows. h>
# include <iostream>

// 要使用的文件名
    static LPCTSTR g_szFileName = " w2kdg. Fileobj. file. data. txt" ;

// 在数据文件中读取当前数据的简单线程时将传递来的该数据增加,并写回数据文件中
static DWORD WINAPI ThreadProc (LPVOID lpParam)
{
    // 将参数翻译为长整数
    LONGnAdd = reinterpret_cast <LONG> (lpParam) ;

    // 建立完全的指定文件名(包括路径信息)
    TCHARszFullName [ MAX_PATH] ;
    : : GetTempPath( MAX_PATH, szFullName) ;          // 取得路径
    : : strcat( szFullName, g_szFileName) ;

    // 打开文件对象
    HANDLE hFile = : : CreateFile(
        szFullName,                                    // 文件的完全名称
        GENERIC_READ|GENERIC_WRITE,                    // 具有所有的访问权
        FILE_SHARE_READ,                               // 允许其他线程读取
        NULL,// 默认的安全性
        OPEN_ALWAYS,                                   // 创建或打开文件
        FILE_ATTRIBUTE_NORMAL,                         // 普通文件
        NULL) ;                                        // 无模板文件
    if (hFile! = INVALID_HANDLE_VALUE)
    {
        // 读取当前数据
        LONG nValue(0) ;
        DWORD dwXfer(0) ;
        : : ReadFile(
            hFile,                                     // 要读取的文件
            reinterpret_cast <LPVOID>(&nValue) ,       // 缓冲区
```

```
            sizeof( nValue) ,                           // 缓冲区容量
            &dwXfer,                                    // 读取的字节数
            NULL) ;                                     // 无重叠 I/O
        if ( dwXfer= =sizeof( nValue) )
        {
        // 显示当前数据
            std: :cout<<" read: " <<nValue<<std: :endl;
        }

        // 增加数值
        nValue+ = nAdd;

        // 写回永久存储介质
        : :SetFilePointer( hFile,0,NULL,FILE_BEGIN) ;
        : : WriteFile(
            hFile,                                      // 要写入的文件
            reinterpret_cast <LPCVOID>( &nValue) ,      // 数据
            sizeof( nValue) ,                           // 缓冲区容量
            &dwXfer,                                    // 写入的字节数
            NULL) ;                                     // 无重叠 I/O
        if ( dwXfer= =sizeof( nValue) )
        {
            std: :cout<<" write: " <<nValue<<std: :endl;
        }
        //清除文件
        : : CloseHandle( hFile) ;
        hFile=INVALID_HANDLE_VALUE;
    }
    return( 0) ;
}

void main( )
{
    // 创建 100 个线程从文件中进行读/写
    for ( int nTotal= 100;nTotal>0;--nTotal)
    {
        // 启动线程
        HANDLE hThread= : : CreateThread(
            NULL,                                       // 默认的安全性
            0,                                          // 默认的堆栈
            ThreadProc,                                 // 线程函数
            reinterpret_cast <LPVOID>( 1) ,             // 增量
            0,                                          // 无特殊的创建标志
            NULL) ;                                     // 忽略线程 id
        // 等待线程完成
        : :WaitForSingleObject( hThread,INFINITE) ;

        : :Sleep( 500) ;                                // 放慢显示速度,方便观察

        //释放指向线程的句柄
        : :CloseHandle( hThread) ;
        hThread=INVALID_HANDLE_VALUE;
    }
}
```

步骤4：单击 Build 菜单中的 Compile 6-1. cpp 命令，并单击“是”按钮进行确认，系统对 6-1. cpp 进行编译。

步骤5：编译完成后，单击 Build 菜单中的 Build 6-1. exe 命令，建立 6-1. exe 可执行文件。

请记录：操作能否正常进行？如果不行，则可能的原因是什么？

____

步骤6：在工具栏中单击 Execute Program 按钮，执行 6-1. exe 程序。

请记录：运行结果（如果运行不成功，则可能的原因是什么?）：

____

____

阅读和分析清单 6-1，请回答问题：

① 清单 6-1 中启动了多少个单独的读写线程？

____

② 使用了哪个系统 API 函数来创建线程例程？

____

③ 文件的读和写操作分别使用了哪个 API 函数？

____

每次运行进程时，都可看到清单 6-1 中的每个线程从前面的线程中读取数据并将数据增加，文件中的数值连续增加。这个示例是很简单的通信机制。可将这一示例用作编写自己的文件读/写代码的模板。

请注意程序中写入之前文件指针的重置。重置文件指针是必要的，因为该指针在读取结束时将处于前四个字节之后，同一指针还要用于向文件写入数据。如果函数向该处写入新数值，则下次进程运行时，只能读到原来的数值。那么：

④ 在程序中，重置文件指针使用了哪一个函数？

____

⑤ 从步骤 6 的输出结果，对照分析 6-1 程序，可以看出程序运行的流程吗？请简单描述：

____

____

⑥ 程序 main 函数中，语句：: WaitForSingleObject(hThread,INFINITE)；有何作用？

____

____

（2）文件映射对象

清单 6-2 的程序展示了一个在线程间使用的由页式文件支持的文件映射对象，从中可以看出利用内存映射文件比使用驻留在磁盘上的文件对象更为简单。其中的进程还使用了互斥体，以便公平地访问文件映射对象，然后，当每个线程都释放时，程序将文件的视图映射到文件上并增加数据的值。

步骤1：编辑实验源程序 6-2. cpp（也可直接打开下载的源程序文件 6-2. cpp）。

清单 6-2 演示使用映射文件的内存交换数据的线程。

```
// mappings 项目
#include <windows. h>
# include <iostream>
```

```
// 仲裁访问的互斥体
static HANDLE g_hMutexMapping=INVALID_HANDLE_VALUE;
// 增加共享内存中的数值的简单线程
static DWORD WINAPI ThreadProc(LPVOID lpParam)
{
    // 将参数看作句柄
    HANDLE hMapping=reinterpret_cast <HANDLE> (IpParam);

    // 等待对文件的访问
    ::WaitForSingleObject(g_hMutexMapping,INFINITE);

    // 映射视图
    LPVOID pFile=::MapViewOfFile(
        hMapping,                       // 保存文件的对象
        FILE_MAP_ALL_ACCESS,            // 获得读/写权限
        0,                              // 在文件的开头处(高 32 位)开始
        0,                              // 低 32 位处
        0);                             // 映射整个文件
    if (pFile!=NULL)
    {
        // 将数据看作长整数
        LONG * pnData=reinterpret_cast <LONG * > (pFile);

        // 改动数据
        ++( * pnData);

        // 显示新数值
        std::cout<<"thread: "<<::GetCurrentThreadId()
                  <<"value: "<<( * pnData)<<std::endl;

        // 释放文件视图
      ::UnmapViewOfFile(pFile);
    pFile=NULL;
    }

    // 释放对文件的访问权
    ::ReleaseMutex(g_hMutexMapping);

    return(0);
}

//创建共享数据空间
HANDLEMakeSharedFile()
{
    //创建文件映射对象
    HANDLEhMapping=::CreateFileMapping(
        INVALID_HANDLE_VALUE,           // 使用页式临时文件
        NULL,                           // 默认的安全性
        PAGE_READWRITE,                 // 可读写权
        0,                              // 最大容量(高 32 位)
        sizeof(LONG),                   // 低 32 位处
        NULL);                          // 匿名的
    if (hMapping!=INVALID_HANDLE_VALUE)
    {
        //在文件映射上创建视图
        LPVOID pData=::MapViewOfFile(
```

```
            hMapping,                          // 保存文件的对象
            FILE_MAP_ALL_ACCESS,               // 获得读写权
            0,                                 // 在文件的开头处(高 32 位)开始
            0,                                 // 低 32 位处
            0);                                // 映射整个文件
        if (pData! = NULL)
        {
            :: ZeroMemory(pData,sizeof(LONG));
        }

        //关闭文件视图
        ::UnmapViewOfFile(pData);
    }
    return (hMapping);
}

void main()
{
    //创建数据文件
    HANDLEhMapping=::MakeSharedFile();

    //创建仲裁的互斥体
    g_hMutexMapping=::CreateMutex(NULL,FALSE,NULL);

    // 根据文件创建 100 个线程来读写
    for (int nTotal=100; nTotal>0;--nTotal)
    {
        // 启动线程
        HANDLEhThread = :: CreateThread(
            NULL,                                      // 默认的安全性
            0,                                         // 默认堆栈
            ThreadProc,                                // 线程函数
            reinterpret_cast <LPVOID> (hMapping),      // 增量
            0,                                         // 无特殊的创建标志
            NULL);                                     // 忽略线程 id

        // 等待最后的线程释放
        if (nTotal == 1)
        {
            std::cout<< "all threads created,waiting..."<< std :: endl;
            ::WaitForSingleObject(hThread,INFINITE);
        }

        // 释放指向线程的句柄
        ::CloseHandle(hThread);
        hThread=INVALID_HANDLE_VALUE;
    }

    // 关闭对象
    ::CloseHandle(hMapping);
    hMapping=INVALID_HANDLE_VALUE;

    ::CloseHandle(g_hMutexMapping);
    g_hMutexMapping=INVALID_HANDLE_VALUE;
}
```

步骤 2：单击 Build 菜单中的 Compile 6-2. cpp 命令，并单击“是”按钮进行确认，系统对 6-2. cpp 进行编译。

步骤 3：编译完成后，单击 Build 菜单中的 Build 6-2. exe 命令，建立 6-2. exe 可执行文件。操作能否正常进行？如果不行，则可能的原因是什么？

____

步骤 4：在工具栏单击 Execute Program 按钮，执行 6-2. exe 程序。

请记录：运行结果。如果运行不成功，则可能的原因是什么？

____

____

阅读和分析清单 6-2，请回答：

① 程序中用来创建一个文件映射对象的系统 API 函数是哪个？

____

② 在文件映射上创建和关闭文件视图分别使用了哪一个系统函数？

a. ____

b. ____

③ 对照清单 6-2，分析程序运行并填空：

运行时，清单 6-2 所示程序首先通过（　　）函数创建一个小型的文件映射对象（　　），接着，使用系统 API 函数（　　）再创建一个保护其应用的互斥体（　　）。然后，应用程序创建 100 个线程，每个线程都允许进行同样的工作，即通过互斥体获得访问权，这个操作是由语句________________实现的。再通过函数（　　）操作将视图映射到文件，将高 32 位看作有符号整数，将该数值增加（即命令________________），再将新数值显示在控制台上。每个线程都清除文件的视图并在退出之前释放互斥体，释放互斥体的语句是________________。当所有线程完成时，应用程序关闭并退出。

④ 程序 main( ) 函数中的 if 语句有何作用？如果删除，则可能导致什么后果？

____

____

⑤ 比较清单 6-1 与清单 6-2，为什么在清单 6-2 中要使用互斥体来实现对文件映像的访问？

____

____

4. 实验总结

____

____

____

5. 教师实验评价

____

第 7 章 内存管理

内存（RAM）是计算机中最重要的资源之一。尽管计算机内存容量的增长速度惊人，但是与之相比，程序大小的增长速度要快得多。正如帕金森定律所指出的：不管存储器有多大，程序都可以把它填满。因此，内存管理是操作系统中最重要、最复杂的任务之一，其目的是方便用户使用和提高存储器利用率。

内存管理把内存视为一种资源，它可以分配给多个活动进程，或由多个活动进程共享。为有效地使用处理器和 I/O 设备，需要在内存中保留尽可能多的进程。此外，程序员在开发程序时最好能不受程序大小的限制。

内存管理的基本工具是分页和分段。采用分页技术，每个进程都被划分为相对较小的、大小固定的页。采用分段技术可以使用大小不同的块。在单独的内存管理方案中，还可结合使用分页技术和分段技术。

7.1 内存管理的需求

在单道程序设计系统中，内存划分为两部分：一部分供操作系统使用（驻留监控程序、内核），另一部分供当前正在执行的程序使用。在多道程序设计系统中，必须在内存中进一步细分出“用户”部分，以满足多个进程的要求。细分的任务由操作系统动态完成，这称为内存管理。内存管理的需求包括重定位、逻辑组织、保护、物理组织和共享等。

有效的内存管理在多道程序设计系统中至关重要。如果只有少量进程在内存中，那么所有进程的大部分时间都用来等待 I/O，这种情况下，处理器也处于空闲状态。因此，必须有效地分配内存来保证适当数量的就绪进程能占用这些可用的处理器时间。

表 7-1 所示为一些将要讨论的关键术语。

表 7-1　内存管理术语

术语	说　明
页框	内存中固定长度的块
页	固定长度的数据块，存储在二级存储器中（如磁盘）。数据页可以临时复制到内存的页框中
段	变长数据块，存储在二级存储器中。整个段可以临时复制到内存的一个可用区域中（分段），或可以将一个段分为许多页，然后将每页单独复制到内存中（分段与分页相结合）

7.1.1 交换

在多道程序设计系统中，可用的内存空间通常被多个进程共享，而程序员事先并不知道在某个程序执行期间会有其他哪些程序驻留在内存中。此外，还希望提供一个巨大的就绪进程池，以便把活动进程换入或换出内存，进而使处理器的利用率最大化。程序换出到磁盘后，下次换入时，要放到与换出前相同的内存区域中会很困难，反而需要把进程重定位到内存的不同区域。因此，人们事先并不知道程序会放到哪个区域，必须允许程序通过交换技术在内存中移动。这关系到一些与寻址相关的技术问题。

图7-1所示为进程映像。为简单起见，假设该进程映像占据了内存中一段相邻的区域。显然，操作系统需要知道进程控制信息和执行栈的位置，以及该进程开始执行程序的入口点。由于操作系统管理内存并负责把进程放入内存，因此可以很容易地访问这些地址。此外，处理器必须处理程序内部的内存访问。跳转指令包含下一步将要执行的指令的地址，数据访问指令包含被访问数据的字节或字的地址。处理器硬件和操作系统软件必须能以某种方式把程序代码中的内存访问转换为实际的物理内存地址，并反映程序在内存中的当前位置。

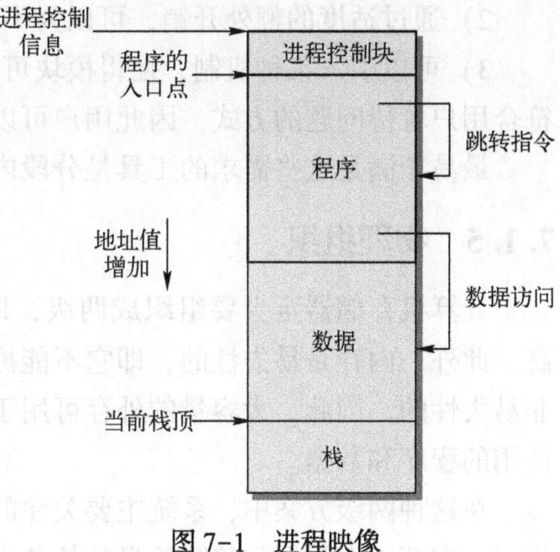

图7-1 进程映像

7.1.2 保护

每个进程都应受到保护，以免被其他进程干扰。因此，该进程以外的其他进程中的程序不能未经授权地访问（进行读操作或写操作）该进程的内存单元。在某种意义上，满足重定位的需求增大了满足保护需求的难度。由于程序在内存中的位置不可预测，因而在编译时不可能检查绝对地址来确保保护。此外，大多数程序设计语言允许在运行时进行地址的动态计算（如计算数组下标或数据结构中的指针）。因此，必须在运行时检查进程产生的所有内存访问，以确保它们只访问分配给该进程的内存空间。所幸的是，既支持重定位也支持保护需求的机制已经存在。

通常，用户进程不能访问操作系统的任何部分，不论是程序还是数据。此外，一个进程中的程序通常不能跳转到另一个进程中的指令。若无特别许可，一个进程中的程序不能访问其他进程的数据区。处理器必须能在执行时终止这样的指令。

注意，内存保护需求必须由处理器（硬件）而非操作系统（软件）来满足，因为操作系统不能预测程序可能产生的所有内存访问。因此，只能在指令访问内存时来判断这个内存访问是否违法（存取数据或跳转）。要实现这一点，处理器硬件必须具有这个能力。

7.1.3 共享

任何保护机制都必须具有一定的灵活性，以允许多个进程访问内存的同一部分。例如，多个进程正在执行同一个程序时，允许每个进程访问该程序的同一个副本，要比让每个进程有自己单独的副本更有优势。合作完成同一个任务的进程可能需要共享访问相同的数据结构。因此，内存管理系统在不损害基本保护的前提下，必须允许对内存共享区域进行受控访问，用于支持重定位的机制也要支持共享。

7.1.4 逻辑组织

计算机系统中的内存总是被组织成线性（或一维）的地址空间，且地址空间由一系列字节或字组成。外部存储器在物理层上也是按类似方式组织的。尽管这种组织方式类似于实际的机器硬件，但它并不符合程序构造的典型方法。大多数程序被组织成模块，某些模块是不可修改的（只读、只执行），某些模块包含可以修改的数据。若操作系统和计算机硬件能够有效地处理以某种模块形式组织的用户程序与数据，则会带来很多好处：

1）可以独立地编写和编译模块，系统在运行时解析从一个模块到其他模块的所有引用。

2）通过适度的额外开销，可以为不同的模块提供不同的保护级别（只读、只执行）。

3）可以引入某种机制，使得模块可以被多个进程共享。在模块级提供共享的优点是，它符合用户看待问题的方式，因此用户可以很容易地指定需要的共享。

最易于满足这些需求的工具是分段内存管理技术。

7.1.5　物理组织

计算机存储器至少要组织成两级，即内存和外存。内存提供快速的访问，成本也相对较高。此外，内存是易失性的，即它不能提供永久性存储。外存比内存慢，但是便宜，且通常是非易失性的。因此，大容量的外存可用于长期存储程序和数据，而较小的内存则用于保存当前使用的程序和数据。

在这种两级方案中，系统主要关注的是内存和外存之间信息流的组织。显然，由于以下的原因，在两级存储器间移动信息的任务应由系统负责。这一任务也恰好是存储管理的本质。

1）供程序和数据使用的内存可能不足。此时，程序员必须采用覆盖技术来组织程序和数据。不同的模块被分配到内存中的同一块区域，主程序负责在需要时换入或换出模块。即使有编译工具的帮助，覆盖技术的实现仍然非常浪费程序员的时间。

2）在多道程序设计环境中，程序员在编写代码时并不知道可用空间的大小及位置。

7.2　内存分区

内存管理的主要操作是处理器把程序装入内存中执行。在多道程序设计系统中，内存管理涉及虚拟存储的复杂方案。虚拟存储基于分段和分页技术，或基于这两种技术中的一种。表7-2所示为内存管理技术，其中，分区技术曾用在许多已过时的操作系统中，而简单分页和简单分段技术在实际中并未使用过，但分析这两种技术有助于阐明虚拟存储的概念。

表7-2　内存管理技术

技术	说　明	优　势	弱　点
固定分区	在系统生成阶段，内存被划分成许多静态分区。进程可装入大于或等于自身大小的分区中	实现简单，只需要极少的操作系统开销	有内部碎片，对内存的使用不充分；活动进程的最大数量是固定的
动态分区	分区是动态创建的，因而每个进程可装入与自身大小正好相等的分区中	没有内部碎片，可以更充分地使用内存	需要压缩外部碎片，处理器利用率低
简单分页	内存被划分成许多大小相等的页框；每个进程都被划分成许多大小与页框相等的页；要装入一个进程，需要把进程包含的所有页都装入内存里不一定连续的某些页框中	没有外部碎片	有少量的内部碎片
简单分段	每个进程被划分成许多段；要装入一个进程，需要把进程包含的所有段都装入内存里不一定连续的某些动态分区中	没有内部碎片；相对于动态分区，提高了内存利用率，减少了开销	存在外部碎片
虚拟存储分页	除了不需要装入一个进程的所用页，其余与简单分页一样；非驻留页在以后需要时自动调入内存	没有外部碎片；支持更多道数的多道程序设计；具有巨大的虚拟地址空间	复杂的内存管理开销
虚拟存储分段	除了不需要装入一个进程的所用段外，其余与简单分段一样；非驻留段在以后需要时自动调入内存	没有内部碎片；支持更多道数的多道程序设计；具有巨大的虚拟地址空间，支持保护和共享	复杂的内存管理开销

7.2.1 固定分区

大多数内存管理方案都假定操作系统占据内存中的某些固定部分，而内存中的其余部分则供多个用户进程使用。管理用户内存空间的最简单方案就是对它分区，以形成若干边界固定的区域。

1. 分区大小

图 7-2 所示为固定分区的两种选择。如图 7-2a 所示，使用大小相等的分区，此时小于或等于分区大小的进程可装入任何可用的分区中。若所有的分区都已满，且没有进程处于就绪态或运行态，则操作系统可以换出一个进程的所有分区，并装入另一个进程，使得处理器有事可做。

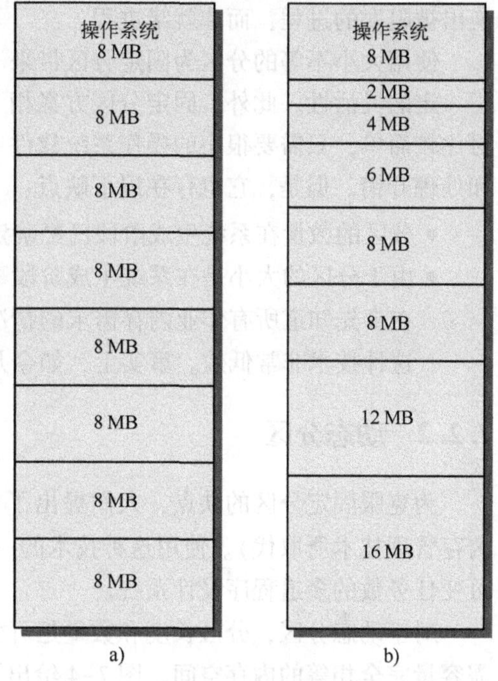

图 7-2　64 MB 内存的固定分区示例
a）大小相等的分区　b）大小不等的分区

使用大小相等的固定分区有两个难点：

1）程序可能太大而不能放到一个分区中。此时，程序员必须使用覆盖技术设计程序，使得在任何时候该程序只有一部分需要放到内存中。当需要的模块不在时，用户程序必须把这个模块装入程序的分区，覆盖该分区中的任何程序和数据。

2）内存的利用率非常低。任何程序，即使很小，都需要占据一个完整的分区。在图 7-2 中，假设存在一个长度小于 2 MB 的程序，当它被换入时，仍占据一个 8 MB 的分区。由于装入的数据块小于分区大小，因而导致分区内部存在空间浪费，这种现象称为内部碎片。

如图 7-2b 所示，使用大小不等的分区可缓解这两个难题，但不能完全解决这两个难题。在图 7-2b 所示的例子中，可以容纳大小为 16 MB 的程序，而不需要覆盖。小于 8 MB 的分区可用来容纳更小的程序，以使产生的内部碎片更少。

2. 放置算法

对于大小相等的分区策略，进程在内存中的放置非常简单。只要存在可用的分区，进程就能装入分区。由于所有分区大小相等，因而使用哪个分区没有关系。如果所有的分区都被处于不可运行状态的进程占据，那么这些进程中的一个必须被换出（调度），以便为新进程让出空间。

对于大小不等的分区策略，把进程分配到分区有两种方法。最简单的方法是把每个进程分配到能够容纳它的最小分区中。这里假定知道一个进程最多需要的内存大小，但这种假定很难得到保证。如果不知道一个进程会变得多大，那么唯一可行的替代方案是使用覆盖技术或虚存技术。在这种情况下，每个分区都需要维护一个调度队列，用于保存从这个分区换出的进程，如图 7-3a 所示。这种方法的优点是，若所有进程都按这种方式分配，则可使每个分区内部浪费的空间（内部碎片）最少。

尽管从单个分区的角度来看这种技术是最优的，但从整个系统来看它却不是最佳的。在图 7-2b 所示的例子中考虑这样的情况：在某个确定的时刻，系统中没有大小在 12 ~ 16 MB 之间的进程。此时，即使系统中的一些更小的进程可以分配到 16 MB 的分区中，但 16 MB 的分区仍会保持闲置。因此，一种更可取的方法是为所有进程只提供一个队列，如图7-3b所示。当需要把一个进程装入内存时，选择可以容纳该进程的最小可用分区。如果所有的分区都已被占据，则必须进行交换。一般优先考虑换出能容纳新进程的最小分区中的进程，或考虑一些诸如优先级之类的其他因素，也可以优先选择换出被阻塞的进程，而非就绪进程。

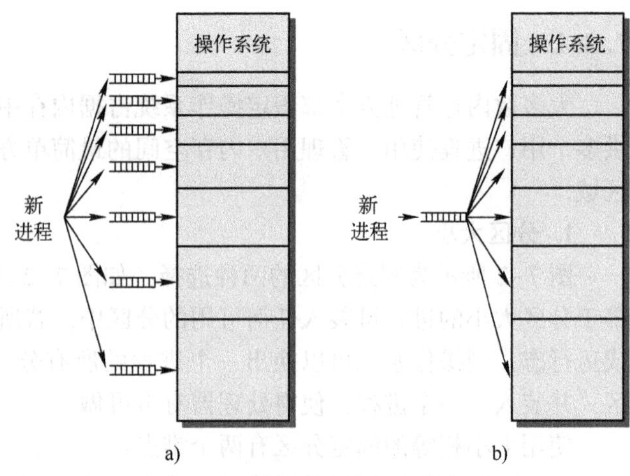

图7-3　固定分区中的内存分配
a）每个分区都一个进程队列　b）单个队列

使用大小不等的分区为固定分区带来了一定的灵活性。此外，固定分区方案相对比较简单，只需要很小的操作系统软件和处理开销。但是，它也存在以下缺点：

- 分区的数量在系统生成阶段已经确定，因而限制了系统中活动（未挂起）进程的数量。
- 由于分区的大小是在系统生成阶段事先设置的，因而小作业不能有效地利用分区空间。在事先知道所有作业内存需求的情况下，这种方法也许是合理的，但在大多数情况下，这种技术非常低效。事实上，如今几乎没有场合使用固定分区方法。

7.2.2　动态分区

为克服固定分区的缺点，人们提出了一种动态分区的方法（这种方法已被很多更先进的内存管理技术所取代）。使用这种技术的一个操作系统是IBM主机操作系统OS/MVT，它具有可变任务数的多道程序设计系统。

对于动态分区，分区长度和数量是可变的。进程装入内存时，系统会给它分配一块与其所需容量完全相等的内存空间。图7-4给出了一个示例，它使用64MB的内存。最初，内存中只有操作系统（见图7-4a）。从操作系统结束处开始，装入的前3个进程分别占据各自所需的空间大小（见图7-4b~d），这样在内存末尾只剩下一个“空洞”，而这个“空洞”对第4个进程来说太小。在某个时刻，内存中没有一个就绪进程。操作系统换出进程2（见图7-4e），这为装入一个新进程（即进程4）腾出了足够的空间（见图7-4f）。由于进程4比进程2小，因此形成了另一个小“空洞”。然后，在另一个时刻，内存中没有一个进程是就绪的，但处于就绪/挂起态的进程2可用。由于内存中没有足够的空间容纳进程2，操作系统换出进程1（见图7-4g），然后换入进程2（见图7-4h）。

可见，使用动态分区方法，最终会在内存中形成许多小空洞。随着时间的推移，内存中形成了越来越多的碎片，其利用率随之下降。这种现象被称为外部碎片，指在所有分区外的存储空间中形成了越来越多的碎片，这与内部碎片正好对应。

克服外部碎片的一种技术是压缩：操作系统不时地移动进程，使得进程占用的空间连续，并使所有空闲空间连成一片。例如，在图7-4h中，压缩会产生长度为16MB的一块空闲内存空间，足以装入另一个进程。但压缩是一个非常费时的过程。另外，压缩需要动态重定位的功能。也就是说，必须能够把程序从内存的一块区域移动到另一块区域，且不会使程序中的内存访问无效。

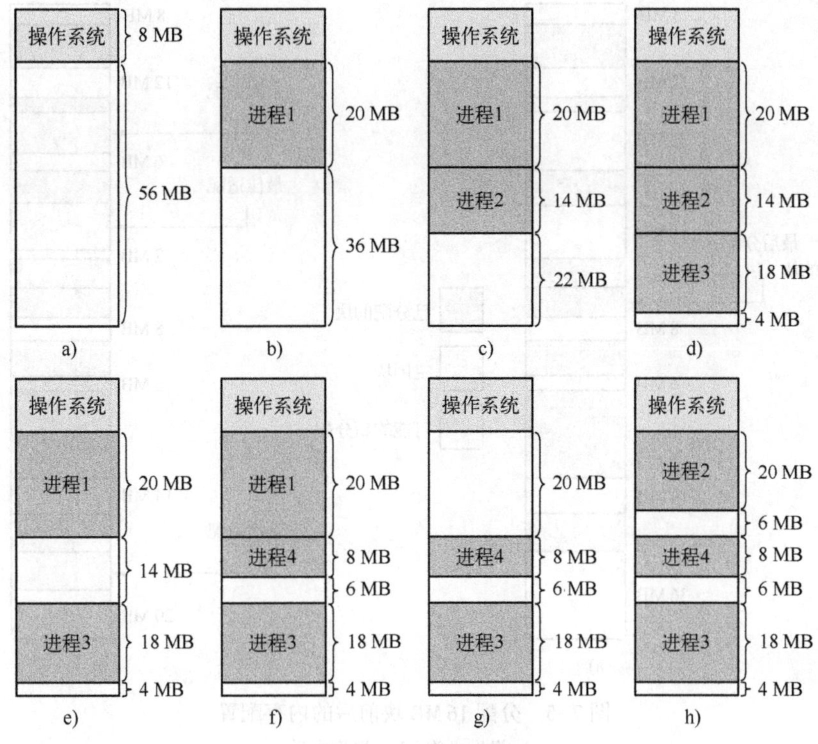

图 7-4　动态分区示例

1. 放置算法

由于内存压缩非常费时，因而操作系统需要巧妙地把进程分配到内存中，以便盖住内存中的那些“空洞”。当把一个进程装入或换入内存时，如果内存中有多足够大的空闲块，那么操作系统必须确定要为此进程分配哪个空闲块。

可供考虑的放置算法有 3 种：最佳适配、首次适配和下次适配。这 3 种算法都在内存中选择大于或等于进程的空闲块。差别在于：最佳适配选择与要求大小最接近的块；首次适配从头开始扫描内存，选择大小足够的第一个可用块；下次适配从上一次放置的位置开始扫描内存，选择下一个大小足够的可用块。

图 7-5a 所示为分配 16 MB 块之前的内存配置示例。前一次操作在一个 22 MB 的块中创建了一个 14 MB 的分区。图 7-5b 所示为分配 16 MB 块之后的内存配置示例，给出了为满足一个 16 MB 的分配请求，使用最佳适配、首次适配和下次适配 3 种放置算法的区别。最佳适配查找所有的可用块列表，最后使用了一个 18 MB 的块，形成了 2 MB 的碎片；首次适配形成了一个 6 MB 的碎片；下次适配形成了一个20 MB 的碎片。

具体使用哪种方法，取决于发生进程交换的次序及这些进程的大小。首次适配算法不仅是最简单的，而且通常也是最好的和最快的。下次适配算法通常要比首次适配算法的结果差，且常常会在内存的末尾分配空间，会导致位于存储空间末尾的最大空闲存储块很快分裂为小碎片。因此，使用下次适配算法可能需要更多次数的压缩。另一方面，首次适配算法会使得内存的前端出现很多小空闲分区，并且每当进行首次适配查找时，都要经过这些分区。其实，最佳适配算法的性能通常是最差的。这个算法需要查找满足要求的最小块，因而能保证产生的碎片尽可能小。尽管每次的存储请求总是浪费最小的存储空间，但会使得内存中很快形成许多小到

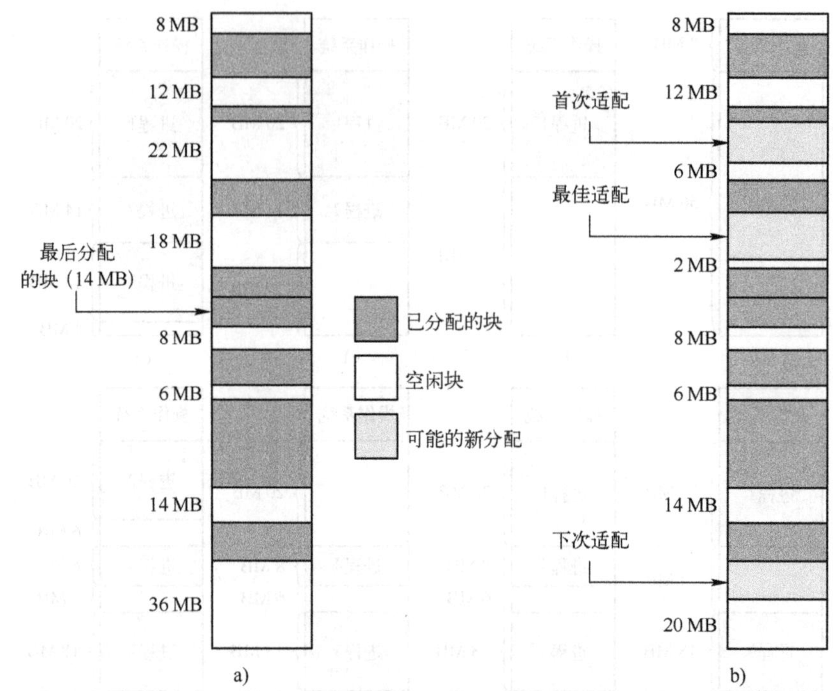

图 7-5　分配 16 MB 块前后的内存配置

a）操作之前　b）操作之后

无法满足任何内存分配请求的小块。因此，与其他算法相比，它需要更频繁地进行内存压缩。

2. 置换算法

在使用动态分区的多道程序设计系统中，有时会出现内存中的所有进程都处于阻塞态的情况，即使进行了压缩，新进程仍没有足够的内存空间。为避免由于等待一个活动进程解除阻塞态引起的处理器时间浪费，操作系统会把一个阻塞的进程换出内存，给新进程或处于就绪/挂起态的进程让出空间。因此，操作系统必须选择要替换哪个进程。

7.2.3　伙伴系统

固定分区方案限制了活动进程的数量，并且如果可用分区的大小与进程的大小很不匹配，那么内存空间的利用率就会非常低。动态分区的维护特别复杂，并且会引入进行压缩的额外开销。更有吸引力的一种折中方案是伙伴系统。

伙伴系统中，可用内存块的大小为 2^K 个字，$L \leqslant K \leqslant U$，其中，$2^L$ 表示分配的最小块尺寸，2^U 表示分配的最大块尺寸，通常 2^U 是可供分配的整个内存的大小。

最初，可用于分配的整个空间被视为一个大小为 2^U 的块。若请求的大小 s 满足 $2^{U-1}<s\leqslant 2^U$，则分配整个空间，否则，该块分成两个大小相等的伙伴，大小均为 2^{U-1}。若有 $2^{U-2}<s\leqslant 2^{U-1}$，则为该请求分配两个伙伴中的任何一个，否则，其中的一个伙伴又被分成两半。持续这一过程，直到产生大于或等于 s 的最小块，并分配给该请求。在任何时候，伙伴系统中都会为所有大小为 2^i 的“空洞”维护一个列表。空洞可通过对半分裂从 $i+1$ 列表中移出，并在 i 列表中产生两个大小为 2^i 的伙伴。当 i 列表中的一对伙伴都变成未分配的块时，将它们从 i 列表中移出，合并为 $i+1$ 列表中的一个块。

图 7-6 给出了一个初始大小为 1 MB 的块的例子。第一个请求 A 为 100 KB，需要一个

128 KB 的块。最初的块被划分成两个 512 KB 大小的伙伴，第一个伙伴又被划分成两个 256 KB 大小的伙伴，其中的第一个又被划分成两个 128 KB 大小的伙伴，这两个 128 KB 的伙伴中的一个分配给 A。下一个请求 B 需要 256 KB 的块，因为已有这样的一个块，因此可随即分配给它。在需要时，继续进行这样的分裂和合并过程。注意，当 E 被释放时，两个 128 KB 的伙伴合并为一个 256 KB 的块，这个 256 KB 的块又立即与其伙伴合并成一个 512 KB 的块。

1 MB的块	1 MB					
请求100 KB	A=128 KB	128 KB		256 KB	512 KB	
请求240 KB	A=128 KB	128 KB		B=256 KB	512 KB	
请求64 KB	A=128 KB	C=64 KB	64 KB	B=256 KB	512 KB	
请求256 KB	A=128 KB	C=64 KB	64 KB	B=256 KB	D=256 KB	256 KB
释放B	A=128 KB	C=64 KB	64 KB	256 KB	D=256 KB	256 KB
释放A	128 KB	C=64 KB	64 KB	256 KB	D=256 KB	256 KB
请求75KB	E=128 KB	C=64 KB	64 KB	256 KB	D=256 KB	256 KB
释放C	E=128 KB	128 KB		256 KB	D=256 KB	256 KB
释放E	512 KB				D=256 KB	256 KB
释放D	1 MB					

图 7-6 伙伴系统示例

图 7-7 所示为释放 B 的请求后，伙伴系统分配情况的二叉树。叶子节点表示内存中的当前分区，若两个伙伴都是叶子节点，则至少须分配出去一个，否则它们将合并为一个更大的块。

伙伴系统克服了固定分区和动态分区方案的缺陷。但在当前的操作系统中，基于分页和分段机制的虚拟存储更先进。而伙伴系统在并行系统中的应用更广泛，它是为并行程序分配和释放内存的一种有效方法。UNIX 内核存储分配中使用了一种经过改进后的伙伴系统。

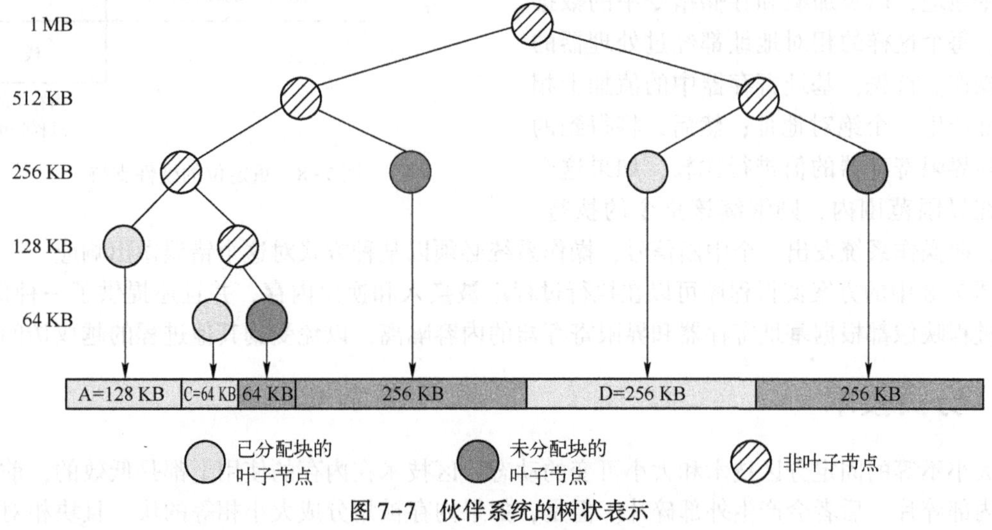

图 7-7 伙伴系统的树状表示

7.2.4 重定位

使用图 7-3a 中的固定分区方案时，一个进程总可指定到同一个分区。也就是说，装入一个新进程时，不论选择哪个分区，当这个进程以后被换出又换入时，仍旧使用这个分区。在这种情况下，需要使用一个简单重定位加载器：首次加载一个进程时，代码中对相对内存地址的访问被绝对内存地址代替，这个绝对地址由进程被加载到的基地址确定。

在大小相等的分区及只有一个进程队列的大小不等的分区的情况下，一个进程在其生命周期中可能占据不同的分区。首次创建一个进程映像时，它被装入内存中的某个分区。以后，该进程可能被换出，当它再次被换入时，可能被指定到与上一次不同的分区中。动态分区存在同样的情况。此外，使用压缩时，内存中的进程可能会发生移动。因此，进程访问（指令和数据单元）的位置不是固定的。进程被换入或在内存中移动时，指令和数据单元的位置会发生改变。为解决这个问题，需要区分几种地址类型。逻辑地址是指与当前数据在内存中的物理分配地址无关的访问地址，在执行对内存的访问之前必须把它转换为物理地址。相对地址是逻辑地址的一个特例，它是相对于某些已知点（通常是程序的开始处）的存储单元。物理地址或绝对地址是数据在内存中的实际位置。

系统采用运行时动态加载的方式把使用相对地址的程序加载到内存。通常情况下，被加载进程中对所有内存地址的访问都相对于程序的开始点。因此，在执行包括这类访问的指令时，需要有把相对地址转换为物理内存地址的硬件机制。

图 7-8 所示为重定位的硬件支持，给出了实现这类地址转换的一种典型方法。进程处于运行态时，有一个特殊处理器寄存器（基址寄存器），其内容是程序在内存中的起始地址。还有一个界限寄存器，用于指明程序的终止位置。当程序被装入内存或当该进程的映像被换入时，必须设置这两个寄存器。在进程的执行过程中会遇到相对地址，包括指令寄存器的内容、跳转或调用指令中的指令地址，以及加载和存储指令中的数据地址。每个这样的相对地址都经过处理器的两步操作。首先，基址寄存器中的值加上相对地址产生一个绝对地址；然后，将得到的结果与界限寄存器的值进行比较，如果这个地址在界限范围内，则继续该指令的执行，否则，向操作系统发出一个中断信号，操作系统必须以某种方式对这个错误做出响应。

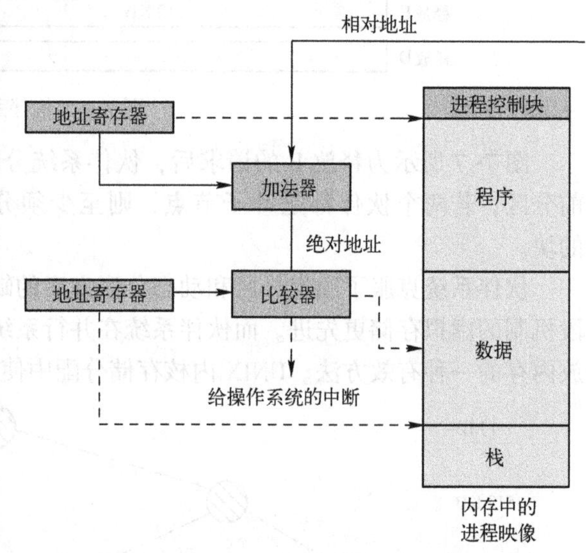

图 7-8　重定位的硬件支持

图 7-8 中的方案使得程序可以在执行过程中被换入和换出内存，并且还提供了一种保护：每个进程映像都根据基址寄存器和界限寄存器的内容隔离，以免受到其他进程的越权访问。

7.3　分页技术

大小不等的固定分区技术和大小可变的动态分区技术在内存的使用上都是低效的，前者会产生内部碎片，后者会产生外部碎片。但是，如果内存被划分成大小相等的块，且块相对比较小，每个进程也被分成同样大小的小块，那么进程中称为页的块可以分配到内存中称为页框的可用块。使用这样的分页技术时，每个进程在内存中浪费的空间，仅是进程最后一页的一小部分形成的内部碎片，没有任何外部碎片。

图 7–9 所示为进程的空闲帧分配，说明了页和页框的用法。在某个给定时刻，内存中的某些页框正被使用，某些页框是空闲的，操作系统维护空闲页框的列表。存储在磁盘上的进程 A 由 4 页组成。装入这个进程时，操作系统查找 4 个空闲页框，并将进程 A 的 4 页装入这 4 个页框中，如图 7–9b 所示。进程 B 包含 3 页，进程 C 包含 4 页，它们依次被装入。然后进程 B 被挂起，并被换出内存。此后，内存中的所有进程都被阻塞，操作系统需要换入一个新进程，即进程 D，它由 5 页组成。

主存	a)	b)	c)	d)	e)	f)
0		A.0	A.0	A.0	A.0	A.0
1		A.1	A.1	A.1	A.1	A.1
2		A.2	A.2	A.2	A.2	A.2
3		A.3	A.3	A.3	A.3	A.3
4			B.0	B.0		D.0
5			B.1	B.1		D.1
6			B.2	B.2		D.2
7				C.0	C.0	C.0
8				C.1	C.1	C.1
9				C.2	C.2	C.2
10				C.3	C.3	C.3
11						D.3
12						D.4
13						
14						

图 7–9　进程的空闲帧分配

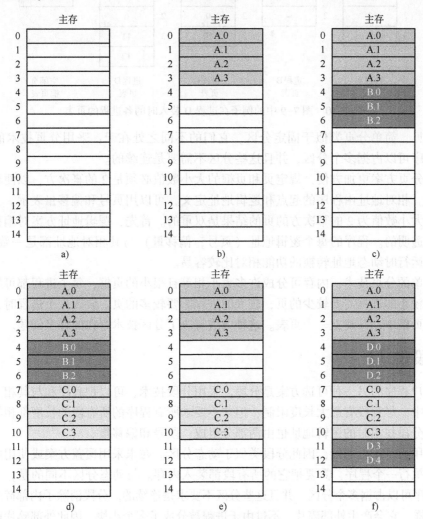

a）15 个可用帧　b）装入进程 A　c）装入进程 B　d）装入进程 C　e）换出进程 B　f）装入进程 D

现在没有足够的连续页框来保存进程 D，这会阻止操作系统加载该进程吗？答案是否定的，因为可以使用逻辑地址来解决这个问题。这时仅有一个简单的基址寄存器是不够的，操作系统需要为每个进程维护一个页表。页表给出了该进程的每页所对应页框的位置。在程序中，每个逻辑地址都包括一个页号和在该页中的偏移量。在简单分区的情况下，逻辑地址是一个相对于程序开始处的地址，处理器把它转换为一个物理地址。在分页中，逻辑地址到物理地址的转换仍然由处理器完成，且处理器必须知道如何访问当前进程的页表。给出逻辑地址（页号，偏移量）后，处理器使用页表产生物理地址（页框号，偏移量）。

继续前面的例子，进程D的5页被装入页框4、5、6、11和12。图7-10给出了此时各个进程的页表。进程的每页在页表中都有一项，因此页表很容易按页号对进程的所有页进行索引(从0页开始)。每个页表项都包含内存中用于保存相应页的页框的页框号。此外，操作系统为当前内存中未被占用、可供使用的所有页框维护一个空闲页框页表。

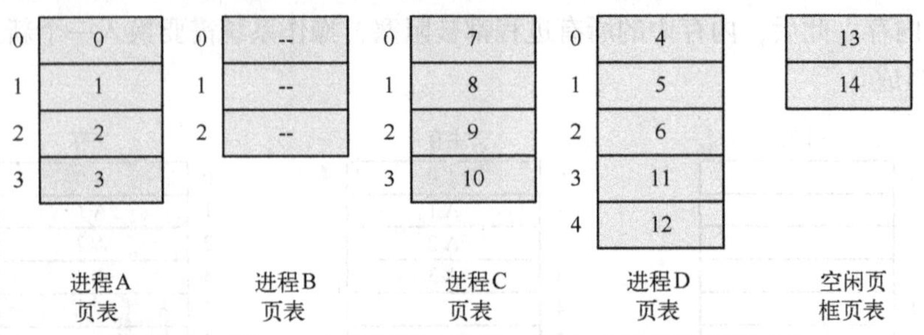

图7-10 图7-9中的例子在进程D装入时的各进程的页表

由此可见，简单分页类似于固定分区，它们的不同之处在于：采用分页技术的分区相当小，一个程序可以占据多个分区，并且这些分区不需要是连续的。

为了使分页方案更加方便，规定页和页框的大小数值必须是2的幂次方，以便容易地表示出相对地址。相对地址由程序的起点和逻辑地址定义，可以用页号和偏移量表示。

使用页大小数值为2的幂次方的页的结果是双重的。首先，逻辑地址方案对编程者、汇编器和链接是透明的。程序的每个逻辑地址（页号，偏移量）与其相对地址都是一致的。其次，用硬件实现运行时动态地址转换的功能相对比较容易。

采用简单的分页技术，内存可分成许多大小相等且很小的页框，每个进程都可划分成同样大小的页。较小的进程需要较少的页，较大的进程需要较多的页。装入一个进程时，其所有页都装入可用页框中，并建立一个页表。这种方法解决了分区技术存在的许多问题。

7.4 分段技术

细分用户程序的另一种可选方案是分段。采用分段技术，可以把程序和与其相关的数据划分到几个段中。尽管段有最大长度限制，但并不要求所有程序的所有段的长度都相等。和分页一样，采用分段技术时的逻辑地址也由两部分组成：段号和偏移量。

由于使用大小不等的段，因此分段类似于动态分区。在未采用覆盖方案或使用虚拟内存的情况下，要执行一个程序，需要把它的所有段都装入内存。与动态分区不同的是，在分段方案中，一个程序可以占据多个分区，并且这些分区不要求是连续的。分段消除了内部碎片，但是和动态分区一样，它会产生外部碎片。不过由于进程被分成了多个小块，因此外部碎片也会很小。

分页对程序员来说是透明的，而分段通常是可见的，并且作为组织程序和数据的一种方便手段提供给程序员。一般情况下，程序员或编译器会把程序和数据指定到不同的段。为了实现模块化程序设计的目的，程序或数据可能会进一步分成多个段。这种方法最不方便的地方是，程序员必须清楚段的最大长度限制。

采用大小不等的段的另一个结果是，逻辑地址和物理地址间不再是简单的对应关系。类似于分页，在简单的分段方案中，每个进程都有一个段表，系统也会维护一个内存中的空闲块列表。每个段表项都必须给出相应段在内存中的起始地址，还必须指明段的长度，以确保不会使用无效地址。当进程进入运行状态时，系统会把其段表的地址装载到一个寄存器中，由内存管理硬件来使用这个寄存器。

总之，采用简单的分段技术，进程可划分为许多段，段的大小无须相等；调入一个进程时，所有段都装入内存的可用区域，并建立一个段表。

7.5 虚拟内存的硬件特征

前面介绍了分页和分段的概念，并分析了它们各自的缺点。这一节介绍虚拟内存。由于内存管理与处理器硬件和操作系统软件都有着紧密而复杂的关系，因此这方面的分析非常复杂。

表 7-3 给出了一些与虚拟内存相关术语。

表 7-3 虚拟内存相关术语

术 语	说 明
虚拟内存	在存储分配机制中，尽管备用内存是主存的一部分，但它也可被寻址。程序引用内存使用的地址与内存系统用于识别物理存储站点的地址是不同的，程序生成的地址会自动转换为机器地址。虚拟存储的大小受计算机系统寻址机制和可用的备用内存量的限制，而不受主存储位置实际数量的限制
虚拟地址	在虚拟内存中分配给某一位置的地址，该位置可被访问，就像是主存的一部分
虚拟地址空间	分配给进程的虚拟存储空间
地址空间	用于某进程的内存地址范围
实地址	内存中存储位置的地址

通过对简单分页、简单分段与固定分区、动态分区等方式进行比较，一方面可了解它们之间的区别，另一方面可了解内存管理方面的根本性突破。分页和分段的特点是取得这种突破的关键：

1）进程中访问的所有内存地址都是逻辑地址，这些逻辑地址会在运行时动态地转换为物理地址。这意味着一个进程可被换入或换出内存，因此进程可在执行过程的不同时刻占据内存中的不同区域。

2）一个进程可划分为许多块（页和段），在执行过程中，这些块不需要连续地位于内存中。动态运行时，地址转换和页表或段表的使用使得这一点成为可能。

如果前两个特点存在，那么在一个进程的执行过程中，该进程不需要所有页或所有段都在内存中。如果内存中保存待取的下一条指令的所在块（段或页）及待访问的下一单元的所在块，那么执行至少可以暂时继续下去。

现在考虑如何实现这一点。用术语“块”来表示页或段，取决于是采用分页机制还是采用分段机制。假设需要把一个新进程放入内存，此时，操作系统仅读取包含程序开始处的一个或几个块。进程执行的任何时候都在内存的部分称为进程的常驻集。进程执行时，只要所有内存访问都是访问常驻集中的单元，执行就可以顺利进行；使用段表或页表，处理器总可以确定是否如此。处理器需要访问一个不在内存中的逻辑地址时，会产生一个中断，这表明出现了内存访问故障。操作系统会把被中断的进程置于阻塞态。要继续执行这个进程，操作系统就必须把包含引发访问故障的逻辑地址的进程块读入内存。为此，操作系统产生一个磁盘 I/O 读请求。产生 I/O 请求后，在执行磁盘 I/O 期间，操作系统可以调度另一个进程运行。需要的块读入内存后，产生一个 I/O 中断，控制权交回操作系统，而操作系统则把由于缺少该块而被阻塞的进程置为就绪态。

提高系统利用率的实现方法有如下两种，其中，第二种的效果与第一种相比更令人吃惊：

1）在内存中保留多个进程。由于对任何特定的进程都仅装入它的某些块，因此有足够的空间来放置更多的进程。这样，在任何时刻，这些进程中都至少有一个处于就绪态，于是处理器得到了更有效的利用。

2）进程可以比内存的全部空间还大。程序占用的内存空间的大小是程序设计的最大限制之一。没有这种方案时，程序员必须清楚地知道有多少内存空间可用。若编写的程序太大，程序员就必须设计出能把程序分成块的方法，这些块可按某种覆盖策略分别加载。通过基于分页或分段的虚拟内存，这项工作可由操作系统和硬件完成。对程序员而言，他所处理的是一个巨大的内存，大小与磁盘存储器相关。操作系统在需要时会自动地把进程块装入内存。

由于进程只能在内存中执行，因此这个存储器称为实存储器（实存）。但程序员或用户感觉到的是一个更大的内存，且通常分配在磁盘上，这称为虚拟内存（虚存）。虚拟内存支持更有效的系统并发度，并能解除用户与内存之间没有必要的紧密约束。表 7-4 总结了使用和不使用虚拟内存的情况下分页和分段的特点。

表 7-4　使用和不使用虚拟内存的情况下分页和分段的特点

简单分页	虚拟内存分页	简单分段	虚拟内存分段
内存划分为大小固定的小块，称为页框	内存划分为大小固定的小块，称为页框	内存未划分	内存未划分
程序被编译器或内存管理系统划分为页	程序被编译器或内存管理系统划分为页	由程序员给编译器指定程序段（即由程序员决定）	由程序员给编译器指定程序段（即由程序员决定）
页框中有内部碎片	页框中有内部碎片	无内部碎片	无内部碎片
无外部碎片	没有外部碎片	有外部碎片	有外部碎片
操作系统须为每个进程维护一个页表，以说明每页对应的页框	操作系统须为每个进程维护一个页表，以说明每页对应的页框	操作系统须为每个进程维护一个段表，以说明每段中的加载地址和长度	操作系统须为每个进程维护一个段表，以说明每段中的加载地址和长度
操作系统须维护一个空闲页框列表	操作系统须维护一个空闲页框列表	操作系统须维护一个内存中的空闲空洞列表	操作系统须维护一个内存中的空闲空洞列表
处理器使用页号和偏移量来计算绝对地址	处理器使用页号和偏移量来计算绝对地址	处理器使用段号和偏移量来计算绝对地址	处理器使用段号和偏移量来计算绝对地址
进程运行时，它的所有页必须都在内存中，除非使用了覆盖技术	进程运行时，并非所有页面都须在内存页框中，仅在需要时才读入页	进程运行时，其所有页都须在内存中，除非使用了覆盖技术	进程运行时，并非其所有段都须在内存中，仅在需要时才读入段
—	把一页读入内存可能需要把另一页写出到磁盘	—	把一段读入内存可能需要把另外一段或几段写出到磁盘

7.5.1　局部性和虚拟内存

基于分页和分段的虚拟内存已成为当代操作系统的一个基本构件。

下面介绍就虚拟内存而言的操作系统任务。考虑一个由很长的程序和多个数据数组组成的大进程。在任何一段很短的时间内，执行都可能会局限在很小的一段程序中（如一个子程序），且可能仅会访问一个或两个数据数组。因此，若在程序被挂起或被换出前仅使用了一部分进程块，则该进程给内存装入太多的块显然会带来巨大的浪费。然后，若程序转移到或访问到不在内存中的某个块中的指令或数据，就会引发一个错误，告诉操作系统读取需要的块。

因此，在任何时刻，对于任何一个进程，只有一部分块位于内存中，这样就可以在内存中保留更多的进程。此外，由于未用到的块不需要换入/换出内存，因而节省了时间。但是，操作系统必须很“聪明”地管理这个方案。在稳定状态，内存的几乎所有空间都被进程块占据，处理器和操作系统能直接访问到尽可能多的进程。当操作系统读取一块时，它必须把另一块换出。如果一块正好在将要用到之前换出，操作系统就不得不很快地把它取回。这类操作通常会导致一种称为系统抖动的情况：处理器的大部分时间都在交换块，而非执行指令。长期以来，为避免系统抖动，曾经出现了许多复杂但有效的算法。从本质上看，这些算法都是操作系统试图根据最近的历史来猜测将来最可能用到的块。

这类推断基于局部性原理。概括来说，局部性原理描述了一个进程中程序和数据引用的集簇倾向。因此，假设在很短的时间内仅需要进程的一部分块是合理的。同时，还可以对将来可能会访问的块进行猜测，从而避免系统抖动。

局部性原理表明虚拟内存方案是可行的。要使虚拟内存比较实用且有效，需要两方面的因素：首先，必须有对所采用分页或分段方案的硬件支持；其次，操作系统必须有管理页或段在内存和辅助存储器（简称辅存）之间移动的软件。

7.5.2　分页

一般情况下，虚拟内存通常与使用分页的系统联系在一起。

在介绍简单分页时，曾指出每个进程都有自己的页表。当它的所有页都装入内存时，将创建页表并装入内存。页表项包含与内存中的页框相对应的页框号。考虑基于分页的虚拟内存方案时，同样需要页表，且通常每个进程都有一个唯一的页表，但这时的页表项会变得更复杂，如图 7-11a 所示。由于一个进程可能只有一些页在内存中，因此每个页表项需要一个存在位（P）来表示它所对应的页当前是否在内存中。若这一位表示该页在内存中，则这个页表项还包括该页的页框号。

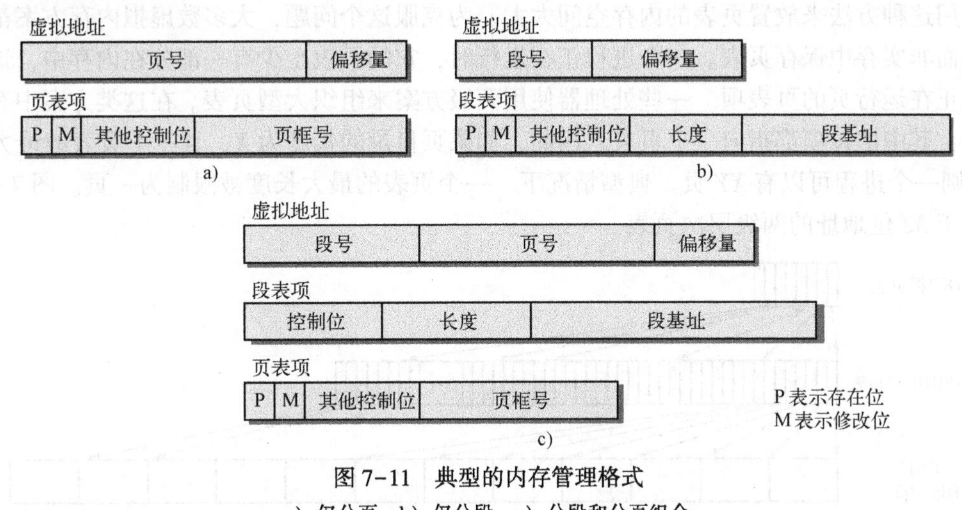

图 7-11　典型的内存管理格式

a）仅分页　b）仅分段　c）分段和分页组合

页表项中所需要的另一个控制位是修改位（M），表示相应页的内容从上次装入内存到现在是否已改变。若未改变，则在需要把该页换出时，无须用页框中的内容更新该页。页表项还需要提供其他一些控制位，例如，若需要在页一级控制保护或共享，则需要有用于这些目的的位。

1. 页表结构

从内存中读取一个字的基本机制包括使用页表从虚拟地址转换到物理地址。虚拟地址又称为逻辑地址，它由页号和偏移量组成，而物理地址由页框号和偏移量组成。由于页表的长度可基于进程的长度而变化，因而不能期望在寄存器中保存，需要在内存中保存且可以访问。

图 7-12 给出了一种硬件实现。当某个特定的进程在运行时，一个寄存器保存该进程页表的起始地址。虚拟地址的页号用于检索页表、查找相应的页框号，并与虚拟地址的偏移量结合起来，形成需要的实地址。一般来说，页号域长于页框号域（$n>m$）。

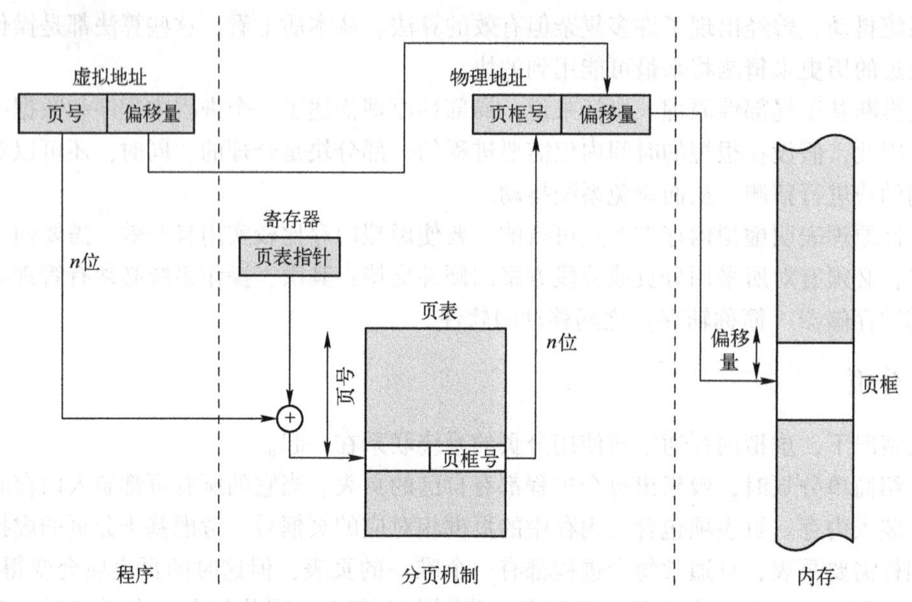

图 7-12　分页系统中的地址转换

在大多数系统中，每个进程都有一个页表。每个进程都可以占据大量的虚拟内存空间。显然，采用这种方法来放置页表的内存空间太大。为克服这个问题，大多数虚拟内存方案都在虚拟内存而非实存中保存页表。一个进程正在运行时，它的页表至少有一部分在内存中，这一部分包括正在运行页的页表项。一些处理器使用两级方案来组织大型页表。在这类方案中有一个页目录，其中的每项都指向一个页表。因此，如果页目录的长度为 X，且一个页表的最大长度为 Y，则一个进程可以有 XY 页。典型情况下，一个页表的最大长度被限制为一页。图 7-13 所示为用于 32 位地址的两级层次页表。

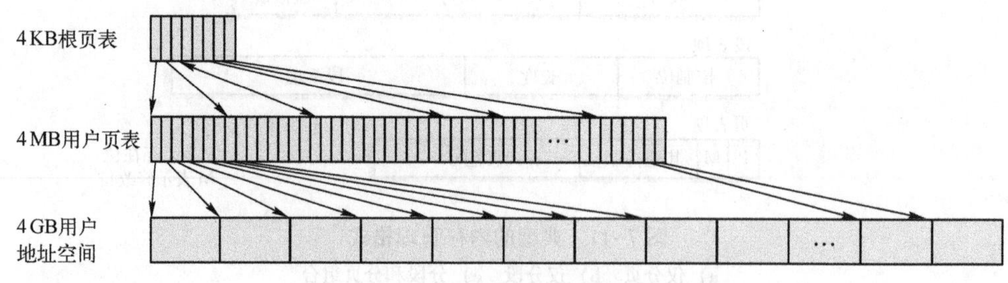

图 7-13　用于 32 位地址的两级层次页表

2. 倒排页表

前述页表设计的一个重要缺陷是页表的大小与虚拟地址空间的大小成正比。

替代一级或多级页表的一种方法是使用一个倒排页表结构。在这种方法中，虚拟地址的页号部分使用一个简单的散列函数映射到散列表中。散列表包含指向倒排表的指针，而倒排表中含有页表项。采用这种结构后，散列表和倒排表中就各有一项对应于一个实存页而非虚拟页。因此，不论有多少进程、支持多少虚拟页，页表都只需要实存中的一个固定部分。由于多个虚拟地址可能映射到同一个散列表项中，因此需要使用一种链接技术来管理这种溢出。散列技术可使链较短，通常只有一到两项。页表结构称为“倒排”的原因是，它使用页框号而非虚拟页号来索引页表项。

3. 转换检测缓冲区

原则上，每次的虚拟内存访问都可能会引起两次物理内存访问：一次取相应的页表项，另一次取需要的数据。因此，简单的虚拟内存方案会导致内存访问时间加倍。为克服这个问题，大多数虚拟内存方案都为页表项使用了一个特殊的高速缓存，通常称为转换检测缓冲区（Translation Lookaside Buffer，TLB）。这个高速缓存的功能和高速缓冲存储器相似，包含最近通过的页表项。给定一个虚拟地址，处理器首先检查 TLB，若需要的页表项在其中（TLB 命中），则检索页框号并形成实地址。若未找到需要的页表项（TLB 未命中），则处理器用页号检索进程页表，并检查相应的页表项。若“存在位”已置位，则该页在内存中，处理器从页表项中检索页框号以形成实地址。处理器同时更新 TLB，使其包含这个新页表项。最后，若“存在位”未置位，则表示需要的页不在内存中，这时会产生一次内存访问故障，称为缺页（Page Fault）中断。此时，离开硬件作用范围，调用操作系统，由操作系统负责装入所需要的页，并更新页表。

最后，虚拟内存机制须与高速缓存系统（不是 TLB 高速缓存，而是内存高速缓存）进行交互。

4. 页尺寸

页尺寸是一个重要的硬件设计决策，它需要考虑多方面的因素。其中一个因素是内部碎片。显然，页越小，内部碎片的总量越少。为优化内存的使用，通常希望减少内部碎片。另外，页越小，每个进程需要的页的数量就越多，这就意味着更大的页表。对于多道程序设计环境中的大程序，这意味着活动进程中有一部分页表在虚拟内存而非实存中。因此，一次内存访问可能产生两次缺页中断：第一次读取所需的页表部分，第二次读取进程页。另一个因素是基于大多数辅存设备的物理特性，希望页尺寸比较大，从而实现更有效的数据块传送。

页尺寸对缺页中断发生概率的影响使得这些问题变得更为复杂。一般而言，基于局部性原理，如果页尺寸非常小，那么每个进程在内存中就有较多数量的页。一段时间后，内存中的页都包含最近访问的部分，因此缺页率较低。当页尺寸增加时，每页包含的单元和任何一个最近访问过的单元越来越远。因此局部性原理的影响被削弱，缺页率开始增长。但是，当页尺寸接近整个进程的大小时，缺页率开始下降。当一页包含整个进程时，不会发生缺页中断。

更为复杂的是，缺页率还取决于分配给一个进程的页框的数量。

最后，页尺寸的设计问题与物理内存的大小和程序的大小有关。当内存变大时，应用程序使用的地址空间也相应增长，这种趋势在个人计算机和工作站上更为显著。此外，大型程序中所用的程序设计技术可能会降低进程中的局部性。例如：

- 面向对象技术鼓励使用小程序和数据模块，它们的引用在相对较短的时间内散布在相对较多的对象中。
- 多线程应用可能导致指令流和分散内存访问的突然变化。

对于给定大小的 TLB，当进程的内存大小增加且局部性降低时，TLB 访问的命中率降低。在这种情况下，TLB 可能会成为一个性能瓶颈。

因此，很多硬件设计者开始尝试使用多种页尺寸，并且很多微处理器体系结构支持多种页尺寸。多种页尺寸为有效地使用 TLB 提供了很大的灵活性。例如，一个进程的地址空间中有一大片连续的区域，如程序指令，可以使用数量较少的大页来映射，而线程栈则可使用较小的页来映射。但是，大多数商业操作系统仍然只支持一种页尺寸，而不管底层硬件的能力，原因是页尺寸会影响操作系统的许多特征，因此操作系统支持多种页尺寸是一项复杂的任务。

7.5.3 分段

分段允许程序员把内存视为由多个地址空间或段组成的。段的大小不等，并且是动态的。内存访问以段号和偏移量的形式组成地址。

对程序员而言，这种组织与非段式地址空间相比有许多优点：

1）简化了对不断增长的数据结构的处理。若程序员事先不知道某个特定的数据结构会变得多大，除非允许使用动态的段大小，否则必须对其大小进行猜测。而对于段式虚拟内存，这个数据结构可以分配到它自己的段，需要时，操作系统可以扩大或缩小这个段。若扩大的段需要在内存中，且内存中已无足够的空间，则操作系统把这个段移到内存中的一个更大区域（如果可以得到），或把它换出。对于后一种情况，扩大的段会在下次有机会时换回。

2）允许程序独立地改变或重新编译，而不要求整个程序集重新链接和重新加载。同样，这也是使用多个段实现的。

3）有助于进程间的共享。程序员可以在段中放置一个实用工具程序或一个有用的数据表，供其他进程访问。

4）有助于保护。由于一个段可被构造成包含一个明确定义的程序或数据集，因而程序员或系统管理员可以更方便地指定访问权限。

7.5.4 段页式

分段和分页各有长处。分页对程序员是透明的，它消除了外部碎片，因而能更有效地使用内存。此外，由于移入或移出内存的块是固定的、大小相等的，因而有可能开发出更精致的存储管理算法。分段对程序员是可见的，它具有处理不断增长的数据结构的能力，以及支持共享和保护的能力。为结合两者的优点，有些系统配备了特殊的处理器硬件和操作系统软件来同时支持分段与分页。

在段页式系统中，用户的地址空间被程序员划分为许多段。每段被划分为许多固定大小的页，页的长度等于内存中的页框大小。若某段的长度小于一页，则该段只占据一页。从程序员的角度看，逻辑地址仍然由段号和段偏移量组成；从系统的角度看，段偏移量可视为指定段中的一个页号和页偏移量。

7.5.5 保护和共享

分段有助于实现保护与共享机制。由于每个段表项都包括一个长度和一个基地址，因而程序访问不会超出该段的内存单元。为实现共享，一个段可能会在多个进程的段表中引用。当然，在分页系统中也可得到同样的机制。但是，这种情况下，由于程序的页结构和数据对程序员不可见，因此更难说明共享和保护需求。图7-14所示为这类系统中可以实施的保护关系。

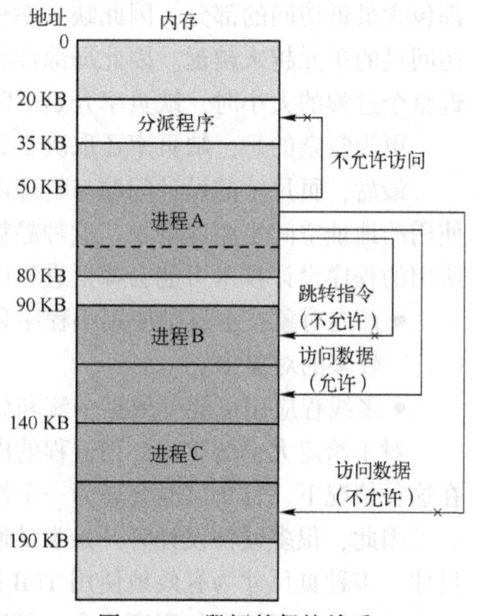

图7-14 段间的保护关系

同时也存在更高级的机制。一种常用的方案是使用环状保护结构。在这种方案中，编号小的内环比编号大的外环具有更大的特权。典型情况下，0 号环为操作系统的内核函数保留，应用程序则位于更高层的环中。有些实用工具程序或操作系统服务可能会占据中间的环。环状系统的基本原理如下：

1）程序可以只访问驻留在同一个环或更低特权环中的数据。

2）程序可以调用驻留在相同或更高特权环中的服务。

7.6　操作系统的内存管理设计

操作系统的内存管理设计取决于 3 个基本的选择：

1）是否使用虚拟内存技术。

2）是使用分页还是使用分段，或同时使用两者。

3）为各种存储管理特征采用的算法。

前两个选择取决于所在的硬件平台。早期的 UNIX 实现中不提供虚拟内存的原因是处理器不支持分页或分段。如果没有对地址转换和其他基本功能的硬件支持，这些技术就无法实际使用。

如今，所有重要的操作系统都提供了虚拟内存。结合分段与分页后，操作系统面临的大多数内存管理问题都是关于分页方面的（在段页式系统中，保护和共享通常在段一级进行处理）。

第三个选择属于操作系统软件领域的问题。表 7-5 所示为虚拟内存的操作系统策略。在各种情况下，最重要的是与性能相关的问题：由于缺页中断会带来巨大的软件开销，所以希望使缺页中断发生的频率最小。这类开销至少包括决定置换哪个或哪些驻留页，以及交换这些页所需要的 I/O 操作。此外，在这个页 I/O 操作的过程中，操作系统还须调度另一个进程运行，即导致一次进程切换。因此，希望通过适当的安排，使得一个进程正在执行时，访问一个未命中的页中的字的概率最小。在表 7-5 给出的所有策略中，不存在一种绝对的最佳策略。

表 7-5　虚拟内存的操作系统策略

名　称	说　明	名　称	说　明
读取策略	请求分页 预先分页	驻留集管理	驻留集大小 固定 可变 置换范围 全局 局部
放置策略	—		
置换策略	基本算法 最优 最近最少使用算法（LRU） 先进先出算法（FIFO） 时钟 页缓冲	清除策略	请求式清除 预约式清除
		加载控制	系统并发度

分页环境中的内存管理任务极其复杂。此外，任何特定策略的总体性能都取决于内存的大小、内存和外存的相对速度、竞争资源的进程大小和数量，以及单个程序的执行情况。最后一个操作系统策略——加载控制还取决于应用程序的类型、所采用的程序设计语言和编译器、编写该程序的程序员的风格和用户的动态行为（交互式程序）。因此，不要期望在本书或在任何地方给出最终答案。对于小系统，操作系统设计者可以尝试基于当前的状态信息，选择一组看上去在多数条件下都比较“好”的策略；而对于大系统，特别是大型机，操作系统应配备监视和控制工具，以便允许系统管理员根据系统状态调整操作系统，进而获得比较“好”的结果。

7.6.1 读取策略

读取策略决定某页何时读入内存，常用的两种方法是请求分页和预先分页。对于请求分页，只有当访问到某页中的一个单元时才将该页读入内存。若内存管理的其他策略比较合适，那么将发生下述情况：当一个进程首次启动时，会在一段时间出现大量的缺页中断；读入越来越多的页后，局部性原理表明大多数将来访问的页都是最近读取的页。因此，一段时间后，错误会逐渐减少，缺页中断的数量会降到很低。

对于预先分页，读取的页并不是缺页中断请求的页。预先分页利用了大多数辅存设备（如磁盘）的特性，这些设备有寻道时间和合理的延迟。若一个进程的页连续存储在辅存中，则一次读取许多连续的页要比隔一段时间读取一页更有效。当然，若大多数额外读取的页未引用，则这个策略是低效的。

进程首次启动时，可采用预先分页策略，此时，程序员须以某种方式指定需要的页；发生缺页中断时也可采用预先分页策略，由于这个过程对程序员不可见，因此更为可取。但是，预先分页的实用工具程序还未建立。

不要把预先分页和交换混淆。某个进程被换出内存并置于挂起态时，它的所有驻留页都会被换出。当该进程被唤醒时，所有以前在内存中的页都会被重新读回内存。

7.6.2 放置策略

放置策略决定一个进程块驻留在实存中的什么位置。在纯分段系统中，放置策略并不是重要的设计问题。对于纯分页系统或段页式系统，地址转换硬件和内存访问硬件能以相同的效率为任何页框组合执行相应的功能。

另一个关注放置问题的领域是非一致存储访问（NonUniform Memory Access，NUMA）多处理器。在非一致存储访问多处理器中，机器中分布的共享内存可被机器的任何处理器访问，但访问某一特定物理单元所需的时间会随处理器和内存模块之间距离的不同而变化。因此，其性能很大程度上取决于数据驻留的位置与使用数据的处理器间的距离。对于 NUMA 系统，自动放置策略希望能把页分配到能够提供最佳性能的内存。

7.6.3 置换策略

置换策略在内存管理的各个领域都得到了广泛研究。当内存中的所有页框都被占据，且需要读取一个新页以处理一次缺页中断时，置换策略决定置换当前内存中的哪一页。所有策略的目标都是移出最近最不可能访问的页。根据局部性原理，最近的访问历史和最近将要访问的模式间有很大的相关性。因此，大多数策略都基于过去的行为来预测将来的行为。必须折中考虑的是，置换策略设计得越精致、越复杂，实现它的软硬件开销就越大。

在分析各种算法前，需要注意置换策略的一个约束条件：内存中的某些页框可能是被锁定的。一个页框被锁定时，当前保存在该页框中的页就不能被置换。大部分操作系统内核和重要的控制结构就保存在锁定的页框中。此外，I/O 缓冲区和其他对时间要求严格的区域也可能锁定在内存的页框中。锁定是通过给每个页框关联一个“锁定”位实现的，这一位可以包含在页框表和当前的页表中。

不论采用哪种驻留集管理策略，都有一些用于选择置换页的基本算法，包括以下几种：

1）最佳（Optimal，OPT）策略。

2）最近最少使用（Least Recently Used，LRU）策略。

3）先进先出（First In First Out，FIFO）策略。

4）时钟（Clock）策略。

OPT 策略选择置换下次访问距当前时间最长的那些页，这种算法产生的缺页中断最少。由于它要求操作系统必须知道将来的事件，因此并不能实现，但可作为衡量其他算法性能的一种标准。

LRU 策略置换内存中最长时间未被引用的页。根据局部性原理，这也是最近最不可能访问到的页。实际上，LRU 策略的性能接近于 OPT 策略，这种方法也比较难以实现。一种实现方法是给每页添加一个最后一次访问的时间戳，并在每次访问内存时更新这个时间戳。支持这种方案的硬件开销非常大。

FIFO 策略把分配给进程的页框视为一个循环缓冲区，设置一个指针，在进程的页框中按循环方式移动页。因此，这是一种实现起来最简单的页面置换策略。这种方法所隐含的逻辑是置换驻留在内存中时间最长的页，因为现在可能不会再用到。这一推断其实可能是错误的，因为经常会出现一部分程序或数据在整个程序的生命周期中使用频率都很高的情况。若使用 FIFO 算法，则这些页需要被反复地换入和换出，所以实现简单，但性能相对较差。

近年来，操作系统设计者尝试了很多其他的算法，试图以较小的开销达到 LRU 的最优性能。许多这类算法都称为时钟策略的各种变体。

页放置算法的具体内容取决于高速缓存结构和策略细节，这些策略的本质是把连续的页面一起读入内存，以便减少映射到同一个高速缓存槽的页框的数量。

7.6.4　驻留集管理

对于分页式虚拟内存，在准备执行时不需要也不可能把一个进程的所有页都读入内存。因此，操作系统必须决定读取多少页，即决定给特定进程分配多大的内存空间。这需要考虑以下几个因素：

1）分配给一个进程的内存越少，在任何时候驻留在内存中的进程数就越多。这增加了操作系统至少找到一个就绪进程的可能性，减少了由于交换而消耗的处理器时间。

2）若一个进程在内存中的页数较少，那么尽管有局部性原理，缺页率仍相对较高。

3）给特定进程分配的内存空间超过一定大小后，由于局部性原理，该进程的缺页率没有明显的变化。

基于这些因素，当代操作系统通常采用两种策略。固定分配策略可为一个进程在内存中分配固定数量的页框，以供执行时使用。这一数量在最初加载（进程创建）时确定，可以根据进程的类型（交互、批处理、应用类）或基于程序员或系统管理员的需要来确定。对于固定分配策略，一旦在进程的执行过程中发生缺页中断，该进程的一页就必须被它所需要的页面置换。

可变分配策略允许分配给一个进程的页框在该进程的生命周期中不断地发生变化。理论上，若一个进程的缺页率一直比较高，则表明在该进程中局部性原理表现得较弱，应给它多分配一些页框以减小缺页率；而若一个进程的缺页率特别低，则表明从局部性的角度看该近程的表现非常好，可在不明显增大缺页率的前提下减少分配给它的页框。可变分配策略的使用和置换范围的概念紧密相关。

可变分配策略看起来性能更优。但是，使用这种方法的难点在于，它要求操作系统评估活动进程的行为，这必然会增加操作系统的软件开销，并且取决于处理器平台所提供的硬件机制。

1. 置换范围

置换策略的作用范围分为全局和局部两类。这两种类型的策略都是在没有空闲页框时由一个缺页中断激活的。局部置换策略仅在产生这次缺页的进程的驻留页中选择，而全局置换策略则把内存中所有未被锁定的页作为置换的候选页，而不管它们属于哪个进程。尽管局部转换策略更易于分析，但没有证据表明它一定优于全局置换策略。全局置换策略的优点是实现简单，开销较小。

置换范围和驻留集大小之间存在一定的联系（驻留集管理见表7-6）。固定驻留集意味着使用局部置换策略：为保持驻留集的大小固定，从内存中移出的一页必须由同一个进程的另一页置换。可变分配策略显然可以采用全局置换策略：内存中一个进程的某一页置换了另一个进程的某一页，导致该进程的分配增加一页，而被置换的另一个进程的分配则减少一页。此外，可变分配和局部置换也是一种有效的组合。

表7-6 驻留集管理

	局部置换	全局置换
固定分配	• 分配给一个进程的页框数是固定的 • 从分配给该进程的页框中选择被置换的页	无此方案
可变分配	• 分配给一个进程的页框数不时变化，用于保存该进程的工作集 • 从分配给该进程的页框中选择被置换的页	从内存中的所有可用页框中选择被置换的页，这将导致进程驻留集的大小不断变化

2. 固定分配、局部置换

在这种情况下，分配给内存中运行的进程的页框数固定。发生一次缺页中断时，操作系统必须从该进程的当前驻留页中选择一页用于置换，可以使用前面讲述过的那些算法。

对于固定分配策略，需要事先确定分配给该进程的总页框数。这将根据应用程序的类型和程序的请求总量来确定。这种方法有两个缺点：总页数分配得过少时，会产生很高的缺页率，导致整个多道程序设计系统运行缓慢；分配得过多时，内存中只能有很少的几个程序，处理器会有很多空闲时间，并把大量的时间花费在交换上。

3. 可变分配、全局置换

这种组织方式可能最容易实现，并被许多操作系统采用。在任何时刻，内存中都有许多进程，每个进程都分配到了一定数量的页框。典型情况下，操作系统还维护一个空闲页框列表。发生一次缺页中断时，一个空闲页框会被添加到进程的驻留集，并读入该页。因此，发生缺页中断的进程会逐渐增大，这将有助于减少系统中的缺页中断总量。

这种方法的难点在于置换页的选择。没有空闲页框可用时，操作系统必须选择一个当前位于内存中的页框（除了那些被锁定的页框，如内核占据的页框）进行置换。使用7.6.3小节介绍的任何一种策略，选择的置换页可以属于任何一个驻留进程，而没有任何原则用于确定哪个进程应从其驻留集中失去一页。因此，驻留集大小减小的那个进程可能并不是最适合被置换的。

解决可变分配、全局置换策略潜在性能问题的一种方法是使用页缓冲。按照这种方法，选择置换哪一页并不重要，因为如果在下次重写这些页之前访问到了这一页，则这一页仍可回收。

4. 可变分配、局部置换

可变分配、局部置换策略试图克服全局置换策略中的问题，总结如下：

1）当一个新进程被装入内存时，根据应用类型、程序要求或其他原则，给它分配一定数量的页框作为其驻留集。使用预先分页或请求分页填满这些页框。

2）发生一次缺页中断时，从产生缺页中断的进程的驻留集中选择一页用于置换。

3）不时地重新评估进程的页框分配情况，增加或减少分配给它的页框，以提高整体性能。

在这种策略中，关于增加或减少驻留集大小的决定必须经过仔细权衡，且要基于对活动进程将来可能的请求的评估。由于这个评估有一定的开销，因此这种策略要比简单的全局置换策略复杂得多，但它会产生更好的性能。

可变分配、局部置换策略的关键要素是用于确定驻留集大小的原则和变化的时间安排。在各种文献中，比较常见的是工作集策略。尽管真正的工作集策略很难实现，但它可作为比较各种策略的标准。

7.6.5　清除策略

与读取策略相反，清除策略用于确定何时将已修改的一页写回辅存。通常有两种选择：请求式清除和预约式清除。对于请求式清除，只有当一页被选择用于置换时才被写回辅存；而预约式清除则将这些已修改的多页在需要使用它们所占据的页框之前成批写回辅存。

完全使用任何一种策略都存在危险。对于预约式清除，写回辅存的一页可能仍然留在内存中，直到页面置换算法指示它被移出。预约式清除允许成批地写回页，但这并无太大的意义，因为这些页中的大部分通常会在置换前又被修改。辅存的传送能力有限，因此不应浪费在实际上不太需要的清除操作上。

另外，对于请求式清除，写回已修改的一页和读入新页是成对出现的，且写回在读入之前。这种技术可以减少写页操作，但它意味着发生缺页中断的进程在解除阻塞之前必须等待两次页传送，而这可能会降低处理器的利用率。

一种较好的方法是结合页缓冲技术，这种技术允许采用下面的策略：只清除可用于置换的页，但去除了清除和置换操作间的成对关系。通过页缓冲，被置换页可放置在两个表中：修改表和未修改表。修改表中的页可以周期性地成批写出，并移到未修改表中。未修改表中的一页要么因为被访问到而被回收，要么在其页框分配给另一页时被淘汰。

7.6.6　加载控制

加载控制会影响驻留在内存中的进程数量，这称为系统并发度。加载控制策略在有效的内存管理中非常重要。如果某一时刻驻留的进程太少，那么所有进程都处于阻塞态的概率就较大，因而会有许多时间花费在交换上。另外，如果驻留的进程太多，平均每个进程的驻留集大小将会不够用，此时会频繁发生缺页中断，从而导致系统抖动。

解决这个问题有多种途径。工作集或缺页率置换（Page-Fault-Frequency，PFF）算法都隐含了加载控制。只允许执行那些驻留集足够大的进程。在为每个活动进程提供需要的驻留集大小时，该策略会自动并动态地确定活动程序的数量。

戴明等人提出的 $L=S$ 准则通过调整系统并发度来使缺页中断之间的平均时间等于处理一次缺页中断所需的平均时间。性能研究表明，这种情况下，处理器的利用率达到最大。有研究提出了一个具有类似效果的策略，即 50%准则，它试图使分页设备的利用率保持在 50%。同样，性能研究表明，这种情况下，处理器的利用率同样保持最大。

另一种方法是采用前面给出的时钟页面置换算法。有研究描述了一种使用全局置换的技术。它监视该算法中扫描页框的指针循环缓冲区的速度。速度低于某个给定的最小阈值时，表明出现了如下的一种或两种情况：

1）很少发生缺页中断，因此很少需要请求指针前进。

2）对于每个请求，指针扫描的平均页框数很小，表明有许多驻留页未被访问到，且均易于被置换。

在这两种情况下，系统并发度可以安全地增加。另外，指针的扫描速度超过某个最大阈值时，表明要么缺页率很高，要么很难找到可置换页，这说明系统并发度太高。

系统并发度减小时，一个或多个当前驻留进程须被挂起（换出），有 6 种可能性：

1）最低优先级进程：实现调度策略决策，与性能问题无关。

2）缺页中断进程：很有可能是由于缺页中断任务的工作集还未驻留，因而挂起，它对性能的影响最小。此外，由于它阻塞了一个一定会被阻塞的进程，并且消除了页面置换和 I/O 操作的开销，因而该选择可以立即收到成效。

3）最后一个被激活的进程：这个进程的工作集最有可能还未驻留。

4）驻留集最小的进程：将来再次装入时的代价最小，但不利于局部性较小的程序。

5）最大空间的进程：可在过量使用的内存中得到最多的空闲页框，使它不会很快又处于去活状态。

6）具有最大剩余执行窗口的进程：在大多数进程调度方案中，一个进程在被中断或放置在就绪队列末尾之前，只运行一定的时间。这近似于最短处理时间优先的调度原则。

在操作系统设计的其他领域中，选择哪个策略取决于操作系统中的许多其他设计因素以及要执行的程序的特点。

【习题】

选择题：

1. 采用虚拟存储器的主要目的是（　　）。

A. 扩大可使用的主存空间　　B. 扩大可使用的外存空间

C. 提高访问主存的速度　　D. 提高访问外存的速度

2. 某系统采用请求页式存储管理方案，假设某进程有 6 个页面，系统给该进程分配了4 个存储块，其页面变换表见表 7-7，表中的状态位为 1/0，分别表示页面在内存/不在内存。当该进程访问的页面 2 不在内存时，应该淘汰表中页号为（ ① ）的页面。假定页面大小为4 KB，逻辑地址为十六进制数 3C18H，该地址经过变换后的页帧号为（ ② ）。

表 7-7　页面变换表

虚拟页面号	页框号	状态位	访问位	修改位
0	5	1	1	1
1	—	0	0	0
2	—	0	0	0
3	2	1	1	0
4	8	1	1	1
5	12	1	0	0

① A. 0　　B. 3　　C. 4　　D. 5

② A. 2　　B. 5　　C. 8　　D. 12

3. 虚拟存储器发生页面失效时，需要进行外部地址变换，即实现（　　）的变换。

A. 虚地址到主存地址　　B. 主存地址到 Cache 地址

C. 主存地址到辅存物理地址　　D. 虚地址到辅存物理地址

4. 在计算机系统中，若一个存储单元被访问，则这个存储单元有可能很快会再被访问，该特性被称为（ ① ）局限性；这个存储单元及其邻近的存储单元有可能很快会再被访问，该特性被称为（ ② ）局限性。

① A. 程序　　B. 空间　　C. 时间　　D. 数据

② A. 程序　　B. 空间　　C. 时间　　D. 数据

5. 页式虚拟存储器管理的主要特点是（　　）。

A. 不要求将作业装入内存的连续区域

B. 不要求将作业同时全部装入内存的连续区域

C. 不要求进行缺页中断处理

D. 不要求进行页面置换

6. 在计算机系统中，构成虚拟存储器（　　）。

A. 只需要一定的硬件资源便可实现　　B. 只需要一定的软件即可实现

C. 既需要软件也需要硬件方可实现　　D. 既不需要软件也不需要硬件

7. 从表 7-8 关于操作系统存储管理方案 1、方案 2 和方案 3 的相关描述可以看出，它们分别对应（　　）存储管理方案。

表 7-8　操作系统存储管理方案相关描述

方案	说　明
1	在系统进行初始化时就已经将主存储空间划分成大小相等或不等的块，并且这些块的大小在此后是不可以改变的，系统将程序分配在连续的区域中
2	主存储空间和程序按固定大小单位进行分割，程序可以分配在不连续的区域中，当一个作业的程序地址空间大于主存区可以使用的空间时，该方案也可以执行
3	编程时必须划分程序模块和确定程序模块之间的调用关系，不存在调用关系的模块可以占用相同的主存区

A. 固定分区、请求分页和覆盖　　B. 覆盖、请求分页和固定分区

C. 固定分区、覆盖和请求分页　　D. 请求分页、覆盖和固定分区

8. 虚拟内存是基于程序局部性原理而设计的，下面关于局部性原理的描述正确的是（　　）。

A. 程序代码顺序执行　　B. 程序按照非一致性方式访问内存

C. 程序连续地访问许多变量　　D. 程序在一段时间内访问相对小的一段地址空间

9. 计算机的存储系统采用分级存储体系的理论依据是（ ① ）。目前，计算机系统中常用的三级存储体系是（ ② ）。

① A. 存储容量、价格与存取速度间的协调性

B. 程序访问的局部性

C. 主存和 CPU 之间的速度匹配

D. 程序运行的定时性

② A. 寄存器、内存、外存　　B. 寄存器、Cache、内存

C. Cache、主存、辅存　　D. L0、L1、L2 三级 Cache

10. 图 7-15a 所示是某一个时刻 J1、J2、J3 和 J4 这 4 个作业在内存中的分配情况，若此时操作系统先为 J5 分配 5 KB 空间，接着又为 J6 分配 10 KB 空间，那么操作系统采用分区管理中的（　　）算法，使得分配内存后的情况如图 7-15b 所示。

A. 最先适应　　B. 最佳适应　　C. 最后适应　　D. 最差适应

11.（　　）技术利用程序的局部性原理，把程序中正在使用的部分数据或代码存放在特

殊的存储器中，以提高系统的性能。

A. 缓存　　B. 虚拟存储　　C. RAID　　D. DMA

12. 以下关于段式存储管理的叙述中不正确的是（　　）。

A. 段是信息的逻辑单位，用户不可见　　B. 各段程序的修改互不影响

C. 地址变化速度快，内存碎片少　　D. 便于多道程序共享主存的某些段

13. 某段式存储管理系统中的地址结构如图 7-16 所示，若系统以字节编址，则该系统允许的最大段长为（ ① ）KB，（ ② ）是错误的段号。

① A. 16　　B. 32　　C. 64　　D. 128

② A. 0　　B. 64　　C. 128　　D. 256

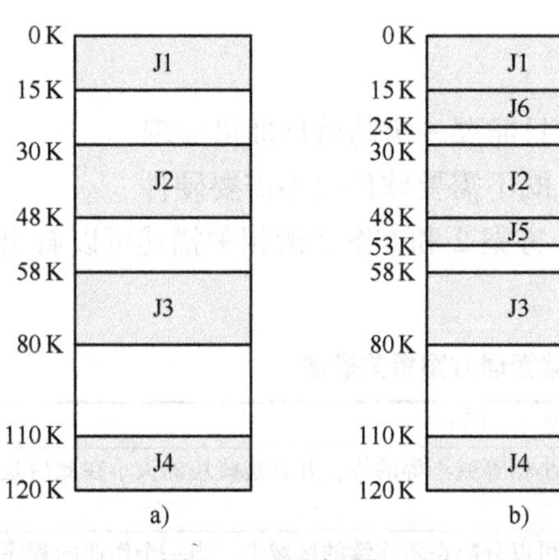

图 7-15　选择题 10 图

a）作业在内存中的分配情况　b）分配后的情况

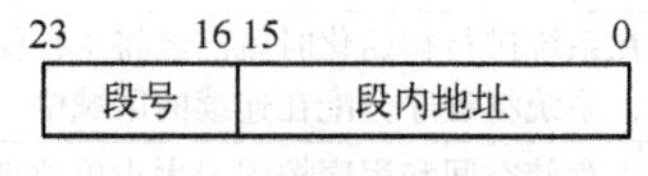

图 7-16　选择题 13 图

14. 某文件系统采用链式存储管理方式并应用记录的成组与分解技术，且磁盘块的大小为 4096 B。若文件 license. doc 由 7 个逻辑记录组成，每个逻辑记录的大小为 2048 B，并依次存放在 58、89、96 和 101 号磁盘块上，那么要存取文件的第 12288 个逻辑字节处的信息，应访问（　　）号磁盘块。

A. 58　　B. 89　　C. 96　　D. 101

15. 设内存分配情况如图 7-17 所示，若要申请一块 40 KB 的内存空间，采用最佳适应算法，则得到的分区首址为（　　）。

A. 100 K　　B. 190 K　　C. 330 K　　D. 410 K

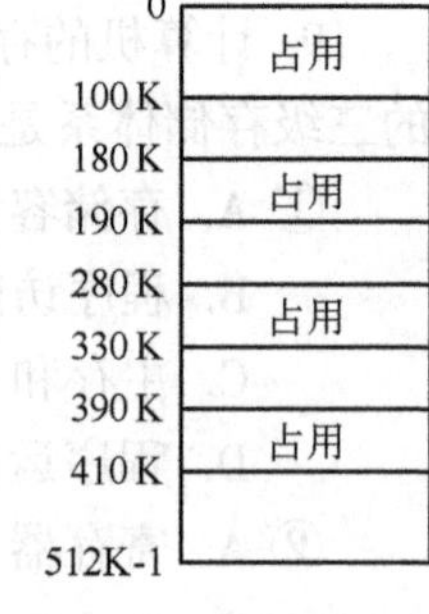

图 7-17　选择题 15 图

16. 内存采用段式存储管理有许多优点，但（　　）不是其优点。

A. 分段是信息的逻辑单位，用户不可见

B. 分段程序的修改互不影响

C. 地址变换速度快，内存碎片少

D. 便于多道程序共享主存的某些段

17. 关于分页式虚拟存储器的论述，正确的是（　　）。

A. 根据程序的模块性确定页面大小

B. 可以将程序放置在页面内的任意位置

C. 可以从逻辑上极大地扩充内存容量，并且使内存分配方便、利用率高

D. 将正在运行的程序全部装入内存

18. 假设一个 I/O 系统只有一个磁盘，每秒可以接收 50 个 I/O 请求，磁盘对每个 I/O 请求服务的平均时间是 10 ms，则 I/O 请求队列的平均长度是（　　）个请求。

A. 0　　B. 0.5　　C. 1　　D. 2

思考题：

1. 内存管理需要满足哪些需求？
2. 为什么不可能在编译时实施内存保护？
3. 允许两个或多个进程访问内存某一特定区域的原因是什么？
4. 在固定分区方案中，使用大小不等的分区有什么好处？
5. 逻辑地址、相对地址和物理地址间有什么区别？
6. 页和页框之间有什么区别？
7. 页和段之间有什么区别？
8. 系统使用简单分页，内存大小为 2^{32}B，页大小为 2^{10}B，逻辑地址空间包含 2^{16}页。

1）逻辑地址有多少位？

2）一个页框有多少 B？

3）物理地址中的多少位是页框号？

4）页表中有多少表项？

5）假设每个页表项中都有一位有效位，则每个页表项有多少位？

9. 考虑一个分页式的逻辑地址空间（由 32 个 2 KB 的页组成），将它映射到一个 1 MB 的物理内存空间。

1）该处理器的逻辑地址格式是什么？

2）页表的长度和宽度是多少（忽略“访问权限”位）？

3）如果物理内存空间减少了一半，则会对页表有什么影响？

10. 简单分页与虚拟内存分页有什么区别？
11. 请解释什么是抖动。
12. 在使用虚拟内存时，为什么局部性原理是至关重要的？
13. 哪些元素是页表项中可以找到的典型元素？简单定义每个元素。
14. 转换检测缓冲区的目的是什么？
15. 简单定义两种可供选择的页面读取策略。
16. 驻留集和工作集有什么区别？驻留集管理和页面置换策略有什么区别？
17. FIFO 和 Clock 页面置换算法有什么联系？
18. 页缓冲实现的是什么？
19. 为什么不可能把全局置换策略和固定分配策略组合起来？
20. 一个进程访问 5 页：A、B、C、D 和 E。访问顺序如下：

A; B; C; D; A; B; E; A; B; C; D; E

假设置换算法为先进先出，该进程在内存中有 3 个页框，开始时为空，请查找在这个访问顺序中传送的页号。对于 4 个页框的情况，请重复上面的过程。

21. 某进程包含 8 个虚拟页，系统在内存中给该进程固定分配了 4 个页框。对页面的访问序列如下：

1,0,2,2,1,7,6,7,0,1,2,0,3,0,4,5,1,5,2,4,5,6,7,6,7,2,4,2,7,3,3,2,3

1）使用 LRU 置换策略，驻留在 4 个页框中的页面是哪些？假设页框刚开始时都为空，请计算内存命中率。

2）使用FIFO置换策略重复①。

3）比较以上两种策略的命中率，针对页面访问序列评价FIFO模拟LRU的效果。

22. 在论述一种页面置换算法时，用一个在循环轨道上来回移动的雪犁机来模拟说明：雪均匀地落在轨道上，雪犁机以恒定的速度在轨道上不断地循环，轨道上被扫落的雪从系统中消失。

1）哪一种页面置换算法可以用它来模拟？

2）这个模拟说明了页面置换算法的哪些行为？

23. 假设一个任务被划分成4个大小相等的段，并且系统为每个段都建立了一个有8项的页描述符表。因此，该系统是分段与分页的组合。假设页大小为2 KB。

1）每段的最大尺寸为多少？

2）该任务的逻辑地址空间最大为多少？

3）假设该任务访问到物理单元00021ABC中的一个元素，那么为它产生的逻辑地址的格式是什么？该系统的物理地址空间最大为多少？

【实验与思考】Linux用户程序的内存管理

本实验以一个Linux实例程序说明应用程序如何通过系统调用来管理自己的空闲内存，目的在于加深读者对操作系统存储管理内容的理解。

本实验实例由my-malloc. h、my-malloc. c和test. c这3个文件组成。为阅读程序方便，对其中的主要函数做了说明，读者可结合程序注释理解该程序。

1）了解通过利用操作系统调用实现用户程序分配内存以及回收所用内存的程序过程，加深对操作系统存储管理机制的理解。

2）通过阅读和分析Linux实验程序，学习Linux程序设计、调试和运行的方法。

1. 工具/准备工作

1）在开始本实验之前，请回顾本书的相关内容。

2）需要准备一台运行Linux操作系统的计算机。

2. 实验内容与步骤

本实验程序主要定义了一个描述自由存储块的结构，每一个自由块都包含块的大小、指向下一块的指针以及块区本身，自由块以地址增加顺序排列，并用链表链接起来。这一链表是本程序维护的一个空闲区域，对于操作系统的当前记录来说是已分出去的区域。因为本程序是运行在用户态的程序。

步骤1：单击红帽子，在“GNOME帮助→附件”菜单中单击“文本编辑器”命令，在文本编辑中输入清单7-1程序并保存为my-malloc. h。

清单7-1　my-malloc. h文件。

```
# include <stdlib. h>
typedef long Align;/ * 用于与长边界对齐 * /
union header {/ * 区块头: * /
    struct {
        union header * next;/ * 下一个块(如果在可用列表中) * /
        unsigned int size;/ * 此块的大小 * /
    }s;
```

```
    Align x;/ * 使块对齐 * /
};

typedef union header Header;

# define NALLOC 10/ * 申请的最低#units * /
static Header * morecore( unsigned int nu) ;
void * Malloc( unsigned int nbytes) ;
void Free( void * ap) ;
```

步骤 2：单击红帽子，在“GNOME 帮助→附件”菜单中单击“文本编辑器”命令，在文本编辑中输入清单 7-2 程序并保存为 my-malloc. c。

清单 7-2 my-malloc. c 文件。

```
# include <unistd. h>
# include " my_malloc. h"

static Header base;                          / * 要开始的 empy 列表 * /
static Header * free_list = NULL;            / * 自由列表的开始 * /

/ * Malloc：通用存储分配器 * /
void * Malloc( unsigned int nbytes)
{
    Header * p, * prev;
    unsigned intnunits;
    nunits = ( nbytes+sizeof( Header) -1)      /sizeof( Header) +1;
    if( ( prev = free_list) = = NULL) {       / * 尚无自由列表 * /
        base. s. next = free_list = prev = &base;
        base. s. size = 0;
    }
    for( p = prev->s. next; ; prev = p, p = p->s. next) {
        if( p->s. size> = nunits) {
            if( p->s. size = = nunits)
                prev->s. next = p->s. next;
            else {
                p->s. size- = nunits;
                p+ = p->s. size;
             p->s. size = nunits;
            }
            free_list = prev;
            return( void * ) ( p+1) ;
        }
        if( p = = free_list)                  / * 环绕自由列表 * /
            if( ( p = morecore( nunits) ) = = NULL)
                return NULL;
    }                                         / * 结束 * /
}

/ * 更多核心：要求系统提供更多内存 * /
static Header * morecore( unsigned int nu)
{
    char * cp;
    Header * up;

    if( nu<NALLOC)
        nu = NALLOC;
    cp = sbrk( nu * sizeof( Header) ) ;
```

```
        printf("sbrk: % X -- % X \n",cp,cp+nu * sizeof(Header));
        if(cp==(char *)-1)                    /* 完全没有空间 */
            return NULL;
        up=(Header *)cp;
        up->s.size=nu;
        Free(up+1);
        return free_list;
    }

    /* Free:将块 ap 放入自由列表 */
    void Free(void * ap)
    {
        Header * bp, * p;
        bp=(Header *)ap - 1;                  /* 指向块标头 */
        for(p=free_list;! (bp>p && bp<p->s.next); p=p->s.next)
            if(p>=p->s.next && (bp>p||bp<p->s.next))
                break;/* 开始或结束时释放的块 */
        if(bp+bp->s.size==p->s.next) {
            bp->s.size+=p->s.next->s.size;
            bp -> s.next = p -> s.next -> s.next;
        }
        else
            bp->s.next=p->s.next;
        if(p+p->s.size==bp) {
            p->s.size+=bp->s.size;
            p->s.next=bp->s.next;
        }
        else
            p->s.next=bp;
        free_list=p;
    }

    voidprintlist(void)
    {
        Header * p;
        int i=0;
        printf("base:%X,base.next:%X,base.next.next:%X,
                free:%x\n",&base,base.s.next,
                base.s.next->s.next,free_list);
        for(p=&base;p->s.next!=free_list;p=->s.next) {
            i++;
            printf("block %d,size=%d",I,p->s.size);
                if (p>free_list)
                    printf("used! \n");
                else
                    printf("free! \n");
        }
    }
```

当请求分配内存时，扫描自由块链表，直到找到一个足够大的可供分配的内存块。若找到的块大小正好等于所请求的大小，就把这一块从自由块链表中取下来，返回给申请者。若找到的块太大，就对其分割，并将一块大小适合的空间返回给申请者，余下的部分返回链表。若找不到足够大的块，就通过调用 morecore()函数从操作系统区请求另外一块足够大的内存区域，并把它链接到自由块链表中，然后继续搜索。

morecore()函数从操作系统得到存储空间。在 Linux 中，通过系统调用 sbrk(n)向操作系

统申请 n 个字节的存储空间，返回值为申请到的存储空间的起始地址。由于要求系统分配存储空间是一个代价较大的操作，故通常一次申请一个较大的内存空间，需要时再将其分割。

释放存储块也要搜索自由块链表，目的是找到适当的位置将要释放的块插进去，如果被释放的块的任何一边都与链表中的某一块邻接，就对其进行合并操作，直到没有可合并的邻接块为止，这样可防止存储空间变得过于零碎。Linux 正是通过采用所谓的 Buddy 算法防止存储空间由于内存空间的频繁分配和回收而变得过于零碎。

步骤 3：单击红帽子，在“GNOME 帮助→附件”菜单中单击“文本编辑器”命令，在文本编辑中输入清单 7-3 程序并保存为 test. c。

清单 7-3　test. c 文件。

```
# include "my-malloc. c"
int main( )
{
    char * p[200];
    int i;

    for(i=0; i<20; i++) {
        p[i]=(char * )Malloc(8);
        printf("malloc %d,%X\n",i,p[i]);
        print_list( );
    }

    for(i=19;i>=0;i--) {
        Free(p[i]);
        printf("free %d\n",i);
        print_list( );
    }
    return 0;
}
```

步骤 4：编译。

```
cc  -o  test  test. c
```

如果有错，请用 Text Editor 工具修改源程序，直到编译通过。

请记录：调试过程是：

____

____

步骤 5：运行。

```
./ test
```

运行结果（如果运行不成功，则可能的原因是什么?）：

____

____

3. 实验总结

____

____

____

4. 教师实验评价

____

第 8 章 处理器管理

在多道程序设计系统的运行过程中，内存中有多个进程，每个进程或者正在处理器上运行，或者正在等待某些事件的发生（比如 I/O 完成）。处理器（或处理器组）通过执行某个进程而保持忙状态，此时，其他进程处于等待状态。

多道程序设计的关键是调度，比较典型的调度有 4 种类型（见表 8-1）。

表 8-1 调度的类型

类　型	说　明
长程调度	决定加入待执行的进程池中
中程调度	决定加入部分或全部在内存中的进程集合中
短程调度	决定哪一个可运行的进程将被处理器执行
I/O 调度	决定哪一个进程挂起的 I/O 请求将被可用的 I/O 设备处理

8.1 处理器调度的类型

处理器调度的目标是以满足系统目标（如响应时间、吞吐率、处理器效率）的方式，把进程分配到一个或多个处理器中执行。在许多系统中，这个调度活动被分成 3 个独立的功能，即长程调度、中程调度和短程调度，以表明在执行这些功能时的相对时间比例。

长程调度和中程调度主要是由与系统并发度相关的性能来驱动的，系统并发度是指处于等待处理器执行的进程的个数。这里先考虑单处理器系统中的调度情况，这是由于多处理器的使用增加了额外的复杂性，而从单处理器着眼，则可以更清楚地看到调度算法之间的区别。

图 8-1 将调度功能结合到进程状态转换图中。创建新进程时，执行长程调度，它决定是

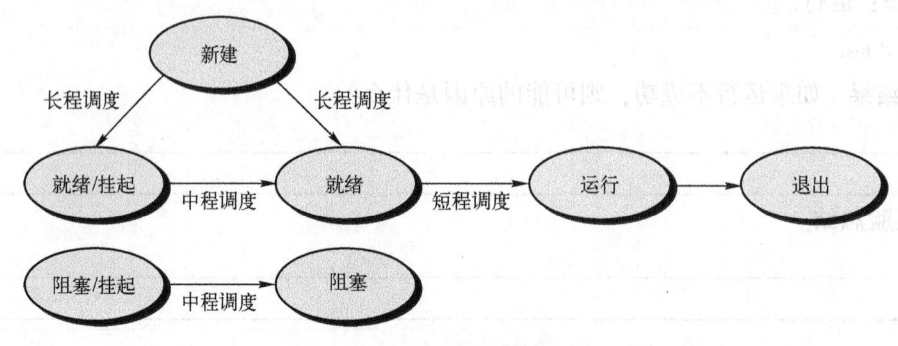

图 8-1 调度和进程状态转换

否把进程添加到当前活跃的进程集合中。中程调度是交换功能的一部分，它决定是否把进程添加到那些至少部分在内存中且可以被执行的进程集合中。短程调度真正决定下一次执行哪一个就绪进程。图 8-2 重新组织了进程状态转换图，用于表示调度功能的嵌套。

由于调度决定了哪个进程必须等待、哪个进程可以继续运行，因此它影响着系统的性能。这一点可以在图 8-3 中看出，该图给出了在一个进程状态转换过程中所涉及的队列。为简单起见，图 8-3 给出了一个新进程直接到达就绪态的情况，而图 8-1 和图 8-2 给出了到达就绪态和就绪/挂起态这两种不同的情况。从根本上说，调度属于队列管理方面的问题，用来在排队环境中减少延迟和优化性能。

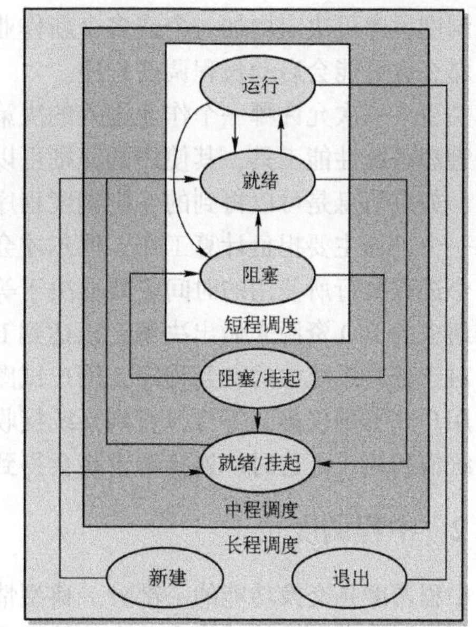

图 8-2　调度的层次

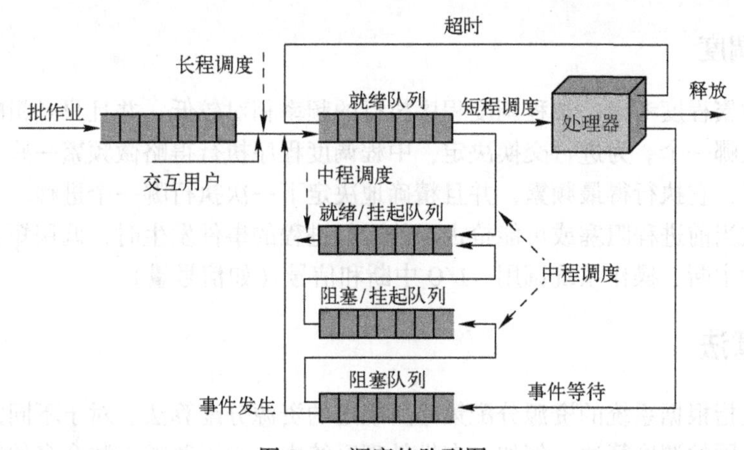

图 8-3　调度的队列图

8.1.1　长程调度

长程调度程序控制着系统的并发度，一旦允许进入，一个作业或用户程序就成为一个进程，并被添加到供短程调度程序使用的队列中等待调度。在某些系统中，一个新创建的进程开始处于被换出状态，被添加到供中程调度程序使用的队列中等待调度。

在批处理系统或者操作系统的批处理部分中，新提交的作业被发送到磁盘，并保存在一个批处理队列中。在长程调度程序运行时，从队列中创建相应的进程。这里涉及两个决策，调度程序必须决定什么时候操作系统能够接收一个进程或者多个进程；调度程序必须决定接收哪个作业或哪些作业，并将其转变成进程。

关于何时创建一个新进程的决策通常由要求的系统并发度来驱动。创建的进程越多，每个进程可以执行的时间所占百分比就越小（即更多进程竞争同样数量的处理器时间）。因此，为了给当前的进程集提供满意的服务，长程调度程序可能限制系统并发度。每当一个作业终止时，调度程序可决定增加一个或多个新作业。此外，如果处理器的空闲时间片超过了一定的阈值，那么也可能会启动长程调度程序。

关于下一次允许哪一个作业进入的决策可以基于简单的先来先服务（FCFS）原则，或者基于管理系统性能工具，其使用的原则可以基于优先级、期待的执行时间和I/O需求来选择。例如，如果信息是可以得到的，则调度程序可以试图混合处理器密集型和I/O密集型的进程；如果一个进程主要担负计算工作，偶尔才会用到I/O设备，则该进程被视为处理器密集型；如果一个进程执行所使用的时间主要取决于等待I/O操作，则把它视为I/O密集型。同样，可以根据请求的I/O资源来做出决策，以达到I/O使用的平衡。

对于分时系统中的交互程序，用户试图连接到系统的动作可能产生一个进程创建的请求。分时用户并不是仅排队等待，直到系统接收它们。相反，操作系统将接收所有的授权用户，直到系统饱和为止。这时，连接请求将会得到指示系统已经饱和并要求用户重新尝试的消息。

8.1.2 中程调度

中程调度是交换功能的一部分。典型情况下，换入决策取决于管理系统并发度的需求。在不使用虚拟内存存储的系统中，存储管理也是一个问题。因此，换入决策将考虑换出进程的存储需求。

8.1.3 短程调度

从执行的频繁程度考虑，长程调度程序执行的频率相对较低，并且只是粗略地决定是否接收新进程及接收哪一个。为进行交换决定，中程调度程序执行得略微频繁一些。短程调度程序也称为分派程序，它执行得最频繁，并且精确地决定下一次执行哪一个进程。

当可能导致当前进程阻塞或可能抢占当前运行进程的事件发生时，调用短程调度程序。这类事件包括时钟中断、操作系统调用、I/O中断和信号（如信号量）。

8.2 调度算法

调度算法是指根据系统的资源分配策略所规定的资源分配算法。对于不同的系统和系统目标，通常采用不同的调度算法。例如，在批处理系统中，为了照顾为数众多的段作业，应采用短作业优先的调度算法。又如在分时系统中，为了保证系统具有合理的响应时间，应当采用轮转法进行调度。在多种调度算法中，有的算法适用于作业调度，有的算法适用于进程调度，也有些调度算法既可以用于作业调度，也可以用于进程调度。

8.2.1 短程调度准则

短程调度的主要目标是按照优化系统一个或多个方面行为的方式来分配处理器时间，需要对可能被评估的各种调度策略建立一系列规则。通常使用的调度准则可以按两维来分类。

首先可以按面向用户和面向系统的准则来区分。面向用户的准则与单个用户或进程感知到的系统行为相关，如交互式系统中的响应时间。响应时间是指从提交一条请求到输出响应所经历的时间间隔，这个时间量对用户是可见的，自然也是用户关心的，我们希望调度策略能给各种用户提供“好”的服务。对于响应时间，可以定义一个阈值，如2 s。那么调度机制的目标是使平均响应时间为2 s或小于2 s的用户数目达到最大。

另一个准则是面向系统的，即其重点是处理器使用的效果和效率，如吞吐量，也就是进程完成的速度。吞吐量是关于系统性能的一个非常有意义的度量，人们总希望系统的吞吐量能达到最大。但是，该准则侧重于系统的性能，而不是提供给用户的服务。因此，吞吐量是系统管理员所关注的。

面向用户的准则在所有系统中都是非常重要的，而面向系统的准则在单用户系统中的重要性就要低一些。在单用户系统中，实现处理器的高利用率或高吞吐量可能并不重要，只要系统对用户应用程序的响应时间是可以接受的即可。

另一种划分的根据是这些准则是否与性能直接相关。与性能直接相关的准则是定量的，通常可以很容易地度量，如响应时间和吞吐量。与性能无关的准则或者在本质上是定性的，或者不容易测量和分析，如可预测性。人们希望提供给用户的服务能够随着时间的流逝展现给用户一贯相同的特性，而与系统执行的其他工作无关。在某种程度上，该准则可以通过计算负载函数的变化量来度量，但是这并不像度量吞吐率或响应时间关于工作量的函数那么直接。

表 8-2 总结了几种重要的调度准则，它们是互相依赖的，不可能同时都达到最优。例如，提供较好的响应时间可能需要调度算法在进程间频繁地切换，这就增加了系统开销，降低了吞吐量。因此，设计一个调度策略涉及在互相竞争的各种要求之间进行折中，根据系统的本质和使用情况，给各种要求设定相应的权值。

表 8-2　调度准则

面向用户，与性能相关	
周转时间	指一个进程从提交到完成之间的时间间隔，包括实际执行时间加上等待资源（包括处理器资源）的时间。对批处理作业而言，这是一种很适宜的度量
响应时间	对一个交互进程，这是指从提交一个请求到开始接收响应之间的时间间隔。通常，进程在处理该请求的同时，就开始给用户产生一些输出。因此，从用户的角度来看，相对于周转时间，这是一种更好的度量。该调度原则应该试图达到较低的响应时间，并且在响应时间可接受的范围内，使得可以交互的用户的数目达到最大
最后期限	当可以指定进程完成的最后期限时，调度原则将降低其他目标，使得满足最后期限的作业数目的百分比达到最大
面向用户，其他	
可预测性	无论系统的负载如何，一个给定的工作运行的总时间量和总代价都是相同的。用户不希望响应时间或周转时间的变化太大。这可能需要在系统工作负载最大范围抖动时发出信号或者需要系统处理不稳定性
面向系统，与性能相关	
吞吐量	调度策略应该试图使得每个单位时间内完成的进程数目达到最大。这是对可以执行多少工作的一种度量。它明显取决于一个进程的平均执行长度，也受调度策略的影响。调度策略会影响利用率
处理器利用率	这是处理器处于忙状态的时间百分比。对昂贵的共享系统来说，这是一个重要的准则。在单用户系统和一些其他的系统（如实时系统）中，该准则与其他准则相比显得不太重要
面向系统，其他	
公平性	在没有来自用户的指导或其他系统提供的指导时，进程应该被平等地对待，没有一个进程会处于饥饿状态
强制优先级	当进程被指定了优先级后，调度策略应该优先选择高优先级的进程
平衡资源	调度策略将保持系统中的所有资源处于繁忙状态，较少使用紧缺资源的进程应该受到照顾。该准则也可用于中程调度和长程调度

在大多数交互式操作系统中，不论是单用户系统还是分时系统，适当的响应时间是关键需求。

8.2.2 优先级的使用

在许多系统中，每个进程都被指定一个优先级，调度程序总是优先选择具有较高优先级的进程。图8-4所示为优先级排队。为了清楚起见，队列图被简化了，忽略了多个阻塞队列和挂起态的存在。这里提供的不是一个就绪队列，而是一组队列，按优先级递减的顺序排列：$RQ_0,RQ_1,\cdots,RQ_n$。当进行一次调度选择时，调度程序从优先级最高的队列（RQ_0）开始。如果该队列中有一个或多个进程，则使用某种调度策略选择其中一个；如果RQ_0为空，则检查RQ_1，接下来的处理类似。

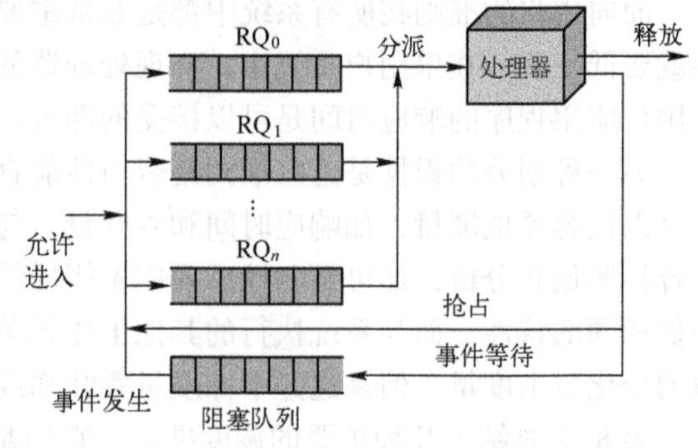

图8-4 优先级排队

纯粹的优先级调度方案会出现的一个问题是，低优先级的进程可能会长时间处于饥饿状态。如果不希望这样，则一个进程的优先级应该随着它的时间或执行历史而变化。一般情况下，优先级数值越大，表示的进程优先级就越低。

8.2.3 选择调度策略

表8-3所示为各种调度策略的简要信息。其中，选择函数确定在就绪进程中选择哪一个进程在下一次执行，这个函数可以基于优先级、资源需求或者该进程的执行特性。

表8-3 各种调度策略的简要信息

	先来先服务（FCFS）	轮转（RR）	最短进程优先（SPN）	最短剩余时间（SRT）	最高响应比（HRRN）	反馈（FB）
选择函数	man[x]	常数	min[x]	min[s-e]	max[(w+s)/s]	参见正文
决策模式	非抢占	抢占（在时间片用完时）	非抢占	抢占（在到达时）	非抢占	抢占（在时间片用完时）
吞吐量	不强调	如果时间片小，那么吞吐量会很低	高	高	高	不强调
响应时间	可能很高，特别是当进程的执行时间差别很大时	为短进程提供好的响应时间	为短进程提供好的响应时间	提供好的响应时间	提供好的响应时间	不强调
开销	最小	最小	可能比较大	可能比较大	可能比较大	可能比较大
对进程的影响	对短时间进程（短进程）和I/O密集型进程不利	公平对待	对运行时间长的进程（长进程）不利	对长进程不利	很好的平衡	可能对I/O密集型进程有利
饥饿	无	无	可能	可能	无	可能

对于最后一种情况，下面的3个量是非常重要的：

w：到现在为止，在系统中停留的时间。

e：到现在为止，花费的执行时间。

s：进程所需要的总服务时间，包括e。通常，该数量必须进行估计或由用户提供。

例如，选择函数max[w]表示先来先服务（First Come First Server，FCFS）的原则。

决策模式说明选择函数在被执行瞬间的处理方式，通常可分为以下两类：

1）非抢占：在这种情况下，一旦进程处于运行状态，它就不断执行直到终止，或者因为等待 I/O，或者因为请求某些操作系统服务而阻塞自己。

2）抢占：当前正在运行的进程可能被操作系统中断，并转移到就绪态。关于抢占的决策可能是在一个新进程到达时，或者在一个中断发生后，把一个被阻塞的进程置为就绪态时，或者出现基于周期性的时间中断时。

与非抢占策略相比，抢占策略可能会导致较大的开销，但是可能会对所有进程提供较好的服务，因为它们避免了任何一个进程独占处理器太长的时间。此外，通过使用有效的进程切换机制（尽可能地获得硬件的帮助），以及提供比较大的内存，使得大部分程序都在内存中，可使抢占的代价相对比较低。

在描述各种调度策略时，使用表 8-4 所示的进程调度示例。可以把进程想象成批处理作业，服务时间是所需要的整个执行时间。另外，也可以把这些视为正在进行的进程，需要以重复的方式轮流使用处理器和 I/O。对后一种情况，服务时间表示一个周期所需要的处理器时间。在任何一种情况下，根据排队模型，该数值对应于服务时间。

表 8-4　进程调度示例

进　程	到达时间	服务时间
A	0	3
B	2	6
C	4	4
D	6	5
E	8	2

对于表 8-4 中的例子，图 8-5 所示为一个周期内每种调度策略的执行模式。由于每个进程的结束时间是确定的，根据这一点，可以确定周转时间。根据排队模型，周转时间就是驻留时间 T_r，或这一项在系统中花费的总时间（等待时间+服务时间）。一个更有用的数字是归一化周转时间，它是周转时间与服务时间的比率，该值表示一个进程的相对延迟。在典型情况下，进程的执行时间越长，可以容忍的延迟时间就越长。该比率可能的最小值为 1.0，值的增加对应于服务级别的减少。

1. 先来先服务

最简单的策略是先来先服务（FCFS），也称为先进先出（First-In-First-Out，FIFO）或严格排队方案。当每个进程就绪后加入就绪队列，当前正在运行的进程停止执行时，选择在就绪队列中存在时间最长的进程运行。FCFS 执行长进程比执行短进程更好。

FCFS 更有利于处理器密集型的进程。假设有一组进程，其中的一个进程大多数时候都使用处理器（处理器密集型），还有许多进程大多数时候进行 I/O 操作（I/O 密集型）。如果一个处理器密集型的进程正在运行，则所有 I/O 密集型的进程都必须等待。有一些进程可能在 I/O 队列中（阻塞态），但是当处理器密集型的进程正在执行时，它们可能移回就绪队列。这时，大多数或所有 I/O 设备都可能是空闲的，即使它们可能还有工作要做。在当前正在运行的进程离开运行状态时，就绪的 I/O 密集型的进程迅速地通过运行态又阻塞在 I/O 事件上。如果处理器密集型的进程也被阻塞了，则处理器空闲。因此，FCFS 可能导致处理器和 I/O 设备都未得到充分利用。

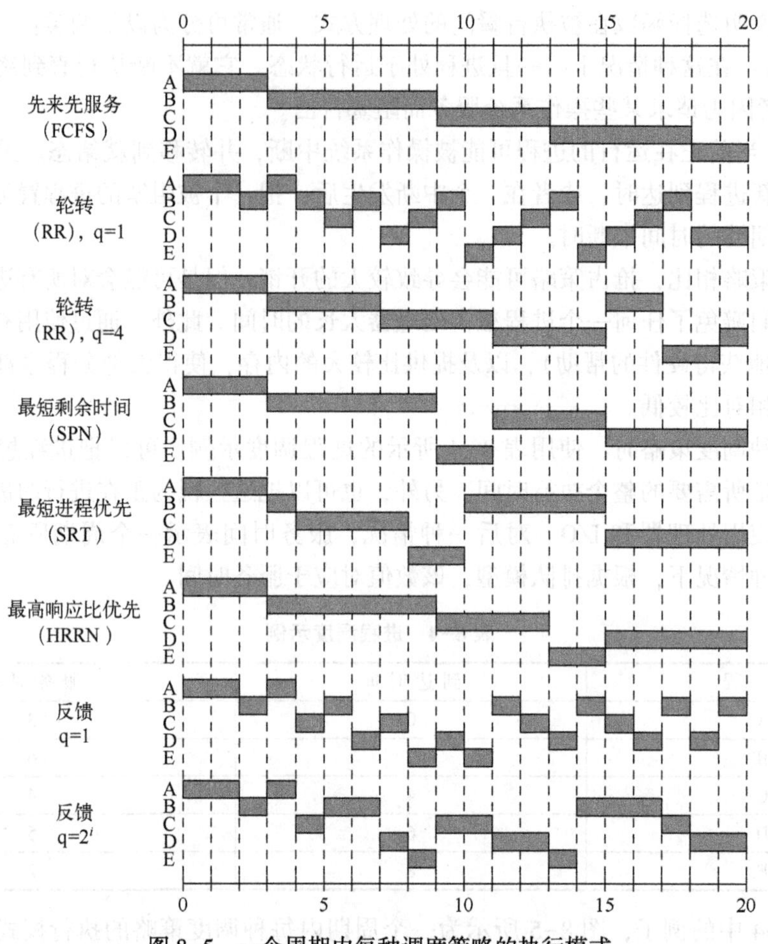

图 8-5 一个周期内每种调度策略的执行模式

FCFS 自身对于单处理器系统来说并不是很有吸引力的选择。但是，它通常与优先级策略相结合，以提供一种更有效的调度方法。因此，调度程序可以维护许多队列，每个优先级一个队列，每个队列中的调度都基于先来先服务原则。在后面讨论反馈调度时，可以看到这类系统的一个例子。

2. 轮转

为了减少在 FCFS 策略下短作业的不利情况，一种简单的方法是采用基于时钟的抢占策略，这类方法中，最简单的是轮转（Round Robin，RR）算法。以一个周期性间隔产生时钟中断，当中断发生时，当前正在运行的进程被置于就绪队列中，然后基于 FCFS 策略选择下一个就绪作业运行。这种技术也称为时间片，因为每个进程在被抢占前都给定一段（片）时间。

对于轮转法，最主要的设计问题是使用的时间段（片）的长度。如果这个长度非常短，则作业会相对比较快地通过系统。另外，处理时钟中断、执行调度和分派函数都需要处理器开销。因此应该避免使用过短的时间片。一个有用的思想是，时间片最好略大于一次典型的交互所需要的时间。如果小于这个时间，那么大多数进程都需要至少两个时间片。当一个时间片比运行时间最长的进程还要长时，轮转法就退化成 FCFS。

轮转法在通用的分时系统或事务处理系统中都特别有效。依赖处理器密集型的进程和 I/O 密集型的进程有所不同。通常，I/O 密集型的进程比处理器密集型的进程使用处理器的时间

（花费在 I/O 操作之间的执行时间）短。如果既有处理器密集型的进程又有 I/O 密集型的进程，就有可能发生如下情况：一方面，一个 I/O 密集型的进程只使用处理器很短的一段时间，然后因为 I/O 而被阻塞，等待 I/O 操作的完成，最后加入就绪队列；另一方面，一个处理器密集型的进程在执行过程中通常使用一个完整的时间片并立即返回到就绪队列中。因此，处理器密集型的进程不公平地使用了大部分处理器时间，从而导致 I/O 密集型的进程性能降低，I/O 设备使用低效，响应时间变化大。

一种改进了的轮转法称为虚拟轮转法（VRR），可以避免这种不公平性。新进程到达并加入就绪队列，是基于 FCFS 管理的。当一个正在运行进程的时间片用完后，它返回就绪队列。当一个进程为 I/O 而被阻塞时，它加入一个 I/O 队列。至此为止，一切都没有什么不同之处。它的新特点是解除了 I/O 阻塞的进程被转移到一个 FCFS 辅助队列中。当进行一次调度决策时，辅助队列中的进程优先于就绪队列中的进程。当一个进程从辅助队列中调度时，它的运行时间不会长于基本时间段减去它上一次在就绪队列中被选择运行的总时间。性能研究表明，这种方法在公平性方面确实优于轮转法。

3. 最短进程优先

减少 FCFS 固有的对长进程偏向的另一种方法是最短进程优先（Shortest Process Next，SPN）策略。这是一个非抢占的策略，其原则是下一次选择预计处理时间最短的进程。因此，短进程将会越过长作业，跳到队列头。这样，短进程接收服务比在 FCFS 策略下要早。如果关注响应时间，那么整体性能也有显著的提高。但是，响应时间的波动也增加了，特别是对于长进程的情况，因此可预测性降低了。

SPN 策略的难点在于需要知道或至少需要估计每个进程所需要的处理时间。对于批处理作业，系统要求程序员估计该值，并提供给操作系统。如果程序员的估计远低于实际运行时间，系统就可能终止该作业。在生产环境中，相同的作业频繁地运行，可以收集关于它们的统计值。对交互进程，操作系统可以为每个进程保留一个运行平均值。

SPN 的风险在于只要持续不断地提供更短的进程，长进程就有可能饥饿。另外，尽管 SPN 减少了对长作业的偏向，但是由于缺少抢占机制，它在分时系统或事务处理环境下仍然不理想。

4. 最短剩余时间

最短剩余时间（Shortest Remaining Time，SRT）是针对 SPN 增加了抢占机制的版本。在这种情况下，调度程序总是选择预期剩余时间最短的进程。当一个新进程加入就绪队列时，它可能比当前运行的进程有更短的剩余时间，因此，只要新进程就绪，调度程序就可能抢占当前正在运行的进程。和 SPN 一样，调度程序在执行选择函数时必须有关于处理时间的估计，并且存在长进程饥饿的危险。

SRT 不像 FCFS 那样偏向长进程，也不像轮转那样会产生额外的中断，从而减少了开销。另外，它必须记录过去的服务时间，从而增加了开销。从周转时间来看，SRT 比 SPN 有更好的性能，因为相对于一个正在运行的长作业，短作业可以立即被选择运行。

5. 最高响应比优先

周转时间和实际服务时间的比率称为归一化周转时间，可用于度量性能。对每个单独的进程，人们都希望该值最小，并且希望所有进程的平均值也最小。一般而言，人们事先并不知道服务时间是多少，但可以基于过去的历史或用户和配置管理员的某些输入值近似地估计。和 SRT、SPN 一样，使用最高响应比（Highest Response Ratio Next，HRRN）策略需要估计预计的服务时间。

6. 反馈法

如果没有关于各个进程相对长度的任何信息，则 SPN、SRT 和 HRRN 都不能使用。另一种导致偏向短作业的方法是处罚运行时间较长的作业（Feed Back，FB），换句话说，如果不能获得剩余的执行时间，那么就关注已经执行了的时间。

调度基于抢占原则（按时间片）且使用动态优先级机制。当一个进程第一次进入系统中时，它被放置在 RQ_0，如图 8-4 所示。当它第一次被抢占后并返回就绪状态时，它被放置在 RQ_1。在随后的时间里，每当它被抢占时，都被降级到下一个低优先级队列中。一个短进程很快会执行完，不会在就绪队列中降很多级。一个长进程会逐级降级。因此，新到的进程和短进程优先于老进程和长进程。在每个队列中，除了在优先级最低的队列中之外，都使用简单的 FCFS 机制。一旦一个进程处于优先级最低的队列中，它就不可能再降级，但是会重复地返回该队列，直到运行结束。因此，该队列可按照轮转方式调度。

这个方案有许多变体。一个简单的版本是使用和轮转法相同的方式，即按照周期性的时间间隔执行抢占。存在的问题是，长进程的周转时间可能惊人地增加。事实上，如果频繁地有新作业进入系统，就有可能出现饥饿的情况。为补偿这一点，可以按照队列改变抢占次数：从 RQ_0 中调度的进程允许执行一个时间单位，然后被抢占；从 RQ_1 中调度的进程允许执行两个时间单位，然后被抢占；等等。一般而言，从 RQ_i 中调度的进程允许执行 2^i 的时间，然后才被抢占。

即使给较低的优先级分配较长的时间，长进程也有可能饥饿。一种可能的补救方法是，当一个进程在它的当前队列中等待服务的时间超过一定的时间量后，就把它提升到一个优先级较高的队列中。

8.2.4 公平共享调度

前面介绍的所有调度算法都是把就绪进程集合视为单一的进程池，从这个进程池中选择下一个要运行的进程。虽然该池可以按优先级划分成几个，但它们都是同构的。

但是，在多用户系统中，如果单个用户的应用程序或作业可以组成多个进程（或线程），就会出现传统的调度程序不认识的进程集合结构。从用户的角度看，所关心的不是某个特定的进程如何执行，而是构成应用程序的一组进程如何执行。因此，基于进程组的调度策略是非常具有吸引力的，该方法通常称为公平共享调度。此外，即使每个用户都用一个进程表示，这个概念也可以扩展到用户组。例如，在分时系统中，可能希望把某个部门的所有用户视为同一个组中的成员，然后进行调度决策，并给每个组中的用户提供相同的服务。因此，如果同一个部门中的大量用户登录到系统，则希望响应时间效果的降低主要影响该部门的成员，而不会影响其他部门的用户。

“公平共享”表明了这类调度程序的基本原则。每个用户都被指定了某种类型的权值，该权值定义了该用户对系统资源的共享，而且是以在所有使用的资源中所占的比例来体现的。特别地，每个用户都被分配了处理器的共享。这种方案会或多或少地以线性的方式操作，如果用户 A 的权值是用户 B 的两倍，那么从长期运行的结果来看，用户 A 可以完成的工作应该是用户 B 的两倍。公平共享调度程序的目标是监视使用情况，对那些相对于公平共享的用户占有较多资源的用户，调度程序分配较少的资源；相对于公平共享的用户占有较少资源的用户，调度程序分配较多的资源。

8.3 多处理器调度

当一个计算机系统包含多个处理器时，在设计调度功能时会产生一些新问题。

多处理器系统可以分为以下几类：

1）松耦合、分布式多处理器和集群：由一系列相对自治的系统组成，每个处理器都有自己的内存和 I/O 通道。

2）专门功能的处理器：I/O 处理器就是一个典型的例子。在这种情况下，有一个通用的主处理器，专用处理器受主处理器的控制，并给主处理器提供服务。

3）紧耦合多处理器：由一系列共享同一个内存并处于操作系统完全控制下的处理器组成。

这里主要关注的是最后一类系统，特别是与调度有关的问题。

8.3.1 粒度

一种描述多处理器并把它和其他结构放置在一个上下文环境中的较好方法是，考虑系统中进程之间的同步粒度，或者说同步频率。可以根据粒度的不同来区分 5 类并行度（见表 8-5）。

表 8-5 同步粒度和进程

粒度大小	说　明	同步间隔（指令数）
细	单指令流中固有的并行	< 20
中等	在一个单独应用中的并行处理或多任务处理	20~200
粗	在多道程序环境中并发进程的多处理	200~2000
非常粗	在网络节点上进行分布处理，以形成一个计算环境	2000~1M
无约束	多个无关进程	不适用

1）无约束并行性。无约束并行指进程间没有显式的同步，每个进程都代表独立的应用或作业。这类并行性的一个典型应用是分时系统。每个用户都执行一个特定的应用，如字处理或电子表格。多处理器和多道程序单处理器一样，可提供相同的服务。由于有多个处理器可用，因而用户的平均响应时间非常短。

无约束并行有可能达到这样的性能，每个用户都像在使用个人计算机或工作站。如果任何一个文件或信息被共享，则单个系统必须连接在一个有网络支持的分布式系统中。另外，在许多实例中，多处理器共享系统比分布式系统的成本效益更高，它允许节约使用磁盘和其他外围设备。

2）粗粒度和非常粗粒度并行性。粗粒度和非常粗粒度的并行，是指在进程之间存在着同步。这种情况可以简单地处理成一组运行在多道程序单处理器上的并发进程，在多处理器上对用户软件进行很少的改动或者不进行改动就可以提供支持。

一般而言，使用多处理器体系结构，对所有需要通信或同步的并发进程集合都有好处。当进程间的交互不是很频繁时，分布式系统可以提供较好的支持。但是，当交互更加频繁时，分布式系统中的网络通信开销会抵消一部分潜在的加速比，在这种情况下，多处理器组织能提供最有效的支持。

3）中等粒度并行性。应用程序可以通过进程中的一组线程被有效地实现，在这种情况下，必须由程序员显式地指定应用程序潜在的并行性。典型情况下，为了达到中等粒度并行性的同步，在应用程序的线程之间，需要更高程度的合作与交互。

尽管多处理器和多道程序单处理器都支持无约束、非常粗和粗粒度的并行度，并基本不会对调度功能产生影响，但在处理线程调度时，仍然需要重新分析调度。应用程序中各个线程间的交互非常频繁，导致系统对一个线程的调度决策可能会影响整个应用的性能。

4）细粒度的并行性。这种并行性代表比线程中的并行更加复杂的使用情况。迄今为止，这仍然是一个特殊的、被分割的领域，有许多不同的方法。

8.3.2 设计问题

多处理器中的调度涉及 3 个相互关联的问题：

1）把进程分配到处理器。

2）在单个处理器上使用多道程序设计。

3）一个进程的实际分派。

在讨论这 3 个问题时，必须牢记所采用的方法通常取决于应用程序的粒度等级和可用处理器的数目。

1. 把进程分配到处理器

假设多处理器的结构是统一的，即没有哪个处理器在访问内存和 I/O 设备时具有特别的物理优势，那么最简单的调度方法就是把处理器视为一个资源池，并按照要求把进程分配到相应的处理器。随之而来的问题是，分配应该是静态的还是动态的？

如果一个进程从被激活到完成，一直被分配给同一个处理器，那么就需要为每个处理器维护一个专门的短程队列。这个方法的优点是调度的开销比较小，因为对于所有进程，关于处理器的分配只进行一次。同时，使用专用处理器时允许一种称为组调度的策略。

静态分配的缺点是一个处理器可能处于空闲状态，这时它的队列为空，而另一个处理器却积压了许多工作。为防止这种情况发生，需要使用一个公共队列。所有进程都进入一个全局队列，然后调度到任何一个可用的处理器中。这样，在一个进程的生命周期中，它可以在不同的时间于不同的处理器上执行。在紧密耦合的共享存储器结构中，所有处理器都可以得到所有进程的上下文环境信息，因此，调度进程的开销与它被调度到哪个处理器无关。另一种分配策略是动态负载平衡，在该策略中，线程可以在不同处理器所对应的队列之间转移。Linux 采用的就是这种动态分配策略。

不论是否给进程分配专用的处理器，都需要通过某种方法把进程分配给处理器。可以使用两种方法：主从式和对等式。在主从式结构中，操作系统的主要核心功能总是在某个特定的处理器上执行，其他处理器可能仅仅用于执行用户程序。主处理器负责调度作业。当一个进程被激活时，如果从处理器需要服务（如一次 I/O 调用），它必须给主处理器发送一个请求，然后等待服务的执行。这种方法非常简单，几乎不需要对单处理器多道程序操作系统进行增强。由于处理器拥有对所有存储器和 I/O 资源的控制，因而可以简化冲突解决方案。这种方法有两个缺点：①主处理器的失败导致整个系统失败；②主处理器可能成为性能瓶颈。

在对等式结构中，操作系统可以在任何一个处理器中执行。每个处理器都从可用进程池中进行自调度。这种方法增加了操作系统的复杂性，操作系统必须确保两个处理器不会选择同一个进程，进程也不会从队列中丢失，因此必须采用某些技术来解决和同步对资源的竞争请求。

当然，在这两个极端之间还存在着许多方法。例如，可以提供一个处理器子集，以专门用于内核处理，而不是只用一个处理器。再例如，基于优先级和执行历史来简单地管理内核进程及其他进程之间的需求差异。

2. 在单个处理器上使用多道程序设计

如果每个进程在其生命周期中都被静态地分配给一个处理器，就应该考虑一个新问题：该处理器是否支持多道程序。读者的第一反应可能是很奇怪为什么需要问这样的问题。这是因为如果把单个进程与处理器绑定，而该进程因为等待 I/O 或者考虑到并发/同步而频繁地被阻塞时，会产生处理器资源的浪费。

传统的多处理器处理的粗粒度或无约束同步粒度见表 8-5，显然，单个处理器能够在许多进程间切换，以达到较高的利用率和更好的性能。但是，对于运行在多处理器系统中的中等粒度应用程序，当多个处理器可用时，要求每个处理器尽可能地忙就不再那么重要了。相反，人们更加关注如何能为应用提供最好的平均性能。由许多线程组成的一个应用程序的运行情况会很差，除非所有的线程都同时运行。

3. 进程分派

与多处理器调度相关的最后一个设计问题是选择哪一个进程运行。我们已经知道，在多道程序单处理器上，与简单的先来先服务策略相比较，使用优先级或者使用基于历史的高级调度算法可以提高性能。考虑多处理器时，这些复杂性可能是不必要的，还可能起到相反的效果，相对比较简单的方法可能会更有效，而且开销也比较低。对于线程调度的情况，会出现比优先级和执行历史更重要的新问题。

8.3.3 进程调度

在大多数传统的多处理器系统中，进程并不是被指定到一个专门的处理器。不是所有的处理器都只有一个队列，或者使用某种类型的优先级方案，而是有多条基于优先级的队列，并且都送进相同的处理器池中。在任何情况下，都可以把系统视为多服务器排队结构。

考虑一个双处理器系统，每个处理器的处理速率都为单处理器系统中处理器处理速率的一半。一项研究关注进程服务时间，给出了 FCFS 调度、轮转法和最短剩余时间法的比较。进程服务时间可以用来度量整个作业所需要的处理器时间总量，或者该进程每次准备使用处理器时所需要的时间总量。对于轮转法而言，假设时间片的长度比上下文环境切换的开销大，而比平均服务时间短，则其结果取决于服务时间的变化。该研究在各种情况下重复分析关于多道程序设计的程度的假设、I/O 密集型和 CPU 密集型的进程和使用优先级，得出的一般结论是，对于双处理器，调度原则的选择不如在单处理器中显得重要。显然，当处理器的数目增加时，这个结论会更加确定。因此，在多处理器系统中使用简单的 FCFS 原则或者在静态优先级方案中使用 FCFS 就足够了。

8.3.4 线程调度

线程执行的概念与进程中的定义是不同的。一个应用程序可以作为一组线程来实现，这些线程可以在同一个地址空间中协作和并发地执行。

在单处理器中，线程可以用作辅助构造程序，并在处理过程中重叠执行 I/O。在多处理器系统中，线程的全部能力得到了更好的展现。在这个环境中，线程可以用于开发应用程序中真正的并行性。如果一个应用程序的各个线程同时在各个独立的处理器中执行，其性能就会得到显著提高。但是，对于需要在线程间交互的应用程序（中等粒度的并行度），线程管理和调度中很小的变化就会对性能产生重大影响。

在多处理器线程调度和处理器分配的各种方案中，有 4 种比较突出的方法，即负载分配、组调度、专用处理器分配和动态调度。

1. 负载分配

进程不是分配到一个特定处理器的。系统维护一个就绪线程的全局队列，处理器只要空闲，就从队列中选择一个线程。这里使用“负载分配”来区分这种策略和负载平衡方案，负载平衡是基于一种比较永久的分配方案来分配工作的。

这可能是最简单的方法，也是可以从单处理器环境中直接移用的方法。它有以下优点：

- 负载均匀地分布在各个处理器上，确保当有工作可做时，没有处理器是空闲的。
- 不需要集中调度器。当一个处理器可用时，操作系统调度例程就会在该处理器上运行，以选择下一个线程。
- 可以使用任何一种方案组织和访问全局队列，包括基于优先级的方案和考虑了执行历史或预计处理请求的方案。

对 3 种不同的负载分配方案分析如下：

1）先来先服务（FCFS）：当一个作业到达时，它的所有线程都被连续地放置在共享队列末尾。当一个处理器变得空闲时，它选择下一个就绪线程执行，直到完成或被阻塞。

2）最少线程数优先：共享就绪队列被组织成一个优先级队列，如果一个作业包含的未调度线程的数目最少，则给它指定最高的优先级。具有相同优先级的队列按作业到达的顺序排队。和 FCFS 一样，被调度的线程一直运行到完成或阻塞。

3）可抢占的最少线程数优先：最高的优先级给予包含的未被调度的线程数目最少的作业。对于刚到达的作业，如果包含的线程数目少于正在执行的作业，那么将抢占属于这个被调度作业的线程。

通过使用模拟模型说明，对于很多种作业，FCFS 优于上面列出的另两种策略。此外，还发现某些组调度通常优于加载共享。

负载分配有以下缺点：

- 中心队列占据了必须互斥访问的存储器区域。因此，如果有许多处理器同时进行查找工作，就有可能成为瓶颈。当只有很少的几个处理器时，这不是什么大问题。但是，当多处理器系统包含了几十个甚至几百个处理器时，就可能真正出现瓶颈。
- 被抢占的线程可能不在同一个处理器上恢复执行。如果每个处理器都配备一个本地 cache，那么缓存的效率会很低。
- 如果所有的线程都被视为一个公共的线程池，则一个程序的所有线程不可能同时获得对处理器的访问。如果一个程序的线程间需要高度的合作，所涉及的进程切换就会严重影响性能。

尽管可能存在许多缺点，负载分配仍然是当前多处理机系统中使用得最多的一种方案。Mach 操作系统中使用了一种改进后的负载分配技术。操作系统为每个处理器维护一个本地运行队列和一个共享的全局运行队列。本地运行队列供临时绑定在某个特定处理器上的进程使用。处理器首先检查本地运行队列，使得绑定的线程绝对优先于未绑定的线程。关于使用绑定线程的一个例子是，用一个或多个处理器专门运行属于操作系统的一部分进程。另一个例子是，特定应用程序的线程可以分布在许多处理器上，通过附加适当的软件，可以提供对组调度的支持。

2. 组调度

一组相关的线程基于一对一的原则，同时调度到一组处理器上运行。同时在一组处理器上调度一组进程的概念早先用在进程调度上，称为成组分配，其包括以下优点：

- 如果紧密相关的进程并行执行，那么同步阻塞可能会减少，而且可能只需要很少的进程切换，性能会提高。

- 调度开销可能会减少，因为一个决策可以同时影响许多处理器和进程。

在多处理器中，使用了协同调度这个术语。协同调度基于调度一组相关任务（称为特别任务）的概念。特别任务中的元素特别小，接近于后来线程的概念。

“组调度”已经应用于同时调度以组成一个进程的一组线程。对于中等粒度到细粒度的并行应用程序，组调度是非常必要的，因为如果这种应用程序的一部分准备运行，而另一部分却还没有运行时，它的性能会严重地下降。它还对全体并行应用程序有好处，即使那些对性能要求没有那么灵敏的应用程序也是如此。组调度的需要得到了广泛的认识，并且在许多多处理器操作系统中都得到了实现。

组调度提高应用程序性能的一个显著方式是使进程切换的开销最小。假设进程的一个线程正在执行，并且到达一点，则必须与该进程的另一个线程在该处同步。如果这个线程未运行，但是在就绪队列中，则第一个线程被挂起，直到在其他处理器上进行了进程切换并得到了需要的线程。对于线程间需要紧密合作的应用程序，这种切换会严重地降低性能。合作线程的同时调度还可以节省资源分配的时间。例如，多个组调度的线程可以访问一个文件，而不需要在执行定位、读、写操作时进行锁定的额外开销。

组调度的使用引发了对处理器分配的要求。一种可能的情况如下：假设有 N 个处理器和 M 个应用程序，每个应用程序都有 N 个或少于 N 个线程，那么，使用时间片时，每个应用程序都将被给予 M 个处理器中可用时间的 $1/M$。这个策略的效率可能很低。

3. 专用处理器分配

这种方法正好与负载分配的方法相反，它通过把线程指定到处理器来定义隐式的调度。程序在其执行过程中，会被分配给一组处理器，处理器的数目与程序中线程的数目相等。当程序终止时，处理器返回到总的处理器池中，可供分配给另一个程序。

这里给出组调度的一种极端形式：在一个应用程序执行期间，把一组处理器专门分配给这个应用程序。也就是说，当一个应用程序被调度时，它的每一个线程都被分配给一个处理器，这个处理器专门用于处理这个线程，直到应用程序运行结束。

这个方法看上去极端浪费处理器时间，如果应用程序的一个线程被阻塞，等待 I/O 或与其他线程的同步，则该线程的处理器一直处于空闲：处理器没有多道程序设计。以下两点可以在一定程度上解释使用这种策略的原因：

1）在一个高度并行的系统中，有数十个或数百个处理器，每个处理器都只占系统总代价的一小部分，处理器利用率不再是衡量有效性或性能的一个重要因素。

2）在一个程序的生命周期中避免进程切换会加快程序的速度。

研究推断，比较有效的策略是将活跃线程的数目限制为不超过系统中处理器的数目。例如，大多数应用程序或者只有一个线程，或者可以使用任务队列结构，这种策略将提供对处理器资源更有效、更合理的使用。

专用处理器分配和组调度，在解决处理器分配问题时都对调度问题进行了抨击。可以看出，多处理器系统中的处理器分配问题更加类似于单处理器中的存储器分配问题，而不是单处理器中的调度问题。在某一给定的时刻给一个程序分配多少个处理器，这个问题类似于在某一给定的时刻给一个进程分配多少页框。考虑一个类似于虚拟存储中工作集的术语——活动工作集。活动工作集指的是为了保证应用程序以可以接受的速度继续进行，在处理器上必须同时调度的最少数目的活动（线程）。和存储器管理方案一样，调度活动工作集中的所有元素失败时可能导致处理器抖动。当调度需要服务的线程，导致那些服务即将被用到的线程被取消调度时，就会发生这种情况。类似地，处理器碎片指当一些处理器剩余而其他处理器已被分配时，剩余的处理器无论是从数量上还是从适合程度上，都难以支持正在等待的应用程序的需要。组调度和专用处理器分配的目的就是避免这些问题。

4. 动态调度

在执行期间，进程中线程的数目可以改变。某些应用程序可能提供了语言和系统工具，允许动态地改变进程中的线程数目，这就使得操作系统可以通过调整负载情况来提高利用率。

一项相关研究提出了一种方法，使得操作系统和应用程序能够共同进行调度决策。操作系统负责把处理器分配给作业，作业通过把它的一部分可运行任务映射到线程，使用当前划分给它的处理器执行这些任务。关于运行哪个子集以及当该进程被抢占时应该挂起哪个线程之类的决策，则留给单个的应用程序（可能通过一组运行时库例程）。这种方法并不适合于所有的应用程序。某些应用程序可能会默认使用一个线程，而其他应用程序可以设计为引用操作系统的这种功能。

在这种方法中，操作系统的调度责任主要局限于处理器分配，并根据以下策略继续进行。当一个作业请求一个或多个处理器时（或者是因为作业第一次到达，或者是因为它的请求发生了变化）：

如果有空闲的处理器，则用它们满足请求。否则，如果发请求的作业是新到达的，则从当前已分配了多个处理器的作业中分出一个处理器给这个作业。如果这个请求的任何分配都不能得到满足，则它保持未完成状态，直到一个处理器变成可用，或者该作业废除了它的请求（例如，如果不再需要额外的处理器）。

当释放了一个或多个处理器（包括作业离开）时：

为这些处理器扫描当前未得到满足的请求队列，给表中的每个当前还没有处理器的作业（也就是说，给所有处于等待状态的新到达的作业）分配一个处理器，然后再次扫描这个表，按 FCFS 原则分配剩下的处理器。

研究表明，对可以采用动态调度的应用程序，这种方法优于组调度和专用处理器分配。但是，该方法的开销可能会抵消它的一部分性能优势。为证明动态调度的价值，需要在实际系统中不断体验。

8.4 实时调度

实时计算正在成为越来越重要的原则。操作系统，特别是调度器，可能是实时系统中最重要的组件。目前实时系统应用的例子包括实验控制、过程控制设备、机器人、空中交通管制、电信、军事指挥与控制系统等，下一代系统还将包括自动驾驶汽车、具有弹性关节的机器人控制器、智能化生产中的系统查找、空间站和海底勘探等。

实时计算可以定义成这样的一类计算，即系统的正确性不仅取决于计算的逻辑结果，而且还依赖于产生结果的时间。人们可以通过定义实时进程或实时任务来定义实时系统。一般来说，在实时系统中，某些任务是实时任务，它们具有一定的紧急程度。这类任务试图控制外部世界发生的事件，或者对这些事件做出反应。由于这些事件是“实时”发生的，因而实时任务必须能够跟得上它所关注的事件。因此，通常给一个特定的任务制定一个最后期限，最后期限指定开始时间或结束时间。这类任务可以分成硬实时任务和软实时任务两类。硬实时任务指必须满足最后期限的限制，否则会给系统带来不可接受的破坏或者致命的错误。软实时任务也有一个与之关联的最后期限，并希望能满足这个期限的要求，但这并不是强制的，即使超过了最后期限，调度和完成这个任务仍然是有意义的。

实时任务的另一个特征是它们是周期的还是非周期的。非周期任务有一个必须结束或开始的最后期限，或者有一个关于开始时间和结束时间的约束。而对于周期任务，这个要求描述成“每隔周期 T 一次”或者“每隔 T 个单位一次”。

8.4.1　实时操作系统的特点

实时操作系统具备 5 个方面的要求，即可确定性、可响应性、用户控制、可靠性和故障弱化操作。

1. 可确定性

一个操作系统是可确定性的，在某种程度上是指它可以按照固定的、预先确定的时间或时间间隔执行操作。当多个进程竞争使用资源和处理器时间时，没有哪个系统是完全可确定的。在实时操作系统中，进程请求服务是用外部事件和时间安排来描述的。操作系统可以确定性地满足请求的程度首先取决于它响应中断的速度，其次取决于系统是否具有足够的能力在要求的时间内处理所有的请求。

关于操作系统可确定性能力的一个非常有用的度量是，从高优先级设备中断到达到开始服务之间的延迟。在非实时操作系统中，这个延迟可以是几十到几百 ms，而在实时操作系统中，这个延迟的上限可以从几微秒到 1 ms。

2. 可响应性

可确定性关注的是操作系统获知一个中断之前的延迟，可响应性关注的是在知道中断之后操作系统为中断提供服务的时间。可响应性包括以下几个方面：

1）最初处理中断并开始执行中断服务例程（ISR）所需要的时间总量。如果 ISR 的执行需要一次进程切换，那么需要的延迟将比在当前进程上下文环境中执行 ISR 的延迟长。

2）执行 ISR 所需要的时间总量，通常与硬件平台有关。

3）中断嵌套的影响。如果一个 ISR 可被另一个中断的到达中断，那么服务将被延迟。

可确定性和可响应性共同组成了对外部事件的响应时间。对实时系统来说，响应时间的要求是非常重要的，因为这类系统必须满足系统外部的个体、设备和数据流所强加的时间要求。

3. 用户控制

用户控制在实时操作系统中通常比在普通操作系统中更广泛。在典型的非实时操作系统中，用户要么对操作系统的调度功能没有任何控制，要么仅提供了概括性的指导，诸如把用户分成多个优先级组。但在实时系统中，允许用户细粒度地控制任务优先级是必不可少的。用户应该能够区分硬实时任务和软实时任务，并且在每一类中确定相对优先级。实时系统还允许用户指定一些特性，例如使用页面调度还是使用进程交换、哪一个进程必须常驻内存、使用何种磁盘传输算法、不同优先级的进程各有哪些权限等。

4. 可靠性

可靠性在实时系统中比在非实时系统中更重要。非实时系统中的暂时故障可以简单地通过重新启动系统来解决，多处理器非实时系统中的处理器失败可能导致服务级别降低，直到发生故障的处理器被修复或替换。但是实时系统是实时地响应和控制事件，性能的损失或降低可能产生灾难性的后果，例如从资金损失到毁坏主要设备，甚至危及生命。

5. 故障弱化操作

和其他领域一样，实时和非实时操作系统的区别只是一个程度问题，即使是实时系统，也必须设计成响应各种故障的模式。故障弱化操作指系统在故障时尽可能多地保存其性能和数据的能力。例如一个典型的传统 UNIX 系统，当它检测到内核中的数据错误时，为系统控制台生成故障信息，并为了以后分析故障，把内存中的内容转储到磁盘，然后终止系统的执行。与之相反，实时系统将尝试改正这个问题或者最小化它的影响并继续执行。一般来说，系统会通知用户或用户进程它试图进行校正，并且可能在降低了的服务级别上继续运行。当需要关机时，必须维护文件和数据的一致性。

故障弱化运行的一个重要特征称为稳定性。我们说一个实时系统是稳定的，是指如果当它不可能满足所有任务的最后期限时，即使总是不能满足一些不太重要的任务的最后期限，系统也将首先满足最重要的、优先级最高的任务的最后期限。

8.4.2　实时操作系统的特征

为满足前面的要求，当前的实时操作系统典型地包括以下特征：

1）快速的进程或线程切换。

2）体积小（只具备最小限度的功能）。

3）迅速响应外部中断的能力。

4）通过诸如信号量、信号和事件之类的进程间通信工具，实现多任务处理。

5）使用特殊的顺序文件，可以快速存储数据。

6）基于优先级的抢占式调度。

7）最小化禁止中断的时间间隔。

8）用于使任务延迟一段固定的时间或暂停/恢复任务的原语。

9）特别的警报和超时设定。

实时系统的核心是短程任务调度器。在设计这种调度器时，公平性和最小平均响应时间并不是最重要的，最重要的是所有硬实时任务都在它们的最后期限内完成（或开始），尽可能多的软实时任务也可以在它们的最后期限内完成（或开始）。

大多数实时操作系统都不能直接处理最后期限，它们被设计成尽可能地对实时任务做出响应，使得当临近最后期限时，一个任务能够迅速地被调度。从这一点看，实时应用程序在许多条件下都要求确定性的响应时间在几毫秒到 1 ms 的范围内。前沿应用程序，如军用飞机模拟器，通常要求响应时间在 10~100 μs 的范围内。

图 8-6 所示为实时进程调度的许多种可能性。在使用简单轮转调度的抢占式调度器中，实时任务将被加入就绪队列，等待它的下一个时间片，如图 8-6a 所示。在这种情况下，调度时间通常是实时应用程序难以接受的。在非抢占式调度器中，可以使用优先级调度机制，给实时任务更高的优先级。在这种情况下，只要当前的进程阻塞或运行结束，就可以调度这个就绪的实时任务，如图 8-6b 所示。如果在临界时间中，一个比较慢的低优先级任务正在执行，就会导致几秒的延迟，同样，这种方法也是难以接受的：一种比较折中的方法是把优先级和基于时钟的中断结合起来。可抢占点按规则的间隔出现。当出现一个可抢占点时，如果有更高优先级的任务正在等待，则当前运行的任务被抢占。这就有可能抢占操作系统内核的部分任务。这类延迟大约为几毫秒，如图 8-6c 所示。尽管最后一种方法对某些实时应用程序已经足够了，但是对一些要求更苛刻的应用程序仍是不够的，这时常常采用一种称为立即抢占的方法。在这

种情况下，操作系统几乎立即响应一个中断，除非系统处于临界代码保护区中。关于实时任务的调度延迟可以降低到 100 μs 或更少。

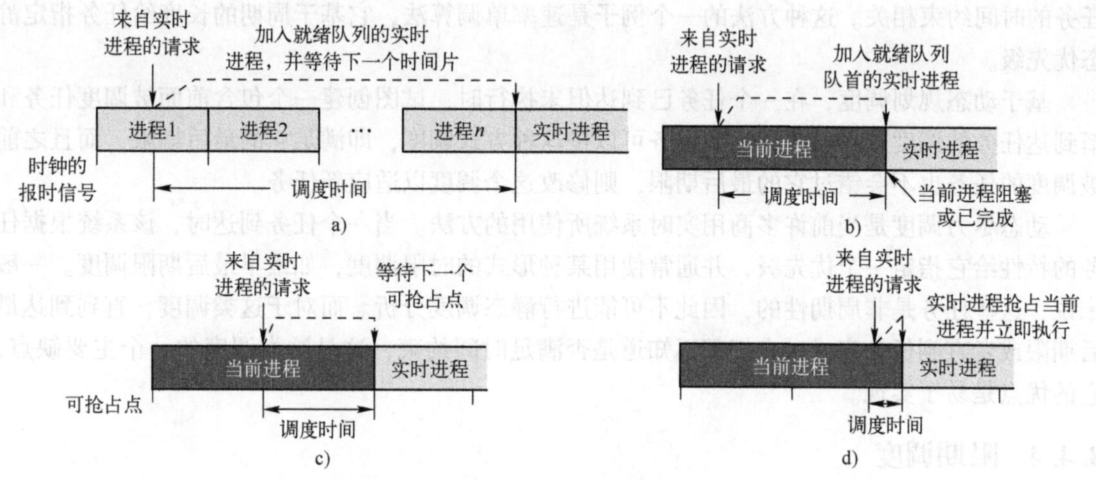

图 8-6 实时进程调度

a）轮转抢占式调度器 b）优先级驱动非抢占式调度器

c）在抢占点的基于抢占的优先级驱动抢占式调度器 d）立即抢占式调度器

8.4.3 实时调度

实时调度是计算机科学中最活跃的研究领域之一。本小节将给出各种实时调度方法的概述。

在考察实时调度算法时，可以观察到各种调度方法取决于：

1）一个系统是否执行可调度性分析。

2）如果执行，它是静态的还是动态的。

3）分析结果自身是否根据在运行时分派的任务产生一个调度或计划。

基于这些考虑，分以下几类算法进行说明：

1）静态表法：执行关于可行调度的静态分析。分析的结果是一个调度，它用于确定运行时一个任务何时必须开始执行。

2）静态优先级抢占法：执行一个静态分析，但是没有制定调度，而是通过给任务指定优先级，使得可以使用传统的基于优先级的抢占式调度程序。

3）基于动态规划调度法：在运行时动态地确定可行性，而不是在开始运行前离线地确定（静态）。一个到达的任务，只有当能够满足它的时间约束时，才可以被接受执行。可行性分析的结果是一个调度或规划，可用于确定何时分派这个任务。

4）动态尽力调度法：不执行可行性分析。系统试图满足所有的最后期限，并终止任何已经开始运行但错过最后期限的进程。

静态表调度适用于周期性的任务。该分析的输入为周期性的到达时间、执行时间、最后结束期限和每个任务的相对优先级。调度器试图开发一种调度，使得能够满足所有周期性任务的要求。这是一种可预测的方法，但是不够灵活，因为任务需求的任何变化都需要重新做调度。最早最后期限优先或其他周期性的最后期限技术都属于这类调度算法。

静态优先级抢占调度与大多数非实时多道程序系统中的基于优先级的抢占式调度所用的机

制相同。在非实时系统中，各种因素都可能用于确定优先级。例如，在分时系统中，进程优先级的变化取决于它是处理器密集型的还是I/O密集型的。在实时系统中，优先级的分配与每个任务的时间约束相关。这种方法的一个例子是速率单调算法，它基于周期的长度给任务指定静态优先级。

基于动态规划调度，在一个任务已到达但未执行时，试图创建一个包含前面被调度任务和新到达任务的调度。如果新到达的任务可以按这种方式调度，即满足它的最后期限，而且之前被调度的任务也不会错过它的最后期限，则修改这个调度以适应新任务。

动态尽力调度是当前许多商用实时系统所使用的方法。当一个任务到达时，该系统根据任务的特性给它指定一个优先级，并通常使用某种形式的时限调度，如最早最后期限调度。一般来说，这些任务是非周期性的，因此不可能进行静态调度分析。而对于这类调度，直到到达最后期限或者直到任务完成，人们都不知道是否满足时间约束，这是这类调度的一个主要缺点，它的优点是易于实现。

8.4.4　限期调度

大多数实时操作系统的设计目标是尽可能快速地启动实时任务，强调快速中断处理和任务分派。事实上，在评估实时操作系统时，并没有一个特别有用的度量。尽管存在动态资源请求和冲突、处理过载和软硬件故障，实时应用程序也通常不关注绝对速度。它关注的是在最有价值的时间完成（或启动）任务，既不要太早，也不要太晚。它使用优先级提供的工具，不考虑在最有价值的时间完成（或启动）的需求。

不断提出了许多关于实时任务调度的更有力、更适合的方法，所有这些方法都基于每个任务的额外信息，常见的信息有：

1）就绪时间：任务开始准备执行时的时间。对于重复的或周期性的任务，这实际上是一个事先知道的时间序列。而对于非周期性的任务，或者事先知道这个时间，或者操作系统仅仅知道什么时候任务真正就绪。

2）启动最后期限：任务必须开始的时间。

3）完成最后期限：任务必须完成的时间。典型的实时应用程序或者有启动最后期限，或者有完成最后期限，但不会两者都有。

4）处理时间：从执行任务直到完成任务所需要的时间。在某些情况下，可以提供这个时间，而在另外一些情况下，操作系统度量指数平均值。

5）资源需求：任务在执行过程中所需要的资源集合（处理器以外的资源）。

6）优先级：度量任务的相对重要性。硬实时任务可能具有绝对的优先级，如果错过最后期限会导致系统失败。如果系统无论如何也要继续运行，则硬实时任务和软实时任务可以被指定相关的优先级，以指导调度器。

7）子任务结构：一个任务可以分解成一个必须执行的子任务和一个可选的子任务。只有必须执行的子任务拥有硬最后期限。

当考虑到最后期限时，实时调度功能可以分成许多维：下一次调度哪个任务以及允许哪种类型的抢占。可以看到，对于一个给定的抢占策略，其具有启动最后期限或完成最后期限，采用最早最后期限优先的策略调度，可以使超过最后期限的任务数最少。这个结论既适用于单处理器配置，也适用于多处理器配置。

另一个重要的设计问题是抢占。当确定了启动最后期限后，就可以使用非抢占式调度器。

在这种情况下，当实时任务完成了必须执行的部分或者关键部分后，它自己阻塞自己，使别的实时启动最后期限能够得到满足。对于具有完成最后期限的系统，抢占策略是最适合的。例如，如果任务 X 正在运行，任务 Y 就绪，那么能够使 X 和 Y 都满足它们的完成最后期限的唯一方法可能是，抢占 X、运行 Y 直到完成，然后恢复 X，并运行到完成。

8.4.5　速率单调调度

为周期性任务解决多任务调度冲突的一种非常好的方法是速率单调调度（Rate Monotonic Scheduling，RMS）。这种方案提出得较早，基于任务的周期指定优先级。

在 RMS 中，最短周期的任务具有最高优先级，次短周期的任务具有次高优先级，以此类推。当同时有多个任务可以被执行时，最短周期的任务被优先执行。如果将任务的优先级视为速率的函数，那么这就是一个单调递增的函数，“速率单调调度”因此而得名。

衡量周期调度算法有效性的一种标准是看它是否能满足所有硬最后期限。RMS 已经被广泛使用于工业应用中，主要理由是：

1）实践中的性能差别很小。实际上的利用率常常能达到 90%。

2）大多数硬实时系统都有软实时部件，如某些非关键性的显示和内置的自测试，它们可以在低优先级上执行，占用硬实时任务的 RMS 调度中没有使用的处理器时间。

3）RMS 易于保障稳定性。当一个系统由于超载和瞬时错误不能满足所有的最后期限时，对于一些基本任务，只要它们是可调度的，它们的最后期限就应该得到保证。在静态优先级分配方法中，只需要确保基本任务具有相对比较高的优先级即可。在 RMS 中，这可以通过让基本任务具有较短的周期，或者通过修改 RMS 优先级以说明基本任务来实现。对于最早最后期限调度，周期性任务的优先级从一个周期到另一个周期是不断变化的，这使得基本任务的最后期限很难得到满足。

8.4.6　优先级反转

优先级反转是在任何基于优先级的可抢占的调度方案中都能发生的一种现象，它与实时调度的上下文关联很大。最有名的优先级反转的例子是火星探路者任务。漫游者机器人在 1997 年 7 月 4 日登陆到火星，然后开始收集并向地球传回大量的数据。但是，任务进行了几天以后，着陆舱的软件使得整个系统重启，导致了数据的丢失。在制造火星探路者的喷气推进实验室人员的不懈努力下，发现问题出在优先级反转上。

在任何优先级调度方案中，系统都应该不停地执行具有最高优先级的任务。当系统内的环境迫使一个较高优先级的任务去等待一个较低优先级的任务时，优先级反转就会发生。一个简单的例子是，当一个低优先级的任务被某个资源（如设备或信号量）所阻塞，并且一个高优先级的任务也要被同一个资源阻塞时，优先级反转就会发生。高优先级的任务将会被置为阻塞状态，直到能够得到需要的资源。如果低优先级的任务迅速使用完资源并且释放，那么高优先级的任务可能很快被唤醒，并在实时限制内完成。

一个更加严重的情况被称为无界限优先级反转，在这种情况下，优先级反转的持续时间不仅依赖于处理共享资源的时间，还依赖于其他不相关任务的不可预测的行为：在探路者软件中出现的优先级反转是无界限的，并且是这种现象的一个很好的例子。

在实际系统中，用到了两个可代替的方法去避免无界限的优先级反转：优先级继承和优先级置顶。优先级继承的基本思想是，优先级较低的任务继承任何与它共享同一个资源的优先级较高的任务的优先级。当高优先级的任务在资源上阻塞时，优先级立即更改。当资源被低优先级的任务释放时，这个改变结束。

在优先级置顶方案中，优先级与每个资源相关联，资源的优先级被设定为比使用该资源的具有最高优先级的用户的优先级要高一级。调度器然后动态地将这个优先级分配给任何访问该资源的任务。一旦任务使用完资源，优先级就返回到以前的值。

【习题】

选择题：

1. 多道程序设计的关键是调度，其中比较典型的处理器调度有（　　）。

① 长程调度　② 终极调度　③ 中程调度　④ 短程调度

A. ②③④　B. ①②④　C. ①③④　D. ①②③

2. （　　）决定某一个可运行的进程将被处理器执行。

A. I/O 调度　B. 短程调度　C. 中程调度　D. 长程调度

3. （　　）决定加入待执行的进程池中。

A. I/O 调度　B. 短程调度　C. 中程调度　D. 长程调度

4. （　　）决定某一个进程挂起的 I/O 请求将被可用的 I/O 设备处理。

A. I/O 调度　B. 短程调度　C. 中程调度　D. 长程调度

5. （　　）决定加入部分或全部在内存中的进程集合中。

A. I/O 调度　B. 短程调度　C. 中程调度　D. 长程调度

6. 长程调度和中程调度主要是由与（　　）相关的性能来驱动的，它是指处于等待处理器执行的进程的个数。

A. 处理器效率　B. 系统并发度　C. 响应时间　D. 吞吐率

7. 处理器调度的目标是以满足系统目标的方式，如（　　），把进程分配到一个或多个处理器中执行。

① 吞吐率　② 处理器效率　③ 内存空间　④ 响应时间

A. ①③④　B. ②③④　C. ①②④　D. ①②③

8. 长程调度程序控制着系统的并发度，一旦允许进入，一个作业或用户程序就成为一个（　　），并被添加到供短程调度程序使用的队列中等待调度。

A. 进程　B. 线程　C. 模块　D. 函数

9. 当可能导致当前进程阻塞或可能抢占当前运行进程的事件发生时，调用短程调度程序。这类事件包括（　　）、（　　）、（　　）和（　　）。

① 信号量　② I/O 中断　③ 时钟中断　④ 操作系统调用

A. ①②④　B. ①②③　C. ②③④　D. ①②③④

10. （　　）是指根据系统的资源分配策略所规定的资源分配算法。对于不同的系统和系统目标，通常采用的方法不同。

A. 分配算法　B. 调度算法　C. 运行方式　D. 执行过程

11. 短程调度的主要目标是按照优化系统一个或多个方面行为的方式来分配处理器时间，通常使用的调度准则包括（　　）。

① 面向功能　② 面向数据　③ 面向系统　④ 面向用户

A. ①②　B. ①③　C. ②④　D. ③④

12. 在面向用户的准则中，（　　）是指从提交一条请求到输出响应所经历的时间间隔，这个时间量对用户可见。

A. 搜索时间　　B. 运行效率　　C. 响应时间　　D. 执行时间

13. 系统响应时间和作业吞吐量是衡量计算机系统性能的重要指标。对于一个持续处理业务的系统而言，其（　　）。

A. 响应时间越短，作业吞吐量越小　　B. 响应时间越短，作业吞吐量越大

C. 响应时间越长，作业吞吐量越大　　D. 响应时间不会影响作业吞吐量

14. （　　）模式是指一旦进程处于运行状态，它就不断执行直到终止，或者因为等待 I/O，或者因为请求某些操作系统服务而阻塞自己。

A. 非抢占　　B. 抢占　　C. 非智能　　D. 智能

15. （　　）模式是指当前正在运行的进程可能被操作系统中断，并转移到就绪态。

A. 非抢占　　B. 抢占　　C. 非智能　　D. 智能

16. 操作系统中，防止任务优先级反转的方法有（　　）。

A. 时间片轮转和优先级继承　　B. 时间片轮转和天花板

C. 先来先服务　　D. 优先级继承和优先级天花板

17. 若操作系统中有 n 个作业 $J_i(i=1,2,\cdots,n)$，分别需要 $T_i(i=1,2,\cdots,n)$ 的运行时间，采用（　　）的作业调度算法可以使平均周转时间最短。

A. 先来先服务　　B. 最短时间优先

C. 响应比高者优先　　D. 优先级

18. 在一个单 CPU 的计算机系统中，有 3 种不同的外部设备 R1、R2、R3 和 3 个进程 P1、P2、P3。系统 CPU 调度采用可剥夺式优先级的进程调度方案，3 个进程的优先级、使用设备和 CPU 的先后顺序及占用设备时间见表 8-6。

表 8-6　选择题 18 表

进　程	优 先 级	使用设备和 CPU 的先后顺序及占用设备时间
P1	高	R1（20 ms）→CPU（20 ms）→R3（20 ms）
P2	中	R3（40 ms）→CPU（30 ms）→R2（20 ms）
P3	低	CPU（30 ms）→R2（20 ms）→CPU（20 ms）

假设不计操作系统的开销，从 3 个进程同时投入运行到全部完成，CPU 的利用率约为（ ① ）%，R3 的利用率约为（ ② ）%（设备的利用率指该设备的使用时间与进程组全部完成所占时间的比率）。

① A. 66.7　　B. 75　　C. 83.3　　D. 91.7

② A. 66　　B. 50　　C. 33　　D. 17

19. 多处理器中的调度涉及（　　）这 3 个相互关联的问题。

① 在多个处理器中运行同一个程序　　② 把进程分配到处理器

③ 在单个处理器上使用多道程序设计　　④ 一个进程的实际分派

A. ①③④　　B. ①②④　　C. ①②③　　D. ②③④

20. 实时计算可以定义成这样的一类计算，即（　　）不仅取决于计算的逻辑结果，而且还依赖于产生结果的时间。

A. 系统正确性　　B. 运行效率　　C. 可响应性　　D. 用户控制

思考题：

1. 简要描述3种类型的处理器调度。
2. 在交互式操作系统中，通常最重要的性能要求是什么？
3. 对于进程调度，较小的优先级值表示较低的优先级还是表示较高的优先级？
4. 抢占式和非抢占式调度有什么区别？
5. 简单定义FCFS调度。
6. 简单定义轮转调度。
7. 简单定义最短进程优先调度。
8. 简单定义最短剩余时间调度。
9. 简单定义最高响应比优先调度。
10. 简单定义反馈调度。
11. 列出并简单定义5种不同级别的同步粒度。
12. 列出并简单定义线程调度的4种技术。
13. 列出并简单定义3种版本的负载分配。
14. 硬实时任务和软实时任务有什么区别？
15. 周期性实时任务和非周期性实时任务有什么区别？
16. 列出并简单定义对实时操作系统的5个方面的要求。
17. 列出并简单定义4类实时调度算法。
18. 关于一个任务的哪些信息在实时调度时非常有用？

【实验与思考】进程调度算法模拟实现

1. 背景知识

1）FCFS（先来先服务）：按照进程就绪的先后顺序来调度进程，到达的越早，其优先级越高。获得处理机的进程，在未遇到其他情况时一直运行下去，直到结束或进行I/O。

2）RR（简单轮转法）：系统把所有就绪进程按先后次序排队，处理机总是优先分配给就绪队列中的第一个就绪进程，并为它分配一个固定的时间片（如50 ms）。当该运行进程用完规定的时间片时，被迫释放处理机给下一个处于就绪队列中的第一个进程，自己回到就绪队列的尾部，并等待下次调度。当某个正在运行的进程的时间片尚未用完，但进程需要I/O时，该进程被送到相应阻塞队列，等I/O完成后重新返回到就绪队列尾部，等待调度。

3）SPN（最短进程优先）：选择当前就绪队列中所需处理时间最短的进程。获得处理机的进程，在未遇到其他情况时一直运行下去，直到结束。短进程将会越过长进程，得到优先运行，但长进程可能会被“饿死”。

4）SRT（最短剩余时间优先）：对SPN增加剥夺机制。当一个时钟中断周期到后，调度程序总是选择预期剩余时间最短的进程。当一个新进程加入就绪队列时，它可能比当前运行的进程具有更短的剩余时间，因此，调度程序将剥夺当前程序，将处理器分配给新进程。

5）HRRN（最高响应比优先）：最高响应比也是对最短进程法的一种改进，当前进程完成或被阻塞时，选择响应比最大的进程先执行，获得处理机的进程，在未遇到其他情况时一直运行下去，直到结束。响应比的计算公式如下：

$$响应比\ R=(等待时间\ W+预计执行时间\ S)\ /预计执行时间\ S$$

6）PRIORITY（优先级调度算法）：选择当前就绪队列中优先级最高的进程到处理机上运

行，分为非抢占的优先级调度和可抢占的优先级调度。

非抢占的优先级调度法：一旦一个高优先级的进程占有了处理器，就一直运行下去，直到因等待某事件被阻塞或执行结束，才选择就绪队列中优先级最高的进程来执行。

可抢占的优先级调度法：任何时刻都按照高优先级进程在处理器上运行的原则进行进程调度。当一个高优先级进程运行时，若有一个更高优先级的进程到达就绪队列，则当前运行进程立刻将处理器让给更高优先级的进程（即使未处理完，也没有遇到阻塞情况）。

7）FB（反馈法）：将划分多个就绪队列，优先级逐步降低。新建进程进入优先级最高的队列中，每当进程规定的时间片用完，被剥夺时，就送往低一级的就绪队列。进程调度时，总是先执行高优先级队列中的进程。高优先级队列为空后，才转去处理低一级优先级队列中的进程。同一优先级队列（除最低）的进程，按 FIFO 机制调度。最低优先级队列，按时间片轮转调度算法执行。不同的优先级队列可以拥有相同的时间片，也可以不同。通常，考虑到低优先级进程的特性，优先级低的就绪队列会给予较长的时间片。

2. 工具/准备工作

1）在开始本实验之前，请回顾本书的相关内容。

2）需要准备一台运行 Windows 操作系统的计算机，且该计算机中需安装 Visual C++ 6.0。

3. 实验内容与步骤

编写程序，模拟实现各进程调度算法。从测试文件读入进程相关信息，然后给出不同的进程调度算法下进程的运行次序情况。

测试数据文件包括 n 行测试数据，分别描述 n 个进程的相关信息。每行测试数据都包括 4 个字段，各个字段间用空格分隔：

- 第一个字段为字符串，表示进程名。
- 第二个字段是整数，表示进程到达时间。
- 第三个字段为整数，表示进程预期的执行时间。
- 第四个字段为整数，表示进程的优先级（注：数值越大，优先级越高）。

下面是一个测试数据文件（data. txt）的例子：

```
A  0  3    3
B  2  6    2
C  4  4    1
D  6  5    4
E  8  2    3
```

步骤 1：程序清单 8-1 给出了一部分进程调度算法的代码实现。请参考程序清单 8-1 的代码，完成进程调度算法的模拟实现。

清单 8-1　进程调度算法。

```
# include <conio. h>
# include <stdlib. h>
# include <fstream>
# include <io. h>
# include <stdio. h>
# include <iostream>
# include <string>

struct ProcessInfo                              //进程信息节点的定义
```

```
{
        string pname;                               //进程名称
        int arrivetime;                             //到达时间
        int bursttime;                              //运行所需时间
        int priority;                               //优先级,数值越大,优先级越高
        int needtime;                               //剩余运行时间
        double hrrn;                                //实时响应比,每个时刻都需要重新计算响应比
        ProcessInfo * next;                         //链表指针
};
ProcessInfo * basehead=new ProcessInfo;             //进程基础信息链表首指针
//复制链表
ProcessInfo * copyProcessQueue(ProcessInfo * head){
    ProcessInfo * t, * newhead=new ProcessInfo;
    ProcessInfo * temp=head->next;
    newhead->next=NULL;
    t=newhead;
    while (temp! =NULL){
        ProcessInfo * p=new ProcessInfo;
        p->pname=temp->pname;
        p->arrivetime=temp->arrivetime;
        p->bursttime=temp->bursttime;
        p->priority=temp->priority;
        p->next=NULL;
        t->next=p;
        t=t->next;
        temp=temp->next;
    }
    return newhead;
}

//某时刻就绪队列的维护
void do_curread(int time,ProcessInfo * ready,ProcessInfo * rrhead){
//将就绪队列指针移动到队尾
    ProcessInfo * temp=ready;
    while(temp->next! =NULL)temp=temp->next;
    //将某时刻前已经到达的进程,按时间顺序加入就绪队列
    while(rrhead->next! =NULL&&rrhead->next->arrivetime<=time){
        temp->next=rrhead->next;
        rrhead->next=rrhead->next->next;
        temp->next->needtime=temp->next->bursttime;
        temp=temp->next;
    }
    temp->next=NULL;
}

//CPU 空转输出
void do_free(intcurrtime,int firstArrivetime){
    int interval=firstArrivetime-currtime;
    while(interval>0){
        cout<<"空";
        interval--;
    }
}
```

```
//先来先服务算法
void FCFS(ProcessInfo * basehead){
    if(basehead->next==NULL){
        cout<<"没有进程信息"<<endl; return;
    }
    ProcessInfo * run;
    int time=basehead->next->arrivetime;//用于存放当前时刻
    run=basehead->next;
    while(run! =NULL){
        do_free(time,run->arrivetime);
        for(int j=0;j< run->bursttime;j++)cout<<run->pname;
        time=time+run->bursttime;
        run=run->next;
    }
}

//最短进程优先
void SPN(ProcessInfo * basehead){
    if(basehead->next==NULL){
        cout<<"没有进程信息"<<endl; return;
    }
    ProcessInfo * temp, * spnhead;
    //复制 basehead 中的进程信息到 spnhead 中
    spnhead=copyProcessQueue(basehead);

    int time=spnhead->next->arrivetime;//将最先到达的进程作为开始运行的起始时间
    while(spnhead->next! =NULL){
        //空转处理,即此刻没有就绪进程到达就绪队列
        do_free(time,spnhead->next->arrivetime);
        //用 search->next 指向当前时刻运行时间最短的进程
        ProcessInfo * search=spnhead;
        temp=spnhead->next;
        //在已经到达的进程中寻找运行时间最短的进程
        while(temp->next! =NULL&&temp->next->arrivetime<=time){
          if(temp->next->bursttime<search->next->bursttime)
            search=temp;
          temp=temp->next;
        }

        //执行 search->next 指向的进程
        ProcessInfo * run=search->next;
        time=time+run->bursttime;
          for(int j=0;j< run->bursttime;j++)cout<<run->pname;
        search->next=search->next->next;
        free(run);
    }
}

//简单轮转法,时间片为 1
void RR(ProcessInfo * basehead){
    if(basehead->next==NULL){
        cout<<"没有进程信息"<<endl; return;
    }
    ProcessInfo * temp, * rrhead;
```

```
        //复制 basehead 中的进程信息到 rrhead 中
        rrhead=copyProcessQueue(basehead);
        int time=rrhead->next->arrivetime;//将最先到达的进程作为开始运行的起始时间
        ProcessInfo  *ready=new ProcessInfo;
        ready->next=NULL;//初始化就绪链表为空
        while(rrhead->next! =NULL||ready->next! =NULL){
            if(ready->next==NULL){
                do_free(time,rrhead->next->arrivetime);//处理空转

                //将 rrhead 中的第一个进程移动到 ready 链表,并设置 time 为该进程的到达时间
                time=rrhead->next->arrivetime;
                ready->next=rrhead->next;
                rrhead->next=rrhead->next->next;
                ready->next->next=NULL;
                ready->next->needtime=ready->next->bursttime;
            }
            //执行就绪队列的第一个进程
            ProcessInfo *run=ready->next;
            ready->next=ready->next->next;
            run->next=NULL;
            cout<<run->pname;
            run->needtime--;
            time++;
            //重新维护新时刻的就绪队列
            //如果还有进程要达到,则处理是否有新进程到达就绪队列
            if(rrhead->next! =NULL)do_curread(time,ready,rrhead);
            if(run->needtime>0){ //如果进程没有运行完,则排到就绪队列尾部
                //将就绪队列指针移动到队尾
                ProcessInfo *temp=ready;
                while(temp->next! =NULL)temp=temp->next;
                temp->next=run;
            }
            else free(run);
        }
}

//最高响应比优先
void HRRN(ProcessInfo *basehead){
    if(basehead->next==NULL){
        cout<<"没有进程信息"<<endl; return;
    }
    ProcessInfo *temp, *hrrnhead;
    //复制 basehead 中的进程信息到 hrrnhead 中
    hrrnhead=copyProcessQueue(basehead);

    int time=hrrnhead->next->arrivetime;//将最先到达的进程作为开始运行的起始时间

    while(hrrnhead->next! =NULL){
        //空转处理,即此刻没有就绪进程到达就绪队列
        do_free(time,hrrnhead->next->arrivetime);
        ProcessInfo *search=hrrnhead;//用 search->next 指向当前时刻响应比最高的进程
        search->next->hrrn=1+(time-search->next->arrivetime)/search->next->bursttime;
        temp=hrrnhead->next;
        //在已经到达的进程中寻找响应比最高的进程
```

```
        while(temp->next! =NULL&&temp->next->arrivetime<=time){
            temp->next->hrrn=1+(time-temp->next->arrivetime)/
                                    temp->next->bursttime;
            if(temp->next->hrrn>search->next->hrrn)    search=temp;
            temp=temp->next;
        }

        //执行 search->next 指向的进程
        ProcessInfo * run=search->next;
        time=time+run->bursttime;
        for(int j=0;j< run->bursttime;j++)cout<<run->pname;
        search->next=search->next->next;
        free(run);
    }
}

//非抢占优先级
void PRIORITY(ProcessInfo * basehead){
    if(basehead->next==NULL){
        cout<<"没有进程信息"<<endl; return;
    }
    ProcessInfo * temp, * priorityhead;
    //复制 basehead 中的进程信息到 priorityhead 中
    priorityhead=copyProcessQueue(basehead);
    //将最先到达的进程作为开始运行的起始时间
     int time=priorityhead->next->arrivetime;
    while(priorityhead->next! =NULL){
        //空转处理,即此刻没有就绪进程到达就绪队列
        do_free(time,priorityhead->next->arrivetime);
        //用 search->next 指向当前时刻优先级最高的进程
        ProcessInfo * search=priorityhead;
        temp=priorityhead->next;
        //在已经到达的进程中寻找优先级最高的进程
        while(temp->next! =NULL&&temp->next->arrivetime<=time){
            if(temp->next->priority>search->next->priority)
                search=temp;
            temp=temp->next;
        }

        //执行 search->next 指向的进程
        ProcessInfo * run=search->next;
        time=time+run->bursttime;
        for(int j=0;j< run->bursttime;j++)cout<<run->pname;
        search->next=search->next->next;
        free(run);
    }
}

int main()
{
    ifstream infile;
    infile.open("e:\\data.txt");// 打开文件(请用实际的文件路径)
    ProcessInfo * t;
    printf("初始进程相关数据:  \n");
    basehead->next=NULL;
    while (infile){//从文件读取数据
        ProcessInfo * p=new ProcessInfo;
        infile>>p->pname;
        infile>>p->arrivetime;
        infile>>p->bursttime;
```

```
            infile>>p->priority;
            //从文件读入进程信息时按照到达时间插入进程链表 basehead
            t=basehead;
            while((t->next! =NULL)&&(p->arrivetime>=t->next->arrivetime))
                    t=t->next;
            p->next=t->next;
            t->next=p;
            infile.get();
            cout<<"进程名:"<<p->pname<<"到达时间:"<<p->arrivetime
                  <<"运行时间:"<<p->bursttime<<"优先级:"<<p->priority<<endl;
    }
    infile.close();

    //选择算法
    int i=0;
    while(i! =6){
        printf("\n\n 请选择算法:\n1-先来先服务;2 最短进程优先; 3 简单轮转法(时间片为 1); 4 最
高响应比优先;5 非抢占优先级;6 退出;\n");
        cin>>i;
        switch(i){
            case 1:cout<<"先来先服务的进程运行顺序如下:"<<endl;
                  FCFS(basehead);break;
            case 2:cout<<"最短进程优先的进程运行顺序如下:"<<endl;
                  SPN(basehead);break;
            case 3:cout<<"简单轮转法(时间片为1)的进程运行顺序如下:"<<endl;
                  RR(basehead);break;
            case 4:cout<<"最高响应比优先的进程运行顺序如下:"<<endl;
                  HRRN(basehead);break;
            case 5:cout<<"非抢占优先级的进程运行顺序如下:"<<endl;
                  PRIORITY(basehead);break;
            }
        }
        return 0;
}
```

步骤2：编译源程序并运行。如果有问题请分析解决，并进行必要的情况说明。

步骤3：完善程序，请给出最短剩余时间优先、可抢占优先级和简单轮转法（时间片为4）的实现方法。代码请附纸。

步骤4：运行程序，给出各个调度算法的运行结果。

4. 实验总结

5. 教师实验评价

第 9 章 I/O 设备管理

操作系统的功能包括控制计算机的所有 I/O（输入/输出）设备，可以向设备发送命令，捕捉中断，并处理设备的各种错误。它还可以在设备和系统的其他部分之间提供简单且易于使用的接口。如果可能，这个接口对于所有设备都是相同的，即所谓的设备无关性。

9.1 I/O 硬件原理

不同的人对 I/O 硬件有不同的理解。对于电子工程师而言，I/O 硬件就是芯片、导线、电源、电机和其他硬件的物理部件。而程序员则只注意 I/O 硬件提供给软件的接口，如硬件能够接收的命令、能完成的功能以及会报告的错误。

9.1.1 I/O 设备

I/O 设备大致可分为两类：块设备和字符设备。块设备把信息存储在固定大小的块中，每个块都有自己的地址。通常，块的大小在 512~32768 B 之间，所有的传输都以一个或多个完整的（连续的）块为单位。块设备的基本特征是每个块都能独立于其他块而读写。硬盘、CD-ROM 和 U 盘是常见的块设备。

块可寻址设备与其他设备之间并没有严格的界限。磁盘是块可寻址的设备，无论磁盘臂当前处于什么位置，它总是能够寻址其他柱面，并且等待所需要的磁盘块旋转到磁头下面。这里以一个用来对磁盘进行备份的磁带机为例，磁带包含按顺序排列的块。如果使用命令让磁带机读第 N 块，则可以首先向回倒带，然后前进，直到第 N 块。该操作与磁盘的寻道类似，只是花费的时间更长。不过，重写磁带中间位置的块有可能做不到。

另一类 I/O 设备是字符设备，它以字符为单位发送或接收一个字符流，而不考虑任何块结构。字符设备是不可寻址的，也没有任何寻道操作。打印机、网络接口、鼠标以及大多数与磁盘不同的设备都可看作是字符设备。

但是，这种分类方法并不完美，例如，时钟既不是块可寻址的，也不产生或接收字符流。它所做的工作是按照预先规定好的时间间隔产生中断。内存映射的显示器也不适用于此模型。但是，块设备和字符设备的模型具有一般性，可以用作使处理 I/O 设备的某些操作系统软件具有设备无关性的基础。例如，文件系统只处理抽象的块设备，而把与设备相关的部分留给较低层的软件。

I/O 设备在速度上覆盖了巨大的范围，在跨越这么多数量级的数据传输速率下保证性能优良，给软件造成了相当大的压力。表 9-1 所示为常见设备的数据传输速率。

表 9-1　常见设备的数据传输速率

设备、网络和总线等	数据传输速率
键盘	10 B/s
鼠标	100 B/s
56K 调制解调器	7 KB/s
扫描仪	400 KB/s
数码摄像机	3.5 MB/s
802.11g 无线网络	6.75 MB/s
52 倍速 CD-ROM	7.8 MB/s
快速以太网	12.5 MB/s
闪存卡	40 MB/s
USB 2.0 接口	60 MS/s
SONET OC-12 网络	78 MB/s
SCSI Ultra 2 磁盘	80 MB/s
千兆以太网	125 MB/s
SATA 磁盘驱动器	300 MB/s
Ultrium 磁带	320 MB/s
PCI 总线	528 MB/s

9.1.2　设备控制器

I/O 设备一般由机械部件和电子部件两部分组成。通常可以将这两部分分开处理，以提供更加模块化和更加通用的设计。电子部件被称为设备控制器或适配器，它经常以主板上芯片的形式出现，或者以插入扩展槽中的电路板的形式出现。机械部件则是设备本身。

控制器卡（电路板）上通常有一个连接器，通向设备的电缆插入其中。很多控制器可以操作两个、4 个甚至 8 个相同的设备。如果控制器和设备之间采用标准接口，则各个公司都可以制造适合这个接口的各种控制器或设备。

控制器与设备之间的接口通常是低层次的。例如，磁盘可以按每个磁道 10000 个扇区、每个扇区 512 B 进行格式化，然而实际从驱动器出来的却是一个串行的位（比特）流，它以一个前导符开始，接着是扇区中的 4096 位，最后是一个校验和，也称为错误校正码。前导符是在对磁盘进行格式化时写上去的，包括柱面数和扇区号、扇区大小和同步信息等数据。

控制器的任务是把串行的位流转换为字节块，并进行必要的错误校正。字节块通常首先在控制器内部的一个缓冲区中按位进行组装，然后进行校验，在证明字节块没有错误后，将它复制到主存中。

在同样低的层次上，监视器的控制器也是一个位串行设备。它从内存中读取包含待显示字符的字节，并产生电子信号，以便将结果写到屏幕上。通过控制器，操作系统可以用几个参数（如每行字符数或像素数、每屏行数等）对其初始化，并让控制器实际驱动电子信号。

9.1.3　内存映射 I/O

每个控制器都有几个寄存器用来与 CPU 进行通信。通过对这些寄存器执行写入操作，操作系统可以命令设备发送数据、接收数据，或者执行某些其他操作。通过读取这些寄存器的内容，操作系统就可以了解设备的状态，以及是否准备好接收一个新的命令等。

此外，许多设备都有一个操作系统可以读写的数据缓冲区。例如，在屏幕上显示像素的视频 RAM 就是一个数据缓冲区，可供程序或操作系统写入数据。

CPU 在与设备的控制寄存器和数据缓冲区进行通信时，存在两种可选方法。

第一种方法是每个控制寄存器都被分配一个 8 位或 16 位整数的 I/O 端口号。所有的 I/O 端口形成 I/O 端口空间并且受到保护，使普通用户程序不能对其进行访问（只有操作系统可以访问）。可使用一条特殊的 I/O 指令，例如：

```
IN REG PORT
```

CPU 可以读取控制寄存器 PORT 的内容，并将结果存入 CPU 寄存器 REG 中。类似地，可以使用指令：

```
OUT PORT REG
```

CPU 可以将 REG 的内容写入控制寄存器中。大多数的早期计算机都是以这种方式工作的。在这一方案中，内存地址空间和 I/O 地址空间是不同的（见图 9-1a）。

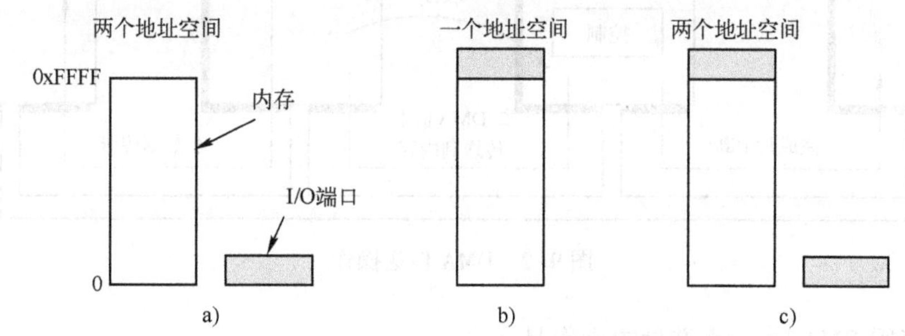

图 9-1　地址空间

a）单独的 I/O 和内存空间　b）内存映射 I/O　c）混合方案

第二种方法是将所有控制寄存器映射到内存空间中（见图 9-1b）。每个控制寄存器都被分配一个唯一的内存地址。这样的系统称为内存映射 I/O。通常，分配给控制寄存器的地址位于地址空间的顶端。图 9-1c 所示是一种混合方案，这一方案具有内存映射 I/O 的数据缓冲区，而控制寄存器则具有单独的 I/O 端口。

如果不是内存映射 I/O，那么必须首先将控制寄存器读入 CPU，然后测试，此时需要两条指令，会稍稍降低检测空闲设备的响应度。

内存映射 I/O 也有缺点。大多数计算机都拥有某种形式的内存字高速缓存。为避免对一个设备控制寄存器进行高速缓存，对于内存映射 I/O，硬件必须针对每个页面具备选择性禁用高速缓存的能力。操作系统管理选择性高速缓存，为硬件和操作系统增添了额外的复杂性。可见，每一种设计都有支持它和反对它的论据，所以折中和权衡是不可避免的。

9.1.4　直接存储器存取

无论一个 CPU 是否具有内存映射 I/O，都需要寻址设备控制器，以便与它们交换数据。CPU 可以从 I/O 控制器每次请求一个字节的数据，但是这样做会浪费 CPU 的时间，所以经常用到一种称为直接存储器存取（Direct Memory Access，DMA）的方案。只有硬件具有DMA控制器时，操作系统才能使用DMA，而大多数系统都有DMA控制器。有时，DMA控制器集成到磁盘控制器和其他控制器之中，但是这样的设计要求每个设备都有一个单独的DMA控制器。更加普遍的是，利用DMA控制器（如在主板上）来调控多个设备的数据传送，而数据传送经常是同时发生的。

无论DMA控制器位于什么地方，它都能够独立于CPU访问系统总线（见图9-2）。它包含若干个可以被CPU读写的寄存器，其中包括一个内存地址寄存器、一个字节计数寄存器和一个或多个控制寄存器。控制寄存器指定要使用的I/O端口、传送方向（从I/O设备读或写到I/O设备）、传送单位（每次一个字节或一个字）以及在一次突发传送中要传送的字节数。

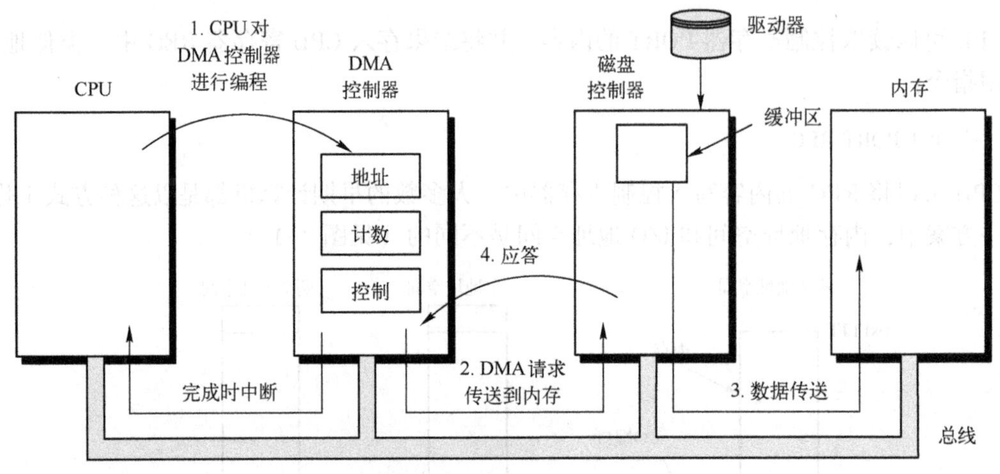

图9-2　DMA传送操作

在没有使用DMA时，读磁盘的操作是：

首先控制器从磁盘驱动器串行地、一位一位地读一个块（一个或多个扇区），直到将整块信息放入控制器的内部缓冲区中。接着，它计算校验和，以保证没有读错误发生。最后控制器产生一个中断。当操作系统开始运行时，它重复地从控制器的缓冲区中一次一个字节或一个字地读取该块的信息，并将其存入内存中。

使用DMA时的过程与没有使用DMA时的过程是不同的。首先，CPU通过设置DMA控制器的寄存器对它进行编程，所以DMA控制器知道将什么数据传送到什么地方（图9-2中的第1步）。DMA控制器还要向磁盘控制器发出一个命令，通知它从磁盘读数据到其内部的缓冲区中，并且对校验和进行检验。如果磁盘控制器的缓冲区中的数据是有效的，那么DMA就可以开始执行了。

DMA控制器通过在总线上发出一个读请求到磁盘控制器而发起DMA传送（第2步）。该读请求看起来与任何其他读请求是一样的，并且磁盘控制器并不知道或者并不关心它来自CPU还是来自DMA控制器。一般情况下，要写的内存地址在总线的地址线上，所以当磁盘控制器从其内部缓冲区中读取下一个字时，它知道将该字写到什么地方。写到内存是另一个标准总线周期（第3步）。当写操作完成时，磁盘控制器在总线上发出一个应答信号到DMA控制器（第4步）。于是，DMA控制器步增要使用的内存地址，并且步减字节计数。如果字节计数仍然大于0，则重复第2~4步，直到字节计数到达0。此时，DMA控制器将中断CPU，以便让CPU知道传送已经完成了。当操作系统开始工作时，不用将磁盘块复制到内存中，因为它已经在内存中了。

在图9-2中，传送一个字后，DMA控制器应决定下一次要为哪一个设备提供服务。DMA控制器可能被设置为使用轮转算法，也可能具有一个优先级规划设计方案。

9.2 I/O软件原理

在设计I/O软件时，一个关键的概念是设备独立性。独立性的意思是应该能够编写出这样的程序，它可以访问任意I/O设备而无须事先指定设备。例如，读取一个文件作为输入的程序时，应该能够在硬盘、CD-ROM、DVD或者U盘上读取文件，无须为每一种不同的设备修改程序。用户能够输入这样一条命令：

```
sort <input> output
```

并且无论输入来自任意类型的存储盘或者键盘，输出送往任意类型的存储盘或者屏幕，上述命令都可以工作。尽管这些设备实际上差别很大，但所带来的问题都将由操作系统负责处理。

9.2.1 I/O软件的目标

与设备独立性密切相关的是统一命名。文件或设备的名字应该是简单的字符串或整数，它不应依赖于设备。用这种方法，所有文件和设备都采用相同的方式，按路径名进行寻址。

I/O软件的另一个重要问题是错误处理。一般来说，错误应该尽可能地在接近硬件的层面得到处理。当控制器发现一个读错误时，应该设法纠正这一错误。如果控制器处理不了，那么设备驱动程序应当予以处理，可能只需重读一次这块数据就正确了。很多错误是偶然性的，例如，磁盘读写头上的灰尘导致读写错误时，重复该操作，也许错误就会消失。只有在低层软件处理不了的情况下，才将错误上交高层处理。在许多情况下，错误可以在低层透明地得到解决，而高层软件甚至不知道存在这一错误。

另一个关键问题是同步（即阻塞）传输和异步（即中断驱动）传输。大多数物理I/O是异步的，CPU启动传输后便转去做其他工作，直到中断发生。如果I/O操作是阻塞的，那么在读取系统调用之后，用户程序将自动被挂起，直到缓冲区中的数据准备好。正是操作系统使实际上是中断驱动的操作变为在用户程序看来是阻塞式的操作。

还有一个问题是缓冲。数据离开一个设备之后通常并不能直接存放到其最终的目的地。例如，从网络上进来一个数据包，直到将该数据包存放在某个地方并对其进行检查，操作系统才知道要将其置于何处。此外，某些设备具有严格的实时约束（如数字音频设备），所以数据必须预先放置到输出缓冲区之中，从而消除缓冲区填满速率和缓冲区清空速率之间的相互影响，以避免缓冲区欠载。缓冲涉及大量的复制工作，并且对I/O性能有重大影响。

最后一个概念是共享设备和独占设备的问题。有些I/O设备（如磁盘）能够同时让多个用户使用。多个用户同时在同一磁盘上打开文件不会引起什么问题。其他设备（如磁带机）则必须由单个用户独占使用，直到该用户使用完，另一个用户才能拥有该设备。独占（非共享）设备的引入也带来了各种各样的问题，如死锁。同样，操作系统必须能够处理共享设备和独占设备以避免问题发生。

9.2.2　程序控制 I/O

I/O 可以以 3 种不同的方式实现。最简单的方式是让 CPU 做全部的工作，称为程序控制 I/O，其他方式是中断驱动 I/O 和使用 DMA 的 I/O。

考虑一个用户进程，要在打印机上打印 “ABCDEFGH” 8 个字符。它首先要在用户空间的一个缓冲区中组装字符串，如图 9-3a 所示。然后，用户进程通过发出系统调用来打开并获得打印机以便进行写操作。如果打印机当前被另一个进程占用，则该系统调用失败并返回一个错误代码，或者阻塞直到打印机可用。一旦拥有打印机，用户进程就发出一个系统调用来通知操作系统在打印机上打印字符串。

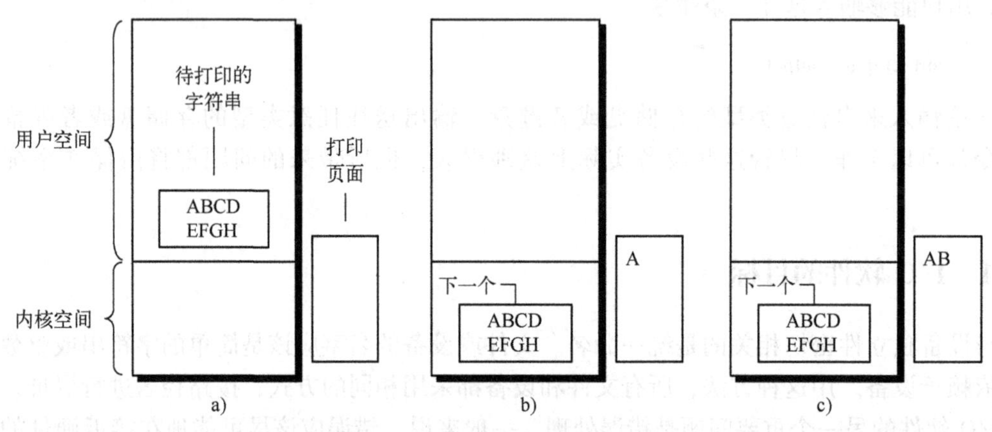

图 9-3　打印一个字符串的步骤

操作系统通常将字符串缓冲区复制到内核空间中的一个数组（如 p）中。然后操作系统查看打印机当前是否可用，如果不可用就要等待。一旦打印机可用，操作系统就复制第一个字符到打印机的数据寄存器中，这里使用了内存映射 I/O，这一操作将激活打印机。字符也许还不会出现在打印机上，因为某些打印机在打印任何东西之前都要先缓冲一行或一页。然而在图 9-3b 中，第一个字符已经打印出来，并且系统已经将 “B” 标记为下一个待打印的字符。

一旦将第一个字符复制到打印机，操作系统就要查看打印机是否准备接收另一个字符。一般而言，打印机有第二个寄存器，用于表明其状态。将字符写到数据寄存器的操作将导致状态变为非就绪。打印机控制器处理完当前字符，就通过在其状态寄存器中设置某一位或者将某个值放到状态寄存器中来表示其可用性。

这时，操作系统将等待打印机状态再次变为就绪，准备打印下一个字符，如图 9-3c 所示。这一循环继续进行，直到整个字符串打印完，然后控制返回到用户进程。程序控制 I/O 最根本的就是，输出一个字符之后，CPU 要不断地查询设备以了解它是否准备接收另一个字符，这一行为称为轮询或忙等待。

程序控制 I/O 十分简单，但是也有缺点，即直到全部 I/O 完成之前都要占用 CPU 时间。在嵌入式系统中，CPU 没有其他工作要做，忙等待是合理的。然而在更加复杂的系统中，CPU 有其他工作要做，忙等待将是低效的，需要更好的 I/O 方法。

9.2.3　中断驱动 I/O

现在考虑不缓冲字符，而是在每个字符到来时便打印的情形。如果打印机每秒可以打印

100 个字符，那么打印每个字符将花费 10 ms。这意味着，当字符写到打印机的数据寄存器中之后，CPU 将有 10 ms 处在无价值的循环中，等待允许输出下一个字符。这 10 ms 的时间足以进行上下文切换及运行其他进程，否则就浪费了。

这种允许 CPU 在等待打印机变为就绪的同时做某些其他事情的方式就是使用中断。当打印字符串的调用被发出时，字符串缓冲区被复制到内核空间，一旦打印机准备好接收一个字符，就将第一个字符复制到打印机中。这时，CPU 调用调度程序，运行某个其他进程，打印字符串的进程将被阻塞，直到整个字符串打印完。

当打印机将字符打印完并且准备好接收下一个字符时，它将产生一个中断来停止当前进程并保存其状态，然后运行打印机中断服务过程。如果没有更多的字符要打印，那么中断处理程序将用户进程解除阻塞。否则它输出下一个字符，响应中断，并返回到中断之前正在运行的进程，该进程将从其停止的地方继续运行。

9.2.4　使用 DMA 的 I/O

中断驱动 I/O 的明显缺点是中断发生在每个字符上，要浪费一定的 CPU 时间。一种解决方法是使用 DMA，思路是让 DMA 控制器一次为打印机提供一个字符，而不必打扰 CPU。本质上，DMA 是程序控制 I/O，只是由 DMA 控制器而不是由主 CPU 做全部工作。这一策略需要特殊的硬件（DMA 控制器），可以使 CPU 获得自由从而在 I/O 期间做其他工作。

DMA 的优点是将中断的次数从打印每个字符一次减少到打印每个缓冲区一次。如果有许多字符且中断十分缓慢，那么采用 DMA 就是重要的改进。DMA 控制器通常比主 CPU 要慢很多。如果 DMA 控制器不能全速驱动设备，或者 CPU 在等待 DMA 中断的同时没有其他事情要做，那么采用中断驱动 I/O 甚至采用程序控制 I/O 也许更好。

9.3　I/O 软件层次

I/O 软件通常被组织成 4 个层次（见图 9-4），每一层都有明确要执行的一个功能和一个与邻近层次的接口。功能与接口随系统的不同而不同。

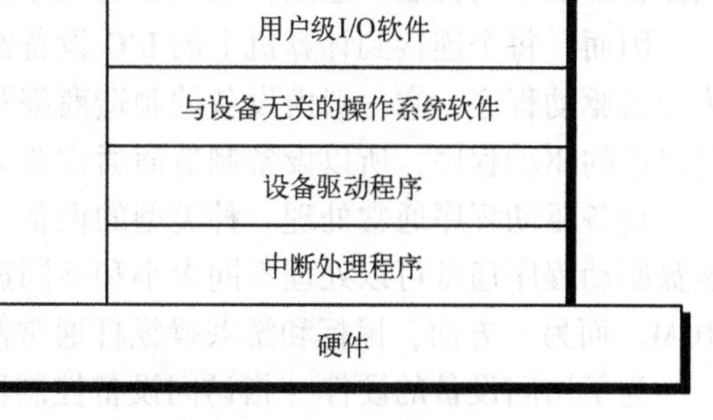

图 9-4　I/O 软件的层次

9.3.1　中断处理程序

虽然程序控制 I/O 偶尔是有益的，但是对于大多数 I/O 而言，还是应当将其隐藏在操作系统内部，使系统的其他部分尽量不与它发生联系。隐藏它们的最好办法是将启动 I/O 操作的驱动程序阻塞起来，直到 I/O 操作完成且产生一个中断。驱动程序阻塞自己的手段有在一个信号量上执行 down 操作、在一个条件变量上执行 wait 操作、在一个消息上执行 receive 操作或者某些类似的操作。

当中断发生时，中断处理程序着手对中断进行处理，然后将启动中断的驱动程序解除阻塞。在一些情形中，它只是在一个信号量上执行 up 操作；在另一些情形中，是对管程中的条件变量执行 signal 操作；在其他一些情形中，是向被阻塞的驱动程序发一个消息。中断最终的结果是使先前被阻塞的驱动程序能够继续运行。如果驱动程序构造为内核进程，具有它们自己的状态、堆栈和程序计数器，那么这一模型运转得最好。

当然，现实情况没有这么简单。对操作系统而言，还涉及更多的工作。下面是一系列硬件中断完成之后必须在软件中执行的操作步骤。应该注意的是，细节依赖于系统，某些步骤在一个特定的机器上可能是不必要的，而某些步骤在某些机器上也可能有不同的顺序。

1）保存没有被中断硬件保存的所有寄存器（包括PSW）。

2）为中断服务过程设置上下文，可能包括设置TLB、MMU和页表。

3）为中断服务过程设置堆栈。

4）应答中断控制器，如果不存在集中的中断控制器，则再次开放中断。

5）将寄存器从它们被保存的地方（可能是某个堆栈）复制到进程表中。

6）运行中断服务过程，从发出中断的设备控制器的寄存器中提取信息。

7）选择下一次运行哪个进程，如果中断导致某个被阻塞的高优先级进程变为就绪，则可能选择它现在就运行。

8）为下一次要运行的进程设置MMU上下文，也许还需要设置某个TLB。

9）装入新进程的寄存器，包括其PSW。

10）开始运行新进程。

由此可见，中断处理要使用相当多的CPU指令，特别是在有虚拟内存并且必须设置页表或者必须保存MMU状态（如R和M位）的机器上。在某些机器上，当在用户态与核心态之间切换时，可能还需要管理TLB和CPU高速缓存，这就要花费额外的机器周期。

9.3.2　设备驱动程序

每一个设备控制器都设有某些设备寄存器，用来向设备发出命令或者读出设备的状态。设备寄存器的数量和命令的性质在不同设备之间有着根本性的不同。例如，鼠标驱动程序必须从鼠标接收信息，以识别鼠标移动了多远的距离以及当前哪一个键被按下。相反，磁盘驱动程序必须要了解扇区、磁道、柱面、磁头、磁盘臂、电机驱动器、磁头定位时间以及所有其他保证磁盘正常工作的机制。显然，这些驱动程序是有很大区别的。

因而，每个连接到计算机上的I/O设备都需要特定的代码来对其进行控制。这样的代码称为设备驱动程序，它一般由设备的制造商编写并随同设备一起交付。因为每一个操作系统都需要自己的驱动程序，所以设备制造商通常要为操作系统提供驱动程序。

设备驱动程序通常处理一种类型的设备，或者至多处理一类紧密相关的设备。例如，SCSI磁盘驱动程序通常可以处理不同大小和不同速度的多个SCSI磁盘，或许还可以处理SCSI CD-ROM。而另一方面，鼠标和游戏操纵杆通常需要采用不同的驱动程序。

为了访问设备的硬件（指访问设备控制器的寄存器），设备驱动程序通常必须是操作系统内核的一部分。实际上，有可能构造运行在用户空间的驱动程序，使用系统调用来读写设备寄存器。这一设计使内核与驱动程序相隔离，并且使驱动程序之间相互隔离，这样做可以消除系统崩溃的一个主要源头——有问题的驱动程序以这样或那样的方式干扰内核。

因为操作系统的设计者知道由外人编写的驱动程序代码片断将被安装在操作系统的内部，所以需要有一个体系结构来允许这样的安装。这意味着要有一个定义明确的模型来规定驱动程序做什么事情，以及如何与操作系统的其余部分相互作用。设备驱动程序通常位于操作系统其余部分的下面（见图9-5）。

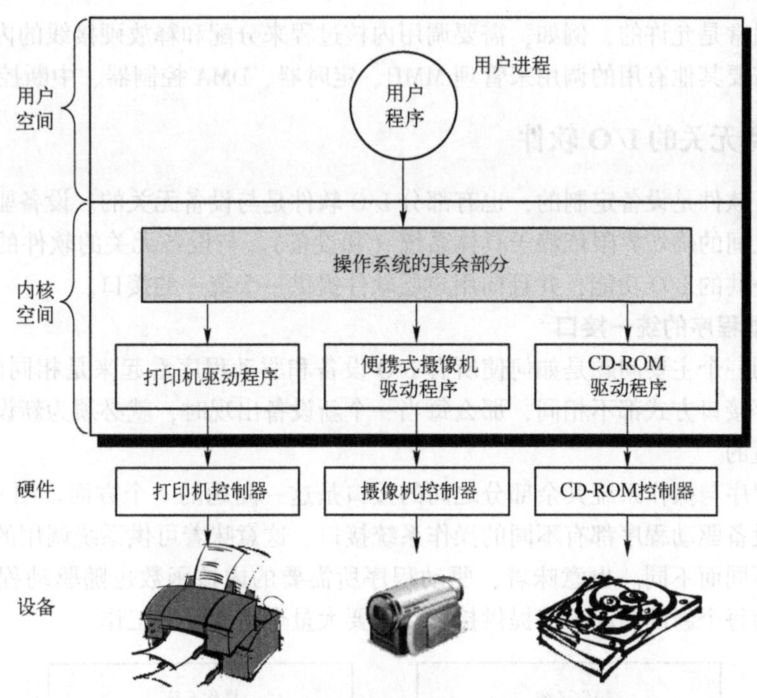

图 9-5 设备驱动程序的逻辑定位

操作系统通常将驱动程序归类于块设备和字符设备。大多数操作系统都分别定义了所有块设备和所有字符设备都必须支持的标准接口。这些接口由许多过程组成，操作系统的其余部分可以调用它们让驱动程序工作。典型的过程是那些读一个数据块（对块设备而言）或者写一个字符串（对字符设备而言）的过程。

设备驱动程序具有若干功能。最明显的功能是接收来自其上方的与设备无关的软件所发出的抽象的读写请求，并且关注这些请求被执行的情况。此外还有一些其他的功能必须执行，如驱动程序对设备进行初始化，它可能还需要对电源需求和日志事件进行管理等。

许多设备驱动程序具有相似的一般结构。典型的驱动程序在启动时首先要检查输入参数以确认其是否有效。接着驱动程序可能要检查设备当前是否在使用。一旦设备接通并就绪，实际的控制就可以开始了。

控制设备意味着向设备发出一系列命令。依据控制设备必须要做的工作，驱动程序处在确定命令序列的位置。驱动程序在获知哪些命令将要发出之后，就开始将它们写入控制器的设备寄存器。必须进行检测以了解控制器是否已经接收命令且准备好接收下一条命令。这一序列继续进行，直到所有命令被发出。对于某些控制器，可以为其提供一个在内存中的命令链表，并且告诉它自己去读取并处理所有命令，而不需要操作系统提供进一步帮助。

在一个可热插拔的系统中，设备可以在计算机运行时添加或删除。因此，当一个驱动程序正忙于从某设备读数据时，系统可能会通知它用户突然将设备从系统中删除了。在这样的情况下，不但当前 I/O 传送必须中止，并且不能破坏任何核心数据结构，而且任何对这个已消失设备的悬而未决的请求都必须适当地从系统中删除，同时还要向它们的调用者发送这一坏消息。此外，未预料到的新设备的添加可能导致内核重新配置资源，从驱动程序中撤除旧资源，并且在适当位置添入新资源。

驱动程序不允许进行系统调用，但是它们经常需要与内核的其余部分进行交互。对某些内核过程的调用通常是允许的，例如，需要调用内核过程来分配和释放硬接线的内存页面作为缓冲区，还可能需要其他有用的调用来管理 MMU、定时器、DMA 控制器、中断控制器等。

9.3.3　与设备无关的 I/O 软件

有一些 I/O 软件是设备定制的，也有部分 I/O 软件是与设备无关的。设备驱动程序和与设备无关的软件之间的确切界限依赖于具体系统（和设备）。与设备无关的软件的基本功能是执行对所有设备公共的 I/O 功能，并且向用户层软件提供一个统一的接口。

1. 设备驱动程序的统一接口

操作系统的一个主要问题是如何使所有 I/O 设备和驱动程序看起来是相同的。如果磁盘、打印机、键盘等接口方式都不相同，那么每当一个新设备出现时，就必须为新设备修改操作系统，这是不合适的。

设备驱动程序与操作系统其余部分之间的接口是这一问题的一个方面。图 9-6a 所示的一种情形是每个设备驱动程序都有不同的操作系统接口。这意味着可供系统调用的驱动程序函数随驱动程序的不同而不同。也意味着，驱动程序所需要的内核函数也随驱动程序的不同而不同。还意味着为每个新的驱动程序提供接口都需要大量全新的编程工作。

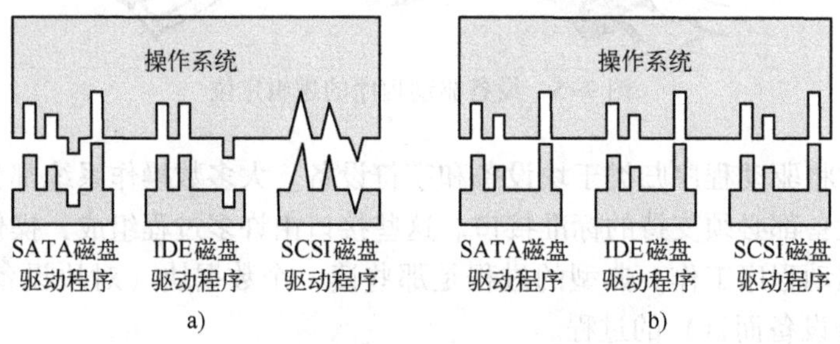

图 9-6　驱动程序接口

a）没有标准的驱动程序接口　b）标准的驱动程序接口

相反，图 9-6b 所示为另一种设计，其中的所有驱动程序都具有相同的接口。这样，倘若符合驱动程序接口，那么添加一个新的驱动程序就变得容易多了。这意味着驱动程序的编写人员知道驱动程序的接口应该是什么样子的。实际上，虽然并非所有的设备都一样，但通常只存在少数设备类型，而它们大体上相同。

这种设计的工作方式是：对于每一种设备类型，如磁盘或打印机，操作系统都定义一组驱动程序必须支持的函数。对于磁盘而言，这些函数自然地包含读和写操作，除此之外还包含开启和关闭电源、格式化以及其他与磁盘有关的操作。驱动程序通常包含一张表格，这张表格具有针对这些函数指向驱动程序自身的指针。当驱动程序装载时，操作系统记录下这张函数指针表的地址，所以当操作系统需要调用一个函数时，它可以通过这张表格发出间接调用。这张函数指针表定义了驱动程序与操作系统其余部分之间的接口。给定类型的所有设备（如磁盘、打印机等）都必须服从这一要求。

另一方面是如何给 I/O 设备命名。与设备无关的软件要负责把符号化的设备名映射到适当的驱动程序上。与设备命名密切相关的是设备保护，用于防止无权访问设备的用户越权访问。在 UNIX 和 Windows 中，设备是作为命名对象出现在文件系统中的，这意味着针对文件的常规的保护规则也适用于 I/O 设备。系统管理员可以为每一个设备设置适当的访问权限。

2. 缓冲

无论是块设备还是字符设备，缓冲都是一个重要问题，它对于输出也十分重要。例如，考虑一个要从调制解调器读入数据的进程。让用户进程执行 read 系统调用并阻塞自己以等待字符的到来，每个字符的到来都将引起中断，中断服务过程负责将字符递交给用户进程并将其解除阻塞。用户进程把字符放到某个地方之后，可以对另一个字符执行读操作且再次阻塞。这种处理方式的问题在于：对每个字符都必须启动用户进程。短暂的数据流量让一个进程运行多次，效率会很低。

一种改进措施是，用户进程在用户空间中提供一个包含 n 个字符的缓冲区，执行读入 n 个字符的读操作。中断服务过程将到来的字符放入该缓冲区中，直到缓冲区填满，然后唤醒用户进程。这一方案有一个缺点：当一个字符到来时，如果缓冲区被分页并调出了内存，就会出现问题。解决方法是将缓冲区锁定在内存中，但是如果许多进程都在内存中锁定页面，那么可用页面池就会收缩，并且系统性能将下降。

另一种方法是在内核空间中创建一个缓冲区，并且让中断处理程序将字符放到这个缓冲区中。当该缓冲区被填满时，将包含用户缓冲区的页面调入内存（如果需要的话），并且在一次操作中将内核缓冲区的内容复制到用户缓冲区中。这一方法的效率要高很多。

然而这种方案也面临一个问题：当包含用户缓冲区的页面从磁盘调入内存时，有新的字符到来。因为缓冲区已满，所以没有地方放置这些新来的字符。一种解决问题的方法是使用第二个内核缓冲区。也就是说，第一个缓冲区填满之后，在它被清空之前，使用第二个缓冲区。当第二个缓冲区填满时，就可以将它复制给用户（假设用户已经请求它）。当第二个缓冲区正在复制到用户空间时，第一个缓冲区可以用来接收新的字符。以这样的方法，两个缓冲区轮流使用：当一个缓冲区正在被复制到用户空间时，另一个缓冲区正在收集新的输入。这样的缓冲模式称为双缓冲。

广泛使用的另一种形式是循环缓冲区。它由一个内存区域和两个指针组成。一个指针指向下一个空闲的字，新的数据可以放置到此处。另一个指针指向缓冲区中数据的第一个字，该字尚未被取走。在许多情况下，当添加新的数据时，硬件推进第一个指针，而操作系统在取走并处理数据时推进第二个指针。两个指针都是环绕的，当它们到达顶部时将回到底部。

3. 错误报告

错误在 I/O 上下文中更为常见。当错误发生时，操作系统必须尽最大努力对它们进行处理。许多错误是设备特有的并且必须由适当的驱动程序来处理，但错误处理的框架是设备无关的。

一种类型的 I/O 错误是编程错误，这些错误发生在一个进程请求某些不可能的事情时，如写一个输入设备（键盘、扫描仪、鼠标等）或者读一个输出设备（打印机、绘图仪等）。其他错误包括提供了一个无效的缓冲区地址或者其他参数，以及指定了一个无效的设备（例如，当系统只有两块磁盘时指定了磁盘 3），等等。在这些错误上采取的行动是直截了当的：只是将一个错误代码报告返回给调用者。

另一种类型的错误是实际的 I/O 错误，例如试图写一个已经损坏的磁盘块，或者试图读一个已经关机的设备。在这些情形中，应该由驱动程序决定做什么，或者将问题上传，返回给设备无关的软件。

软件要做的事情取决于环境和错误的本质。如果是一个简单的读错误并且存在一个交互式用户，那么它可以显示对话框来询问用户做什么。选项可能包括重试一定的次数、忽略错误，或者杀死调用进程。如果没有交互可利用，就使用错误代码来让系统调用失败。

4. 分配与释放专用设备

某些设备，如CD-ROM刻录机，在任意给定的时刻都只能由一个进程使用，这就要求操作系统对设备的使用请求进行检查，并且根据被请求的设备是否可用来接受或者拒绝这些请求。处理这些请求的一种简单方法是要求进程在代表设备的特殊文件上直接执行 open 操作。如果设备不可用，那么 open 操作就会失败，于是就关闭这个专用设备，然后将其释放。

一种替代方法是可以将请求和释放专用设备的调用者阻塞，而不是让其失败。阻塞的进程被放入一个队列。在被请求设备变得可用时，让队列中的第一个进程得到该设备并继续执行。

5. 与设备无关的块大小

不同的磁盘可能具有不同的扇区大小，这应该由与设备无关的软件来隐藏这一事实并且向高层提供一个统一的块大小，例如，将若干个扇区当作一个逻辑块。这样，高层软件只需处理抽象的设备即可，这些抽象设备全都使用相同的逻辑块大小，与具体物理扇区的大小无关。类似地，某些字符设备（如调制解调器）一次一个字节地交付它们的数据，而其他的设备（如网络接口）则以较大的单位交付它们的数据。这些差异也可以被隐藏起来。

9.3.4　用户空间的I/O软件

尽管大部分I/O软件都在操作系统内部，但是仍然有一小部分在用户空间，包括与用户程序连接在一起的库，甚至是完全运行于内核之外的程序。系统调用（包括I/O系统调用）通常由库过程实现。例如，当一个C程序包含调用“Count = write (fd, buffer,nbytes);”时，库过程 write 将与该程序连接在一起，并包含在运行时出现在内存中的二进制程序中。所有这些库过程的集合都是I/O系统的组成部分。

虽然这些过程所做的工作不过是将这些参数放在合适的位置供系统调用，但是也有其他I/O过程实现真正的操作。输入和输出的格式化是由库过程完成的。一个例子是C语言中的 printf，它以一个格式串和可能的一些变量作为输入，构造一个 ASCII 字符串，然后调用 write 来输出这个串。作为 printf 的一个例子，考虑语句“printf ("The square of %3d is %6d\n", i, i * i);”，该语句格式化一个字符串。

使用假脱机系统是多道程序设计系统中处理独占I/O设备的一种方法。打印机是典型的假脱机设备，在技术上可以十分容易地让任何用户进程打开表示该打印机的字符特殊文件。

创建的特殊进程，称为假脱机目录。一个进程要打印一个文件时，首先生成要打印的整个文件，并且将其放在假脱机目录下。由守护进程打印该目录下的文件，该进程是允许使用打印机特殊文件的唯一进程。假脱机不仅可以用于打印机，也可以用于很多其他情况。例如，通过网络传输文件时常常使用一个网络守护进程。

图9-7对I/O系统进行了总结，给出了所有层次以及每一层的主要功能。从底层开始，这些层是硬件、中断处理程序、设备驱动程序、与设备无关的软件，最后是用户进程。

图9-7中的箭头表明控制流。例如，当一个用户程序试图从一个文件中读一个块时，操作系统被调用以实现这一请求。与设备无关的软件在缓冲区高速缓存中查找有无要读的块，如果需要的块不在其中，则调用设备驱动程序，向硬件发出一个请求，让它从磁盘中获取该块。然后进程被阻塞，直到磁盘操作完成。

当磁盘操作完成时，硬件产生一个中断。中断处理程序就会运行，它要查明发生了什么事情，也就是说此刻需要关注哪个设备。然后，中断处理程序从设备提取状态信息，唤醒休眠的进程以结束此次 I/O 请求，并且让用户进程继续运行。

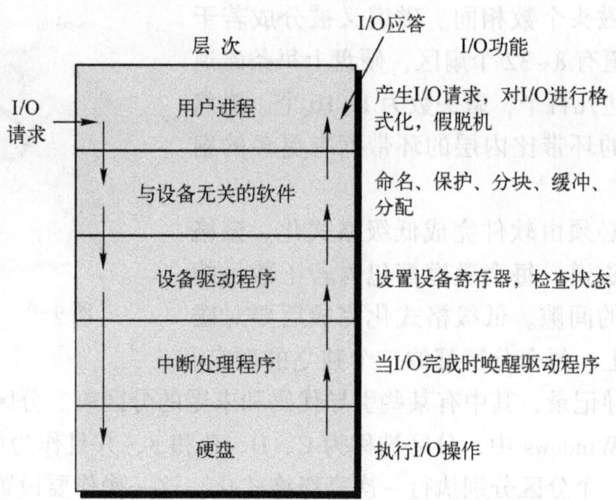

图 9-7 I/O 系统的层次以及每一层的主要功能

9.4 I/O 设备管理

管理和控制计算机的所有 I/O 设备是操作系统的主要功能之一。I/O 设备主要分为字符设备和块设备。

9.4.1 磁盘、光盘及固态硬盘

盘有很多类型。常用的是硬盘，它具有读和写速度快的特点，是理想的辅助存储器（用于分页、文件系统等）。这些盘的阵列可用来提供高可靠性的存储器。对于程序、数据和电影的发行而言，各种光盘（如 CD-ROM、可刻录 CD 以及 DVD）也非常重要。

图 9-8 磁盘的物理结构

1. 磁盘

磁盘由一叠铝的、合金的或玻璃的盘片组成（见图 9-8），直径为 5.25 in（1 in = 2.54 cm）或 3.5 in（在笔记本计算机上甚至更小）。每个盘片上都镀着一层薄薄的可磁化的金属氧化物，制造出来的磁盘上不存在任何信息。

在 IDE（Integrated Drive Electronics，集成驱动电子设备）和 SATA（Serial ATA，串行 ATA）磁盘上，磁盘驱动器本身包含一个微控制器，它承担了大量的工作，并可发出一组高级命令。控制器经常做磁道高速缓存、坏块重映射以及更多的工作。

对磁盘驱动程序有重要意义的一个设备特性是控制器是否可以同时控制两个或多个驱动器进行寻道，即重叠寻道。在具有一个以上硬盘驱动器的系统上，它们能够同时操作，极大地降低了平均存取时间。

磁盘被组织成柱面，每一个柱面都包含若干磁道，磁道数与垂直堆叠的磁头个数相同。磁道又被分成若干扇区，软盘上每条磁道有 8~32 个扇区，硬盘上每条磁道上扇区的数目可以多达几百个，磁头数为 1~16 个。磁盘被划分成环带，外层的环带比内层的环带拥有更多的扇区（见图 9-9）。

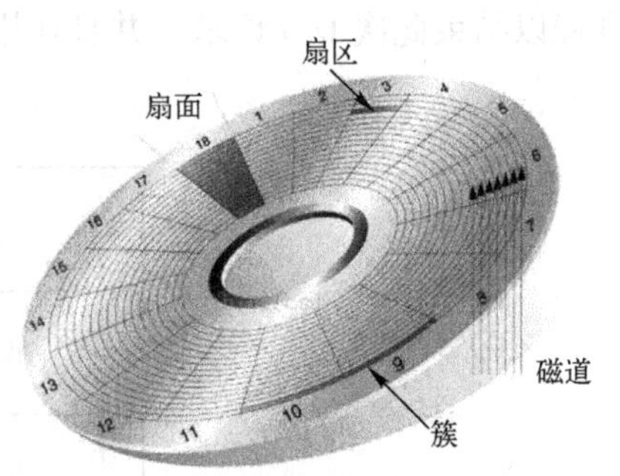

图 9-9　磁盘的几何规格

磁盘在使用之前必须由软件完成低级格式化。该格式包含一系列同心的磁道，每个磁道都包含若干数目的扇区，扇区间存在短的间隙。低级格式化完成后要对磁盘进行分区。在逻辑上，每个分区都像一个独立的磁盘。通常 0 扇区包含主引导记录，其中有某些引导代码和末尾的分区表。分区表给出了每个分区的起始扇区和大小。在 Windows 中，分区被称为 C、D、E 和 F，并且作为单独的驱动器对待。

最后一步是对每一个分区分别执行一次高级格式化。这一操作要设置引导块、空闲存储管理（空闲列表或位图）、根目录和空文件系统。这一操作还要将代码设置在分区表项中，以表明分区中使用的是哪个文件系统，因为许多操作系统支持多个兼容的文件系统（由于历史原因）。这时，系统就可以引导了。

由操作系统处理重映射时，它必须确保坏扇区不出现在任何文件中，并且不出现在空闲列表或位图中。做到这一点的一种方法是创建一个包含所有坏扇区的秘密的文件。

2. 光盘

光盘与传统的磁盘相比有更高的记录密度。光盘最初是为记录电视节目而开发的，但是作为计算机存储设备，由于它们潜在的巨大容量，因此可以被赋予更为重要的用途，经历了令人难以置信的快速发展。但是，即使是最快速的光盘驱动器也无法与磁盘驱动器相比，它们在性能上不属于同一个范畴。

1980 年，飞利浦与索尼开发的音频 CD（压缩光盘）是第一个成功的大众市场数字存储介质，其技术细节以国际标准 ISO 10149 的形式出版（红皮书）。将光盘以及驱动器的规范作为国际标准出版，其目的在于让不同音乐出版商的 CD 和不同电子设备制造商的播放器能够一同工作。一个标准的音频 CD 可以存放 74 min 的音乐，基本容量是 650 MB。

1980 年，技术与需求方面的结合引出了 DVD 光盘。DVD 采用与 CD 同样的总体设计，使用 120 mm 注模聚碳酸酯盘片，包含凹痕和槽脊，有更小的凹痕、更密的螺旋，并使用红色激光。综合起来，这些改进将容量提高了 7 倍多，达到 4.7 GB。

一种新的光盘设备是 Blue-ray（蓝光光盘），它使用蓝色激光将 25 GB 压入单层盘中，或者将 50 GB 压入双层盘中。另一种设备是 HD DVD（高密度 DVD），它使用相同的蓝色激光，但是容量只有 15 GB（单层）或者 30 GB（双层）。

3. 固态硬盘

固态硬盘（见图 9-10）的存储介质分为两种，一种采用闪存（FLASH 芯片），另一种采用 DRAM。

(1) 基于闪存的固态硬盘（IDE FLASH DISK、Serial ATA Flash Disk）

图 9-10　固态硬盘

采用 FLASH 芯片作为存储介质，

即通常所说的 SSD，它的外观可以被制作成多种样式，如笔记本硬盘、微硬盘、存储卡、U 盘等。SSD 固态硬盘最大的优点是可移动，而且数据保护不受电源控制，能适应于各种环境，但使用年限不高，适合于个人用户使用。

在基于闪存的固态硬盘中，存储单元又分为两类：SLC（Single Layer Cell，单层单元）和 MLC（Multi-Level Cell，多层单元）。SLC 的成本高，容量小，但是速度快；而 MLC 的特点是容量大，成本低，但速度慢。MLC 的每个单元是 2 bit 的，相对 SLC 来说整整多了一倍。不过，由于每个 MLC 存储单元中存放的资料较多，结构相对复杂，出错的概率会增加，必须进行错误修正，这个动作导致其性能大幅落后于结构简单的 SLC 闪存。

此外，SLC 闪存的优点是复写次数可高达 100000 次，比 MLC 闪存高 10 倍。为了保证 MLC 的寿命，控制芯片使用校验智能磨损平衡技术算法，使得每个存储单元的写入次数可以平均分摊，达到 100 万小时故障间隔时间（MTBF）。

（2）基于 DRAM 的固态硬盘

DRAM 即动态随机存储器，是常见的系统内存。DRAM 使用电容存储，只能将数据保持很短的时间，为此必须隔一段时间刷新一次。如果存储单元没有被刷新，则所存储的信息就会丢失。

采用 DRAM 作为存储介质的固态硬盘仿效传统硬盘的设计，可被绝大多数操作系统的文件系统工具进行卷设置和管理，并提供工业标准的 PCI 和 FC 接口以用于连接主机或者服务器。应用方式可分为 SSD 硬盘和 SSD 硬盘阵列两种。它是一种高性能的存储器，而且使用寿命很长，美中不足的是需要独立电源来保护数据安全。

现有的固态硬盘产品有 3.5 in、2.5 in、1.8 in 等多种类型，容量一般为 16～256 GB，比一般的闪存盘（U 盘）大。接口规格与传统硬盘一致，有 UATA、SATA、SCSI 等。

9.4.2　磁盘臂调度算法

读或者写一个磁盘块所需要的时间由以下 3 个因素决定：

1）寻道时间（将磁盘臂移动到适当的柱面上所需的时间）。

2）旋转延迟（等待适当扇区旋转到磁头下所需的时间）。

3）实际数据传输时间。

对大多数磁盘而言，寻道时间与另外两个时间相比占主导地位，所以减少平均寻道时间可以充分地改善系统性能。

如果磁盘驱动程序每次接收一个请求并按照接收顺序完成请求，即先来先服务（FCFS），则很难优化寻道时间。然而，当磁盘负载很重时，可以采用其他策略。很有可能当磁盘臂为一个请求寻道时，其他进程会产生其他磁盘请求。许多磁盘驱动程序都维护着一张表，该表按柱面号索引，每一柱面的未完成的请求组成一个链表，链表头存放在表的相应表目中。

给定这种数据结构，可以改进先来先服务调度算法。为了说明如何实现，考虑一个具有 40 个柱面的假想磁盘。假设柱面 11 上一个数据块的读请求到达，当对柱面 11 的寻道正在进行时，又按顺序到达了对柱面 1、36、16、34、9 和 12 的请求，则让它们进入未完成的请求表，每一个柱面都对应一个单独的全表。图 9-11 所示为这些请求。

当前请求（柱面 11）结束后，磁盘驱动程序要选择下一次处理哪一个请求。若使用 FCFS 算法，则首先选择柱面 1，然后是 36，以此类推。这个算法要求磁盘臂分别移动 10、35、20、18、25 和 3 个柱面，总共需要移动 111 个柱面。

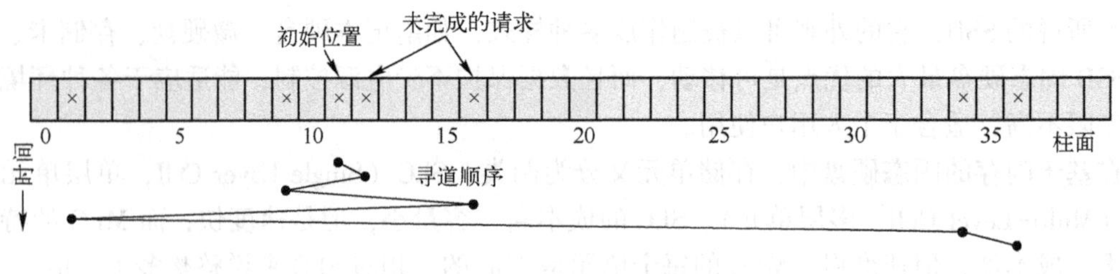

图 9-11　对柱面的请求

若下一次总是处理与磁头距离最近的请求，则可使寻道时间最小化。对于图 9-11 中给出的请求，选择请求的顺序如图 9-11 中下方的折线所示，依次为 12、9、16、1、34 和 36。按照这个顺序，磁盘臂分别需要移动 1、3、7、15、33 和 2 个柱面，总共需要移动 61 个柱面。这个算法即最短寻道时间优先（Shortest Seek Time First，SSTF）。与 FCFS 算法相比，该算法的磁盘臂移动几乎减少了一半。

但是 SSTF 算法存在一个问题。假设当图 9-11 所示的请求正在处理时，不断地有其他请求到达，例如，磁盘臂移到柱面 16 以后，到达一个对柱面 8 的新请求，那么它的优先级将比柱面 1 要高。如果接着又到达了一个对柱面 13 的请求，磁盘臂将移到柱面 13，而不是柱面 1。如果磁盘负载很重，那么大部分时间磁盘臂将停留在磁盘的中部区域，而两端极端区域的请求将不得不等待，直到负载中的统计波动使得中部区域没有请求为止。远离中部区域的请求得到的服务很差。因此，获得最小响应时间的目标和公平性之间存在着冲突。

高层建筑也要进行这种权衡处理。高层建筑中的电梯调度问题和磁盘臂调度很相似。电梯请求不断地到来，随机地要求电梯到各个楼层（柱面）。控制电梯的计算机能够很容易地跟踪顾客按下请求按钮的顺序，并使用 FCFS 或者 SSTF 为他们提供服务。

然而，大多数电梯使用电梯算法来协调效率和公平性这两个相互冲突的目标。电梯保持按一个方向移动，直到在那个方向上没有请求为止，然后改变方向。这个算法在磁盘世界中和电梯世界中都被称为电梯算法，它需要软件维护一个二进制位，即当前方向位：UP（向上）或是 DOWN（向下）。当一个请求处理完之后，磁盘或电梯的驱动程序检查该位，如果是 UP，则磁盘臂或电梯舱移至下一个更高的未完成的请求。如果更高的位置没有未完成的请求，则方向位取反。当方向位设置为 DOWN 时，同时存在一个低位置的请求，则移向该位置。

图 9-12 所示为使用与图 9-11 相同的 7 个请求的电梯算法的情况。假设方向位初始为 UP，则各柱面获得服务的顺序是 12、16、34、36、9 和 1，磁盘臂分别移动 1、4、18、2、27 和 8 个柱面，总共移动 60 个柱面。在本例中，电梯算法比 SSF 要稍微好一点，尽管通常它不如 SSF。电梯算法的一个优良特性是对于任意的一组给定请求，磁盘臂移动总次数的上界是固定的，即正好是柱面数的两倍。

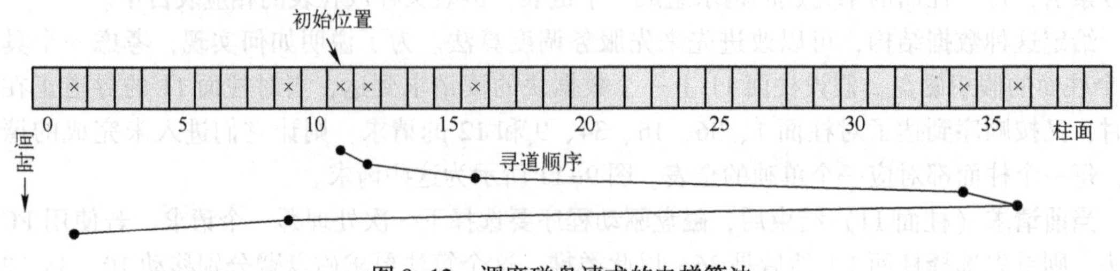

图 9-12　调度磁盘请求的电梯算法

对这个算法稍加改进就可以在响应时间上实现更小的变化，方法就是一直按相同的方向进行扫描。当处理完最高编号柱面上未完成的请求之后，磁盘臂移动到具有未完成的请求的最低编号的柱面，然后继续沿向上的方向移动。实际上，这相当于将最低编号的柱面看作最高编号的柱面之上的相邻柱面。

对于现代硬盘，寻道和旋转延迟严重影响性能，所以一次只读取一个或两个扇区的效率是非常低下的。因此，许多磁盘控制器总是读出多个扇区并对其进行高速缓存，即使只请求一个扇区时也是如此。典型地，读一个扇区的任何请求都将导致该扇区和当前磁道的多个或者所有剩余的扇区被读出，读出的扇区数取决于控制器的高速缓存中有多少可用的空间。高速缓存的使用是由控制器动态地决定的。在最简单的模式下，高速缓存被分成两个区段，一个用于读，一个用于写。如果后来的读操作可以用控制器的高速缓存来满足，那么就可以立即返回被请求的数据。

磁盘控制器的高速缓存完全独立于操作系统的高速缓存。控制器的高速缓存通常保存还没有实际被请求的块，这对读操作是很有利的，因为它们只是作为某些其他读操作的附带效应而恰巧要在磁头下通过。与之相反，操作系统所维护的任何高速缓存由显式读出的块组成，并且操作系统认为它们在较近的将来可能再次被需要（如保存目录块的一个磁盘块）。

当同一个控制器上有多个驱动器时，操作系统应该为每个驱动器都单独地维护一个未完成的请求表：一旦任何一个驱动器空闲下来，就应该发出一个寻道请求将磁盘臂移到下一个将被请求的柱面处（假设控制器允许重叠寻道）。

9.4.3　磁盘阵列（RAID）

20世纪70年代，小型计算机磁盘的平均寻道时间是50~100 ms，现在的寻道时间略微低于10 ms。CPU与磁盘在性能上的差距随着时间的推移越来越大，使得磁盘存储系统可能会成为提高整个计算机系统性能的关键。

磁盘存储器的设计人员认识到，使用一个组件对性能的影响有限，并行使用多个组件可获得额外的性能提高。帕特森等人提出，使用多种特殊的磁盘组织可能会改进磁盘的性能、可靠性，或者同时改进这两者，这个思想很快被工业界所采纳，导致被称为RAID的新型I/O设备的诞生，人们将其定义为独立磁盘冗余阵列（Redundant Array of Independent Disk，RAID）。

RAID方案包括从0到6的7个级别。这些级别并不隐含一种层次关系，但表明了不同的设计体系结构。这些设计体系结构具有3个共同的特性：

1）RAID是一组物理磁盘驱动器，操作系统把它视为单个逻辑驱动器。

2）数据分布在物理驱动器阵列中，这种设计称为条带化。

3）使用冗余磁盘容量保存奇偶检验信息，保证一个磁盘失效时数据具有可恢复性。

在不同的RAID级别中，第二个特性和第三个特性的实现细节不同。RAID 0和RAID 1也不支持第三个特性。

RAID的基本思想是将一个装满了磁盘的盒子安装到计算机（通常是一个大型服务器）上，用RAID控制器替换磁盘控制器卡，将数据复制到整个RAID上，然后继续进行常规的操作。换言之，对操作系统而言，RAID看起来就像一个大容量磁盘，但是其具有更好的性能和更好的可靠性。由于SCSI盘具有良好的性能、较低的价格，并且在单个控制器上能够容纳多达7个驱动器（对宽型SCSI而言是15个），因此大多数RAID由一个RAID SCSI控制器加上一个装满了SCSI盘的盒子组成。以这样的方法，不需要软件做任何修改就可以使用RAID。

图 9-13 所示为 7 种 RAID 方案，它强调了用户数据和冗余数据的布局，表明了不同级别之间的相对存储需求。事实上，在所介绍的 7 个 RAID 级别中，只有 4 个是常用的，即 RAID 0、RAID 1、RAID 5 和 RAID 6。

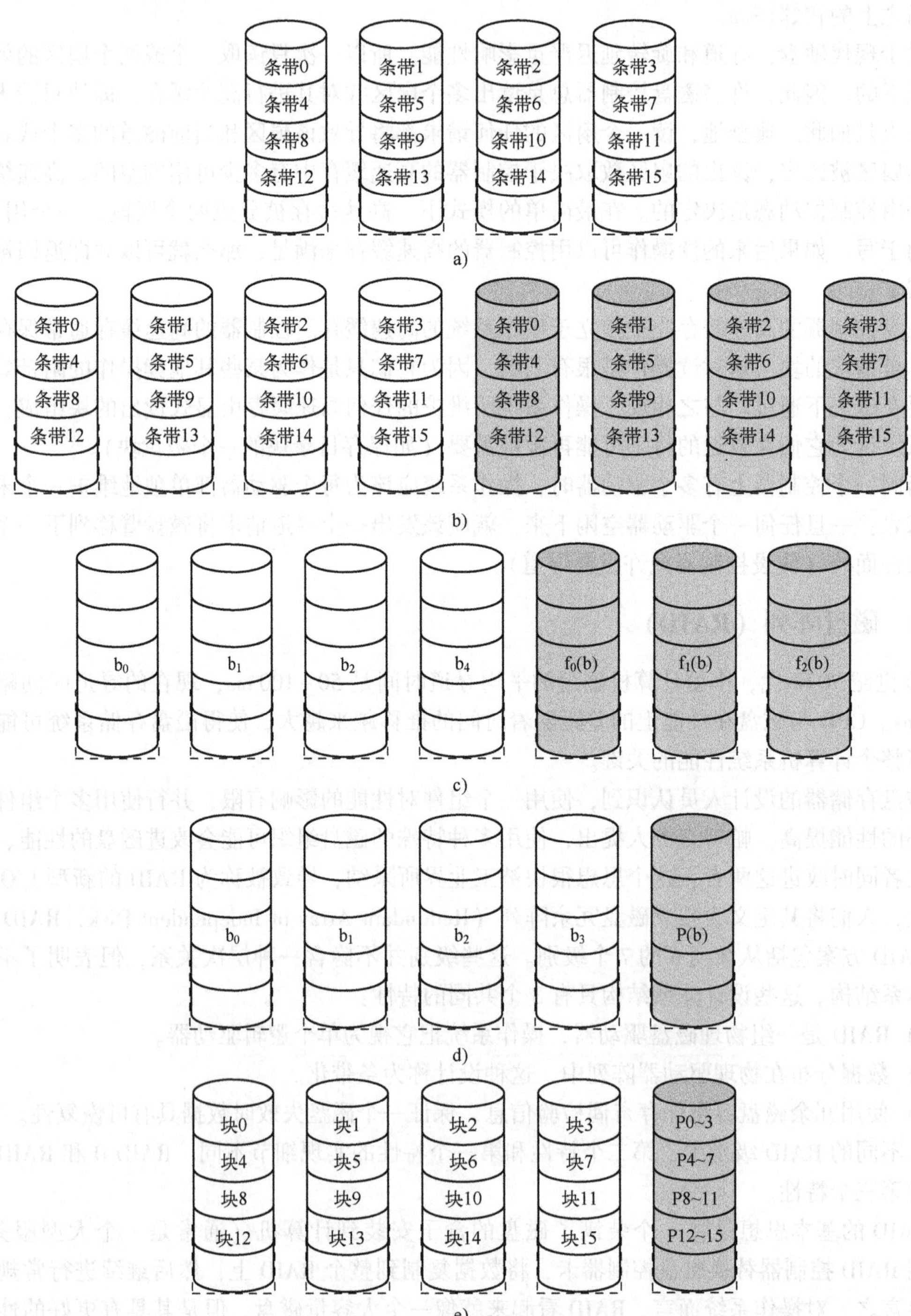

图 9-13　RAID 0~RAID 6 共 7 种 RAID 方案（备份驱动器及奇偶驱动器以灰色显示）

a）RAID 0（无冗余）　b）RAID 1（镜像）　c）RAID 2（汉明码冗余）

d）RAID 3 交错位奇偶校验　e）RAID 4 块奇偶校验

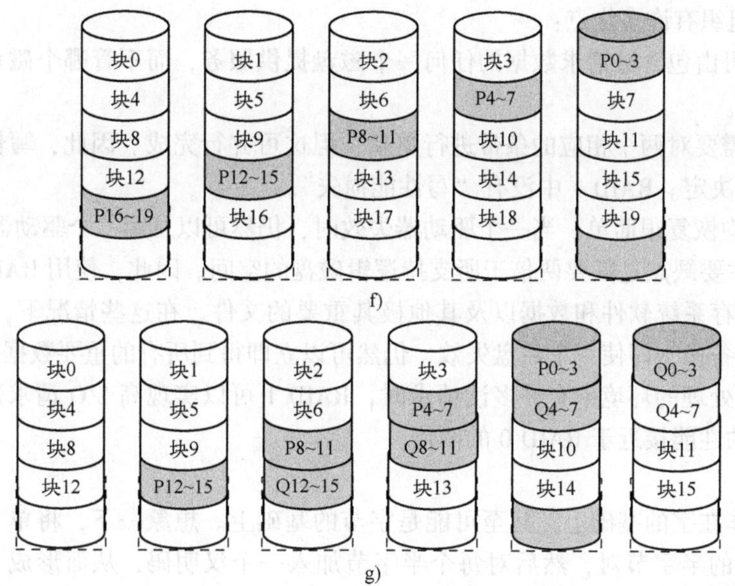

图 9-13　RAID 0~RAID 6 共 7 种 RAID 方案（备份驱动器及奇偶驱动器以灰色显示）（续）
f）RAID 5 块分布奇偶校验　g）RAID 6 双重冗余

1. RAID 0

RAID 0（见图 9-13a）并不是 RAID 家族中的真正成员，因为它未用冗余数据来提高性能或提供数据保护。但是，许多应用程序，比如超级计算机上的应用程序都采用了这种方式。超级计算机最关注的是性能和容量，降低成本比提高可靠性要重要得多。

RAID 0 将 RAID 模拟的虚拟单个磁盘划分成条带，每个条带具有 k 个扇区。RAID 0 结构将连续的条带以轮转方式写到全部驱动器上。

将数据分布在多个驱动器上称为划分条带。例如，如果软件发出一条命令，读取一个由 4 个连续条带组成的数据块，并且数据块起始于条带边界，那么 RAID 控制器就会将该命令分解为 4 条单独的命令，每条命令对应 4 块磁盘中的一块，并且让它们并行操作。

RAID 0 对于大数据量的请求工作性能最好，数据量越大，性能就越好。如果请求的数据量大于驱动器数乘以条带大小，那么某些驱动器将得到多个请求，在完成了第一个请求之后就会开始处理第二个请求。控制器的责任是分解请求，并且以正确的顺序将适当的命令提供给适当的磁盘，之后在内存中将结果装配起来。RAID 0 性能杰出，实现简单明了。但是，对习惯于每次请求一个扇区的操作系统来说，RAID 0 的工作性能最为糟糕。这一结构的另一个劣势是其可靠性潜在地比一个大磁盘要差，如果一个 RAID 由 4 块磁盘组成，那么平均故障间隔时间要多出 4 倍。

2. RAID 1

RAID 1（见图 9-13b）是一个真正的 RAID，它复制所有磁盘，在执行一次写操作时，每个条带都被写了两次。在执行一次读操作时，则可以使用其中的任意一个副本，从而将负荷分布在多个驱动器上。因此，写性能并不比单个驱动器好，但读性能比单个驱动器高出两倍，其容错性突出。

与 RAID 2~RAID 6 相比，RAID 1 实现冗余的方法有所不同。RAID 2~RAID 6 的 RAID 方案使用某种奇偶计算来实现冗余，而 RAID 1 则通过临时复制所有数据来实现冗余。

RAID 1 的组织有许多优点：

1）读请求可由包含被请求数据的任何一个磁盘提供服务，而不管哪个磁盘拥有最小寻道时间和旋转延迟。

2）写请求需要对两个相应的条带进行更新，但这可并行完成。因此，写性能由两个写操作中较慢的那个决定。RAID 1 中没有“写性能损失”。

3）从失效中恢复很简单。当一个驱动器失效时，仍然可以从第二个驱动器访问数据。

RAID 1 的主要缺点是需要两倍于所支持逻辑磁盘的空间。因此，使用 RAID 1 配置的驱动器，通常用于保存系统软件和数据以及其他极其重要的文件。在这些情况下，RAID 1 提供对所有数据的实时备份，即使一个磁盘失效，仍然可以立即得到所有的重要数据。

在面向事务处理的环境中有许多读请求时，RAID 1 可以实现高 I/O 请求速度。在这种情况下，RAID 1 的性能接近于 RAID 0 的两倍。

3. RAID 2

RAID 2 工作在字的基础上，甚至可能是字节的基础上。想象一下，将单个虚拟磁盘的每个字节分成 4 位的半字节对，然后对每个半字节加入一个汉明码，从而形成 7 位的字，其中 1、2、4 位为奇偶校验位。进一步想象图 9-13c 所示的 7 个驱动器在磁盘臂位置与旋转位置方面是同步的。那么，将 7 位汉明编码的字写到 7 个驱动器上，每个驱动器写一位，这样做是可行的。

不利的一面是，RAID 2 方案要求所有驱动器的旋转必须同步，并且只有在驱动器数量很充裕的情况下才有意义。这一方案还对控制器提出许多要求。

4. RAID 3

RAID 3 是 RAID 2 的简化版本（见图 9-13d），要为每个数据字计算一个奇偶校验位并将其写入一个奇偶驱动器中。与 RAID 2 一样，各个驱动器必须精确地同步，因为每个数据字都分布在多个驱动器上。尽管 RAID 2 和 RAID 3 都提供了非常高的数据传输速率，但是它们能够处理的单独的 I/O 请求的数目并不比单个驱动器好。

5. RAID 4

RAID 4~RAID 6 使用了一种独立的访问技术。在独立访问阵列中，每个磁盘成员都单级运转，因此不同的 I/O 请求能并行地得以满足。独立访问阵列更适合于需要较高 I/O 请求速度的应用程序，而相对不太适合于需要较高数据传送速率的应用程序。

RAID 4（见图 9-13e）与 RAID 0 相类似，但是它将奇偶条带写到一个额外的磁盘上。如果一个驱动器崩溃了，则损失的字节可以通过读整个驱动器组，从奇偶驱动器重新计算出来。这一设计对一个驱动器的损失提供了保护，但是对于微小的更新，其性能很差。

6. RAID 5

RAID 5 的组织类似于 RAID 4，不同之处在于 RAID 5 把奇偶校验条带分布在所有磁盘中。典型的分配方案是循环分配，如图 9-13f 所示。对于一个 n 磁盘阵列，开始的 n 个条带的奇偶校验条带位于不同的磁盘上，然后重复这种模式。

奇偶校验条带分布在所有驱动器上，可避免 RAID 4 中一个奇偶校验磁盘的潜在 I/O 瓶颈问题。此外，RAID 5 还具有损失任何一个磁盘都不会损失数据的特性。

7. RAID 6

RAID 6（见图 9-13g）方案中采用了两种不同的奇偶校验计算，并保存在不同磁盘的不同块中。因此，用户数据需要 N 个磁盘的 RAID 6 阵列，由 $N+2$ 个磁盘组成。

图 9-13 中，P 和 Q 是两种不同的数据校验算法，一种是 RAID 4 和 RAID 5 所使用的异或计算，另一种是独立数据校验算法。这就使得即使有两个包含用户数据的磁盘发生错误，也可以重新生成数据。

RAID 6 的优点是能提供极高的数据可用性。在 MTTR（平均故障时间）内，3 个磁盘同时失效时数据才会丢失。但是，另一方面，RAID 6 会导致严重的写性能损失，因为每次写操作都会影响两个校验块。

9.4.4　时钟

时钟又称为定时器，对于多道程序设计系统的操作来说，它是至关重要的。时钟负责维护时间，防止一个进程垄断 CPU，此外还有其他的功能。时钟软件可以采用设备驱动程序的形式。

1. 时钟硬件

现在计算机中通常使用的时钟由 3 个部件构成：晶体振荡器、计数器和存储寄存器（见图 9-14）。把一块石英晶体适当地切割并安装在一定压力之下，它就可以产生非常精确的周期性信号，典型的频率范围是几百兆赫兹，具体的频率值与所选的晶体有关。使用电子器件可以将这一基础信号乘以一个小的整数来获得高达 1000 MHz 甚至更高的频率。在任何一台计算机里通常都可以找到至少一个这样的电路，它给计算机的各种电路提供同步信号。该信号被送到计数器，使其递减计数至 0。当计数器变为 0 时，产生一个 CPU 中断。

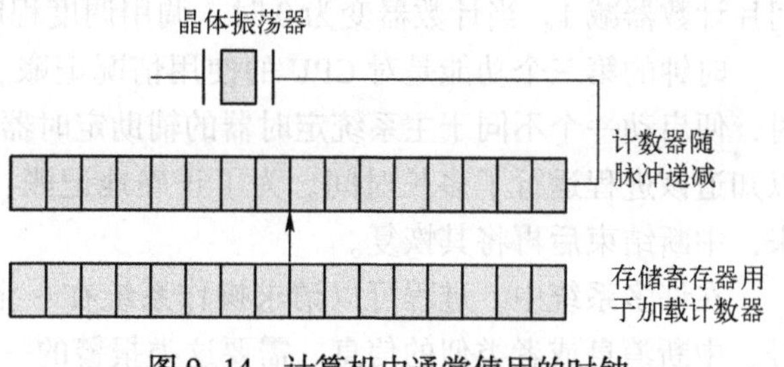

图 9-14　计算机中通常使用的时钟

可编程时钟通常具有几种操作模式。在一次完成模式下，当时钟启动时，它把存储寄存器的值复制到计数器中，然后，来自晶体的每一个脉冲都使计数器减 1。当计数器变为 0 时，产生一个中断，并停止工作，直到软件再一次显式地启动它。在方波模式下，当计数器变为 0 并且产生中断之后，存储寄存器的值自动复制到计数器中，并且整个过程无限期地再次重复下去。这些周期性的中断称为时钟滴答。

可编程时钟的优点是其中断频率可以由软件控制。如果采用 500 MHz 的晶体，那么计数器将每隔 2 ns 脉动一次。对于无符号 32 位寄存器，中断可以被编程为从 2 ns 的时间间隔发生一次到 8.6 s 的时间间隔发生一次。可编程时钟芯片通常包含两个或 3 个独立的可编程时钟，并且还具有许多其他选项（如用正计时代替倒计时、屏蔽中断等）。

为防止计算机电源被切断时丢失当前时间，大多数计算机都有一个由电池供电的备份时钟，它是由低功耗电路实现的。电池时钟可以在系统启动时读出。如果不存在备份时钟，软件就会向用户询问当前日期和时间。对于一个联入网络的系统而言，还有一种从远程主机获取当前时间的标准方法。无论是哪种情况，当前时间都要转换成自 1970 年 1 月 1 日上午 12 时（UTC，协调世界时，以前称为格林尼治平均时）以来的时钟滴答数，或者转换成自某个其他标准时间以来的时钟滴答数。Windows 的时间原点是 1980 年 1 月 1 日。每一次时钟滴答都使实际时间增加一个计数。通常会提供实用程序来手工设置系统时钟和备份时钟，并使两个时钟保持同步。

2. 时钟软件

时钟硬件做的工作是根据已知的时间间隔产生中断。涉及时间的其他工作都由软件时钟驱动程序完成。时钟驱动程序的任务因操作系统而异，但通常包括下面的大多数任务：

1）维护时间。

2）防止进程超时运行。

3）对 CPU 的使用情况记账。

4）处理用户进程提出的 alarm（报警）系统调用。

5）为系统本身的各个部分提供监视定时器。

6）完成概要剖析、监视和统计信息收集。

时钟的第一个功能是维持正确的时间，也称实际时间，需要在每个时钟滴答处将计数器加 1。

时钟的第二个功能是防止进程超时运行。每当启动一个进程时，调度程序就将一个计数器初始化为以时钟滴答为单位的该进程时间片的取值。每次时钟中断时，时钟驱动程序都会将时间片计数器减 1。当计数器变为 0 时，调用调度程序以激活另一个进程。

时钟的第三个功能是对 CPU 的使用情况记账。最精确的记账方法是，每当一个进程启动时，便启动一个不同于主系统定时器的辅助定时器。当进程终止时，读出这个定时器的值就可以知道该进程运行了多长时间。为了正确地记账，当中断发生时，应该将辅助定时器保存起来，中断结束后再将其恢复。

在许多系统中，进程可以请求操作系统在一定的时间间隔之后向它报警。警报通常是信号、中断消息或者类似的信息。需要这类报警的一个应用是网络，当一个数据包在一定的时间间隔之内没有被确认时，该数据包必须重发。其他应用如计算机辅助教学，如果学生在一定时间内没有响应，就告诉他答案。

操作系统的组成部分也需要设置定时器，这些定时器被称为监视定时器（或称看门狗定时器）。例如，为了避免磨损介质和磁头，软盘在不使用时是不旋转的。当数据需要从软盘读出时，首先电机必须启动。只有当软盘以全速旋转时，I/O 才可以开始。

时钟驱动程序用来处理监视定时器的机制和用于用户信号的机制是相同的。唯一的区别是，当一个定时器时间到时，时钟驱动程序将调用一个由调用者提供的过程，而不是引发一个信号。这个过程是调用者代码的一部分，被调用的过程可以做任何需要做的工作，甚至可以引发一个中断。

时钟最后要做的事情是剖析。某些操作系统提供了一种机制，通过该机制，用户程序可以让系统了解时间花在了什么地方。这一机制也可用来对系统本身进行剖析。

3. 软定时器

大多数计算机除了具有主系统定时器之外还具有一个辅助可编程时钟，可以设置它以程序需要的任何速率引发定时器中断。

一般而言，有两种方法管理 I/O：中断和轮询。中断具有较低的等待时间，也就是说，它们在事件本身之后立即发生，具有很少的延迟或者没有延迟。另一方面，对于 CPU 而言，由于需要上下文切换，以及对流水线、TLB 和高速缓存具有影响，因此中断具有相当大的开销。

要替代中断，可让应用程序对它本身期待的事件进行轮询。这样做避免了中断，但是可能存在相当长的等待时间，因为一个事件可能正好发生在一次轮询之后，在这种情况下，就要等待几乎整个轮询间隔。平均而言，等待时间是轮询间隔的一半。

软定时器避免了中断。无论何时，当内核因某种其他原因在运行时，它返回到用户态之前，都要检查实时时钟以了解软定时器是否到期。如果这个定时器已经到期，则执行被调度的事件（如传送数据包或者检查到来的数据包）而无须切换，因为系统已经在内核态。完成工作之后，软定时器被复位，要做的全部工作是将当前时钟值复制给定时器且将超时间隔加上。

9.5 用户界面：键盘、鼠标和监视器

每台通用计算机都配有键盘、鼠标和监视器，使人们可以与之交互。尽管键盘和监视器在技术上是独立的设备，但是它们紧密地一同工作，这些设备有时被称为终端。

9.5.1 输入软件

用户输入主要来自键盘和鼠标。键盘包含一个嵌入式微处理器，它通过一个特殊的串行端口（或 USB 端口）与主板上的控制芯片通信。每当一个键被按下时都会产生一个中断，并且每当一个键被释放时还会产生第二个中断。在发生键盘中断时，键盘驱动程序都要从与键盘相关联的 I/O 端口提取信息，以了解发生了什么事情。其他的一切事情都是在软件中发生的，在相当大的程度上独立于硬件。

9.5.2 输出软件

程序员通常喜欢使用文本窗口的简单输出方式，而其他用户则喜欢图形用户界面。

1. 文本窗口

当输出是连续的单一字体、大小和颜色的形式时，输出比输入简单。大体上，程序将字符发送到当前窗口，字符显示出来。通常，一个字符块或者一行是在一个系统调用中被写到窗口中的。

屏幕编辑器和许多其他程序需要以更复杂的方式更新屏幕，如在屏幕的中间替换一行。为满足这样的需要，大多数输出驱动程序支持一系列命令来移动光标，在光标处插入、删除字符或行。这些命令常常被称为转义序列。在 25 行 80 列 ASCII 哑终端的全盛期有数百种终端类型，每一种都有自己的转义序列。因而，编写在多种终端上工作的软件是十分困难的。

一种解决方案是使用称为 termcap 的终端数据库，它是在伯克利 UNIX 中引入的。该软件包定义了许多基本动作。为了将光标移动到一个特殊的位置（行，列），软件（如编辑器）使用一个转义序列，然后该转义序列被转换成将要被执行写操作的终端的实际转义序列。以这种方式，该编辑器就可以工作在任何具有 termcap 数据库入口的终端上。

逐渐地，业界看到了转义序列标准化的需要，所以就开发了 ANSI 标准。

2. 图形用户界面

大多数个人计算机提供了图形用户界面（GUI）。GUI 最初是由斯坦福研究院的道格拉斯·恩格尔巴特和他的研究小组发明的，之后被施乐 PARC 的研究人员模仿。某日，苹果公司的共同创始人史蒂夫·乔布斯参观了 PARC，并且在一台施乐计算机上见到了 GUI，这使他产生了开发一种新型计算机的想法，这种新型计算机就是苹果的丽莎。丽莎太过昂贵，因而在商业上是失败的，但是它的后继者麦金塔获得了巨大的成功。微软从苹果获得界面要素的许可证，这形成了 Windows 的基础。

GUI 具有用字符 WIMP 表示的 4 个基本要素，这些字母分别代表窗口（Window）、图标

(Icon)、菜单 (Menu) 和定点设备 (Pointing Device)。窗口是一个矩形块状的屏幕区域，用来运行程序。图标是小符号，在其上单击可以导致某个动作发生。菜单是动作列表，人们可以从中进行选择。定点设备是鼠标、跟踪球或者其他硬件设备，用来在屏幕上移动光标以便选择项目。

GUI 软件可以在用户级代码中实现（如 UNIX 系统所做的那样），也可以在操作系统中实现（如 Windows 的情况）。

GUI 系统的输入仍然使用键盘和鼠标，但是输出几乎总是送往特殊的硬件电路板，称为图形适配器。图形适配器包含特殊的内存，称为视频 RAM，它保存出现在屏幕上的图像。高端的图形适配器通常具有强大的 32 位或 64 位 CPU 和多达 1 GB 独立于计算机主存的内置 RAM。每个图形适配器都支持几种屏幕尺寸。常见的尺寸是 1024×768 像素、1280×960 像素、1600×1200 像素和 1920×1200 像素。除了 1920×1200 像素以外，所有这些尺寸的宽高比都是 4:3，符合 NTSC 和 PAL 电视机的屏幕宽高比，因此可以用于电视机的监视器上产生正方形的像素。1920×1200 像素尺寸用于宽屏监视器，它的宽高比与这一分辨率相匹配。在最高的分辨率下，每个像素的色彩显示为 24 位，只是保存图像就需要大约 6.5 MB 的 RAM。所以，拥有 256 MB 或更大的 RAM，图形适配器就能够一次保存许多图像。如果整个屏幕每秒刷新 75 次，那么视频 RAM 必须能够连续地以每秒 489 MB 的速率发送数据。

3. 位图

GDI 过程是矢量图形学的实例。它们用于在屏幕上放置几何图形和文本。它们能够十分容易地缩放到较大和较小的屏幕（如果屏幕上的像素数是相同的）中，并且还是相对设备无关的。一组对 GDI 过程的调用可以聚集在一个文件中，描述一个复杂的图画。这样的文件称为 Windows 元文件，广泛地用于从一个 Windows 程序到另一个 Windows 程序传送图画。这样的文件具有扩展名 .wmf。

许多 Windows 程序允许用户复制图画（或图画的一部分）并且放在 Windows 的剪贴板上，然后用户可以转入另一个程序，并且粘贴剪贴板的内容到另一个文档中。做这件事的一种方法是，由第一个程序将图画表示为 Windows 元文件，并且将其以 .wmf 格式放在剪贴板上。此外，还有其他的方法做这件事。

并不是计算机处理的所有图像都能够使用矢量图形来生成。例如，照片和视频就不使用矢量图形。这些项目可以通过在图像上覆盖一层网格扫描输入。每一个网格方块的平均红、绿、蓝取值被采样，并且保存为一个像素的值。这样的文件称为位图。Windows 中有大量的工具用于处理位图。

位图的另一个用途是用于文本。在某种字体中表示一个特殊字符的一种方法是将其表示为小的位图，于是往屏幕中添加文本就变成了移动位图的操作。

位图的缺点是它们不能缩放。8×12 方框内的一个字符在 640×480 像素的显示器上看起来是适度的。然而，如果该位图以每英寸 1200 点复制到 10200×13200 像素的打印页面上，那么字符宽度（8 像素）为 8/1200 英寸或 0.17 mm。此外，在具有不同色彩属性的设备之间进行复制，或者在单色设备与彩色设备之间进行复制的效果并不理想。

由于这样的缘故，Windows 还支持一个称为 DIB（设备无关的位图）的数据结构。采用这种格式的文件使用扩展名 .bmp。这些文件在像素之前具有文件与信息头以及一个颜色表，这样的信息使得在不同的设备之间移动位图十分容易。

4. 字体

在 Windows 3.1 之前的版本中，字符表示为位图并复制到屏幕上或者打印机上。这样做的问题是屏幕上有意义的位图对于打印机来说太小了。此外，对于每一尺寸的每个字符，都需要不同的位图。换句话说，给定字符 A 的 10 点阵字型的位图，没有办法计算它的 12 点阵字型。因为每种字体的每一个字符都可能需要 4~120 点范围内的各种尺寸，所以需要的位图的数目是巨大的。整个系统对于文本来说太笨重了。

该问题的解决方法是 TrueType 字体的引入。TrueType 字体不是位图，而是字符的轮廓。每个 TrueType 字符都是通过围绕其周界的一系列点来定义的，所有的点都是相对于(0,0)原点的。使用 TrueType 系统，放大或者缩小字符十分容易，要做的全部事情是将每个坐标乘以相同的比例因子。采用这种方法，TrueType 字符可以放大或者缩小到任意的点阵尺寸，甚至是分数点阵尺寸。一旦给定了适当的尺寸，各个点就可以使用逐点连算法连接起来。轮廓完成后，就可以填充字符了。

一旦填充的字符在数学形式上是可用的，就可以对它进行栅格化，也就是说，以任何期望的分辨率将其转换成位图。通过首先缩放然后栅格化，人们可以肯定显示在屏幕上的字符与出现在打印机上的字符是尽可能接近的，差别只在于量化误差。为了进一步改进质量，可以在每个字符中嵌入表明如何进行栅格化的线索。例如，字母 T 顶端的两个衬线应该是完全相同的，否则由于舍入误差就可能不是这样的情况了。

9.6 电源管理

计算机的电源管理一直是人们关注的焦点之一，操作系统在其中也扮演着重要的角色。

在低层次上，硬件厂商努力使电子装置具有更高的能量效率。使用的技术包括减小晶体管的尺寸、利用动态电压调节、使用低摆幅并隔热的总线以及类似的技术。

有两种减少能量消耗的方法。一种方法是当计算机的某些部件（主要是 I/O 设备）不用时由操作系统关闭它们，另一种方法是延长电池时间，此时应用程序会使用较少的能量，这可能会降低用户体验的质量。大多数计算机厂商采取的措施是将 CPU、内存以及 I/O 设备设计成具有多种状态：工作、睡眠、休眠和关闭。要使用设备，它必须处于工作状态。当设备在短时间内暂时不使用时，可以将其置于睡眠状态，这样可以减少能量消耗。当设备在一个较长的时间间隔内不使用时，可以将其置于休眠状态，这样可以进一步减少能量消耗。这里的权衡是，使一个设备脱离休眠状态常常比使一个设备脱离睡眠状态花费要更多的时间和能量。当它们处于这些状态时，应该由操作系统在正确的时机管理状态的变迁。

电源管理提出了操作系统必须处理的若干问题，其中的许多问题都涉及资源休眠——选择性地、临时性地关闭设备，或者至少在它们空闲时减少其功率消耗。操作系统控制着所有的设备，所以它必须决定关闭什么设备以及何时关闭。

例如，研究表明，在笔记本计算机中，能量吸收的前 3 名依次是显示器、硬盘和 CPU。

1）显示器。为了获得明亮而清晰的图像，显示器的屏幕必须是背光照明的，这样会消耗大量的能量。许多操作系统试图通过在几分钟内没有活动时关闭显示器来节省能量，通常用户可以决定关闭的时间间隔。关闭显示器时显示器处于睡眠状态，当任意键被敲击或者定点设备移动时，它能够（从视频 RAM）即时地再生。

2）硬盘。为保持高速旋转（即使不存在存取操作），硬盘消耗了大量的能量。许多计算机，特别是笔记本计算机，在几秒或者几分钟不活动之后将停止磁盘旋转。当下一次需要磁盘时，磁盘将再次开始旋转。但一个停止的磁盘要花费相当长的时间将其再次旋转起来，导致用户感到明显的延迟。

此外，重新启动磁盘将消耗相当多额外的能量。因此，每个磁盘都用一个特征时间 T_d（通常在 5~15 s）作为它的平衡点。如果基于过去的存取模式可以做出良好的预测，那么操作系统就能够做出良好的关闭预测并且节省能量。实际上，大多数操作系统是保守的，往往在几分钟不活动之后才停止磁盘。

节省磁盘能量的另一种方法是在 RAM 中配置一个大容量的磁盘高速缓存。如果所需要的数据块在高速缓存中，空闲的磁盘就不必为满足读操作而重新启动。类似地，如果对磁盘的写操作能够在高速缓存中缓冲，一个停止的磁盘就不必只是为了处理写操作而重新启动。磁盘可以保持关闭状态直到高速缓存填满或者读缺失发生。

避免不必要的磁盘启动的另一种方法是：操作系统通过发送消息或信号持续将磁盘的状态通知给正在运行的程序。某些程序具有可以自由决定的写操作，这样的写操作可以被略过或者推迟。

3）CPU。笔记本计算机的 CPU 能够用软件置为睡眠状态，将电能的使用减少到几乎为 0。在这一状态下，CPU 唯一能做的事情是当中断发生时醒来。因此，只要 CPU 变为空闲，无论是因为等待 I/O 还是因为没有工作要做，它都可以进入睡眠状态。

4）内存。对于内存，存在两种可能的选择来节省能量。一种是刷新，另一种是关闭高速缓存。高速缓存总是能够从内存重新加载而不损失信息。重新加载可以动态并且快速地完成，所以关闭高速缓存其实是进入睡眠状态。

更加极端的选择是将主存的内容写到磁盘上，然后关闭主存本身。这种方法就是休眠，因为实际上所有到内存的电能都被切断了，其代价是相当长的重新加载时间，尤其是如果磁盘也被关闭了的话。当内存被切断时，CPU 或者被关闭，或者必须自 ROM 执行。如果 CPU 被关闭，那么将其唤醒的中断必须促使它跳转到 ROM 中的代码，从而能够重新加载内存以及使用内存。尽管存在所有这些开销，然而将内存关闭较长的时间周期（如几个小时）也许是值得的。与常常要花费 1 min 或者更长的时间从磁盘重新启动操作系统相比，在几秒钟之内重新启动内存更加受欢迎。

5）无线通信。越来越多的便携式计算机拥有无线连接。无线通信必需的无线电发送器和接收器是电能的消耗大户。特别是，如果无线电接收器为了侦听到来的电子邮件而始终开着，那么电池可能很快耗干。

针对这一问题，研究者提出了一种有效的解决方案，核心是利用了这样的事实，即移动的计算机与固定的基站通信，而固定基站具有大容量的内存与磁盘，并且没有电源限制。解决方案是当移动计算机将要关闭无线电设备时，发送一条消息到基站。从那时起，基站在其磁盘上缓冲到来的消息。当移动计算机再次打开无线电设备时，它会通知基站。此刻，所有积累的消息都可以发送给移动计算机。当无线电设备关闭时，生成的外发的消息可以在移动计算机上缓冲。如果缓冲区有填满的危险，则可以将无线电设备打开并且将排队的消息发送到基站。

6）热量管理。CPU 由于高速度会变得非常热。桌面计算机通常拥有一个内部电风扇将热空气吹出机箱，所以风扇通常是始终开着的。

对于笔记本计算机，操作系统必须连续地监视温度，当温度接近最大可允许温度时，操作系统通常会打开风扇，这样会发出噪音并且消耗电能。作为替代，它可以借助于降低屏幕背光放慢 CPU 速度、更为激进地关闭磁盘等来降低功率消耗。

7）电池管理。现在的笔记本计算机使用的是智能电池，它可以与操作系统通信。在请求时，它可以报告其状况，如最大电压、当前电压、最大负荷、当前负荷、最大消耗速率、当前消耗速率等。大多数笔记本计算机都拥有能够查询与显示这些参数的程序。在操作系统的控制下，还可以命令智能电池改变各种工作参数。

8）应用程序问题。指示程序使用较少的能量，是以提供低劣的用户体验为代价的。一般情况下，当电池的电荷低于某个阈值时传递信息，由应用程序负责在退化性能以延长电池寿命与维持性能并冒着用光电池的危险之间做出决定。

【习题】

选择题：

1. 操作系统要控制计算机的所有 I/O 设备，要向设备（　　）。

① 发送命令　　② 捕捉中断　　③ 处理错误　　④ 输出文档

A. ①②③　　B. ②③④　　C. ①②④　　D. ①③④

2. 操作系统应该在设备和系统的其他部分之间提供简单且易于使用的接口。如果可能，这个接口对于所有设备都应该是相同的，这就是所谓的（　　）。

A. 内存相关性　　B. 设备无关性　　C. 系统无关性　　D. 速度相关性

3. 不同的人对 I/O 硬件有不同的理解。对于电子工程师而言，I/O 硬件就是芯片、导线、电源、电机和其他组成硬件的（　　）。

A. 数据结构　　B. 接口　　C. 逻辑模块　　D. 物理部件

4. 不同的人对 I/O 硬件有不同的理解。对于程序员而言，则只注意 I/O 硬件提供给软件的（　　），如硬件能够接收的命令、能完成的功能以及会报告的错误。

A. 数据结构　　B. 接口　　C. 逻辑模块　　D. 物理部件

5. 在输入/输出控制方法中采用（　　）可以使得设备与主存间的数据块传送无须 CPU 干预。

A. 程序控制输入/输出　　B. 中断　　C. DMA　　D. 总线控制

6. 若某计算机系统的 I/O 接口与主存采用统一编址，则输入/输出操作是通过（　　）指令来完成的。

A. 控制　　B. 中断　　C. 输入/输出　　D. 访问内存单元

7. 为了解决 CPU 输出数据的速度远远高于打印机的打印速度这一矛盾，在操作系统中一般采用（　　）。

A. 高速缓存 Cache 技术　　B. 通道技术

C. Spooling 技术　　D. 虚存（VM）技术

8. 操作系统通常将 I/O 软件分成 4 个层次：用户应用层软件、中断处理程序、独立于设备的软件和设备驱动程序，分层的主要目的是（　　）。

A. 提高处理速度　　B. 减少系统占用的空间

C. 便于即插即用　　D. 便于系统修改、扩充和移植

9. 若操作系统把一条命令的执行结果输出给下一条命令，作为它的输入并加以处理，那么这种机制称为（　　）。

A. 链接　　B. 管道　　C. 输入重定向　　D. 输出重定向

10. 数据的存储有在线、近线和离线等方式。系统当前需要用的数据通常采用在线存储方

式；近期备份数据通常采用近线存储方式；历史数据通常采用离线存储方式。目前，常用的在线式、近线式、离线式存储介质分别是（　　）。

A. U 盘、光盘、磁盘　　B. 移动磁盘、固定磁盘、光盘

C. 光盘、磁盘、U 盘　　D. 固定磁盘、移动磁盘、光盘

11. 在磁盘移臂调度算法中，（　　）算法可能会随时改变移动臂的运动方向。

A. 电梯调度和先来先服务　　B. 先来先服务和单向扫描

C. 电梯调度和最短寻道时间优先　　D. 先来先服务和最短寻道时间优先

12. 帕特森等人提出，使用 6 种特殊的磁盘组织开展并行 I/O 会改进磁盘的性能、可靠性，或者同时改进这两者，这个思想导致被称为（　　）的新型 I/O 设备的诞生。

A. RAID　　B. 管道　　C. 输入重定向　　D. 输出重定向

13. 若不考虑 I/O 设备本身的性能，则影响计算机 I/O 数据传输速度的主要因素是（　　）。

A. 地址总线宽度　　B. 数据总线宽度

C. 主存储器的容量　　D. CPU 的字长

14. 某磁盘阵列共有 14 块硬盘，采用 RAID 5 技术时的磁盘利用率是（　　）。

A. 50%　　B. 100%　　C. 70%　　D. 93%

15. 在磁盘调度管理中，应先进行移臂调度，再进行旋转调度。若磁盘移动臂位于 22 号柱面上，进程的请求序列如表 9-2 所示。若采用最短移臂调度算法，则系统的响应序列应为（ ① ），其平均移臂距离为（ ② ）。

表 9-2　进程的请求序列

请求序列	柱面号	磁头号	扇区号
①	18	8	9
②	25	6	3
③	25	9	6
④	40	10	5
⑤	18	8	4
⑥	40	3	10
⑦	18	7	9
⑧	25	10	4
⑨	45	10	8

① A. ②⑧③④⑤①⑦⑥⑨　　B. ②⑧③⑤⑦①④⑥⑨

C. ①②③④⑤⑥⑦⑧⑨　　D. ②③⑧④⑥⑨①⑤⑦

② A. 4.11　　B. 5.56　　C. 12.5　　D. 13.22

16. Blue-ray 光盘使用蓝色激光技术实现数据存取，其单层数据容量达到了（　　）。

A. 4.7 GB　　B. 15 GB　　C. 17 GB　　D. 25 GB

17. 某磁盘磁头从一个磁道移至另一个磁道需要 10 ms。文件在磁盘上非连续存放，逻辑上相邻数据块的平均移动距离为 10 个磁道，每块的旋转延迟时间及传输时间分别为 100 ms 和 2 ms，则读取一个 100 块的文件需要（　　）ms 的时间。

A. 10200　　B. 11000　　C. 11200　　D. 20200

18. 在操作系统中，虚拟设备技术通常采用（　　）设备来提供虚拟设备。

A. Spooling 技术，利用磁带　　B. Spooling 技术，利用磁盘

C. 脱机批处理技术，利用磁盘　　D. 通道技术，利用磁带

19. 下面关于 I/O 设备与主机间交换数据的叙述，(　　) 是错误的。

A. 中断方式下，CPU 需要执行程序来实现数据传送任务

B. 中断方式和 DMA 方式下，CPU 与 I/O 设备可同步工作

C. 中断方式和 DMA 方式下，快速 I/O 设备更适合采用中断方式传递数据

D. 若同时接到 DMA 请求和中断请求，则 CPU 优先响应 DMA 请求

思考题：

1. 列出并简单定义执行 I/O 的 3 种技术。
2. 逻辑 I/O 和设备 I/O 有什么区别？
3. 面向块的设备和面向流的设备有什么区别？请各举一些例子。
4. 为什么希望用双缓冲而不是单缓冲来提高 I/O 的性能？
5. 在磁盘读或写时有哪些延迟因素？
6. 简单定义 6 个 RAID 级别。
7. 典型的磁盘扇区大小是多少？
8. 考虑一个程序访问单个 I/O 设备，并比较无缓冲的 I/O 和使用缓冲区的 I/O，说明使用缓冲区最多可以减少一半的运行时间。如果一个程序要访问 n 个设备，那么请概括总结这个结论。
9. 如果磁盘中的扇区大小固定为每个扇区 512 B，并且每个磁道有 96 个扇区，每个盘面有 110 个磁道，一共有 8 个可用的盘面，计算存储 300000 条 120 B 长的逻辑记录需要多少磁盘空间（扇区、磁道和盘面）。忽略文件头记录和磁道索引，并假设记录不能跨越两个扇区。
10. 有一个 RAID 磁盘阵列，包含 4 个磁盘，每个磁盘大小都是 200 GB。请给出 RAID 级分别为 0、1、3、4、5 和 6 时该磁盘阵列的有效存储容量。

【实验与思考】Linux 重定向以及对声音设备编程

1. 背景知识

本实验使用高级 Linux 命令来完成重定向和管道。

1）通过重定向和管道操作，熟悉输入/输出（I/O）重定向；把标准输出重定向创建为一个文件；防止使用重定向时覆盖文件；把输出追加到一个现有的文件中；把一个命令的输出导入另一个命令中。

2）通过对机器内部扬声器的编程，了解和学习 Linux 内部设备的控制及管理方法。

3）熟悉 Linux 环境的程序设计和调试方法，进一步了解操作系统输入/输出处理技术。

每一个 Linux 命令都将一个源作为标准输入，将一个目的作为标准输出。命令的输入通常来自键盘（尽管它也可以来自文件）。命令通常输出到监视器或者屏幕上。Linux 计算环境使用重定向可以控制命令的 I/O。当试图把命令的输出保存到一个文件，以供以后查看时是很有用的。通过管道，可以取得一个命令的输出，把它作为另一个命令的进一步处理的输入。

有几个元字符可用于输入/输出重定向符号：输出重定向使用右尖括号（>，又称大于号）；输入重定向使用左尖括号（<，又称小于号）；出错输出重定向使用右尖括号，并且前面有一个数字 2（如 2>）。本实验重点介绍输出重定向。

重定向命令的格式是：

Command Redirection-Symbol File(text file or device file)

标准输出比标准输入或标准出错更容易被重定向。许多命令，如 ls、cat、head 和 tail，可产生标准输出到屏幕上，用户希望把这个输出重定向到一个文件中，以便将来查看、处理或者打印。通过替换文件名，可以截获命令的输出，而不是让它到达默认的监视器上。

最强大的元字符之一是管道符号（|）。管道可取得一个命令的标准输出，把它作为标准输入传递给下一个命令（通常为 more 命令、lp（行式打印机）命令或者一个文件处理命令，如 grep 或 sort)。在管道的每边必须有一个命令，命令和管道之间的空格是可选的。

管道命令的格式是：

```
command | command
```

下面介绍如何实现在 Linux 环境下对机器内部扬声器的编程。

在 Linux 环境下对声音设备进行编程比大多数人想象的要简单得多。常用的声音设备是内部扬声器和声卡，它们对应 /dev 目录下的一个或多个设备文件。人们可以像打开普通文件一样打开它们，可用 ioctl()函数设置一些参数，然后对这些打开的特殊文件进行写操作。

由于这些文件并非普通文件，所以不能用 ANSI C（标准 C）的 fopen、fclose 等函数来操作文件，而应该使用系统文件的 I/O 处理函数（open()、read()、write()、lseek()和 close()）来处理这些设备文件。ioctl()或许是 Linux 下最庞杂的函数，它可以控制各种文件的属性。在 Linux 声音设备编程中，最重要的就是使用此函数正确设置必要的参数。

由于此类编程涉及系统设备的读写，所以，很多时候需要有 root 权限。如果实验代码编译后不能正确执行，那么首先应检查是否没有操纵某个设备的权限。

内部扬声器是控制台的一部分，它对应的设备文件为 /dev/console。变量 KIOCSOUND 在头文件 /usr/include/linux/kd.h 中声明，使用 ioctl()函数可以控制扬声器的发声，使用规则为：

```
ioctl(fd,KIOCSOUND,(int) tone);
```

其中，fd 为文件设备号，tone 是音频值。当 tone 为 0 时，终止发声。但是，这里的音频和人们平常认为的音频是不同的。由于计算机主板定时器的时钟频率为 1.19 MHz，所以要进行正确的发声，必须进行如下的转换：

扬声器音频值=1190000/期望的音频值

扬声器发声时间的长短通过函数 usleep（unsigned long usec）来控制，它在头文件 /usr/include/unistd.h 中定义，让程序睡眠 usec 微秒。

2. 工具/准备工作

在开始本实验之前，请回顾本书的相关内容。

1）由实验指导老师分配登录用户名（如 user2）和口令。

2）需要准备一台运行 Linux 操作系统且具有 GNOME 的计算机。

3. 实验内容与步骤

(1) 重定向

在本实验中将会用到下列命令：

pwd：显示当前的工作路径。

cd：改变目录路径。

ls：显示指定目录的内容。

more：分页显示文件的内容。这是用于显示文本文件的首选方法。

head：截取显示文件的开头部分（默认为开头 10 行）。

tail：截取显示文件的结尾部分（默认为最后 10 行）。

cal：有关日历的命令。

set：Shell 特性的设置。

echo：显示变量的值。

ps：显示当前进程。

data：显示或设置系统日期和时间。

grep：查找文件中有无指定的关键字。

sort：排序指令。

提示：如果对命令的格式不清楚，可以用 man 命令请求帮助，即 man more。

步骤 1：开机，登录 GNOME。在 GNOME 登录框中填写指导老师分配的用户名和口令。

步骤 2：访问命令行。单击红帽子，在“GNOME 帮助”→“系统工具”菜单中单击“终端”命令，打开终端窗口。

使用重定向标准输出符号：

步骤 1：重定向标准输出，创建一个文件。使用右尖括号［或称大于符号（>）］把命令的输出发送到一个文件中：使用单个右尖括号，当指定文件名不存在时，将创建一个新文件；如果文件名存在，那么将被覆盖。（注意：命令、重定向符号和文件名之间的空格是可选的）。

重定向标准输出命令的格式是：

```
command > file
```

① 要核实当前所在目录位置，使用什么命令？

____

如果当前位置不在主目录中，那么使用什么命令可以改变到主目录中？

____

② 如果希望把文件和目录列表截获，存储为主目录中的一个文件，以便可以追踪主目录中有什么文件，那么使用什么命令可把长文件列表的输出重定向，创建一个称为 homedir. list 的文件？

____

③ 新文件 homedir. list 被放在哪里？

____

使用 ls 命令核实新文件存在。

④ 使用什么命令，能以一次一屏的方式来查看刚才创建的文件内容？

____

⑤ 使用 head 命令截获 homedir. list 文件的最后 10 行，并同时通过重定向创建一个称为 dhomedir. list-tail-10 的新文件，应该使用什么命令？

____

使用 more 命令查看文件的内容。

⑥ 使用 tail 命令截获 homedir. list 文件的前 10 行，并同时通过重定向创建一个称为 dhomedir. list-top-10 的新文件，使用什么命令？

____

使用 more 命令查看文件的内容。

⑦ 通过重定向命令截获 cal -y 命令的输出，把它存到名为 calendar 的文件中，查看文件的内容。请写出截获了什么，以及操作步骤和结果。

____

⑧ 通过重定向命令截获 cal 2010 命令的输出，把它存到名为 calendar 的文件中，查看文件的内容。请写出文件中有什么内容，以及操作步骤和结果。

____

calendar 文件有什么变化？

____

步骤 2：防止使用重定向时覆盖文件。

在 Bash Shell 中，一个名称为 noclobber 的选项可以被设定防止在重定向的过程中覆盖文件。可以在命令行中使用$set -o noclobber 命令来完成。o 代表选项。

为了重新激活 noclobber 特性，可使用$set -o noclobber；撤销则使用 set +o noclobber。

如果使用的是 Csh Shell，那么为了激活/撤销 C Shell 中的 clobber 特性，可使用 set noclobber 和 unset noclobber。

① 输入命令，打开 Shell 中的 noclobber 选项，以防止文件被覆盖，应输入什么命令？

____

② 输入命令 ls -l > homedir. list1，结果是什么？为什么？

____

③ 输入命令 ls -l > homedir. list2，结果是什么？

____

步骤 3：向现有的文件追加输出。如果要向一个现有的文件追加（添加到末尾）文本，而不是覆盖，则可以使用双右尖括号（>>）。这个选项在文件不存在时，会创建一个新文件，或者追加到已有文件。

追加命令的格式是：

```
command >> file
```

① 输入命令，显示“Happy Birthday”内容，使用重定向符号截获输出，并把它存储到 bday4me 文件中，应使用什么命令？

____

② 输入命令，显示“YOURNAME”内容，使用双重定向符号把输出追加到 bday4me 文件中，应使用的命令是什么？查看 bday4me 文件的内容，其中有什么？

____

③ 输入命令，显示自己出生年月的日历（例如在 1985 年 6 月出生，输入 cal 6 1985），使用双重定向符号把输出追加到 bday4me 文件中，应使用什么命令？

____

④ 查看 bday4me 文件的内容。注意，以上 3 个命令的输出在 bday4me 文件中已经被组合起来了。说出你是在一周中的哪一天出生的？

____

使用管道符号：

步骤 1：把命令的输出导入另一个命令中。

① 使用管道元字符“|”，使 ls -l 命令的输出成为 more 命令的输入（注意：如果当前目录中的文件不多，则可使用/etc 目录来获取一个较长的文件列表）。你输入的命令是什么？得到了什么结果？

____

② 查看使用 ls -l | more 命令列出来的文件，注意创建或修改的日期。如果要查看在同一个月被创建或修改的文件或目录的列表，则可以使用 grep 命令对那个月进行搜索。当月份显示在列表中时，指定它（如 Oct）。输入命令 ls -1 | grep Oct（或者其他要查找的月份），结果是什么？

____

③ 目录总是 4096 字节大小。输入命令 ls -1 | grep 4096，产生的列表是什么？

____

④ 可以使用多个管道连接多个命令。输入取得长文件列表输出的命令，把它输入给 tail 命令，截取后 10 行，然后到 sort 命令进行排序。输入的命令是什么？

____

⑤ ps（进程状态）命令用于查看 Linux 系统中运行什么进程。把 ps -e 命令的输出输入给 more 命令。-e 选项将给出每一个在系统中运行的进程。把输出内容输入 more 命令中，输入的命令是什么？并观察结果。

____

步骤 2：删除在本实验中创建的文件和目录。

步骤 3：关闭终端窗口，注销。

（2）声音设备编程

请按以下步骤进行，完成实验操作：

步骤 1：登录 Rad Hat Linux。

步骤 2：单击红帽子，在“GNOME 帮助”→“附件”菜单中单击“文本编辑器”命令，在文本编辑中输入清单 9-1 程序并保存为 9-1. c。

清单 9-1 让扬声器按指定的长度和音频发声。

```
# include <fcntl. h>
# include <stdio. h>
# include <stdlib. h>
# include <string. h>
# include <unistd. h>
# include <sys/ioctl. h>
# include <sys/types. h>
# include <linux/kd. h>

//设定默认值
# define DEFAULT_FREQ 440                  // 设定一个合适的频率
# define DEFAULT_LENGTH 200                // 200 毫秒,发声的长度以毫秒为单位
# define DEFAULT_REPS 1                    // 默认不重复发声
# define DEFAULT_DELAY 100                 // 同样以毫秒为单位
```

```
//定义一个结构,存储所需的数据
typedef struct
{
    int freq;                               // 期望输出的频率,单位为 Hz
    int length;                             // 发声长度,以毫秒为单位
    int reps;                               // 重复的次数
    int delay;                              // 两次发声间隔,以毫秒为单位
} beep_parms_t;

//打印帮助信息并退出
void usage_bail(const char * executable_name)
{
    printf("Usage:\n\t%s [-f frequency] [-l length] [-r reps]
            [-d delay] \n ",executable_name);
            exit(1);
    }

//分析运行参数,各项意义如下:
// -f <以 Hz 为单位的频率值>
// -l <以毫秒为单位的发声时长>
// -r <重复次数>
// -d <以毫秒为单位的间歇时长>

void parse_command_line(char * * argv,beep_parms_t * result)
{
    char * arg0= * (argv++);
    while ( * argv)
    {
        if (! strcmp( * argv,"-f"))
        {                                   // 频率
            int freq=atoi( * (++argv));
             if ((freq<=0)||(freq>10000))
            {
                fprintf(stderr, "Bad parameter: frequency must be
                        from l..10000\n");
                exit(1);
            }
            else
            {
                result->freq=freq;
                argv++;
            }
        } else
            if (! strcmp( * argv,"-l"))
            {                               // 发声的时间长度
                int length=atoi( * (++argv));
                if (length<0)
                {
                    fprintf(stderr,
                    "Bad parameter:length must be>=0\n");
                    exit(1);
                } else
                {
```

```
                result->length=length;
                argv++;
            }
        } else
            if (! strcmp( * argv,"-r"))
            {                                          // 重复次数
                int reps=atoi( * (++argv));
                if (reps<0)
                {
                    fprintf(stderr,"Bad parameter:
                        reps must be>=0\n");
                    exit(1);
                } else
                {
                    result->reps=reps;
                    argv++;
                }
            } else
                if (! strcmp( * argv,"-d"))
                {                                      // 延时
                    int delay=atoi( * (++argv));
                    if (delay<0)
                    {
                        fprintf(stderr, "Bad parameter:
                            delay must be>=0\n");
                        exit(1);
                    } else
                    {
                        result->delay=delay;
                        argv++;
                    }
                } else
                {
                    fprintf(stderr,"Bad parameter:%s\n", * argv);
                    usage_bail(arg0);
                }
    }
}

int main(int argc, char * * argv)
{
    int console_fd;
    int i;                                             // 循环计数器

    //设置发声参数为默认值
    beep_parms_t parms={DEFAULT_FREQ,DEFAULT_LENGTH,
        DEFAULT_REPS,DEFAULT_DELAY};

    //分析参数,可能的话更新发声参数
    parse_command_line(argv,&parms);

    //打开控制台,失败则结束程序
    if ((console_fd=open("/dev/console",O_WRONLY))==-1)
    {
```

```
            fprintf(stderr,"Failed to open console. \n");
            perror("open");
            exit(1);
        }

        //真正开始让扬声器发声
        for (i = 0; i < parms. reps; i++)
        {
            //数字 1190000 从何而来,不得而知
            int magical_fairy_number=1190000/parms. freq;
            ioctl(console_fd,KIOCSOUND,magical_fairy_number);// 开始发声
            usleep(1000 * parms. length);// 等待
            ioctl(console_fd,KIOCSOUND,0);// 停止发声
            usleep(1000 * parms. delay);// 等待
            }                                   // 重复播放
        return EXIT_SUCCESS;
    }
```

步骤 3：编译。

```
cc -o  9-1  9-1. c
```

如果编译有错，则根据错误提示在文本编辑器中修改源程序，直到编译成功。

请记录：操作能否正常进行？如果不行，则可能的原因是什么？

____

____

步骤 4：运行 9-1. exe 程序。

```
./9-1  [-f  A]  [-l  B]  [-r  C]  [-d  D]
```

其中，A、B、C、D 为参数的数值。

运行结果（如果运行不成功，则可能的原因是什么）：

____

____

适当调整参数的值，查看声音有何变化。

____

____

将上面的实验稍作扩展，就可以让扬声器唱歌。只要找到五线谱或简谱的音阶、音长，节拍和频率、发声时长、间隔的对应关系就可以了。

4. 实验总结

____

____

____

5. 教师实验评价

____

第 10 章 文件管理

所有的计算机应用程序都需要存储和检索信息。在进程地址空间上保存信息的第一个问题是：进程运行时，可以在它自己的地址空间存储一定量的信息，但存储容量受虚拟地址空间大小的限制。某些应用程序自己的地址空间就够用了，但是对于其他一些应用程序，如航空订票系统、银行系统或者公司记账系统等，这些存储空间又显得太小了。

在进程地址空间上保存信息的第二个问题是：进程终止时，它保存的信息也随之丢失。对于很多应用（如数据库）而言，有关信息必须能保存几个星期、几个月甚至永久。使用信息的进程终止时，信息是不可以消失的，甚至即使系统崩溃致使进程消亡了，其信息也应该保存下来。

第三个问题是：经常需要多个进程同时存取同一信息（或者其中的部分信息）。如果只在一个进程的地址空间里保存该信息，那么只有该进程才可以对它进行存取，也就是说，一次只能查找一个（部分）信息。解决这个问题的方法是使信息本身独立于任何一个进程。

因此，长期存储信息有 3 个基本要求：

1）能够存储大量信息。

2）使用信息的进程终止时，信息仍旧存在。

3）必须能使多个进程并发存取有关信息。

相对于磁盘而言，磁带与光盘的性能较低。这里把磁盘当作一种固定块大小的线性序列，并且支持读块和写块这两种操作。其实磁盘还支持更多的操作，但只要有了这两种操作，原则上就可以解决长期存储的问题。

就像操作系统用处理器概念来建立进程抽象，以及用物理存储器概念来建立进程（虚拟）地址空间的抽象那样，可以用一个新的抽象——文件来解决操作系统文件管理的问题。

10.1 文件

文件是进程创建的信息逻辑单元。一个磁盘一般含有几千甚至几百万个文件，每个文件都独立于其他文件。文件被用来对磁盘建模，以替代对随机存储器（RAM）的建模。可以把每个文件看成一种地址空间。

进程可以读取已经存在的文件，并在需要时建立新的文件。存储在文件中的信息必须是持久的，也就是说，不会因为进程的创建与终止而受到影响。一个文件应该只在其所有者明确删除它的情况下才会消失。

文件受操作系统管理。有关文件的构造、命名、存取、使用、保护、实现和管理方法都是操作系统设计的主要内容。从总体上看，操作系统中处理文件的部分就称为文件系统。

从用户角度来看，文件系统中最重要的是它的表现形式，也就是文件由什么组成，怎样给文件命名，怎样保护文件以及可以对文件进行哪些操作等。至于用链表还是用位图来记录空闲存储区，以及在一个逻辑磁盘块中有多少个扇区等细节，并不是用户所关心的，当然对文件系统的设计者来说这些内容是相当重要的。

10.1.1　文件命名

文件是一种抽象机制，提供了一种在磁盘上保留信息且方便以后读取的方法，它可以使用户不用了解具体存储方法、位置和磁盘实际工作方式等有关细节。当进程创建文件时，它给文件命名。在进程终止时，该文件仍旧存在，并且其他进程可以通过这个文件名对它进行访问。

文件的具体命名规则在各个系统中是不同的，操作系统允许用 1~8 个字母组成的字符串作为合法文件名，因此 andrea、bruce 和 cathy 都是合法的。通常，文件名中允许有数字和一些特殊字符，所以 2、urgent！和 Fig. 2-14 都是合法的。许多文件系统支持长达 255 个字符的文件名。

有的文件系统区分大小写字母（如 UNIX），有的不区分（如 MS-DOS）。所以在 UNIX 系统中，maria、Maria 和 MARIA 是 3 个不同的文件，而在 MS-DOS 及 Windows 中，则是同一个文件。

对于文件名 prog. c，. c 为文件扩展名，通常用来表示文件的一些信息。MS-DOS 中，文件名由 1~8 个字符以及 1~3 个字符的可选扩展名组成。UNIX 的扩展名长度由用户决定，一个文件甚至可以包含两个或更多的扩展名。如 homepage. html. zip，这里的 . html 表明是 HTML 格式的一个 Web 页面，. zip 表示该文件已经采用 zip 程序压缩过。一些常用的文件扩展名及其含义如表 10-1 所示。

表 10-1　一些常用的文件扩展名及其含义

扩　展　名	含　　义
. bak	备份文件
. c	C 源程序文件
. gif	符合图形交换格式的图像文件
. hlp	帮助文件
. html	WWW 超文本标记语言文档
. jpg	符合 JPEG 编码标准的静态图片
. mp3	符合 MP3 音频编码格式的音乐文件
. mpg	符合 MPEG 编码标准的电影
. o	目标文件（编译器输出格式，尚未链接）
. pdf	PDF 格式的文件
. ps	PostScript 文件
. tex	为 TEXT 格式化程序准备的输入文件
. txt	一般正文文件
. zip	压缩文件

在某些系统（如 UNIX 系统）中，文件扩展名只是一种约定，操作系统并不强迫采用它。名为 file. txt 的文件也许是文本文件，其意义在于提醒所有者，而不是传送什么信息给计算机。但是另一方面，C 编译器可能要求它编译的文件以 . c 结尾，否则会拒绝编译。

对于可以处理多种类型文件的某个程序，这类约定特别有用。例如，C 编译器可以编译、连接多种文件，包括 C 文件和汇编语言文件。这时扩展名就很重要，编译器利用它来区分哪些是 C 文件，哪些是汇编文件，哪些是其他文件。

Windows 对扩展名赋予含义。用户（含进程）可以在操作系统中注册扩展名，并且规定哪个程序“拥有”该扩展名。当用户双击某个文件名时，拥有该文件扩展名的程序就启动并运行该文件。例如，双击 file. doc 就会启动 Microsoft Word 程序，并以 file. doc 作为待编辑的初始文件。

10.1.2　文件结构

文件可以有多种构造方式，图 10-1 中列出了常用的 3 种方式。

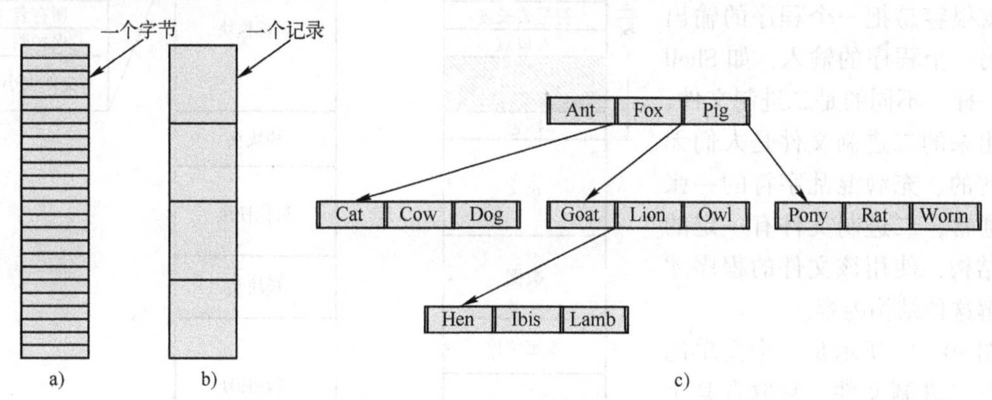

图 10-1　3 种文件结构

a）字节序列　b）记录序列　c）树

图 10-1a 中的文件是一种无结构的字节序列，操作系统不知道也不关心文件内容是什么，所看到的就是字节，其实际含义只在用户程序中解释。把文件看成字节序列，为操作系统提供了很大的灵活性。用户程序可以向文件中加入任何内容，并以方便的形式命名，操作系统不提供帮助，但也不会构成阻碍。对于想做特殊操作的用户来说，这点是非常重要的。UNIX、MS-DOS 以及 Windows 都采用这种文件模型。

图 10-1b 所示为文件结构上的进一步改进。在这个模型中，文件是具有固定长度记录的序列，每个记录都有其内部结构。把文件作为记录序列的中心思想是：读操作返回一个记录，而写操作重写或追加一个记录。

第三种文件结构如图 10-1c 所示。文件由一棵记录树构成，不同的记录并不具有同样的长度，而记录的固定位置上都有一个“键”字段。这棵树按“键”字段排序，从而可以对特定“键”进行快速查找。

虽然在这类结构中取“下一个”记录是可以的，但基本操作却是获得具有特定键的记录。在图 10-1c 所示的文件中，用户可以要求系统取键为 Pony 的记录，而不必关心记录在文件中的确切位置。进而，可以在文件中添加新记录。但是，把记录加在文件的什么位置是由操作系统而不是用户决定的。这类文件结构在一些处理商业数据的大型计算机中获得了广泛使用。

10.1.3　文件类型

很多操作系统都支持多种文件类型。如 UNIX 和 Windows 中都有普通文件及目录，UNIX

还有字符特殊文件和块特殊文件。普通文件中包含用户信息，图 10-1 中的所有文件都是普通文件，而目录是管理文件系统结构的系统文件。字符特殊文件和输入/输出有关，用于串行 I/O类设备，如终端、打印机、网络等；块特殊文件用于磁盘类设备。

普通文件一般分为 ASCII 文件和二进制文件。ASCII 文件由多行正文组成，在某些系统中，每行都用回车符结束，其他系统则用换行符结束。有些系统还同时使用回车符和换行符（如 MS-DOS）。文件中各行的长度不一定相同。

ASCII 文件的最大优势是可以显示和打印，还可以用任何文本编辑器进行编辑。如果很多程序都以 ASCII 文件作为输入和输出，就很容易把一个程序的输出作为另一个程序的输入，如 Shell 管道一样。不同的是二进制文件，打印出来的二进制文件是人们无法理解的、充满混乱字符的一张表。通常，二进制文件有一定的内部结构，使用该文件的程序才能了解这种结构内容。

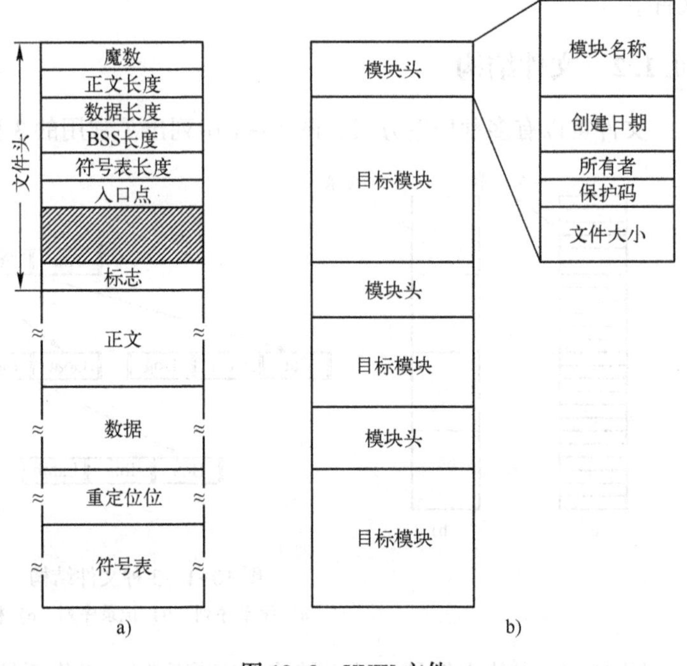

图 10-2　UNIX 文件

a）一个可执行文件　b）一个存档文件

图 10-2a 所示是一个简单的可执行二进制文件，它取自某个版本的 UNIX。尽管这个文件只是一个字节序列，但只有文件格式正确时，操作系统才会执行这个文件。这个文件有 5 个段：文件头、正文、数据、重定位位及符号表。文件头以所谓的魔数开始，表明该文件是一个可执行的文件（防止非这种格式的文件偶然运行）。魔数后面是文件中各段的长度、执行的起始地址和一些标志位。程序本身的正文和数据在文件头后面，这些被装入内存，并使用重定位位重新定位。符号表则用于调试。

二进制文件的第二个例子是 UNIX 的存档文件，它由已编译但没有连接的库过程（模块）集合而成。每个文件都以模块头开始，其中记录了模块名称、创建日期、所有者、保护码和文件大小。该模块头与可执行文件一样，也都是二进制数字，打印输出时它们毫无意义。所有操作系统都必须能够识别它们自己的可执行文件的文件类型，其中有些操作系统还可识别更多的信息。

10.1.4　文件存取

早期的操作系统只有一种文件存取方式，即顺序存取。进程在这些系统中可从头顺序读取文件的全部字节或记录，但不能跳过其中的某一些内容。顺序存取文件可以返回到起点，需要时可多次读取该文件。当存储介质是磁带时，顺序存取文件是很方便的。

在用磁盘来存储文件时，可以不按顺序读取文件中的字节或记录，或者按照关键字而不是位置来存取记录。这种能够以任何次序读取其中字节或记录的文件称作随机存取文件。许多应用程序都需要这种类型的文件，如数据库系统。如果乘客打电话预订某航班机票，那么订票程序必须能直接存取该航班记录，而不必先读出其他航班的成千上万个记录。

有两种方法可以指示从何处开始读取文件。一种是每次 read 操作都给出开始读文件的位置。另一种是用一个特殊的 seek 操作设置当前位置，在 seek 操作后，从这个当前位置顺序地开始读文件。UNIX 和 Windows 使用的是后一种方法。

10.1.5　文件属性

除了文件名和数据之外，操作系统还会保存其他与文件相关的信息，如创建日期和时间、文件大小等，这些附加信息称为文件属性，也称为元数据。文件属性在不同系统中的差别很大。一些常用的文件属性及含义如表 10-2 所示。

表 10-2　一些常用的文件属性

属　性	含　义
保护	谁可以存取文件，以什么方式存取文件
口令	存取文件需要的口令
创建者	创建文件者的 ID
所有者	当前所有者
只读标志	0 表示读/写；1 表示只读
隐藏标志	0 表示正常；1 表示不在列表中显示
系统标志	0 表示普通文件；1 表示系统文件
存档标志	0 表示已经备份；1 表示需要备份
ASCII/二进制标志	0 表示 ASCII 码文件；1 表示二进制文件
随机存取标志	0 表示只允许顺序存取；1 表示随机存取
临时标志	0 表示正常；1 表示进程退出时删除该文件
加锁标志	0 表示未加锁；非 0 表示加锁
记录长度	一个记录中的字节数
键的位置	记录中键的偏移量
键的长度	键字段的字节数
创建时间	文件创建的日期和时间
最后一次存取时间	文件上一次存取的日期和时间
最后一次修改时间	文件上一次修改的日期和时间
当前大小	文件的字节数
最大长度	文件可能增长到的字节数

前 4 个属性与文件保护相关。在一些系统中，用户必须给出口令才能存取文件。此时，口令也必须是文件属性之一。

标志是一些位或短的字段，用于控制或启用某些特殊属性。例如，隐藏文件不在文件列表中出现。存档标志位用于记录文件是否备份过，由备份程序清除该标志位。若文件被修改，操作系统则设置该标志位。用这种方法，备份程序可以知道哪些文件需要备份。临时标志表明当创建该文件的进程终止时，文件会被自动删除。

记录长度、键的位置和键的长度等字段只能出现在用关键字查找记录的文件里，它们提供了查找关键字所需的信息。

时间字段记录了文件的创建、最近一次存取以及最后一次修改的时间。例如，目标文件生成后，被修改的源文件需要重新编译生成目标文件。这些字段提供了必要的信息。

使用文件的目的是存储信息并方便检索，为此，不同系统提供了不同的操作。

10.2 目录

文件系统通常提供目录或文件夹来记录文件，在很多系统中，目录本身也是文件。目录系统的最简单形式是在一个目录中包含所有的文件，这有时称为根目录。由于根目录只有一个，所以其名称并不重要。在早期的个人计算机中这种系统很普遍，部分原因是只有一个用户。

10.2.1 一级目录系统

单层目录系统示例如图10-3所示。该目录中有4个文件。这一设计的优点在于简单，并且能够快速定位文件。这种目录系统经常用于简单的嵌入式装置中，如电话、数码相机以及一些便携式音乐播放器等。

10.2.2 层次目录系统

对于简单应用而言，单层目录是合适的。但是，现在的用户有着成千上万的文件，这就需要使用一种方式将相关的文件组合在一起，即层次结构（目录树）。通过这种方式，可以用很多目录把文件以自然的方式分组。进而，如果多个用户分享同一个文件服务器，如许多公司的网络系统，那么每个用户都可以使自己的目录树拥有其私人“根”目录（示例见图10-4）。其中，根目录含有目录A、B和C，分别属于不同的用户，其中有两个用户为他们的项目创建了子目录。

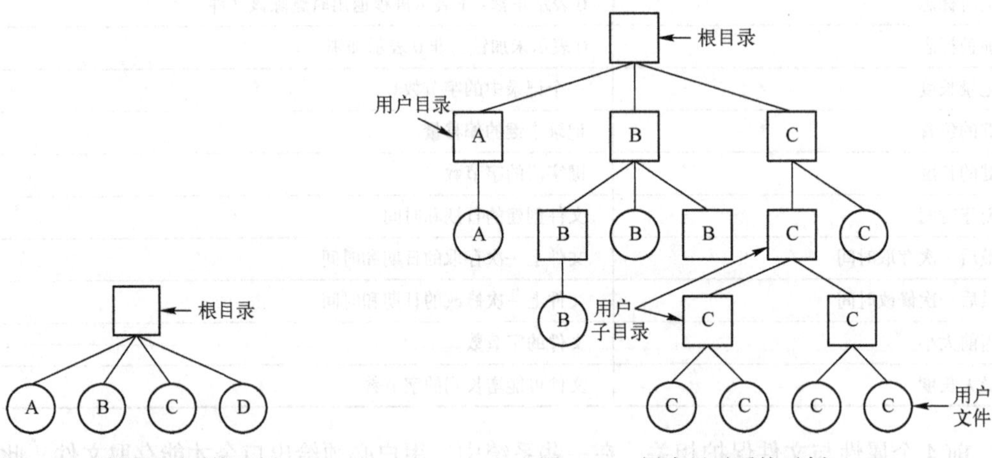

图10-3 单层目录系统示例

图10-4 层次目录系统示例

用户可以创建任意数量的子目录，这为用户组织其工作提供了强大的结构化工具。因此，几乎所有的现代文件系统都是用这个方式组织的。

10.2.3 路径名

用目录树组织文件系统时，需要用某种方法指明文件名。常用的方法有两种。第一种是每个文件都赋予一个绝对路径名，它由从根目录到文件的路径组成。例如，路径/usr/ast/mailbox

表示根目录中有子目录 usr，而 usr 中又有子目录 ast，文件 mailbox 就在子目录 ast 下。绝对路径名一定是从根目录开始的，且是唯一的。

在 UNIX 中，路径各部分之间用“/”分隔。在 Windows 中，分隔符是“\”。这样，在两个系统中，同样的路径名按如下形式书写：

```
Windows     \use\ast\mailbox
UNIX        /usr/ast/mailbox
```

不管采用哪种分隔符，如果路径名的第一个字符是分隔符，则这个路径就是绝对路径。

另一种指定文件名的方法是使用相对路径名。它常和工作目录（也称作当前目录）一起使用。用户可以指定一个目录为当前工作。这时，所有的不从根目录开始的路径名都是相对于工作目录的。例如，如果当前的工作目录是/usr/ast，则绝对路径名为/usr/ast/mailbox 的文件可以直接用 mailbox 来引用。也就是说，如果工作目录是/usr/ast，则 UNIX 命令

```
cp /usr/ast/mailbox /usr/ast/mailbox.bak
```

和命令

```
cp mailbox mailbox.bak
```

具有相同的含义。相对路径往往更方便，它实现的功能也和绝对路径完全相同。

一些程序需要存取某个特定文件，而不论当前目录是什么。这时，应该采用绝对路径名。采用完整的绝对路径名，则不论当前的工作目录是什么，绝对路径名总能正常工作。

每个进程都有自己的工作目录，这样在进程改变工作目录并退出后，其他进程不会受到影响，文件系统中也不会有改变的痕迹。对进程而言，切换工作目录是安全的，所以只要需要，就可以改变当前工作目录。但是，如果改变了库过程的工作目录，并且工作完毕之后没有修改回去，则其他程序有可能无法正常运行，因为它们关于当前目录的假设已经失效。所以库过程很少改变工作目录，若非改不可，那么必须在返回之前改回原有的工作目录。

支持层次目录结构的大多数操作系统在每个目录中都有两个特殊目录项：“.”和“..”。前者指当前目录，后者指其父目录（在根目录中例外，在根目录中它指向自己）。

10.3 文件系统的实现

用户关心的是文件的命名方式、可以进行哪些操作、目录树是什么样的以及界面相关问题。而实现者感兴趣的是文件和目录是怎样存储的、磁盘空间是怎样管理的以及怎样使系统有效而可靠地工作等。

10.3.1 文件系统布局

文件系统一般存放在磁盘上。多数磁盘划分为一个或多个分区，每个分区中都有一个独立的文件系统。磁盘的 0 号扇区称为主引导记录（Master Boot Record，MBR），用来引导计算机。MBR 的结尾是分区表。该表给出了每个分区的起始地址和结束地址。表中的一个分区被标记为活动分区。在计算机被引导时，BIOS 读入并执行 MBR。MBR 做的第一件事是确定活动分区，读入它的第一个块，称为引导块，并执行之。引导块中的程序将装载该分区中的操作系统。为统一起见，每个分区都从一个启动块开始，即使它不能启动操作系统。不过将来这个分区也许会包含引导块。此外，磁盘分区的布局随着文件系统的不同而变化。

文件系统经常包含一些项目（见图10-5）。首先是超级块，它包含文件系统的所有关键参数，包括确定文件系统类型用的魔数、文件系统中数据块的数量以及其他重要的管理信息。在计算机启动时，或者在该文件系统首次使用时，把超级块读入内存。

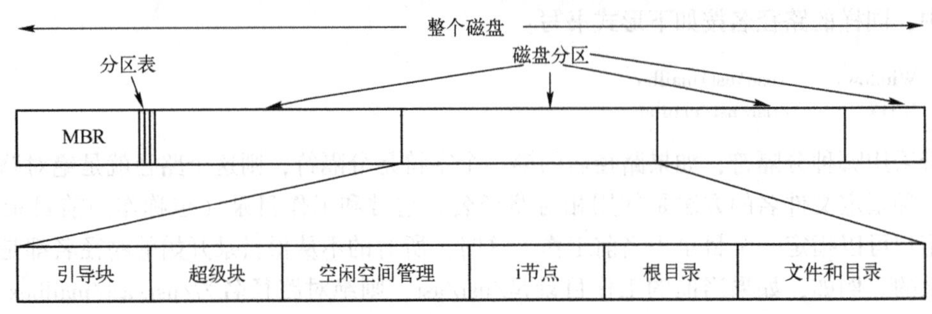

图10-5 一个可能的文件系统布局

接着是文件系统中空闲块的信息，例如，可以用位图或指针列表的形式给出。后面也许跟随的是一组i节点，这是一个数据结构数组，每个文件中都有一个i节点。接着可能是根目录，存放文件系统目录树的根部。磁盘的最后部分存放了其他所有的目录和文件。

10.3.2 文件的实现

实现文件存储的关键问题是记录各个文件分别用到哪些磁盘块，不同操作系统采用不同的方法。

1. 连续分配

最简单的分配方案是把每个文件作为一串连续数据块存储在磁盘上。在块大小为1KB的磁盘上，50KB的文件要分配50个连续的块。对于块大小为2KB的磁盘，将分配25个连续的块。每个文件都从一个新的块开始，最后一块的结尾一般会浪费一些空间。

连续磁盘空间分配方案有两大优势。首先，实现简单，记录每个文件用到的磁盘块简化为两个数字：第一块的磁盘地址和文件的块数。给定第一块的编号，使用简单的加法运算就可以找到任何其他块的编号。其次，读操作性能较好，因为在单个操作中就可以从磁盘上读出整个文件。只需要一次寻找（对第一个块）即可，之后就不再需要寻道和旋转延迟，可见连续分配实现简单且具有高的性能。

但是，连续分配方案也有明显的不足之处：随着时间的推移，文件的不断存取和删除，磁盘会变得零碎。结果是，磁盘上最终既包括文件也包括空洞。开始时，碎片并不是问题，因为每个新的文件都在先前文件的磁盘结尾写入。但是，磁盘最终都会被填满，所以要么压缩磁盘，要么重新使用空洞中的空闲空间。前者由于代价太高而不可行；后者需要维护一个空洞列表，这是可行的。但是，当创建一个新的文件时，为了挑选合适大小的空洞来存入文件，就有必要知道该文件的最终大小。

连续分配方案在CD-ROM上被广泛使用，这里的所有文件的大小都事先知道，并且在CD-ROM文件系统的后续使用中，这些文件的大小也不再改变。

DVD的情况有些复杂。原则上，一个90min的电影可以编码成一个独立的大约4.5GB的文件。但是文件系统所使用的UDF（通用）格式，使用了一个30位的数来代表文件长度，从而把文件大小限制在1GB。其结果是，DVD电影一般存储在3个或4个1GB的连续文件中。这样，构成一个逻辑文件（电影）的物理文件块被称作extents（区段）。

2. 链表分配

存储文件的第二种方法是为每个文件构造磁盘块链表（见图 10-6）。每个块的第一个字作为指向下一块的指针，块的其他部分存放数据。

与连续分配方案不同，这种方法可以充分利用每个磁盘块，不会因为磁盘碎片（除了最后一块中的内部碎片）而浪费存储空间。同样，在目录项中，只需要存放第一块的磁盘地址，文件的其他块就可以通过这个首块地址查找到。

在链表分配方案中，尽管顺序读文件非常方便，但是随机存取却相当缓慢。要获得块 n，操作系统每次都必须从头开始，而且要先读前面的 $n-1$ 块。显然，进行如此多的读操作太慢了。而且，由于指针占去了一些字节，因此每个磁盘块存储数据的字节数不再是 2 的整数次幂。虽然这个问题并不是非常严重，但确实降低了系统的运行效率，因为许多程序都是以长度为 2 的整数次幂来读/写磁盘块的。由于每个块的前几个字节都被指向下一个块的指针所占据，因此要读出完整的一个块，就需要从两个磁盘块中获得和拼接信息，这就因复制引发了额外的开销。

3. 在内存中采用表的链表分配

如果取出每个磁盘块的指针字，把它放在内存的一个表中，就可以解决图 10-6 中所示链表的两个不足。图 10-7 所示为图 10-6 所示例子的内存中表的内容。图 10-7 中有两个文件，文件 A 依次使用了磁盘块 4、7、2、10 和 12，文件 B 依次使用了磁盘块 6、3、11 和 14。参考图 10-7，可以从第 4 块开始，顺着链走到最后，找到文件 A 的全部磁盘块。同样，从第 6 块开始，顺着链走到最后，也能够找出文件 B 的全部磁盘块。这两个链都以一个特殊标记（如-1）结束。内存中的这样的表格称为文件分配表（File Allocation Table，FAT）。

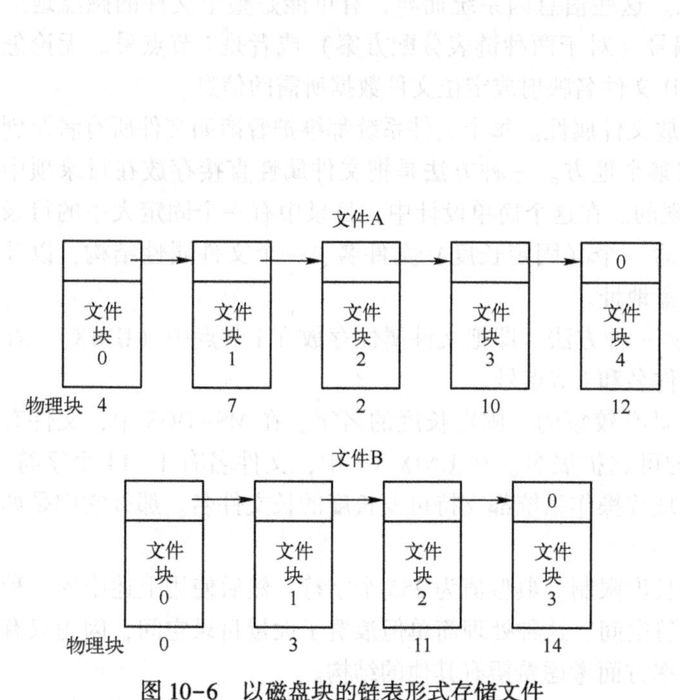

图 10-6 以磁盘块的链表形式存储文件

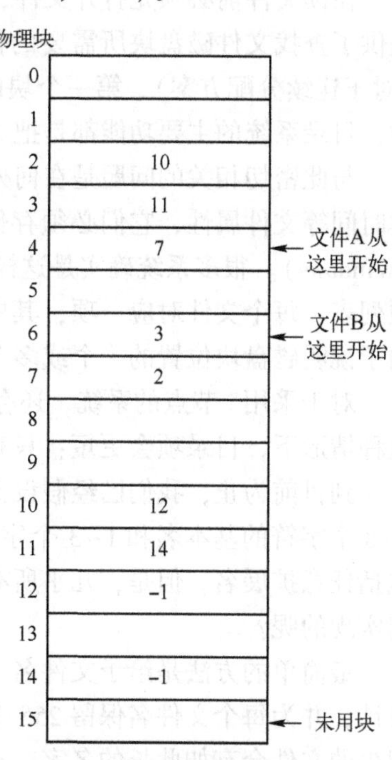

图 10-7 在内存中使用文件分配表的链表分配的内容

按这类方式组织，整个块都可以存放数据，随机存取也容易得多。虽然仍要顺着链在文件中查找给定的偏移量，但整个链表都存放在内存中，不需要任何磁盘引用。与前面的方法相同，不管文件有多大，在目录项中只需记录一个整数（起始块号），顺着就可以找到文件的全部块。

这种方法的主要缺点是必须把整个表都存放在内存中。对于 200 GB 的磁盘和 1 KB 大小的块，这张表需要有 2 亿项，每一项都对应于这 2 亿个磁盘块中的一个块。每项至少有 3 个字节，为了提高查找速度，有时需要 4 个字节。根据系统对空间或时间的优化方案，这张表要占用 600 MB 或 800 MB 内存，不太实用。很显然，FAT 方案对于大磁盘而言不合适。

4. i 节点

记录各个文件分别包含哪些磁盘块的另一个方法是给每个文件赋予一个称为 i 节点的数据结构，其中列出了文件属性和文件块的磁盘地址。给定 i 节点，就有可能找到文件的所有块。相对于在内存中采用表的方式而言，这种机制具有很大的优势，即只有在对应文件打开时，其 i 节点才在内存中。如果每个 i 节点都占有 n 个字节，最多同时打开 k 个文件，那么为了打开文件而保留 i 节点的数组所占据的全部内存仅仅是 kn 个字节，只需要提前保留少量的空间即可。

这个数组通常比文件分配表（FAT）所占据的空间要小。原因很简单，保留所有磁盘块的链接表的表大小正比于磁盘自身的大小。如果磁盘有 n 块，那么该表需要 n 个表项。由于磁盘变得更大，因此该表格也随之线性增加。相反，i 节点机制需要在内存中有一个数组，其大小正比于可能要同时打开的最大文件个数。

10.3.3 目录的实现

在读文件前必须先打开文件，操作系统利用用户给出的路径名找到相应目录项。目录项中提供了查找文件磁盘块所需要的信息。这些信息因系统而异，有可能是整个文件的磁盘地址（对于连续分配方案）、第一个块的编号（对于两种链表分配方案）或者是 i 节点号。无论怎样，目录系统的主要功能都是把 ASCII 文件名映射成定位文件数据所需的信息。

与此密切相关的问题是在何处存放文件属性。每个文件系统都维护着诸如文件所有者及创建时间等文件属性，它们必须存储在某个地方。一种方法是把文件属性直接存放在目录项中（Windows）。很多系统确实是这样实现的。在这个简单设计中，目录中有一个固定大小的目录项列表，每个文件对应一项，其中包含一个（固定长度）文件名、一个文件属性结构，以及用于说明磁盘块位置的一个或多个磁盘地址。

对于采用 i 节点的系统，还存在另一种方法，即把文件属性存放在 i 节点中（UNIX）。在这种情形下，目录项会更短：只有文件名和 i 节点号。

到目前为止，我们已经假设文件具有较短的、固定长度的名字。在 MS-DOS 中，文件有 1~8 个字符的基本名和 1~3 个字符的可选扩展名。在 UNIX V7 中，文件名有 1~14 个字符，包括任意扩展名。但是，几乎所有的现代操作系统都支持可变长度的长文件名。那么它们是如何实现的呢?

最简单的方法是给予文件名一个长度限制，典型值为 255 个字符，然后使用上述中的一种设计，并为每个文件名保留 255 个字符空间。这种处理简单但浪费了大量目录空间，因为只有很少的文件会有如此长的名字。从效率方面考虑希望有其他的结构。

一种替代方案是放弃“所有目录项大小一样”的想法。这种方法中，每个目录项都有一个固定部分，这个固定部分通常以目录项的长度开始，后面是固定格式的数据，通常包括所有者、创建时间、保护信息以及其他属性。这个固定长度的头的后面是实际文件名，每个文件名都以一个特殊字符（通常是 0）结束。

在需要查找文件名时，线性地从头到尾对目录进行搜索，这对于非常长的目录来说太慢了。加快查找速度的一个方法是在每个目录中使用散列表。这里设表的大小为 n。在输入文件名时，文件名被散列到 $1\sim(n-1)$ 之间的一个值，例如，它被 n 除，并取余数。其他可以采用的方法有对构成文件名的字求和，其结果被 n 除，或某些类似的方法。使用散列表的优点是查找非常迅速。其缺点是需要复杂的管理。只有当预计系统中的目录有成百上千个文件时，才把散列方案真正作为备用方案考虑。

一种完全不同的加快大型目录查找速度的方法是，将查找结果存入高速缓存。在开始查找之前，先查看文件名是否在高速缓存中。如果是，那么该文件可以立即定位。当然，只有在构成查找主体的文件非常少时，高速缓存的方案才有效果。

当几个用户同在一个项目里工作时，常常需要共享文件。其结果是，如果一个共享文件同时出现在属于不同用户的不同目录下，工作起来就很方便。这种共享文件的联系称为一个连接。这样，文件系统本身是一个有向无环图，而不是一棵树。

在同一台计算机的同一个操作系统下，也会使用很多不同的文件系统。一个 Windows 可能有一个 NTFS 文件系统，但是也有 FAT-32 或者 FAT-16 驱动，或包含旧的但仍被使用的数据的分区，并且不时地可能需要 CD-ROM 或者 DVD。Windows 通过指定不同的盘符来处理这些不同的文件系统，如“C:”“D:”等。当一个进程打开一个文件时，其盘符是显示或者隐式存在的，所以 Windows 知道向哪个文件系统传递请求，不需要尝试将不同类型的文件系统整合为统一模式。

相比之下，UNIX 系统将多种文件系统整合到一个统一的结构中。一个 Linux 系统可以用 ext2 作为根文件系统，ext3 分区装载在/home 下，另一块采用 ReiserFS 文件系统的硬盘装载在/home 下，以及一个 ISO 9660 的 CD-ROM 临时装载在/mnt 下。从用户的观点来看，只有一个文件系统层级。它们事实上是多种（不相容的）文件系统，对于用户和进程是不可见的。

10.4 文件系统的管理和优化

文件通常存放在磁盘上，所以对磁盘空间的管理是系统设计者要考虑的主要问题之一。磁盘空间可以通过位图的空闲表来管理，通过增量转储以及用程序修复故障文件系统的方法，可以提高文件系统的可靠性。可以通过多种途径提高性能，包括高速缓存、预读取以及尽可能仔细地将一个文件中的块紧密地放置在一起等方法。

10.4.1 磁盘空间管理

存储 n 个字节的文件可以有两种策略：分配 n 个字节的连续磁盘空间，或者把文件分成很多个连续（或者并不连续）的块。如果按连续字节序列存储文件，那么当文件扩大时，有可能需要在磁盘上移动文件，调整存储位置。虽然在内存中分段也有同样的问题，但相对于把文件从磁盘的一个位置移动到另一个位置，内存中段的移动操作要快得多。因此，几乎所有的文件系统都采用这样的策略：把文件分割成固定大小的块来存储，各块之间不一定相邻。

1. 块大小

把文件按固定大小的块来存储，那么块的大小应该是多少？按照磁盘组织方式，扇区、磁道和柱面显然都可以作为分配单位。

块尺寸过大，意味着每个文件，甚至是一个 1 字节的文件，都要占用一整个柱面，即小文件浪费了大量的磁盘空间。块尺寸过小，意味着大多数文件会跨越多个块，因此需要多次寻道与旋转延迟才能读出它们，从而降低了性能。因此，分配的单元太大则浪费空间，太小则浪费时间，性能与空间利用率是一对矛盾。

一项研究表明，如果块大小是 1 KB，则只有 30%～50%的文件能够放在一个块内；但如果块大小是 4 KB，则这一比例将上升到 60%～70%。数据显示，如果块大小是 4 KB，则 93%的磁盘块会被 10%的大文件使用。这意味着每个小文件末尾浪费的那些空间总量几乎可以忽略不计。

再考虑空间利用率。对于 4 KB 文件和 1 KB、2 KB 或 4 KB 的磁盘块来说，分别使用 4、2、1 块的文件没有浪费。对于 8 KB 块以及 4 KB 文件，空间利用率降至 50%，而 16 KB 块则降至 25%。实际上，很少有文件的大小恰好是磁盘块整数倍的，所以一个文件的最后一个磁盘块中总是有一些空间浪费。

2. 记录空闲块

除了块的大小，下一个问题就是怎样跟踪空闲块，有两种方法被广泛采用。

第一种方法是采用磁盘块链表。对于 1 KB 大小的块和 32 位的磁盘块号，空闲表中的每个块都包含 255 个空闲块的块号（需要有一个位置存放指向下一个块的指针）。考虑 500 GB 的磁盘，拥有 488×10^6个块，而存放全部这些地址，需要不小的存储空间开销。

第二种空闲磁盘空间管理的方法是采用位图。n 个块的磁盘需要 n 位位图。在位图中，空闲块用 1 表示，已分配块用 0 表示（或者反之）。位图方法所需空间较少，因为每块只用一个二进制位标识，相反在链表方法中，每一块要用到 32 位。

在最好的情况下，一个基本上空的磁盘可以用两个数表达：空闲块的地址及空闲块的计数。另外，如果磁盘产生了很严重的碎片，那么记录分块会比记录单独的块的效率要低，因为不仅要存储地址，还要存储计数。

在空闲表方法中，通常只需要在内存中保存一个指针块。当文件创建时，所需要的块从指针块中取出。现有的指针块用完时，从磁盘中读入一个新的指针块。类似地，当删除文件时，其磁盘块被释放并添加到内存的指针块中。当这个块填满时，就把它写入磁盘。但在某些特定情形下，例如一系列短期的临时文件，会引起大量不必要的磁盘 I/O。

对于位图，在内存中只保留一个块是有可能的，只有在该块满了或空了的情形下，才到磁盘上取另一块。这样处理的附加好处是，通过在位图的单一块上进行所有的分配操作，磁盘块会较为紧密地聚集在一起，从而减少了磁盘臂的移动。由于位图是一种固定大小的数据结构，所以如果内核是（部分）分页的，就可以把位图放在虚拟内存内，在需要时将位图的页面调入。

3. 磁盘配额

为了引导合理地分配磁盘空间，多用户操作系统常常提供一种强制性磁盘配额机制。其思想是系统管理员为每个用户分配最大数量的文件和块，操作系统确保每个用户拥有的文件和块的数量不超过分给他们的配额。

当用户打开一个文件时，系统找到文件属性和磁盘地址，并把它们送入内存中的打开文件表。任何有关该文件大小的增长都记到所有者的配额上。

配额表包含了每个用户当前打开文件的配额记录，该表的内容是从被打开文件的所有者的磁盘配额文件中提取出来的。当所有文件关闭时，该记录被写回配额文件。

当在打开的文件表中建立一个新表项时，会产生一个指向所有者配额记录的指针，以便很容易地找到不同的限制。每一次往文件中添加一块时，文件所有者所用数据块的总数也增加，引发对配额硬限制和软限制的检查。可以超出软限制，但硬限制不可以超出。当已达到硬限制时，向文件中添加内容将引发错误。同时，对文件数目也存在着类似的检查。

当用户试图登录时，系统核查配额文件，查看该用户文件数目或磁盘块数目是否超过软限制。如果超过了这一限制，则显示一个警告，保存的警告计数减 1。如果该计数已为 0，则表示用户多次忽略该警告，因而将不允许该用户登录。要想再得到登录的许可，就必须与系统管理员协商。

10.4.2　文件系统备份

比起计算机的损坏，文件系统被破坏往往要糟糕得多。不管是由于硬件还是软件的故障，如果计算机的文件系统被破坏了，那么恢复全部信息会是一件困难的工作，在很多情况下，甚至是不可能的。对于那些丢失了程序、文档、客户文件、税收记录、数据库、市场计划或者其他数据的用户来说，这也许是一次大的灾难。尽管文件系统无法防止设备和介质的物理损坏，但它至少应能保护信息。保护信息最直接的办法是制作备份。

磁带备份要处理好两个潜在问题中的一个，即从意外的灾难中恢复或者是从错误的操作中恢复。其中，用户意外地删除了原本还需要的文件，这种情况发生得很频繁，使得 Windows 的设计者们针对“删除”命令专门设计了特殊目录——“回收站”。也就是说，在人们删除文件时，文件本身并没有真的从磁盘上消失，而是被放置到这个特殊目录下，待以后需要时可以还原回去。文件备份更主要的是指这种情况。

1. 备份策略

为文件做备份既耗时间又费空间，所以需要做得又快又好，这一点很重要。

第一，在许多安装配置中，可执行程序（二进制代码）放置在文件系统树的受限制部分。如果这些文件能直接从 CD-ROM 盘上重新安装，就没有必要为它们做备份。此外，多数系统都有专门的临时文件目录，这个目录也不需要备份。在 UNIX 系统中，所有的特殊文件都放置在/dev 目录下，对这个目录做备份不仅没有必要，而且还十分危险——因为一旦进行备份的程序试图读取其中的文件，备份程序就会永久挂起。简而言之，合理的做法是只备份特定目录及其下的全部文件，而不是备份整个文件系统。

第二，对前一次备份后没有更改过的文件再做备份也是一种浪费，因而产生了增量转储的思想。最简单的增量转储形式就是周期性地（每周一次或每月一次）做全面的转储（备份），而每天只对当天更改的数据做备份。

第三，既然待转储的往往是海量数据，那么在将其写入磁带之前对文件进行压缩就很有必要。可是对许多压缩算法而言，备份磁带上的单个坏点就能破坏解压缩算法，并导致整个文件甚至整个磁带无法阅读。所以是否要对备份文件流进行压缩必须慎重考虑。

第四，对活动文件系统做备份是很难的。因为在转储过程中添加、删除或修改文件和目录可能会导致文件系统的不一致性。不过，既然转储一次需要几个小时，那么让文件系统脱机是很有必要的。正因为如此，人们修改了转储算法，记录下文件系统的瞬时状态，即复制关键的数据结构，然后把将来对文件和目录所做的修改复制到块中，而不是更新它们。这样，文件系统在抓取快照时就被有效地冻结了，留待以后空闲时再备份。

第五，做备份会引入许多非技术性问题。例如，如果当系统管理员下楼去取打印文件，而毫无防备地把备份磁带搁置在办公室里时，就产生了严重的安全隐患。

2. 转储方案

转储磁盘到磁带上有两种方案：物理转储和逻辑转储。物理转储是从磁盘的第 0 块开始将全部的磁盘块按序输出到磁带上，直到最后一块复制完毕。此程序很简单，可以确保万无一失，这是其他任何实用程序所不能比的。

但是物理转储还是值得商榷的。首先，未使用的磁盘块无须备份。如果转储程序能够得到访问空闲块的数据结构，就可以避免该程序备份未使用的磁盘块。然后需要关注的是坏块的转储。制造大型磁盘而没有任何瑕疵几乎是不可能的，总是有一些坏块存在。有时进行低级格式化后，坏块会被检测出来，标记为坏的，并被应对这种紧急状况的每个轨道末端的一些空闲块所替换。在很多情况下，磁盘控制器处理坏块的替换过程是透明的，甚至操作系统也不知道。然而，有时格式化后块也会变坏，在这种情况下，操作系统可以检测到它们。通常，可以通过建立一个包含所有坏块的“文件”来解决这个问题——只要确保它们不会出现在空闲块池中且绝不会被分配即可。

如果磁盘控制器将所有坏块重新映射并对操作系统隐藏，那么物理转储工作还是能够顺利进行的。如果这些坏块对操作系统可见并映射到一个或几个坏块文件或者位图中，那么在转储过程中，物理转储程序应能访问这些信息，并避免转储，从而防止对坏块文件备份时的无止境磁盘读错误发生。

物理转储的主要优点是简单、极为快速（基本上是以磁盘的速度运行的）。其主要缺点是，既不能跳过选定的目录，也无法增量转储，还不能满足恢复个人文件的请求。正因如此，绝大多数配置都使用逻辑转储。

逻辑转储从一个或几个指定的目录开始，递归地转储自给定基准日期（例如，最近一次增量转储或全面系统转储的日期）后更改过的全部文件和目录。所以，在逻辑转储中，转储磁带上会有一连串精心标识的目录和文件，这样就很容易满足恢复特定文件或目录的请求。

从转储磁带上恢复文件系统很容易办到。首先在磁盘上创建一个空的文件系统，然后恢复最近一次的完整转储。由于磁带上最先出现目录，所以首先恢复目录，给出文件系统的框架，然后恢复文件本身。完整转储之后是增量转储，重复这一过程，以此类推。

10.4.3 文件系统的一致性

影响文件系统可靠性的另一个问题是文件系统的一致性。很多文件系统读取磁盘块，进行修改后写回磁盘。如果在修改过的磁盘块全部写回之前系统崩溃，则文件系统有可能处于不一致状态。如果一些未被写回的块是i节点块、目录块或者是包含空闲表的块，则这个问题尤为严重。

为了解决文件系统的不一致问题，很多计算机都带有一个实用程序进行检验。例如，UNIX用fsck检验，Windows用scandisk（磁盘扫描）检验。系统启动时，特别是崩溃之后的重新启动，可以运行这个实用程序。这两个程序都基于运用文件系统的内在冗余进行修复的一般原理。所有文件系统的检验程序都可以独立地检验每个文件系统（磁盘分区）的一致性。

一致性检查分为两种：块的一致性检查和文件的一致性检查。在检查块的一致性时，程序创建两个表，每个表中为每个块设立一个计数器，都初始化为0。第一个表中的计数器跟踪该块在文件中的出现次数，第二个表中的计数器跟踪该块在空闲表中的出现次数。

除检查每个磁盘块计数的正确性之外，文件系统检验程序还检查目录系统。此时要用到一个计数器表，这时按一个文件（而不是一个块）来计数。程序从根目录开始检验，沿着目录树递归下降，检查文件系统中的每个目录。对每个目录中的每个文件检验一次，文件计数器加1。

10.4.4 文件系统性能

访问磁盘比访问内存慢得多。例如，如果只需要一个字，则内存访问比磁盘访问快百万数量级。考虑到访问时间的这个差异，许多文件系统都采用了各种优化措施以改善性能。

1. 磁盘高速缓存

最常用的减少磁盘访问次数的技术是块高速缓存或者缓冲区高速缓存。高速缓存指的是一系列的块，它们在逻辑上属于磁盘，但实际上基于性能的考虑被保存在内存中。

管理磁盘高速缓存有不同的算法，常用的算法是检查全部的读请求，查看在高速缓存中是否有所需要的块。如果存在，则可执行读操作，而无须访问磁盘。如果该块不在高速缓存中，则首先要把它读到高速缓存，再复制到所需的地方。之后，对同一个块的请求都通过高速缓存来完成。

由于高速缓存中有许多块（通常有上千块)，所以需要使用某种方法快速确定所需要的块是否存在。常用方法是将设备和磁盘地址进行散列操作，然后在散列表中查找结果。具有相同散列值的块在一个链表中连接在一起，这样就可以沿着冲突链查找其他块。

2. 块提前读

除了上面介绍的块高速缓存或缓冲区高速缓存，第二种明显提高文件系统性能的技术是在需要用到块之前，试图将其提前写入高速缓存，从而提高命中率。特别地，许多文件都是顺序读的。如果请求文件系统在某个文件中生成块 k，文件系统执行相关操作且在完成之后，会在用户未察觉的情形下检查高速缓存，以便确定块 $k+1$ 是否已经在高速缓存。如果还不在，文件系统会为块 $k+1$ 安排一个预读，因为文件系统希望在需要用到该块时，它已经在高速缓存或者至少马上就要在高速缓存中了。

当然，块提前读策略只适用于顺序读取的文件。文件系统通过跟踪每一个打开文件的访问方式来确定这一点。例如，可以使用与文件相关联的某个位协助跟踪该文件到底是“顺序存取方式”还是“随机存取方式”。在最初不能确定文件属于哪种存取方式时，先将该位设置成顺序存取方式。但是，查找一旦完成，就应将该位清除。如果再次发生顺序读取，就再次设置该位。这样，文件系统就可以通过合理的猜测，确定是否应该采取提前读的策略。即便弄错了一次也不会产生严重后果，不过是浪费一小段磁盘的带宽罢了。

3. 减少磁盘臂运动

除了上面介绍的两种方法外，另一种提高文件系统性能的重要技术是把有可能顺序存取的块放在一起，当然最好是在同一个柱面上，从而减少磁盘臂的移动次数。当写一个输出文件时，文件系统就必须按照要求一次一次地分配磁盘块。如果用位图来记录空闲块，并且整个位图在内存中，那么选择与前一块最近的空闲块是很容易的。如果用空闲表，并且链表的一部分存储在磁盘上，那么要分配紧邻着的空闲块就困难得多。

不过，即使采用空闲表，也可以采用块簇技术，用连续块簇来跟踪磁盘存储区。在分配块时，系统尽量把一个文件中的连续块存放在同一柱面上。

10.4.5 磁盘碎片整理

在初始安装操作系统后，从磁盘的开始位置一个接一个地连续安装了程序与文件。所有的空闲磁盘空间都放在一个单独的、与被安装的文件邻近的单元里。但随着时间的流逝，文件被不断地创建与删除，于是磁盘会产生很多碎片。结果是，当创建一个新文件时，它所使用的块会散布在整个磁盘上，造成性能的降低。

磁盘性能可以通过如下方式恢复：移动文件使它们相邻，并把所有的（至少是大部分的）空闲空间放在一个或多个大的连续区域内。Windows 中的程序 defrag（碎片整理）就是从事这个工作的。Windows 的用户应该定期使用它。

磁盘碎片整理程序会在一个在分区末端的连续区域内有适量空闲空间的文件系统上很好地运行。这段空间会允许磁盘碎片整理程序选择分区开始端的碎片文件，并复制它们所有的块，然后放到空闲空间内。这个动作在磁盘开始处释放出一个连续的块空间，这样原始文件或其他文件可以在其中相邻地存放。这个过程可以在下一个块的磁盘空间上重复，并继续下去。

有些文件不能被移动，包括页文件、休眠文件以及日志，因为移动这些文件所需的管理成本要大于移动它们的价值。在一些系统中，这些文件处于固定大小的连续区域，因此它们不需要进行碎片整理。这类文件缺乏灵活性，会造成一些问题。一种情况是，它们恰好在分区的末端附近并且用户想减少分区的大小，解决这种问题的唯一方法是把它们一起删除，改变分区的大小，然后重新建立它们。

对于 Linux 文件系统（特别是 ext2 和 ext3）选择磁盘块的方式，在磁盘碎片整理时一般不会像 Windows 那样困难，因此很少需要手动进行磁盘碎片整理。

【习题】

选择题：

1. 长期存储信息有3个基本要求，包括（　　）。

① 能够存储大量信息　　② 必须能够重复存取

③ 使用信息的进程终止时，信息仍旧存在　　④ 必须能使多个进程并发存取有关信息

A. ①②④　　B. ①②③　　C. ①③④　　D. ②③④

2. 类似于操作系统用处理器概念建立进程抽象，以及用物理存储器概念建立进程（虚拟）地址空间抽象，我们可以用一个新的抽象——（　　）来解决操作系统文件管理的问题。

A. 实存　　B. 文件　　C. 数组　　D. 虚存

3. 在 Windows 系统中，可通过文件扩展名判断文件类型。例如，（ ① ）是一种可执行文件的扩展名。当用户双击一个文件名时，Windows 系统通过建立（ ② ）来决定使用什么程序打开该文件。

① A. .xml　　B. .txt　　C. .obj　　D. .exe

② A. 文件　　B. 临时文件　　C. 文件关联　　D. 子目录

4. 操作系统通过（　　）来组织和管理外存中的信息。

A. 字处理程序　　B. 设备驱动程序

C. 文件目录和目录项　　D. 语言翻译程序

5. 操作系统通过（　　）来对文件进行编排、增删、维护和检索。

A. 数据物理地址　　B. 数据逻辑地址　　C. 按名存取　　D. 文件属性

6. 如果文件系统采用二级目录结构，就可以（　　）。

A. 缩短访问文件存储时间　　B. 实现文件共享

C. 解决不同用户之间的文件同名冲突问题　　D. 节省主存空间

7. 在 Windows 中，为保护文档不被修改，应将其属性设置为（　　）。

A. 只读　　B. 存档　　C. 隐藏　　D. 系统

8. 一个完整的文件名由（　　）组成。

A. 路径、文件名和文件的属性　　B. 驱动器号、文件名和文件的属性

C. 驱动器号、路径、文件名和文件的扩展名　　D. 文件名、文件的属性和文件的扩展名

9. 下列关于文件夹的叙述中，不正确的是（　　）。

A. 每个外存储器的第一层文件称为根文件夹

B. 套在根文件夹或其他文件夹中的文件夹称为子文件夹

C. 同一存储器上的各层文件夹形成一个层次结构

D. 文件夹在外存储器的存储位置不能用文件路径表示

10. Windows Server 采用了活动目录对网络资源进行管理，活动目录需安装在（　　）分区。

A. FAT16　　B. FAT32　　C. ext2　　D. NTFS

11. 若操作系统文件管理程序在将修改后的（　　）文件写回磁盘时系统发生崩溃，那么对系统的影响相对较大。

A. 用户数据　　B. 用户程序　　C. 系统目录　　D. 空闲块管理

12. 文件系统中，打开（Open）文件系统功能调用的基本操作是（　　）。

A. 把文件信息从辅存读到内存　　B. 把文件的控制管理信息从辅存读到内存

C. 把磁盘的超级块从辅存读到内存　　D. 把文件的 FAT 表信息从辅存读到内存

13. 若文件系统允许不同用户的文件具有相同的文件名，则操作系统应采用（　　）来实现。

A. 索引表　　B. 索引文件　　C. 指针　　D. 多级目录

14. 在 Windows 操作系统中，用户利用"磁盘管理"程序可以对磁盘进行初始化，创建卷，（ ① ）。通常将"C:\\windows\myprogram. exe"文件设置成只读和隐藏属性，以便控制用户对该文件的访问，这一级安全管理称为（ ② ）安全管理。

① A. 但只能使用 FAT 文件系统格式化卷

B. 但只能使用 FAT32 文件系统格式化卷

C. 但只能使用 NTFS 文件系统格式化卷

D. 可以选择使用 FAT、FAT32 或 NTFS 文件系统格式化卷

② A. 文件级　　B. 目录级　　C. 用户级　　D. 系统级

15. 在 UNIX 操作系统中，把输入/输出设备看作（　　）。

A. 普通文件　　B. 目录文件　　C. 索引文件　　D. 特殊文件

16. 正常情况下，操作系统对保存大量有用数据的硬盘进行（　　）操作时，不会清除有用数据。

A. 磁盘分区和格式化　　B. 磁盘格式化和碎片整理

C. 磁盘清理和碎片整理　　D. 磁盘分区和磁盘清理

17. Windows 系统中的磁盘碎片整理程序（ ① ），这样使系统（ ② ）。

① A. 仅将卷上的可用空间合并，使其成为连续的区域

B. 只能使每个文件占用卷上连续的磁盘空间，合并卷上的可用空间

C. 只能使每个文件夹占用卷上连续的磁盘空间，合并卷上的可用空间

D. 使每个文件和文件夹占用卷上连续的磁盘空间，合并卷上的可用空间

② A. 对文件能更有效地访问，而对文件夹的访问效率保持不变

B. 对文件夹能更有效地访问，而对文件的访问效率保持不变

C. 对文件和文件夹能更有效地访问

D. 将磁盘空闲区的管理方法改变为空白文件管理方案

18. 在 Windows 中，为提高计算机访问硬盘的速度，可定期进行（　　）。

A. 磁盘碎片整理　　B. 磁盘清理　　C. 磁盘扫描　　D. 磁盘压缩

思考题：

1. 域和记录有什么不同？
2. 文件和数据库有什么不同？
3. 什么是文件管理系统？
4. 选择文件组织时的重要原则是什么？
5. 列出并简单定义 5 种文件组织形式。
6. 对目录执行的典型操作有哪些？
7. 路径名和工作目录有什么关系？
8. 列出并简单定义 3 种文件分配方法。
9. 使用目录的优点是什么？
10. 一些操作系统支持树形结构的文件系统，但是把树的深度限制到某个比较小的级数上。这种限制对用户有什么影响？它是如何简化文件系统的设计的（如果能简化）？

【实验与思考】优化 Windows 系统

1. 实验背景

文件系统决定了操作系统能够对磁盘进行的处理。Windows 支持的文件系统主要有：

1）文件分配表（FAT）文件系统（FAT16）。

2）保护模式 FAT 文件系统（FAT32）。

3）Windows NT 文件系统（NTFS）。

FAT 文件系统是早期 MS-DOS 使用的文件系统，它可将文件信息存储在位于卷标开头处的文件分配表中，并保存两份文件分配表，以防其中的一个遭到破坏（见图 10-8）。

图 10-8　FAT 文件系统的结构

FAT 文件系统最大的弱点是随着 FAT 卷标尺寸的增长，最小的簇尺寸也随之增长。对于大于 512 MB 的硬盘而言，最小的簇尺寸为 16 KB；对于大于 2 GB 的硬盘，最小的簇尺寸为 64 KB。这就导致磁盘空间的极大浪费，因为一个文件必须占用整数个簇。因此，1 KB 的文件在 2 GB 的硬盘上将占用 64 KB 的磁盘空间。FAT 文件系统不支持尺寸大于 4 GB 的卷标。

FAT32 文件系统通过提供长文件名的支持来扩展 FAT 文件系统，并与 FAT16 兼容。

Windows NT 文件系统（NTFS）包括了 FAT 文件系统的所有功能，同时又提供了对高级文件系统特征（如安全模式、压缩和加密）的支持。它是为在大磁盘上有效地完成文件操作而设计的。与 FAT 和保护模式 FAT 文件系统不同，它的最小簇尺寸不超过 4 KB。但是，NTFS 卷标只能为 Windows NT 及其以上版本的操作系统所访问。

Windows 提供的新特征使文件系统更安全、更可靠，比以往的 Windows 版本能更好地支持分布式计算。

此外，Windows 支持的文件系统还有：

CDFS（Compact Disc File System，光盘文件系统）：用于光盘的文件存储。

UDF（Universal Disk Format，通用磁盘格式）：用于 DVD 的文件存储。

Windows 中的许多设置往往很重要。在本章的【实验与思考】中，通过对 Windows 文件系统进行优化来进一步熟悉操作系统的文件管理功能。

2. 工具/准备工作

在开始本实验之前，请回顾本书的相关内容。

需要准备一台运行 Windows 10/11 操作系统的计算机，但本实验的内容阐述与界面图示均参照 Windows 11 的运行环境。

3. 实验内容与步骤

操作系统用户需要“磁盘管理”应用程序工具来管理和保护磁盘及分区资源，从而保持系统处于较高的性能状态。这里来初步了解 Windows 11 系统的系统优化功能。

（1）“磁盘管理”工具

“磁盘管理”工具是 Windows 系统中内置的用户使用程序，用户可以使用它对驱动器进行一些简单的基础调整，如压缩卷、扩展卷、删除卷等。

步骤 1：按〈Win+R〉组合键，在出现的“运行”对话框中输入 diskmgmt. msc 并按〈Enter〉键，打开“磁盘管理”窗口（见图 10-9）。

步骤 2：在界面中右击与 C 分区相邻的右侧的分区，可以在弹出的快捷菜单中选择功能。

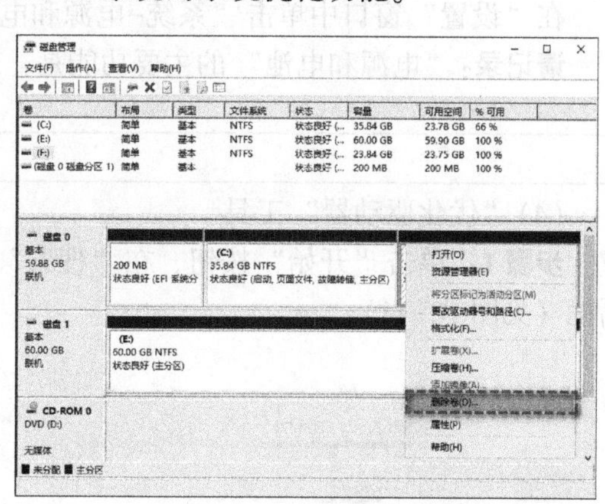

图 10-9 “磁盘管理”窗口

请记录：你在“磁盘管理”窗口中看到的主要内容：

____

____

____

提示：在 Windows 11 中，硬盘分区有 3 种：主分区、扩展分区、逻辑分区。

一个硬盘可以有一个主分区、一个扩展分区，也可以只有一个主分区，没有扩展分区。逻辑分区可以若干。

主分区：是硬盘的启动分区，它是独立的，也是硬盘的第一个分区，一般就是 C 盘。

扩展分区：分出主分区后，其余的部分可以分成扩展分区，一般剩下的部分会全部分成扩展分区，也可以不全分成扩展分区，但剩下的部分就浪费了。

扩展分区是不能直接使用的，通常以逻辑分区的方式来使用。扩展分区可分成若干逻辑分区。所有逻辑分区都是扩展分区的一部分。

卷是硬盘上的存储区域。驱动器使用一种文件系统（如 FAT 或 NTFS）格式化卷，并给它指派一个驱动器号。单击“Windows 资源管理器”窗口或“计算机”窗口中相应的图标可以查看驱动器的内容。一个硬盘包括很多卷，一卷也可以跨越很多磁盘。

启动卷是包含 Windows 操作系统及其支持文件的卷。启动卷可以是系统卷。

步骤 3：关闭“磁盘管理”窗口，退出操作。

（2）“设置-系统-存储”工具

Windows 11 提供了一个新工具，称为“存储感知”。顾名思义，它能够使用户充分利用 Windows 的可用存储空间。

步骤1：通过“开始”菜单打开系统的“设置”窗口，打开“设置-系统-存储”界面（见图 10-10）。

步骤2：单击操作界面中“存储感知”选项右侧的箭头，进一步了解“存储感知”的相关功能内容。

请记录：“存储感知”的主要功能是：________________________________

____

____

（3）“设置-电源和电池”工具

在“设置”窗口中单击“系统-电源和电池”选项，熟悉其中的功能设置。

请记录：“电源和电池”的主要功能是：________________________________

____

____

（4）“优化驱动器”工具

步骤1：单击“开始”按钮，在“搜索”栏中输入“碎片整理”，打开“优化驱动器”对话框（见图 10-11）。

图 10-10 “设置-系统-存储”界面

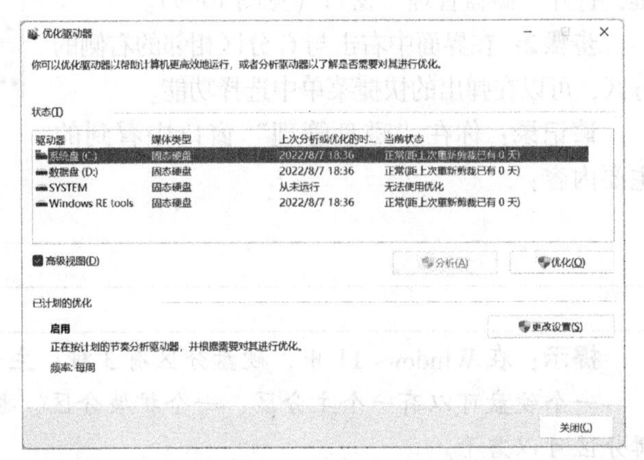

图 10-11 “优化驱动器”对话框

步骤2：在“优化驱动器”对话框中，熟悉各项功能操作，体会和分析其实现的效果。

请记录：____

____

4. 实验总结

____

____

____

5. 教师实验评价

____

第11章 操作系统安全

随着信息技术的不断发展，有关操作系统安全的话题也发生了很大的变化。

20世纪90年代之前，几乎所有的计算都是在公司、大学和其他一些拥有多用户计算机（从大型机到微型计算机）的组织中完成的。这些机器相互隔离，并没有连接到网络中。在这样的环境下，同一台计算机有多个注册用户，有关安全性的全部工作就是如何保证每个用户只能看到他自己的文件。为保证访问权限，开发了一些复杂的模型和机制，有时这种安全模型和机制甚至涉及某一类用户。

随着个人计算机和因特网的普及，情况发生了变化。来自外部的攻击、病毒、蠕虫和其他恶意代码通过因特网开始在计算机中蔓延，大型软件的漏洞呈爆炸式增长。如今的操作系统包括了五百万行以上的内核代码，应用程序也达到了MB级，使得系统中存在着大量可能被恶意代码利用的漏洞。从形式上证明是安全的系统却可能很容易地被利用漏洞而侵入。

操作系统安全最知名的问题是应对入侵者和恶意软件的威胁。入侵者尝试获得对系统资源的未授权访问，而恶意软件设计用来突破系统防御并在目标系统上执行。应对两类威胁的措施包括入侵检测系统、认证协议、访问控制机制和防火墙。

11.1 安全的概念

所谓计算机安全，是为了确保信息系统资源（包括硬件、软件、固件、信息/数据和通信）的机密性、完整性和可用性而在一个自动化的信息系统上实施的防护措施。

这个定义包含了计算机信息安全的3个核心目标：

1）机密性：即维护信息访问和泄露的授权限制，包括防护个人隐私和专有信息。机密性的损失是指非授权的信息泄露，包括的两个相近的概念是：

- 数据机密性：保证私有的或秘密的信息对未授权个体不可用或者不可见，而系统则对其选择进行强制执行，执行的粒度应该精确到文件。
- 隐私：保证某个体能够控制或影响的信息可由谁和向谁来公开，即保证私人的信息不被滥用。隐私会导致许多法律和道德问题。

2）完整性：即保护信息不被不恰当地修改、清除，包括保证信息的不可否认和认证。完整性的损失是指非授权的信息修改和清除，包括的两个相近的概念是：

- 数据完整性：保证信息只在一种指定的授权方式下被修改。改动不仅指改变数据的值，还包括删除数据以及添加错误的数据等情况。
- 系统完整性：保证系统只在一种不受影响的方式下执行它应有的功能，防止蓄意的或无意的非授权系统操作。

3）可用性：即保证及时可靠地访问和使用信息，保证系统能及时地工作，且服务器对授权的用户不会拒绝。可用性的损失是指对信息或信息系统的访问或使用的中断。导致系统拒绝服务的攻击十分普遍。比如，如果有一台计算机作为因特网服务器，那么不断地向其发送请求会使该服务器瘫痪，因为只是检查和丢弃接收的请求就可能用所有的 CPU 资源。许多合理的系统模型和技术能够保证数据的机密性和完整性，但是避免拒绝服务却相当困难。

这 3 个概念包含了针对数据、信息和计算机服务的信息与信息系统的基本安全目标。

此外，在一些安全场景下还需要额外的一些概念，其中常见的两个概念是：

1）认证性：指的是真实性、可被验证性与信任性。例如，一次会话、一条消息或消息的产生过程中对其有效性的可信任性，可验证用户及每一个系统的输入是不是来自一个可信的源。

2）可核查性：是对一个实体的行为进行追踪而产生的安全目标。它支持不可否认性、威慑性、错误隔离性及事后恢复和合法性。因为真正的安全系统还不是一个可实现的目标，因此人们必须能够追踪对安全性的破坏，以便事后分析或者解决交易纠纷。

11.2　威胁、攻击与资产

除了信息安全的核心问题外，操作系统还面临着其他威胁，例如，合法用户以外的人通过病毒和其他手段获取某些计算机的控制权，并将这些计算机变成僵尸，入侵者成为这些计算机的新主人。这些僵尸一般用来发送垃圾邮件，从而使垃圾邮件的真正来源难以追踪。

从某种意义上讲，还存在着另一种对社会的威胁。某些人出于对社会的不满，常常觉得攻击“敌人”的计算机是一件令人愉悦的事情，而不在意“攻击”本身，不在意破坏性和受害者。

11.2.1　威胁与资产

计算机系统的资产可以分为硬件、软件、数据、通信线路和网络，将这 4 类资产与可用性、机密性和完整性联系起来，如表 11-1 所示。

表 11-1　计算机系统的资产

	可用性	机密性	完整性
硬件	设备失窃或者失效，导致拒绝服务	—	—
软件	程序被删除，拒绝用户的访问	非授权的软件复制	软件被修改导致其运行失效或执行一些未知的任务
数据	文件被删除，拒绝用户的访问	非授权读取文件，分析统计数据	现有的文件被修改或新文件被伪造消息
通信线路和网络	消息被删除，通信线路或网络失效	消息被读取，消息通信模式被分析	被修改、延迟、重新排序或复制错误的消息、被伪造

1. 硬件

针对计算机硬件的主要是可用性威胁，硬件最容易被攻陷且又不容易被怀疑。威胁包括偶然的和有意的损坏、盗窃设备。个人计算机和工作站的大量使用，以及网络的广泛应用，都增加了硬件潜在的风险，需要通过增强物理的和管理上的安全措施来防范此类威胁。

2. 软件

对软件的主要威胁是对可用性的攻击。软件，尤其是应用软件，容易被删除，还容易被修改或破坏而无法使用。对经常使用的软件版本进行备份，能够带来高可用性。更复杂的问题是，软件修改后虽然能正常运行，但其操作已经和原来不同，这对完整性/认证性是一种威胁。计算机病毒和相关的攻击属于这种类型。还有一个问题是软件保护，尽管有一些可用的应对策略，但非授权的软件复制问题并未得到解决。

3. 数据

硬件和软件安全常常关注计算中心的业务或个人计算机用户的需求。一个更广泛的问题是数据安全，包括文件及被个人、组织和商业机构所拥有的各种形式的数据。

数据安全的范围很广泛，包含可用性、机密性和完整性。例如，可用性涉及数据文件的销毁，这可能是偶然的或是恶意的。对机密性的关注是非授权读取数据文件或数据库。一种不那么明显的对秘密的威胁包括对数据的分析，从中能获取总结性的和统计性的信息。随着统计信息数据库的增长，泄露个人信息的可能性也随之增加。数据完整性在许多设置中都是重点关注的内容，修改数据文件可能导致小问题，也能导致大灾难。

4. 通信线路和网络

网络安全攻击可以分为被动攻击和主动攻击。被动攻击分析和利用系统信息，但不破坏系统资源；主动攻击则试图改变系统资源或者影响系统操作。

1）被动攻击。其本质是窃听、控制通信，攻击者的目标是获取传输的信息。被动攻击的两种类型是获取消息内容和流量分析。

获取消息内容的概念很容易理解。比如电话交谈、电子邮件或包含敏感/机密信息的文件传输，人们希望能阻止攻击者获取这些会话的内容。

流量分析是被动攻击的另一种更微妙的类型。假设人们有一种办法能够把通信内容或其他信息掩盖起来，使得攻击者即使获取了消息，也无法知道消息的内容，那么常用的方式就是内容加密。但即使通过加密来实施保护，攻击者还是有可能发现这些消息的模式，发现通信主体的位置和身份，能观察消息交换的频率和长度，以分析通信过程的性质。

被动攻击很难被检测到，因为它不改变数据本身。通常情况下，通信流量的发送和接收看起来都很正常，没有人会注意到隐藏的第三方已经获取了消息或分析了消息模式。阻止这类攻击常用的措施是加密。

2）主动攻击。包括更改数据流或创建假数据流，可分为重放、伪造、篡改和拒绝服务。

重放包括被动地捕获数据包，然后重新发送以执行一次未授权的操作。

伪造是指一个实体假装成另外一个实体，常伴随着其他形式的主动攻击。比如，认证流程可能被捕获，并在一次合法的认证后重放，只要其假冒有超级权限的认证过程，可以使一个只有较小权限的认证实体获取超级权限。

篡改指的是合法信息的某些部分被修改，或者被延迟、重新排列，以此产生非授权的行为。

拒绝服务攻击阻止或抑制通信设施的正常使用和管理。这种攻击可能有特定的目标。比如，一个实体把消息重定向到一个特定的地址（可能是安全审计服务器）。另一种拒绝服务攻击的形式是通过破坏网络或使网络过载来降低整个网络的性能。

主动攻击和被动攻击的特点相反。被动攻击难以被检测到，只能采取措施进行阻止。但是，绝对阻止被动攻击是很难的，因为需要对所有的通信设施和链路随时随地进行物理保护。所以，检测它们，并从这些攻击造成的中断和延迟中恢复过来是人们的目标。因为检测有威慑的效果，所以对阻止这类攻击也是有用的。

11.2.2 数据意外遗失

除了恶意入侵造成的威胁外，有价值的信息也会因意外而遗失，例如，遗失原因通常包括：

1）天灾：火灾、洪水、地震、战争、暴乱或老鼠的撕咬。

2）软硬件错误：CPU 故障、磁盘或磁带不可读、通信故障或程序里的错误。

3）人为过失：不正确的数据登录、错误的磁带或磁盘安装、运行了错误的程序、磁带或磁盘的遗失以及其他过失等。

上述大多数情况可以通过适当的备份尤其是对原始数据的远程备份来避免。在防范数据不被入侵获取的同时，防止数据意外遗失应得到更广泛的重视。

11.2.3 入侵者

操作系统将每个进程与一组权限关联起来。这些权限指明了进程可以访问的资源，包括内存区域、文件和系统权限指令。典型的情况是，一个代表用户执行的进程拥有系统授予该用户的权限。系统或公用进程可能在配置时分配权限。

通常，最高权限是指管理员、管理程序或 root 访问权限。root 访问权限能访问操作系统中的所有功能与服务。拥有 root 访问权限的进程对系统拥有完全的控制能力，即能添加或修改程序和文件、监控其他进程、发送和接收网络通信消息，以及修改权限级别。

对于任何操作系统设计，其中一个关键的安全问题是如何阻止或检测到用户及恶意软件在系统中尝试获得未被授权的权限的行为，特别是尝试获取 root 访问权限。

系统访问威胁主要分为两类：入侵者与恶意软件。

常见的安全威胁是入侵者（此外还有病毒），它通常指黑客或骇客，一般包括 3 类：

1）冒充者（伪装者）：一个未被授权的用户使用计算机和通过穿透系统的访问控制去使用合法用户的账号。

2）滥用职权者：一个合法用户访问没有授权的数据、程序或资源，或者用户具有这种访问授权，但滥用了相关权限。例如，某些银行程序员为获取利益而试图从其工作的银行窃取金钱。他们使用的手段包括修改应用软件使得利息不被四舍五入，而直接截断，并将截留下来的不足一分钱的部分留给自己，或者盗用多年不使用的账户，再或者根据窃取的信息敲诈勒索等。

3）秘密用户：一个用户获得了系统的管理控制，就可以使用这种控制来逃避审计和访问控制，或者废止审查收集。

伪装者可能来自外部；违法者通常来自内部；秘密用户既可能来自外部，也可能来自内部。

入侵者攻击的影响轻重不等。轻微的情况是某些人的一般窥测。严重的情况是个体尝试读取权限数据，对数据进行未被授权的更改，或破坏系统。

信息领域的商业间谍或军事间谍的目的是窃取计算机程序、交易数据、专利、技术、芯片设计方案和商业计划等。这些非法企图通常使用窃听手段，有时甚至通过搭建天线来收集目标计算机发出的电磁辐射。

从某种意义上来说，编写病毒的人也是入侵者，他们往往拥有较高的专业技能。一般的入侵者和病毒的区别在于，前者指想要私自闯入系统并进行破坏的个人，后者指被人编写的企图引起危害的程序。入侵者设法进入特定的计算机系统（如属于银行或政府大楼的某台机器）

来窃取或破坏特定的数据，而病毒作者常常想造成破坏，而不在乎谁是受害者。

入侵者的技术和行为模式总是在变化之中，如利用新发现的漏洞并逃避检测措施。

内部攻击是最难检测并阻止的。雇员们已拥有访问权限，并且知道公司数据库的结构和内容。以前常常有雇员喜欢把办公室资源带回家中，但现在正演变为将公司的数据变为己有。例如，一家证券分析公司的销售部副经理离职时复制了客户资料，因为这些数据以后可能用得到。

尽管有 IDS（入侵检测系统）和 IPS（入侵防御系统）设备可以应对内部攻击，但更直接的措施是高度的权限管理，例如：

- 实施最小权限原则，只赋予职员完成工作所需的最小的资源访问权限。
- 记录日志，以了解用户访问了什么，以及他们进入时输入了什么命令。
- 使用强认证来保护敏感数据。
- 职员离职前，冻结其计算机和网络访问。
- 职员离职前，备份该职员的计算机硬盘，日后可以作为追责证据。

11.2.4　恶意软件

对计算机系统的复杂威胁是利用系统漏洞的程序，这种威胁也称恶意软件。这里涉及的既有应用程序又有公用程序，如编辑器、编译器和内核级程序等。

恶意软件分为两类：需要宿主程序的恶意软件和独立运行的恶意软件。前者也称寄生型，是无法脱离真实程序（应用程序、公用或系统程序）而独立运行的程序片段，如病毒、逻辑炸弹及程序后门。后者是可被操作系统调度和执行的独立程序，如蠕虫和机器人程序。

这种软件威胁还可根据是否进行复制来区分。不进行复制的是可被触发执行的程序或程序片段，如逻辑炸弹、程序后门和机器人程序。而进行复制的一般由一个独立程序或程序片段组成，在执行时会产生多个副本，分发后会在其他系统上激活，如病毒和蠕虫。

11.2.5　应对措施

入侵检测的定义是一个能够监控和分析系统事件的安全服务，对于未授权的系统资源访问尝试，能够发现和提供实时或接近实时的警报。

1. 分类

入侵检测系统（IDS）分类如下：

1）基于宿主的 IDS：监控一个宿主的特性及宿主中出现的事件，以便发现可疑行为。

2）基于网络的 IDS：对于特定的网段或设备，监控网络传输并分析网络、传输和应用协议，识别可疑行为。

IDS 由 3 个逻辑组成部分：

1）传感器：负责收集数据。传感器的输入可以是系统中包含了入侵行为证据的任意部分。传感器的输入类型包括网络包、日志文件及系统调用路径。传感器收集信息并将这些信息发送给分析器。

2）分析器：接收来自一个或多个传感器或其他分析器的输入。分析器负责判断入侵行为是否发生。分析器的输出是一个入侵行为是否已发生的标示值。输出可能包含了支持结论的证据。对于已发生的入侵应当采取何种行为，分析器可以提供指引。

3）用户界面：是 IDS 允许用户查看系统的输出或控制系统行为的部分。在有些系统中，用户界面等同于管理器、监督器或控制台。

入侵检测系统是特地为检测人类入侵者行为和恶意软件行为而设计的。

2. 防火墙

防火墙是一种保护本地系统或系统网络免受基于网络的安全威胁，并通过广域网和因特网提供外界访问的有效方式。传统防火墙是一台与网络外部计算机交互的专用计算机，用特殊的安全预防措施来保护网络中计算机内的敏感文件。

防火墙的设计目标是：

1）所有从内到外或从外到内的传输都必须通过防火墙。这是通过在物理上阻塞所有防火墙以外的本地网络访问来实现的。

2）仅允许按本地安全策略定义的授权传输通过。防火墙实现了各种各样的安全策略。

3）防火墙本身是不会被渗透的。这引申出了具有安全操作系统的坚固系统的使用。可信计算机系统适合作为防火墙的主机，通常在政府应用中使用。

11.3　缓冲区溢出

主存与虚拟内存是容易受到安全威胁的系统资源，因此需要采取相应的安全措施。效果明显的安全措施是阻止对进程内存内容未授权的访问。若一个进程未将其部分内存设置为共享，则其他任何进程都不应访问到这部分内容。若一个进程将其部分内存设置为部分进程共享，则系统安全服务必须保证只有这些进程可以访问。

11.3.1　缓冲区溢出攻击

突破操作系统安全常见的一种技术是缓冲区溢出攻击，也称缓冲区越界。在编程接口上，当缓冲区或数据存储区中放入了比其容量更多的数据时，会导致其他信息被覆盖。攻击者利用这种情况来使系统崩溃，或插入特定代码来获取系统控制权。

缓冲区溢出可能是编程错误造成的，例如，进程尝试在某个固定大小缓冲区的界限之外存储数据，因此覆盖了相邻的内存位置。这些位置可能包含其他程序的变量或参数，也可能包含程序控制流数据，如返回地址和栈帧指针。缓冲区可以位于栈上、堆上或进程的数据段中。这种错误的后果有程序数据损坏、程序控制流异常跳转、内存访问违例，甚至造成程序终止运行。若故意攻击系统，则控制流可能跳转到攻击者选定的代码执行，因此受攻击的进程会以自己的权限执行任意代码。缓冲区溢出攻击是一种常见也极其危险的安全攻击。

为了利用任意类型的缓冲区溢出，攻击者需要：

1）识别程序中的缓冲区溢出漏洞，这些漏洞可使用攻击者能控制的外部资源数据触发。

2）理解缓冲区是怎样在进程的内存中存储的，以及毁坏相邻内存位置和更改程序控制流执行的可能性。

要识别易受攻击的程序，可查看程序代码，记录程序处理过量输入的执行流程，以及使用“模糊”类工具（包括使用随机生成的输入数据）等来自动识别潜在的易受攻击的程序。

11.3.2　编译和运行时防御

发现并利用堆栈缓冲区溢出其实并不难，要么防止溢出的出现，要么检测到并终止这类攻击。总之，系统需要能够抵御这类攻击。避免这类攻击的可行方法大致分为两类：

1）编译时防御，目标是通过程序来抵御对新程序的攻击。

2）运行时防御，目标是探测并阻止对已有程序的攻击。

编译时防御的目标是在程序编译时通过配置程序来探测并阻止缓冲区溢出。存在 4 种方法：一是选择不允许缓冲区溢出的高级语言，二是鼓励安全的编码规范，三是使用安全的标准库，四是额外加入代码来检测栈帧的崩溃。

运行时防御可被操作系统的升级程序用来为一些已有的漏洞程序提供保护。这些防御涉及对进程虚拟地址空间存储管理的改进。这些改进要么是改变内存边界属性值，要么是充分预测那些难以阻止多种类型攻击的目标缓冲区的位置。

11.4　访问控制

访问控制实现了一种安全策略：指定谁或何物（如进程的情况）可能有权使用特定的系统资源和在每种场景下被允许的访问类型。

访问控制机制调节了用户（或是代表用户执行的进程）与系统资源之间的关系。系统资源包括应用程序、操作系统、防火墙、路由器、文件和数据库。系统首先要对寻求访问的用户进行认证。通常，认证功能决定了用户是否被允许访问系统。然后访问控制功能决定了是否允许用户的特定访问要求。安全管理员维护着一个授权数据库，对于允许用户对何种资源采用什么样的访问方式，授权数据库做了详细说明。访问控制功能参考这个数据库来决定是否准予访问。审核功能监控和记录了用户对于系统资源的访问。

11.4.1　文件系统控制

只有在登录成功后，用户才会被赋予权限来访问一个或多个主机和应用程序，这种做法对于数据库中有敏感数据的系统来说是不够的。通过用户访问控制程序，用户可被系统识别。系统中会有一个与每个用户相关的配置文件，用来指定用户操作和访问文件的权限。操作系统基于用户配置文件来实施权限控制规则。但是，数据库管理系统必须控制特定的记录或一部分记录。例如，每个人都有权限获得公司员工列表，但只有一部分经过挑选的人才有权限获得员工薪水信息。这个问题并非只是一个详细程度的问题。尽管操作系统赋予用户访问文件或使用应用程序的权限，但并未进行更深一步的安全检查，数据库管理系统必须对每个人的访问尝试做出决定，该决定不仅取决于用户的标识，而且取决于被访问数据的特定部分，甚至取决于已透露给用户的信息。

11.4.2　访问控制策略

访问控制策略一般分为以下几类：

1）自主访问控制：这是传统的访问控制执行方法。访问控制基于请求者的身份及授权的访问规则，说明什么样的请求者允许执行。这一策略的条件是任意的，因为一个实体可能具有访问权限，并通过自己的意志使得另一个实体也能够访问某些资源。

2）强制访问控制：是从军事信息安全中演化出来的一个概念。访问控制基于比较安全的标签（一些灵敏和关键的系统资源），并能被安全地清除（这表明系统的实体有资格获得某些资源）。这一策略是强制性的，因为有些实体可能未清除访问资源，而是按照自己的意愿使另一个实体也能访问某些资源。

3）基于角色的访问控制：访问控制基于用户在系统中的角色，说明在某些特定条件和规则下哪些访问是被允许的。

4）基于属性的访问控制：访问控制基于用户的属性、要访问的资源和当前环境条件。

这4种方法并不互斥，可同时使用两种或3种方法来覆盖不同类型的系统资源。

11.4.3 身份验证控制

用户身份验证和消息验证是有区别的。消息验证是允许通信各方确认接收到的信息内容未被修改且来源可靠的一个过程。用户认证是一个主要的构建模块和最初防线。用户认证是多种访问控制和用户责任的主要部分。

认证过程包括以下两步：

1）识别步骤：对于安全系统，提取其标识符（应小心地分配标识符，对于访问控制服务等其他安全服务，认证定义是基本部分）。

2）验证步骤：提出或产生认证信息，用来证实实体与标识符之间的绑定信息。

从本质上看，用户向系统提供一个声明的身份，用户认证就是确认声明的合法性的方法。

有4种主要的认证用户身份的方法，它们既可以单独使用，也可以联合使用：

1）个人知道的一些事物：如密码、个人身份号码（PIN）或预先安排的问题的答案。

2）个人拥有的一些事物：称为令牌，如电子通行卡、智能卡、物理钥匙。

3）个人自身的事物（静态生物识别技术）：如指纹、虹膜和人脸的识别。

4）个人要做的事物（动态生物识别技术）：如语音模式、笔迹特征和输入节奏的识别。

适当地实现和使用这些方法，可以提供可靠的用户认证。但是每种方法都存在一定的问题。对手能够猜测或盗取密码，类似地，用户能够伪造或盗取令牌，也可能忘记密码或丢失令牌。而且，对于管理系统上的密码、令牌信息和保护系统上的这些信息，还存在显著的管理开销。对于生物识别技术，也有包括误报和假否定、用户接受程度、费用和便利与否等问题。

11.5 操作系统加固

确保系统安全最关键的一步是保证所有应用与服务所依赖的操作系统的安全。正确安装、更新和配置操作系统是安全的基础。遗憾的是，许多操作系统的默认配置通常最大化地提升使用的方便程度与功能性，而忽略了安全性。此外，机构的安全需求不同，恰当的安全配置也会不同。特定系统所需要的配置应在计划阶段就被确定。

虽然保证特定操作系统安全性的具体细节各异，但方法却接近。恰当的安全配置引导与清单在大多数现代操作系统中都存在，但由于各个组织及其系统的独特需求，这些引导和清单还需要征询它们的意见。有些情况下，自动化工具可进一步保证系统配置的安全性。

11.5.1 操作系统安装：初装与更新

系统安全性始于安装操作系统时。联网系统在安装与继续使用时易受攻击，因此，系统在受攻击阶段不暴露很重要。理想状态下，新系统应该在一个受保护的网络中创建。它也许是一个安全孤立的网络，包含了操作系统的镜像及所有可用的更新补丁，能保证所使用的设备未被感染。此外，也可使用对访问更广泛的互联网有严格限制的网络。理想状态下，它应该没有任何外部向内部的访问，且只能访问外部的关键站点来进行系统安装和补丁更新。无论哪种情况，完整的安装和加固过程都应该在系统被实际部署到更易访问也更易受攻击的位置前实施。

初始安装应包含系统要求的最少组件，以及额外系统功能所需的软件包，即最小化系统包理论，必须确保整个启动过程的安全。系统最初启动时需要使用BIOS码，因此可能需要调整关于BIOS码的设置，或指定修改BIOS码所需的密码。此外，还可能需要对系统正常启动的媒介进行限制。为防止攻击者改变启动过程，或防止攻击者从外部媒介启动系统，越过正常系统对本地存储的数据进行访问控制，有必要安装一个隐藏的监督管理程序。

在选择和安装任何额外的设备驱动代码时都需要小心，因为它通常由第三方提供，在执行时具有完整的内核级权限，必须仔细验证这种驱动代码的完整性和来源。恶意的驱动可能会越过许多安全控制来安装恶意软件。

由于通用操作系统仍然存在易受攻击的特点，因此保持系统更新、安装所有关键的与安全相关的更新补丁就非常重要，几乎所有的通用系统都提供系统工具来自动下载和安装安全更新。应适当地配置这些工具，并在更新可用时，最小化系统易受攻击的时间。

在变更受控的系统上不应进行自动更新，因为安全更新偶尔会造成不稳定。对于具有可用性的系统和极其重要的系统，应在测试系统上验证所有更新后，再将其部署到产品中。

11.5.2　删除不必要的服务、应用与协议

因为系统上运行的任何软件都可能包含漏洞，因此可运行的软件包越少，风险就越低。在可用性、安全与限制安装的数量上，显然存在着一种平衡。不同机构提供的服务、应用和协议的范围各异，即使是同一机构的不同系统也各不相同。系统的规划进程应当识别出给定系统的真正需求，继而提供合适水平的功能性，同时删除无法增强系统安全的软件。

对于大多数分布式系统，默认的设置是功能性和易用性，而非安全性最大化。进行最初的安装时，不应使用其提供的默认设置，而应进行定制，保证只安装所需的软件包。需要额外的软件包时，再进行安装。

用户一般偏好于不安装无用的软件，而非安装后再卸载或禁用，因为他们注意到许多卸载脚本不能完全删除软件包中的所有内容。而且，禁用一项服务意味着虽然它不能成为攻击的发起点，但若攻击者成功获得了系统的部分访问权限，则被禁用的软件可能会被重新允许并用来攻击系统。因此不安装不需要的软件对于安全性而言更好。

11.5.3　配置用户、组和认证过程

并非所有的用户都能访问系统上的所有数据和资源。现代操作系统实现了对数据和资源的访问控制，几乎都提供了某种形式的自主访问控制。

系统规划进程应考虑系统上用户的分类、所有者的权限、可访问的信息类型，以及在何时、何处进行定义和认证。有些用户会被提升权限来帮助管理系统；其他用户则是普通用户，对文件和其他数据有合适的共享访问；来宾账户则拥有有限的访问权限。此外，权限提升仅限于有需要的用户。这样的用户只在需要执行一些任务时才申请必要的权限提升，平时则作为普通用户使用系统。这种做法增强了安全性，因为攻击者利用这些有权限用户的行为攻击系统的机会更小。有些操作系统提供了特殊的工具或访问机制来协助管理员用户在必要时提升他们的权限，并恰当地记录这些行为。

是在本地指定用户、用户所属的组及它们的认证方法，还是使用中心化的认证服务器，是一项关键性的决定。无论选择哪种方式，都应在系统上配置好合适的细节。在这个阶段，应保证任何在系统安装过程中包含的默认账户的安全。不需要的账户应被删除或禁用。管理系统服务的系统账户应被设置为不能登录。同时，任何默认密码也应被设置为足够安全的新密码。

任何应用于认证凭据的策略，特别是密码安全的策略，都应被恰当配置。这包括一些细节，如对不同账户的访问应使用哪种认证方法。同时包括密码的要求长度、复杂度和年龄等细节。

定义好用户和相关的用户组后，就需要在数据和资源上设置恰当的权限来匹配指定的策略。这样做可限制一些用户执行一线程序，特别是一些修改系统状态的程序，或限制特定目录树中的哪些用户读写数据。为增强安全性，许多安全加固指引都提供了对默认访问配置的推荐修改。

11.5.4 安装额外的安全控制工具

进一步的安全增强措施可通过安装和配置额外的安全工具来实现，如杀毒软件、基于主机的防火墙、IDS或IPS，或应用白名单。其中一些可能已在系统安装时提供，但未进行配置，而是使用了默认设置。其他安全工具则是第三方的产品。

随着恶意软件的广泛传播，合适的杀毒软件（能够识别出多种类型的恶意软件）是许多系统上的主要安全组成部分。Windows系统上使用了传统的杀毒产品，因为Windows系统以其高使用率成了攻击者的目标。然而，其他平台的增长，已导致更多面向这些平台的恶意软件的出现，因此，合适的杀毒产品对于任何系统而言，都会成为其安全性保障的重要部分。

基于主机的防火墙、IDS和IPS软件也通过限制远程网络访问增强了系统的安全性。若对服务的远程访问是不必要的，则这样的限制可帮助保护这些服务不被攻击者远程利用。传统防火墙配置可限制对部分或全部外部系统对某些端口或协议的访问。有些防火墙还能限制系统上特定程序的访问控制，进一步限制可以攻击的薄弱点，组织攻击者安装和访问他们自己的恶意软件。IDS和IPS软件可能包含额外的机制，如流量控制或文件完整性检查，以识别和反击某些类型的攻击。

另一种额外的控制机制是应用白名单。它限制了程序的能力，只允许名单内的程序在系统上运行。这样的工具可以阻止攻击者安装和运行他们自己的恶意软件。虽然这样能增强安全性，但要让它处于最佳工作状态，则必须事先预测用户所需的应用程序集。对软件用途的任何修改都会导致对配置的修改，因此可能会造成对IT技术支持需求的增加。但并非所有机构或系统都具有充分的可预测性来满足这种类型的安全控制。

11.5.5 对系统安全进行测试

保障底层操作系统的初始安全性的最后一步是进行安全测试，目标是确保之前的安全配置步骤已正确实现，并识别出所有可能需要纠正和管理的漏洞。

许多安全加固指引中都包括了合适的安全要求清单。此外，还有特定的软件，其设计目的是检查系统以保证它满足基本的安全要求，并扫描已知的漏洞和糟糕的配置。这个步骤应在系统的初始加固完成之后进行，并作为安全维护的流程周期性地执行。

11.6 安全性维护

合理地构建、保护和部署系统后，维护安全的流程将持续下去，这是因为环境在不断变化，新漏洞也在不断地被发现，从而令系统暴露在新的威胁中。安全维护流程应包括如下步骤：

1）监控和分析日志信息。

2）定期进行备份。

3）从安全漏洞中恢复。

4）定期测试系统安全。

5）使用合适的软件维护进程来更新所有的关键软件，并检测和修正配置。

对于基于配置的系统，也应使用一个进程来进行手动测试和安装更新，并保证定期使用清单或自动化工具来对该系统进行测试。

11.6.1　记录日志

日志是一种活跃的控制机制，只能在异常状态发生后通知用户。但有效地记录日志能够确保发现系统漏洞或系统故障，帮助系统管理员更快和更准确地识别出发生了什么，因此也能更有效地专注于恢复。日志的关键是确保在其中捕捉到了正确的数据，并恰当地监控和分析这些数据。日志信息可通过系统、网络、应用产生。所记录数据的范围应在系统规划阶段就确定下来，因为它取决于服务器的安全要求和信息敏感度。

记录会生成大量的数据，因此要保证有足够的空间来存储日志。应合理地配置自动日志系统，以帮助管理日志信息的规模。

手工分析日志很乏味，也不是一种检测不良事件的可靠方式。而有些自动分析则可能识别出异常的活动。

11.6.2　数据备份和存档

对系统上的数据定期进行备份是另一种关键的控制机制，能够帮助维护系统和用户数据的完整性。数据从系统中丢失的原因很多，包括软件和硬件故障，或意外和人为损坏。保留数据同样需要满足法律和操作的要求。备份是定期对数据进行复制的过程，使丢失或损坏的数据能够在相对较短的时间（几个小时到几周）内恢复。存档是获取很久（如数月或数年）以前的数据副本的过程，目的是在满足法律和操作要求的情况下访问过去的数据。虽然这些过程是为了满足不同的需要，但它们通常是相互关联并被管理的。

与备份和存档相关的需求与策略应在系统规划阶段就被确定。需要做出的关键决策包括存档副本是在线保存还是离线保存，是本地存储还是传输到外部站点。在实现的难易度、开销与安全性、健壮性方面，也需要进行权衡。

因糟糕的选择而造成严重后果的一个例子是 2011 年初针对澳大利亚主机提供商的攻击。攻击者不仅摧毁了数以千计客户的网站的现场副本，还摧毁了所有的在线备份。因此，许多未保留备份副本的客户丢失了所有的站点内容和数据，造成了严重的后果，对服务提供商也造成了重大损失。许多只保存了本地备份的机构因为洪水或 IT 中心发生火灾，丢失了所有的数据。这些风险必须被恰当地评估。

【习题】

选择题：

1. 20 世纪 90 年代之前，几乎所有的计算都在组织中完成，这些机器并没有连接到网络中。在这样的环境下，安全性所要做的全部工作就是如何保证（　　）。

A. 访问权限　　B. 界面友好　　C. 运行效率　　D. 入侵威胁

2. 随着个人计算机和因特网的普及，情况发生了变化。如今操作系统安全最知名的问题是应对（　　）。

A. 访问权限　　B. 界面友好　　C. 运行效率　　D. 入侵威胁

3. 应对入侵威胁的措施包括（　　）。

① 入侵检测系统　　② 认证协议　　③ 访问控制机制　　④ 防火墙

A. ①②④　　B. ②③④　　C. ①②③④　　D. ①②③

4. 所谓的（　　），是为了确保信息系统资源（包括硬件、软件、固件、信息/数据和通信）的机密性、完整性和可用性而在一个自动化的信息系统上实施的防护措施。

A. 运行可靠性　　B. 计算机安全　　C. 数据安全　　D. 访问控制

5. 计算机信息安全核心目标中的（　　），即维护信息访问和泄露的授权限制，包括防护个人隐私和专有信息。

A. 机密性　　B. 综合性　　C. 完整性　　D. 可用性

6. 计算机信息安全核心目标中的（　　），即保护信息不被不恰当地修改、清除，包括保证信息的不可否认和认证。

A. 机密性　　B. 综合性　　C. 完整性　　D. 可用性

7. 计算机信息安全核心目标中的（　　），即保证及时、可靠地访问和使用信息，保证系统能及时地工作，且服务器对授权的用户不会拒绝。

A. 机密性　　B. 综合性　　C. 完整性　　D. 可用性

8. 针对计算机硬件、软件的安全问题主要是（　　）威胁，硬件最容易被攻陷且又不容易被怀疑。

A. 机密性　　B. 可用性　　C. 完整性　　D. 可用性

9. 数据包括文件和被个人、组织和商业机构所拥有的各种形式。数据安全的范围很广泛，包含（　）。

① 精确性　　② 可用性　　③ 完整性　　④ 机密性

A. ①②③　　B. ①②④　　C. ①③④　　D. ②③④

10. 网络安全攻击中，（　　）的本质是窃听、控制通信，攻击者的目标是获取传输的信息。

A. 被动攻击　　B. 主动攻击　　C. 直接攻击　　D. 间接攻击

11. 网络安全攻击中，（　　）包括更改数据流或创建假数据流，可分为重放、伪造、篡改和拒绝服务攻击。

A. 被动攻击　　B. 主动攻击　　C. 直接攻击　　D. 间接攻击

12. 除了恶意入侵造成的威胁外，有价值的信息也会因意外而遗失，原因通常包括（　　）。

① 天灾　　② 人为过失　　③ 软硬件错误　　④ 计算偏差

A. ①③④　　B. ①②④　　C. ①②③　　D. ②③④

13. 操作系统将每个进程与一组（　　）关联起来，它们指明了进程可以访问的资源，包括内存区域、文件和系统指令。

A. 人员　　B. 组件　　C. 数据　　D. 权限

14. 系统访问威胁中，最常见的安全威胁是入侵者（此外还有病毒），它通常指（　　）。

① 秘密用户　　② 内部用户　　③ 滥用职权者　　④ 冒充者

A. ①③④　　B. ②③④　　C. ①②③　　D. ①②④

15. 尽管有 IDS（入侵检测系统）和 IPS（入侵防御系统）设备可以应对内部攻击，但更直接的措施是高度的（　　）管理。

A. 人员　　B. 组件　　C. 数据　　D. 权限

16. 对计算机系统的复杂威胁是利用系统漏洞的程序，这种威胁也称（　　）软件。

A. 黑客　　B. 恶意　　C. 陷阱　　D. 侦测

17.（　　）的定义是一个能够监控和分析系统事件的安全服务，对于未授权的系统资源访问尝试，能够发现和提供实时或接近实时的警报。

A. 防火墙　　B. 漏洞检查　　C. 入侵检测　　D. 病毒侦测

18.（　　）是一种保护本地系统或系统网络免受基于网络的安全威胁，并通过广域网和因特网提供外界访问的有效方式。

A. 防火墙　　B. 漏洞检查　　C. 入侵检测　　D. 病毒侦测

19. 突破操作系统安全最常见的一种技术是（　　）攻击，当缓冲区或数据存储区中放入了比其容量更多的数据时，会导致其他信息被覆盖。攻击者利用这种情况来使系统崩溃，或插入特定代码来获取系统控制权。

A. 程序错误　　B. 利用漏洞　　C. 匿名访问　　D. 缓冲区溢出

20. 访问控制实现了一种安全策略：指定谁或何物（如进程的情况）可能有权使用特定的系统资源和在每种场景下被允许的访问类型。它一般分为（　　）。

① 随机访问控制　　② 基于角色的访问控制

③ 强制访问控制　　④ 自主访问控制

A. ①②③　　B. ②③④　　C. ①②④　　D. ①③④

思考题：

1. 定义计算机安全。

2. 计算机安全着重的基本需求是什么？

3. 被动攻击和主动攻击的区别是什么？

4. 列举和简要定义 3 类入侵者及其行为模式。

5. 僵尸和 Rootkit 的区别是什么？

6. 以用户通过个人密码和登录账户卡使用的自动取款机（ATM）为例，给出一些关于该系统的机密性、完整性和可用性的例子，并分析不同情况下这些性质的重要程度。

7. 以为各种组织生产文档的台式出版系统为例，请就存储数据的机密性、完整性和可用性分别给出一个例子，说明其是出版系统的一种尤其重要的性质。

8. 对于下面的每一种资产，分别指出失去机密性、可用性、完整性所产生的低、中、高 3 个层次的影响程度，并给出说明。

1）一个机构在 Web 服务器上管理自己的公共信息。

2）执法机构管理极度敏感的调查信息。

3）财政机构管理日常的行政信息（非机密性信息）。

4）发电厂使用 SCADA（监测控制和数据采集）系统控制军事设施电能的分配。SCADA 系统包含实时传感数据和日常管理数据。请分别评估两种数据分开和整体存储的影响程度。

9. 总体来讲，认证用户身份有哪 4 种方法？

10. 列举生物特征识别认证技术的主要物理特征。

【实验与思考】Windows 11 的安全性概览

1. 背景知识

微软公布了在 Windows 11 中出现的安全功能。

首先是更多的 PC 使用微软的 Pluton 安全芯片，以实现硬件层面的高级安全特性。微软强调 Pluton 将是唯一一个通过 Windows Update 改进和更新的芯片产品。微软表示，Pluton 为

Windows 11 进行了优化，并强调了微软对芯片到云安全战略的投资。

Hypervisor（虚拟机管理程序）保护的代码完整性（HVCI）也为更多的 Windows 11 设备默认启用。这将保护机器免受感染和恶意驱动的影响。为此，易受攻击的驱动程序阻止列表将利用 HVCI 和 Windows Defender 应用控制（WDAC）的作用。这是一个内核级的缓解措施，对于使用 HVCI 或 Windows 11 SE 的机器，将默认启用。

微软还为新的 Windows 11 设备提供智能应用控制。这个解决方案将超越内置的浏览器保护，涵盖任何未签署的恶意应用程序。智能应用控制由人工智能驱动，每秒钟都会从进程信号中进行推断，以确保只有安全的应用被允许运行。旧版的 Windows 11 需要重新设置并进行清洁安装，以利用这一功能。

利用 Windows 中的 Microsoft Defender Smart Screen（微软后卫智能屏幕）增强的网络钓鱼检测和预防功能，当用户将凭证插入恶意应用程序或网站时发出警报。同样，基于虚拟化的安全功能的凭证卫士在 Windows 11 中被默认启用。额外的本地安全（LSA）保护，可确认企业连接的 Windows 11 个人计算机的身份，也成为该操作系统的默认设定。

个人数据保护也出现在 Windows 11 中。为了访问特权数据，用户将首先需要通过 Windows Hello for Business 进行认证，因此即使设备被盗或放错地方，恶意行为者也无法访问敏感数据。最后，微软还提醒企业注意 Windows 11 中已经存在的配置锁，它可以用来监控注册表键，确保它们符合企业和整个 IT 行业设定的基线。

2. 工具/准备工作

在开始本实验之前，请回顾本书的相关内容。

需要准备一台运行 Windows 10/11 操作系统的计算机。本实验的内容阐述与界面图示均参照 Windows 11 的运行环境。

3. 实验内容与步骤

步骤1： 单击“开始”按钮，选择“设置→隐私和安全性”命令，打开的“隐私和安全性”界面如图 11-1 所示。

图 11-1 “隐私和安全性”界面

Windows 11 的“隐私和安全性”设置有 3 个部分，即安全性、Windows 权限和应用权限。请分别详细浏览观察，并简单记录其主要（或感兴趣的）功能。

请记录：

1）安全性：

2）Windows 权限：

3）应用权限：

步骤 2：在“隐私和安全性”界面中选择“网络和 Internet”选项，请在其中详细浏览观察，并简单记录其主要（或感兴趣的）功能。

请记录：

4. 实验总结

5. 教师实验评价

第 12 章 操作系统发展

进入 20 世纪 80 年代，大规模集成电路工艺技术进步神速，微处理机的出现掀起了计算机大发展、大普及的浪潮。这一方面迎来了个人计算机时代，同时又向计算机网络、分布式处理、巨型计算机和智能化方向发展。操作系统也有了长足的进步，如个人计算机操作系统、网络操作系统、分布式操作系统、云操作系统甚至机器人操作系统等。

个人计算机操作系统是联机交互的单用户多任务操作系统，它提供的联机交互功能与通用分时系统提供的功能很相似。由于是个人专用，因此一些功能会简单得多。然而，由于个人计算机的应用普及，对提供更方便友好的用户接口和丰富功能的文件系统的要求会愈来愈迫切。

网络操作系统在原有操作系统的基础上，按照网络体系结构的各个协议标准增加网络管理模块，其中包括通信、资源共享、系统安全和各种网络应用服务。

12.1 嵌入式操作系统

嵌入式操作系统（Embedded Operating System，EOS）是指一种广泛用于嵌入式系统的操作系统。嵌入式系统的配置环境独特，对操作系统独特和苛刻的要求与设计策略，与构建普通操作系统大不相同。嵌入式操作系统用途广泛，通常包括与硬件相关的底层驱动软件、系统内核、设备驱动接口、通信协议、图形界面、标准化浏览器等。嵌入式操作系统负责嵌入式系统的全部软硬件资源分配、任务调度，控制、协调并发活动，它必须体现所在系统的特征，能够通过装卸某些模块来达到系统所要求的功能。

在嵌入式领域得到广泛应用的操作系统有嵌入式 Linux 以及应用在智能手机和平板计算机的鸿蒙、安卓（Android）、iOS 等。

12.1.1 嵌入式系统的概念

“嵌入式系统”的定义涉及产品中电子属性和软件的使用情况，是为了完成某个特定功能而设计的，可以有附加机械或其他部件的计算机硬件和软件的组合体。或者，是指在电子设备中使用的具有特定功能或功能集的电子设备和软件。也可以把嵌入式系统定义为除了通用计算机设备之外的任何包含计算机芯片的设备。在许多情况下，它是一个更大系统或产品中的一部分，如汽车中的防抱死系统。

嵌入式系统的数量远远超过通用计算机系统，且应用范围非常广泛（见表 12-1）。

表 12-1　嵌入式系统市场与嵌入式设备

市　场	嵌入式设备
汽车	点火系统、引擎控制、刹车系统
消费电子	MP3 播放器、电子书、数字及模拟电视、机顶盒（DVD、VCR、有线电视）、个人数字助理（PDA）、厨房用具（冰箱、烤箱、微波炉）、汽车、玩具/游戏、电话/手机、数码相机、全球定位系统（GPS）
工业控制	制造业的机器人技术及控制系统、传感器
医疗设备	输液泵、透析器、假肢装置、心脏检测器
办公自动化	传真机、复印机、打印机、显示器、扫描仪

这些系统的需求和约束情况有很大的不同，例如：

- 从小规模系统到大规模系统，这意味着不同的成本限制，对优化和复用有不同的需求。
- 从很宽松到非常严格的需求以及不同的品质需求组合，如安全性、可靠性、实时性、灵活性和合法性等方面。
- 从很短到很长的使用期限。
- 不同的环境条件，比如涉及辐射、振动、湿度等方面。
- 不同的应用特点，从静态到动态装载，从慢到快的速度，从计算密集型任务到交互密集型任务或者两者的组合。
- 不同的计算模型，从离散事件系统到包含连续时间的动态系统（通常也称为混合系统）。
- 不同的接口，以便使系统能进行测量、计算，或者与外部环境进行交互。
- 用户界面，可以像闪烁灯一样简单，或者像实时机器视觉那样复杂。
- 诊断端口，可用于诊断系统是否已经处于受控状态，而不只是诊断嵌入式计算机。
- 专用的现场可编程阵列（FPGA）、集成电路（ASIC）甚至非数字硬件都可用于增强性能或安全性。
- 软件通常具有固定的功能，并且专用于某个应用。

嵌入式系统旨在支持众多应用程序并执行各种功能，通常与其所在的环境紧密地联系在一起。由于与环境交互的需要，产生了实时性约束。这些约束，如响应速度、测量精度、持续时间等，决定了软件操作的时限。如果多个活动必须同时进行管理，就需要更复杂的实时限制。

图 12-1 所示为嵌入式系统的一般组织结构。除了处理器和存储器外，还有很多不同于普通台式计算机或笔记本计算机的部分。

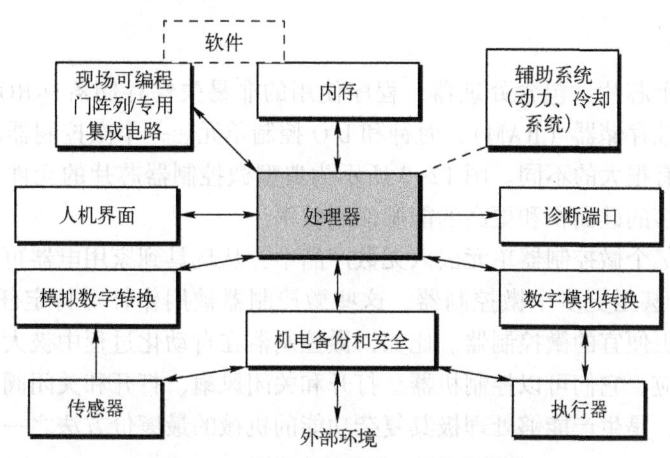

图 12-1　嵌入式系统的一般组织结构

1. 通用处理器和专用处理器

通用处理器由处理器是否具有执行复杂操作系统的能力来定义，如应用 Linux、安卓等操作系统的手机。

大多数嵌入式系统都采用专用处理器，这是专门为主机设备的一个或少数特定任务而设计的，处理器和相关组件可以定制尺寸，并且成本较低。

2. 微处理器

微处理器元件已经小型化为一个或几个集成电路。早期的微处理器芯片包括寄存器、算术逻辑单元（ALU）及某种控制单元或指令处理逻辑单元。随着晶体管密度的增加，微处理器可以添加复杂的指令集架构，也可以添加内存和多个处理器。微处理器芯片可以包括多核处理器和大量高速缓存，但微处理器芯片仅包括构成计算机系统的元件的一部分（见图 12-2）。

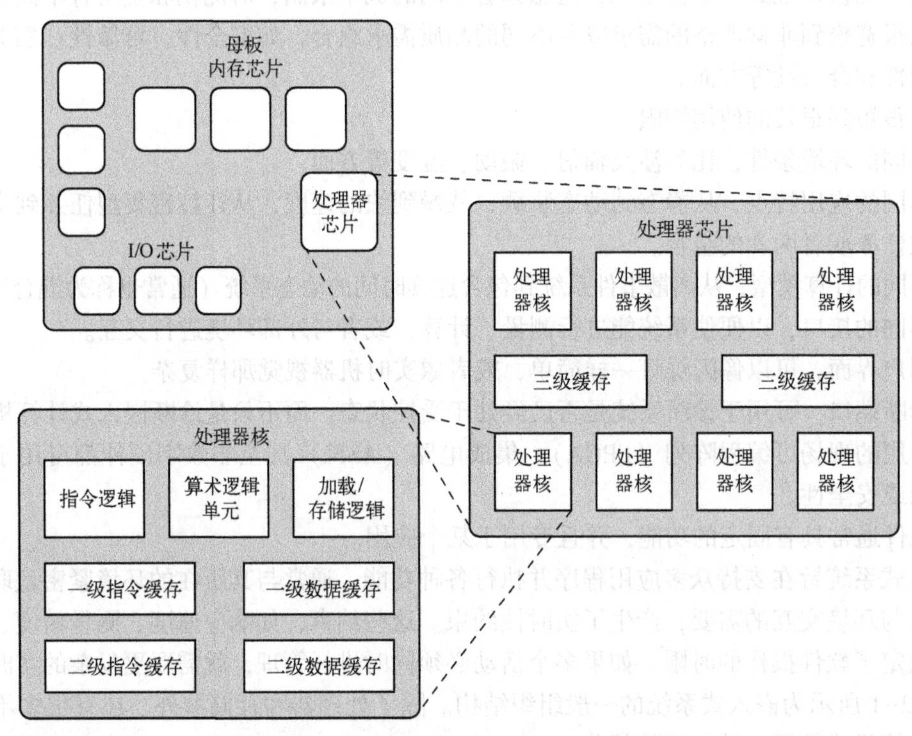

图 12-2　多核计算机主要元素的简化图

3. 微控制器

微控制器是一个芯片，包含处理器、程序使用的非易失性存储器（ROM 或闪存）、用于输入和输出的易失性存储器（RAM）、时钟和 I/O 控制单元。一个微控制器芯片对可用逻辑空间的使用方式可以有很大的不同。图 12-3 所示为典型微控制器芯片的元件，其处理器部分具有比其他部分低得多的硅面积和更高的能源使用效率。

每年都有数十亿个微控制器单元嵌入无数产品中，从玩具到家用电器再到汽车，例如一辆汽车可能使用 70 个甚至更多个微控制器。这些微控制器被用作针对特定任务的专用处理器，特别是那些更小、更便宜的微控制器。比如，微控制器在自动化过程中被大量使用。通过提供简单的对输入的反应，它们可以控制机器、打开和关闭风扇、打开和关闭阀门等，是现代工业不可或缺的一部分，是生产能够处理极其复杂功能的机械的最廉价方法之一。

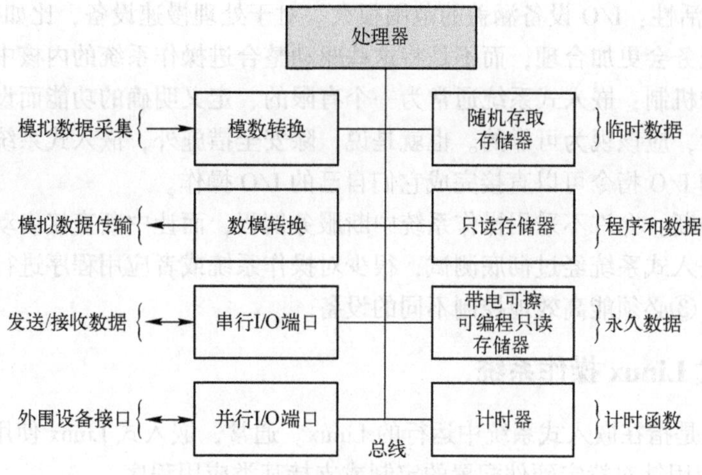

图 12-3　典型微控制器芯片的元件

微控制器有多种物理尺寸和运算能力。处理器有 4~32 位的各种架构。微控制器往往比微处理器慢很多，通常工作在兆赫兹速度范围。微控制器的另一个典型特征是它不提供与人互动的接口。微控制器为特定任务编程，嵌入在设备中并在需要时执行。

4. 深度嵌入式系统

嵌入式系统的很大一部分被称为深度嵌入式系统。一般来说，深度嵌入式系统使用一个微控制器，程序逻辑被刻录在设备的只读存储器（ROM）中，并且与用户无交互，不易观察。

深度嵌入式系统在内存、处理器大小、时间和功耗方面都有极大的限制，是单一用途的专用设备。它在环境中检测某些东西，并对结果进行基本处理。深度嵌入式系统通常拥有无线通信能力，且出现在网络配置中，比如部署在某个巨大区域内的由传感器构成的网络中。物联网非常依赖深度嵌入式系统。

12.1.2　嵌入式操作系统的特性

一个简单的嵌入式系统可以由一个或一组特定的程序进行控制，而更复杂的嵌入式系统包括一个操作系统。尽管从原则上讲可以使用一个通用的操作系统，但对于嵌入式系统而言，存储空间的限制、功耗和实时性需求都要求为嵌入式系统环境设计专用的操作系统。

嵌入式操作系统的一些独特的特性和设计需求包括：

- 实时性操作：在许多嵌入式系统中，计算的准确性部分地依赖递交的时间。通常，实时性受到外围 I/O 和控制稳定性需求的限制。
- 响应操作：嵌入式软件可以对外部事件响应进行处理。如果这些事件的发生不是周期性的或者是不可预期的，那么嵌入式软件应该考虑最差情况并设定执行例程的优先级。
- 可配置性：嵌入式系统的多样性，无论是从定量还是从定性的角度看，嵌入式操作系统的功能性需求都有很大的差异。也就是说，要让一个嵌入式操作系统用于不同的嵌入式系统中，它自身必须可以灵活配置，以便为特定的应用和硬件系统提供所需的特定功能。例如，可以使用条件编译来链接和加载所需要的 OS 模块。如果使用面向对象结构，就可以定义适当的子类。然而，在设计经过裁剪的衍生操作系统时，验证是一个潜在的问题。

- I/O 设备灵活性：I/O 设备涵盖的范围很大。对于处理慢速设备，比如磁盘和网络接口，使用特定任务会更加合理，而不是将这些驱动整合进操作系统的内核中。
- 简化的保护机制：嵌入式系统通常为一个有限的、定义明确的功能而设计，软件经配置和测试之后，应该视为可靠的。也就是说，除安全措施外，嵌入式系统只有有限的保护机制，例如 I/O 指令可以直接完成它们自己的 I/O 操作。
- 直接使用中断：允许不采用操作系统中断服务例程，而让中断直接启动和结束任务的原因是：①嵌入式系统经过彻底测试，很少对操作系统或者应用程序进行修改；②不需要保护机制；③必须能高效地控制不同的设备。

12.1.3　嵌入式 Linux 操作系统

嵌入式 Linux 是指在嵌入式系统中运行的 Linux。通常，嵌入式 Linux 使用官方内核版本之一，某些系统会使用针对特定硬件配置的定制或支持某类应用程序。

1）内核大小。通常只需要支持特定的一组设备、外围设备和协议，具体取决于给定设备中存在的硬件以及该设备的预期用途。这一点得益于 Linux 内核在编译其体系结构以及所支持的处理器和设备方面具有高度可配置性。嵌入式 Linux 定制后的内核远小于普通的 Linux 内核。

2）内存大小。有小、中、大 3 个类别，按可用 ROM 和 RAM 的大小对嵌入式 Linux 系统进行分类。小型系统是低功耗处理器，至少 2 MB ROM 和 4 MB RAM。中型系统是中等功率处理器，大约 32 MB ROM 和 64 MB RAM。大型系统是功能强大的处理器或处理器集合，以及大量的 RAM 和永久存储。

在没有永久存储的系统上，整个定制的 Linux 内核必须能够放进 RAM 和 ROM 中。

3）文件系统。某些应用程序可能会创建相对较小的文件系统，仅在应用程序持续运行时间内使用并存储在主存储器中。大多数嵌入式系统不会选择内部或外部磁盘，文件系统的持久存储一般由闪存提供。其文件系统必须采用紧凑设计，尽可能小。

4）其他特点。包括：

- 时间限制：严格的时间限制要求系统在指定的时间段内做出响应。温和的时间限制适用于不严格要求即时响应的系统。
- 网络能力：通常系统可以连接到无线网络。
- 用户交互程度：某些设备以用户交互为中心，如智能手机。对工业过程控制可以提供非常简单的界面，如用于交互的 LED 和按钮。其他设备没有终端用户交互，如物联网传感器，它们收集信息并将其传输到云端。

安卓是基于 Linux 内核的嵌入式操作系统，可以支持跨平台的各种应用程序。此外，安卓也是垂直集成系统，其修改重点在于 Linux 内核和安卓用户空间组件的垂直集成。

12.1.4　嵌入式操作系统 TinyOS

TinyOS 是加州大学伯克利分校开发的专为嵌入式无线传感网络设计的开源操作系统。该操作系统基于构件的架构使得快速更新成为可能，而这又减小了受传感网络存储器限制的代码长度。TinyOS 非常精简，其核心操作系统的构件包括网络协议、分布式服务器、传感器驱动及数据识别工具。其良好的电源管理源于事件驱动执行模型，允许灵活地进行时序安排。TinyOS 已被应用于多个平台和感应板中。

与其他嵌入式操作系统显著不同的是，TinyOS 不是实时操作系统，它最初是为使用较少的无线传感器网络而开发的。预期工作负载主要位于无线传感器网络上下文中，因为功耗的原因，这些设备大部分时间是关闭的，应用程序简单，处理器的抢占也不是重点问题。

另外，TinyOS 没有内核，没有存储保护，且是基于组件的操作系统；系统中没有进程，操作系统本身一般也没有存储分配系统，中断和异常处理依靠外围设备，并且它是完全无阻塞的。

TinyOS 已成为实现无线传感器网络软件的流行方法，数百家机构在开发和发布相关开源标准。

12.2 虚拟机

虚拟化技术使得单个 PC 或服务器能够同时运行多个操作系统或一个操作系统的多个会话。本质上，主操作系统能支持多个虚拟机，每个虚拟机都具有特定操作系统的特征。某些版本的虚拟化还会结合硬件平台的特点。

虚拟化是通过在软件和物理硬件之间提供一个软件转换层（抽象层）来管理计算资源的一组技术。虚拟化将物理资源转换为逻辑资源或虚拟资源，使得在抽象层之上运行的用户、应用程序和管理软件能够管理与使用资源，而无须知道底层资源的物理细节。在操作系统设计中，实现虚拟化的两种主要方法是虚拟机和容器。

12.2.1 虚拟机的概念

应用程序通常在个人计算机（PC）或服务器的操作系统上运行。PC 或服务器一次只运行一个操作系统。因此，应用程序供应商必须为其运行和支持的 OS/平台重写部分程序，从而增大了程序编写工作量、产生缺陷的可能性和质量测试工作量。为了支持多个操作系统，应用程序供应商需要创建、管理和支持多个硬件与操作系统基础架构，这是一个代价高昂且资源密集的过程。处理此问题的一种有效策略称为硬件虚拟化。具有虚拟化软件的计算机可以在单个平台上托管多个在不同操作系统上运行的应用程序。本质上，主机操作系统可以支持多个虚拟机（Virtual Machines，VM），它是虚拟化的系统硬件。虚拟机具有特定操作系统的特征，并且在某些虚拟化版本中具有特定硬件平台的特征。

早在 20 世纪 70 年代，IBM 大型机系统就提供了第一个允许程序仅使用一部分系统资源的功能。虚拟化在 21 世纪初进入主流计算领域，在 x86 服务器上商用。由于 Microsoft Windows 驱动的“一个应用程序，一个服务器”策略，企业一直承受着服务器过多所带来的危害。摩尔定律推动了硬件的快速进步，超越了软件的能力所需，使得大多数服务器未得到充分利用，过量的服务器填满了数据中心并消耗大量电力和冷却资源，降低了企业管理和维护基础设施的能力。虚拟化则有助于缓解这种压力。

支持虚拟化的解决方案是虚拟机监视器（Virtual Machine Monitor，VMM），通常称为虚拟机管理程序。该软件位于硬件和 VM 之间，充当资源代理，它允许多个 VM 安全地共存在单个物理服务器主机上，并共享该主机的资源（见图 12-4）。

在硬件平台上有一些虚拟化软件，包括主机操作系统和专用虚拟化软件，或者只是一个包含主机操作系统功能和虚拟化功能的软件包。虚拟化软件提供所有物理资源（如处理器、内存、网络和存储）的抽象，从而使多个计算堆栈（虚拟机）能够在单个物理主机上运行。

每个 VM 都包括一个客户操作系统，它可以与主机操作系统相同或不同。例如，一个客户的 Windows 操作系统可以在 Linux 主机操作系统的 VM 中运行。反过来，客户操作系统支持一组标准库函数和其他二进制文件与应用程序。从应用程序和用户的角度来看，该堆栈看起来是具有硬件和操作系统的实际机器。

单个主机上可以存在的客户虚拟机数量称为整合率。例如，支持4个VM的主机的整合率为4:1。最初的商用虚拟机管理程序可以支持4:1~12:1的整合率，即使对于最低的整合率4:1，若虚拟化了所有服务器，企业也可以从数据中心中移除75%的服务器。更重要的是，还可以消除相应的成本，如可以使用更少的电力、更少的电缆、更少的网络交换机和更少的占地面积等。服务器整合成为解决代价高昂且浪费问题的极有价值的方法。如今，世界上部署的虚拟服务器数量已超过物理服务器。

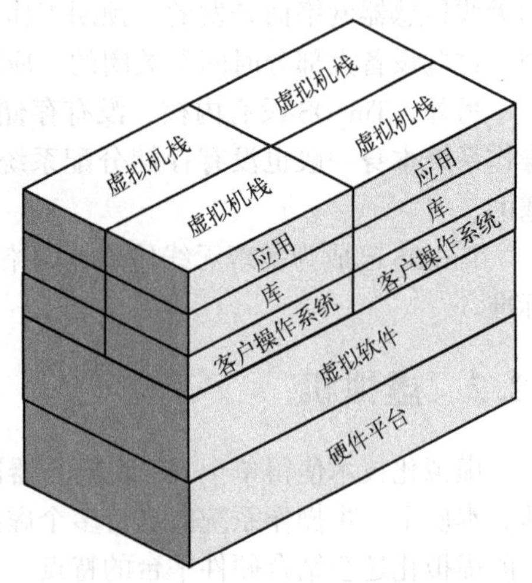

图12-4　虚拟机概念

企业使用虚拟化的关键原因如下：

- 传统硬件：通过虚拟化（仿真）老硬件来运行旧的应用程序，从而淘汰老硬件。
- 快速部署：在基础架构中部署新服务器可能需要数周或更长的时间，但部署新VM只需要几分钟。VM由文件组成，复制这些文件，在虚拟环境中就可以获得可用服务器的完美副本。
- 多功能性：可以通过最大化单台计算机能够处理的应用程序类型来优化硬件使用。
- 整合：在多个应用程序之间同时共享，可以更有效地使用拥有大容量或高速资源的服务器。
- 聚合：可以轻松地将多个资源组合到一个虚拟资源中，如存储虚拟化。
- 动态：可以轻松地以动态方式分配硬件资源，增强负载平衡和容错能力。
- 易于管理：便于软件的部署和测试。
- 提高可用性：虚拟机主机聚集在一起形成计算资源池，每个服务器上都托管了多个VM。若某个物理服务器出现故障，则故障主机上的VM可以在群集中的其他主机上快速自动重新启动。与物理服务器相比，虚拟环境可以以更低的成本和更低的复杂性来提供更高的可用性。

除了在一台计算机上运行多个VM的功能外，还可以将VM视为网络资源。服务器虚拟化从服务器用户端屏蔽服务器资源，包括各个物理服务器、处理器、操作系统的数量和身份认证，使得将单个主机分区为多个独立服务器成为可能，从而节省硬件资源。它还可以将服务器从一台机器快速迁移到另一台机器以实现负载平衡，或者在机器故障的情况下进行动态切换。服务器虚拟化已成为处理“大数据”应用程序和实施云计算基础架构的核心要素。

12.2.2　虚拟机管理程序

虚拟化是一种抽象形式。就像操作系统通过使用程序层和接口抽象了磁盘I/O命令一样，虚拟化从其支持的虚拟机中抽象出物理硬件。虚拟机监视器或管理程序是提供此抽象的软件，它在客户（VM）请求和消费物理主机的资源时充当客户（VM）的代理。

虚拟机可以用一定数量的处理器、RAM、存储资源以及通过网络端口的连接进行配置。创建该VM后，它可以像物理服务器一样启动，加载操作系统和软件解决方案，并以物理服务器的方式使用。与物理服务器不同，虚拟服务器只能看到已配置的资源，而不是物理主机本身的所有资源。这种隔离允许主机运行许多个虚拟机，每个虚拟机都运行相同或不同的操作系统副本，共享 RAM、存储和网络带宽。虚拟机中的操作系统访问由管理程序呈现给它的资源。管理程序方便了从虚拟机到物理服务器设备的转换和 I/O，并帮助它们再次返回到正确的虚拟机。通过这种方式，“本机”操作系统在其主机硬件上执行的某些特权指令被虚拟机管理程序捕获并作为虚拟机的代理运行。这会在虚拟化过程中造成一些性能下降，但随着时间的推移，硬件和软件的进步都会使这一开销降至最低。

VM 实例是在文件中定义的。典型的虚拟机仅包含几个文件。一个配置文件描述了虚拟机的属性，它包含服务器定义、为虚拟机分配了多少个虚拟处理器（vCPU）、分配了多少个 RAM、VM 可以访问的 I/O 设备、虚拟服务器中有多少个网络接口卡（NIC）等。它还描述了 VM 可以访问的存储。通常，该存储呈现为虚拟磁盘，作为物理文件系统中的附加文件而存在。当虚拟机启动或实例化时，会创建其他文件以进行日志记录、内存分页和其他功能。

快速部署新 VM 的常用方法是使用模板。模板提供了标准化的硬件和软件设置组，可用于创建使用这些设置配置的新 VM。从模板创建新 VM 的过程包括为新 VM 提供唯一标识符，让配置软件从模板构建 VM，并在部署过程中添加配置更改。

管理程序有两种类型，其区别在于管理程序和主机之间是否存在操作系统。

12.2.3 容器虚拟化

使用被称为容器虚拟化的方法时，需要让虚拟化容器软件在主机操作系统内核上运行，为应用程序提供隔离的执行环境。与基于虚拟机管理程序的 VM 不同，容器不会模拟物理服务器。相反，主机上的所有容器化应用程序共享一个共同的操作系统内核，它消除了为每个应用程序运行单独的操作系统所需的资源，大大减少了开销。

1. 内核控制组

流行的容器技术大多是针对 Linux 开发的。2007 年，对标准 Linux 的进程 API 进行了扩展，包含了用户环境的容器化，以允许对多个进程、用户安全权限和系统资源管理进行分组。这最初被称为进程容器，后改为控制组，之后控制组功能又合并到 Linux 内核主线中。

Linux 进程的命名空间是分层的，其中的所有进程都是名为 init 的公共引导进程的子进程，形成了单个进程层次。内核控制组允许多个进程层次结构在单个操作系统中共存。每个层次结构在配置时都附加到系统资源。

1）资源限制：可以将组设置为不超过配置的内存限制。

2）优先级：某些组可能会获得更大的 CPU 利用率或磁盘 I/O 吞吐量。

3）记账：衡量一个组的资源使用情况，可用于计费等。

4）控制：冻结进程组、检查点，重新启动。

2. 容器的概念

图 12-5 所示为管理程序和容器的比较。容器只需要小的容器引擎来支撑，容器引擎向操作系统请求专用资源，将每个容器设置为隔离的实例。然后，每个容器应用程序直接使用主机操作系统的资源。

虽然产品细节不同，但不同容器引擎执行的典型任务都包括：

- 维护轻量级运行时环境和工具链，以管理容器、映像和构建。
- 为容器创建进程。

- 管理文件系统挂载点。
- 从内核请求资源，如内存、I/O 设备和 IP 地址。

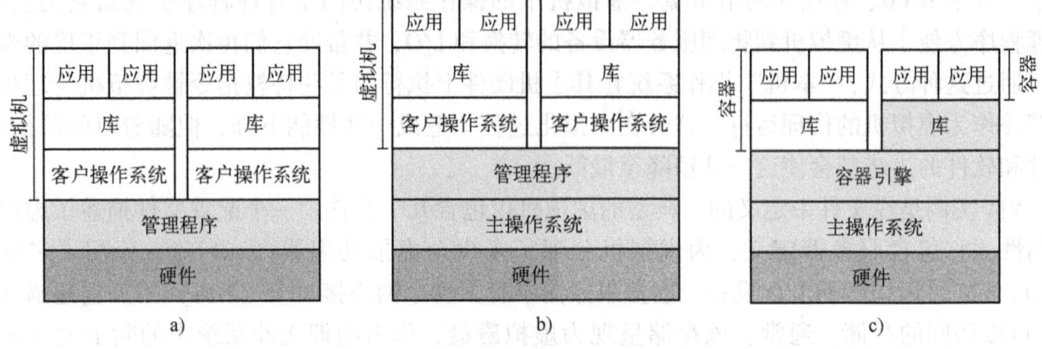

图 12-5　管理程序和容器的比较

a）类型 1 管理程序　b）类型 2 管理程序　c）容器

由于一台机器上的所有容器都在同一内核上执行，从而共享大部分基本操作系统，因此与虚拟机管理程序的配置相比，容器的配置要小得多，操作系统可以在其上运行更多的容器。

容器有两个值得注意的特征：

1）容器环境中不需要客户操作系统。因此，与虚拟机相比，容器轻量化，开销更小。

2）容器管理软件简化了容器创建和管理的过程。

因为轻量化，因此容器是虚拟机有力的替代品。容器另一个吸引人的特性是它们提供了应用程序的便携性。容器化的应用程序可以快速地从一个系统移动到另一个系统。

3. 容器文件系统

作为容器隔离的一部分，每个容器都必须维护自己的隔离文件系统。具体功能因容器产品而异，但基本原则相同。

主机上的多个容器很可能运行相同的进程。容器共享一个模板，其中包含操作系统附带的应用程序以及许多常见的应用程序，这些应用程序作为平台操作系统托管的文件组，软链接到每个容器，除非容器修改它们。进行修改时，操作系统会复制模板文件（称为写入时复制），删除符号链接并将修改后的文件放入容器的文件系统中。使用这种虚拟文件共享方案可以节省大量空间，只有本地创建的文件才实际存在于容器的文件系统中。

在磁盘级别，容器是文件，可以轻松地扩展或缩小。容器的文件系统安装在硬件节点的特殊安装点下，因此硬件节点级别的系统工具可以在需要时安全可靠地检查每个文件。

4. 微服务

与容器相关的概念是微服务，其定义是将应用程序组件的架构分解为由独立服务组成的松散耦合模式而得到的一个基本元素，使用标准通信协议 219 和一组定义明确的 API 相互通信，独立于任何供应商、产品或技术。

微服务的基本思想是，应用程序交付链中的每个特定服务都被分解，而不具有单一应用程序堆栈。使用容器时，人们有意识地将基础设施分解成更容易理解的单元。

微服务的主要优点如下：

- 微服务实现了更小的可部署单元，从而使用户能够更快地推出更新或执行功能。这与持续交付实践相吻合，其目标是在不必创建单片系统的情况下推出小型单元。

- 微服务还支持精确的可扩展性。由于微服务是一个应用程序的一部分，因此可以轻松地复制以创建多个实例，并将负载分散，而不必为整个应用程序执行此操作。

12.2.4　处理器问题

在虚拟化环境中，提供处理器资源主要有两种策略。第一种策略是以软件的方式模拟芯片并提供访问芯片的接口，如 QEMU 和 Android SDK 中的安卓模拟器。它们是平台无关的，所以易于移植，但由于仿真进程是资源密集型的，所以性能并不高。第二种策略并未虚拟化处理器，而是向虚拟机提供主机物理 CPU（pCPU）的时间片，这是大部分虚拟机管理程序提供处理器资源的方式。当虚拟机的操作系统向 CPU 发出一个指令时，虚拟机管理程序拦截请求，然后调度主机的物理处理器时间，发送执行请求并将结果返回给虚拟机操作系统。这可确保高效地利用物理服务器的处理器资源。在更复杂的情况下，多个虚拟机会争夺处理器，此时虚拟机管理程序充当“交通控制器”，调度各个虚拟机请求的处理器时间、处理请求，并将结果返回给虚拟机。

和内存一样，处理器数量已成为衡量服务器性能的主要指标。在虚拟化环境下，服务器的处理器数量也十分重要，甚至比在物理服务器中更加重要。在物理服务器中，应用程序通常会独占所有的系统计算资源。例如，一个处理器有 4 个 4 核处理器，应用可以使用 16 个处理器核心。通常，应用的需求要少得多。这是因为物理服务器已为应用需求峰值的叠加及需求增长等情况预留了资源。实际上，多数服务器的处理器都是空载的，这就强力地推动了虚拟化整合。

当应用迁移到虚拟化环境时，最大的问题之一就是该为虚拟机分配多少个虚拟处理器。由于迁移之前的应用程序运行在 16 核的物理服务器上，因此无论是否真的需要，应用程序请求的处理器数量通常都是 32 个。除了物理服务器的利用率外，被忽略的问题还有新的虚拟化服务器上处理器的能力提升。为了给虚拟机配置合适的资源，有许多工具可以监视资源（处理器、内存、网络和存储、I/O）在物理服务器上的使用情况并推荐最优的虚拟机配置。在这种整合估算工具无法运行时，还有一些其他的方法。

本地操作系统通过充当应用请求和硬件之间的中介来管理硬件。对数据或处理过程的请求生成后，操作系统将这些请求传递给正确的设备驱动程序，再通过物理控制器传递到存储或 I/O 设备，然后返回。操作系统是信息的中央路由器，可控制对所有物理硬件资源的访问。操作系统的一个关键功能是，防止恶意的或意外的系统调用破坏应用程序或操作系统本身。

12.2.5　内存管理

和虚拟 CPU 数量一样，为虚拟机分配的内存大小也是重要的配置之一。实际上，内存资源是虚拟设施规模增长时最先遇到的瓶颈。像虚拟处理器一样，虚拟环境的内存使用更多的是管理物理内存资源，而非创建一个虚拟的实例。虚拟机需要为操作系统和应用程序配置足够的内存来保证运行效率。虚拟机分配的资源少于物理主机资源。例如，一台物理服务器有 8 GB 内存，若为一台虚拟机提供了 1 GB 内存，那么它只能看到 1 GB 内存，虽然物理服务器主机有更多的内存。虚拟机使用内存资源时，虚拟机管理程序会使用转换表管理内存请求，使虚拟机操作系统将内存空间映射到预期的地址。8 GB 内存的服务器只能托管 7 台 1 GB 内存的虚拟机，剩下的 1 GB 内存需要给虚拟机管理程序自身使用。

除了基于虚拟机实际性能特性正确分配内存资源外，虚拟机管理程序还自带了一些帮助优化内存使用的功能，页共享（见图12-6）就是其中之一。页共享与数据去重类似，数据去重是一项用来减少存储块使用的存储技术。当虚拟机实例化时，操作系统和应用程序的相关页面会加载到内存中。若多个虚拟机加载相同的操作系统或运行相同的应用程序，则很多内存块都是重复的。虚拟机管理程序管理虚拟内存到物理内存的转换，能确定某个页面是否已加载到内存。遇到重复页面时，虚拟机管理程序并不加载到物理内存，而是共享一个物理页，并在虚拟机的转换表中提供到共享页面的链接。在那些虚拟机都运行相同操作系统和应用的主机上，使用页共享可节省10%~40%的物理内存。若一个8 GB服务器中节省了25%的内存，则可额外托管两个1 GB的虚拟机。

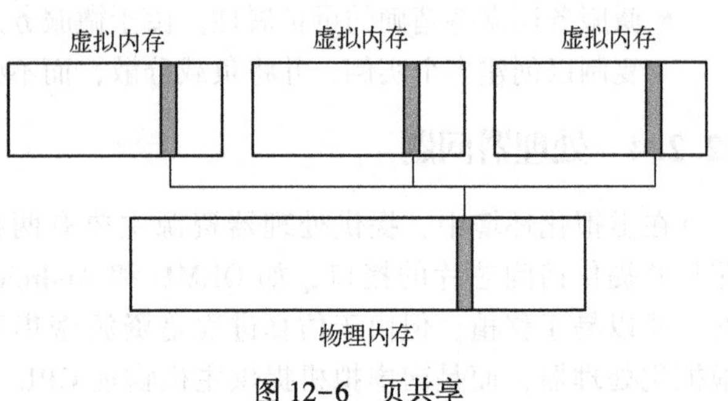

图12-6　页共享

无论在什么情况下，虚拟机中的操作系统都只能看到并访问已分配给它们的内存。虚拟机管理程序管理物理内存的访问，以保证所有请求得到及时处理，不影响虚拟机的运行。请求内存超过可用内存时，虚拟机管理程序会强制将页面写回硬盘。在多个主机的集群环境中，虚拟机可在主机资源稀缺时自动地实时迁移到其他主机。

12.2.6　输入/输出管理

应用程序的性能通常与服务器所分配的带宽直接相关。存储访问的瓶颈和网络传输的限制，都可能会影响应用程序的性能。于是在虚拟化工作负载时，输入/输出虚拟化就是一个关键问题。虚拟化环境中的输入/输出管理架构（见图12-7）很简单。在虚拟机中，操作系统通过调用设备驱动连接到设备，尽管虚拟机中的设备是模拟设备并由虚拟机管理程序管理。这些虚拟设备挂载在虚拟机管理程序的输入/输出栈上，并与那些映射到主机物理设备的设备驱动通信，将虚拟机的输入/输出地址转换为物理主机的输入/输出地址。虚拟机管理程序控制和监视虚拟机设备驱动的请求，通过输入/输出栈发送到物理设备，再返回，为输入/输出的系统调用建立从虚拟机到对应设备的路由。虽然不同厂商的架构有些不同，但基本模型是类似的。

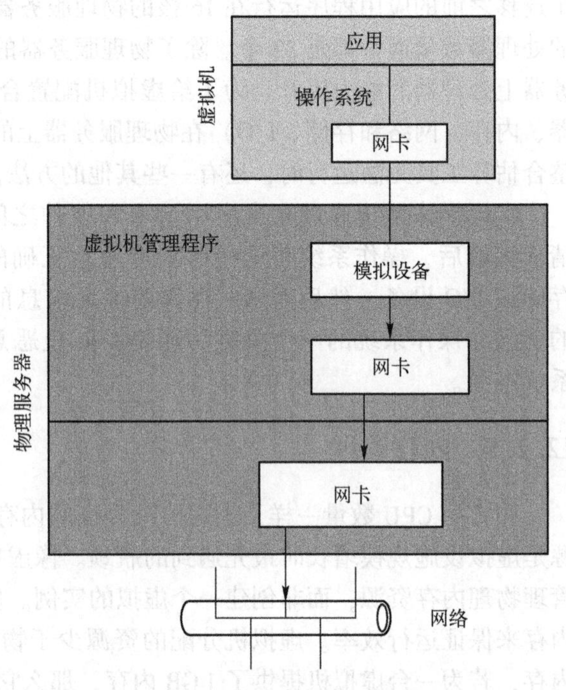

图12-7　虚拟化环境中的输入/输出管理架构

虚拟化工作负载的输入/输出路径有很多好处。它通过将厂商定制设备驱动抽象为虚拟机管理程序中使用的通用版本来实现硬件无关性。

12.3　云操作系统

许多组织中都有一个日益明显的趋势，那就是将大量的甚至所有的信息技术操作转移到互联网连接基础设施（企业云）上。在这种情况下，针对特定环境需求定制的操作系统也在不断发展。

云操作系统（见图 12-8）是一个新的软件类别，它是云计算后台数据中心的整体管理运营系统，是指构架于基础硬件资源（服务器、存储、网络等）和基础软件资源（单机操作系统、中间件、数据库等）管理海量的基础硬件、软件资源之上的云平台综合管理系统，旨在将大型基础架构集合（CPU、存储、网络）作为一个无缝、灵活和动态的操作环境进行全面管理。

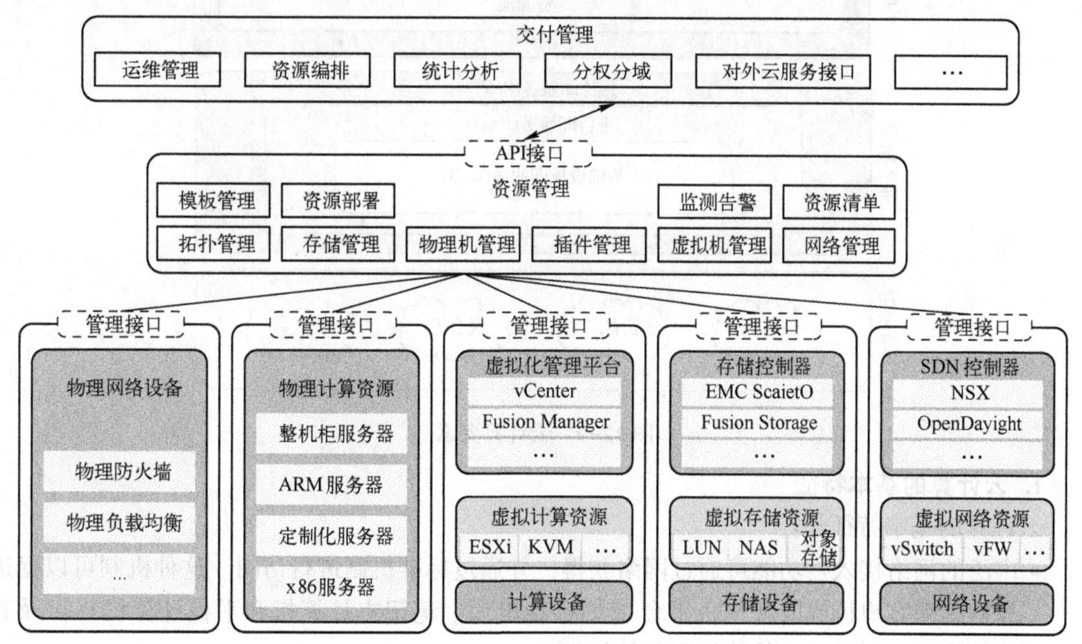

图 12-8　云操作系统

与普通操作系统管理单独计算机的复杂性类似，云操作系统管理数据中心的复杂性。虽然可以采用其他方法，但通常认为虚拟化是实现云计算的关键支撑技术。

云操作系统简化了计算的复杂性，它允许 IT 专业人员进行如下操作：

1）通过为所有应用程序提供内置的可用性、安全性和性能保证，从而按照预先定义自动管理应用程序。

2）在由可更换的行业标准组件构成的高度统一、可靠、高效的基础架构上运行应用程序。

3）跨内部或外部计算云移动应用程序并保持相同的服务级别预期，以实现最低的总体拥有成本和最高的运营效益。

云操作系统可实现极为简化和更加高效的计算模型，在模型中，客户定义所需的结果，计算基础架构则保证准确地获得这些结果。IT 专业人员可以部署应用程序，如指定服务级别、响应时间、安全策略和可用性，云操作系统则以低成本实现这些规范，并将维护降至最低限度。

12.3.1　云计算要素

云计算是一种模型，可对共享的可配置计算资源（如网络、服务器、存储、应用程序和服务）进行无所不在、方便、随需应变的网络工作访问，这些资源可通过最少的管理或与服务提供者的交互快速地进行调配和发布。该云模型可提高可用性，并由5个基本特征、3个服务模型和4个部署模型组成（见图12-9）。

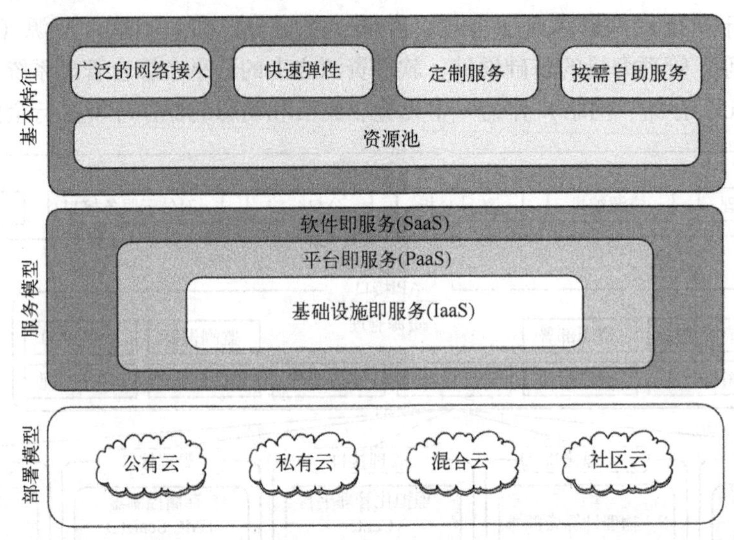

图12-9　云计算要素

1. 云计算的基本特征

云计算的基本特征是：

- 广泛的网络接入：功能可通过网络获得，并通过标准机制进行访问。这种机制可以促进异构的瘦客户机或胖客户机平台（如移动电话、笔记本计算机和平板计算机）以及其他传统的或是基于云的软件服务的使用。
- 快速弹性：使用户能够根据自己的特定服务要求扩展和减少资源。例如，在特定任务期间，用户可能需要大量服务器资源。然后，用户可以在任务完成后释放这些资源。
- 定制服务：通过在某种抽象级别上利用与服务类型（如存储、处理、带宽及活动用户账户）相适应的计量功能来自动控制和优化资源的使用。可以监视、控制和报告资源使用情况，从而为所使用服务的提供者和使用者提供透明性。
- 按需自助服务：云服务客户可以根据需要自动单方面提供计算功能，如服务器时间和网络存储，而无须与每个服务提供商进行人工交互。由于服务是按需提供的，因此资源不是IT基础设施的永久组成部分。
- 资源池：将提供商的计算资源池化，使用多租户模型为多个云服务客户提供服务，并根据客户的需求动态地分配和重新分配不同的物理与虚拟资源。资源的位置具有一定程度的独立性，因为云服务客户通常无法控制或不了解所提供资源的确切位置，但是可以在更高的抽象级别（如国家、州或数据中心）上指定资源的位置。资源包括存储设备、数据加工、内存、网络带宽和虚拟机等，甚至私有云也倾向于将同一组织的不同部分的资源集中起来。

2. 云服务模型

云计算定义了 3 种服务模型，软件即服务（Software as a Service，SaaS）、平台即服务（Platform as a Service，PaaS）和基础设施即服务（Infrastructure as a Service，IaaS），可以将它们视为嵌套的服务替代方案。

1）软件即服务。SaaS 以软件的形式为客户提供服务，特别是应用软件，这些软件在云上运行并可在云中访问。SaaS 遵循 Web 服务模型，使客户能够使用在云基础设施上运行的云服务提供商的应用程序。可以通过简单的接口（如 Web 浏览器）从各种客户机设备访问应用程序。企业无须从其使用的软件产品获得桌面和服务器许可证，而是从云服务获得相同的功能。SaaS 的使用避免了软件安装、维护、升级以及补丁程序的复杂性。此级别的服务示例包括 Google Gmail、Microsoft 365 等。

SaaS 的普通订阅者是希望为员工提供典型办公软件（如文档管理和电子邮件）访问权限的组织。个人通常也使用 SaaS 模型来获取云资源。订阅者根据需要使用特定的应用程序。云服务提供商还提供与数据相关的功能，如自动备份和订阅者之间的数据共享。

2）平台即服务。PaaS 以平台的形式向客户提供服务，客户的应用程序可以在该平台上运行。PaaS 能够将客户创建或获取的应用程序部署到云基础设施上。PaaS 云提供了有用的软件构建块以及许多开发工具，如编程语言工具、运行时环境以及其他有助于部署新应用程序的工具。PaaS 对于希望开发新应用程序或定制应用程序的组织，以及只在需要时支付所需计算资源的组织非常有用。AppEngine、Engine Yard、Microsoft Azure 和 Apache Stratos 就是 PaaS 的例子。

3）基础设施即服务。用户借助 IaaS 能够使用底层云基础设施。云服务用户不管理或者控制底层的云基础设施的资源，但是可以控制操作系统、部署的应用程序，并且可能具有对某些网络组件（如主机防火墙）的有限控制。IaaS 提供虚拟机以及其他虚拟硬件和操作系统，为客户提供处理、存储、网络和其他基础计算资源，以便客户能够部署和运行任意软件，包括操作系统和应用程序。IaaS 能让用户将基本的计算服务（如数字处理、数据存储等）整合起来，构建适应性很强的计算机系统。

客户通常可以使用基于 Web 的图形用户界面自行配置此基础设施，该界面用作整个环境的 IT 运营管理控制台。对基础设施访问的 API 也是可选的。IaaS 的例子有亚马逊的弹性计算云（Amazon EC2）、微软的 Windows Azure、谷歌的计算引擎（GCE）和 Rackspace。

图 12-10 所示为 3 种云服务模型实现的功能。

传统的IT—内部	基础设施即服务	平台即服务	软件即服务
应用程序	应用程序	应用程序	应用程序
数据	数据	数据	数据
运行时	运行时	运行时	运行时
中间件	中间件	中间件	中间件
操作系统	操作系统	操作系统	操作系统
虚拟化	虚拟化	虚拟化	虚拟化
服务器	服务器	服务器	服务器
存储	存储	存储	存储
网络	网络	网络	网络

由客户管理　由云服务提供商管理

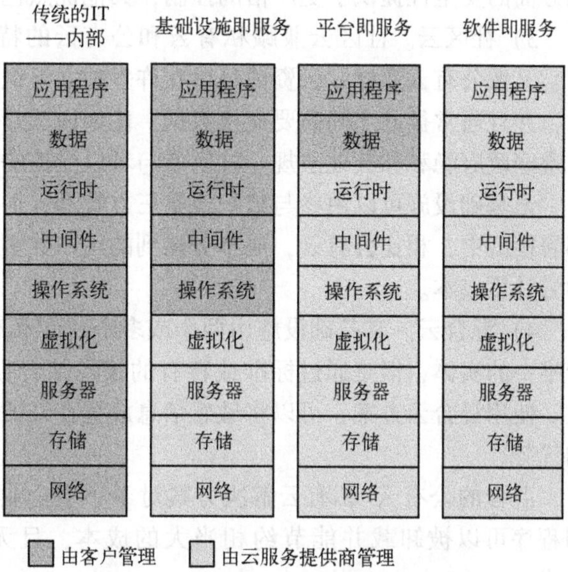

图 12-10　3 种云服务模型实现的功能

3. 云部署模型

目前，许多企业中流行将相当一部分甚至全部 IT 运营转移到企业云计算平台上。企业在云所有权和云管理上具有一系列的可选择性。这里介绍云计算的 4 个重要的部署模型。

1）公有云。公有云基础设施面向公众或大型行业组织，由销售云服务的组织拥有。云服务提供商负责云基础设施以及云中数据和操作的控制。公有云可以由企业、学术机构、政府组织或它们的某种组合拥有、管理和运营。

在公有云模型中，所有的主要组成部分都在企业防火墙之外，位于多租户基础设施中。应用程序和存储可以通过安全的 IP 在因特网上使用，可以免费或者按使用付费。这种云服务模式提供简单易用的“类消费者”服务，例如，亚马逊和谷歌随需应变的 Web 应用程序或容量，以及 Facebook（脸书）或 Linkedin（领英）社交媒体提供的免费照片存储空间。尽管公有云价格较低，并且可以扩展以满足需求，但它们通常不提供或弱化服务级别协议（SLA），并且可能不提供私有云或混合云提供的避免数据丢失或损坏的保证。公有云适用于云服务客户和不需要与防火墙期望具有相同服务级别的实体。此外，公有云不一定遵守隐私法并提供某些限制。许多公有云的服务重点是云服务客户和中小型企业。其服务包括图片和音乐共享、笔记本计算机备份或文件共享。

公有云的主要优势是成本，订阅组织只需要为其所得到的服务和资源支付费用即可，并可以根据需要进行调整。此外，订阅服务器还大大减少了管理开销。安全问题是其主要问题，许多公有云服务提供商拥有强大的安全控制能力。

2）私有云。是在组织的内部 IT 环境中实现的。组织可以选择内部管理云，也可以将管理功能委托给第三方。此外，云服务器和存储设备可以在组织内部或外部存在。

私有云可以通过内部网或因特网向员工或业务单位内部交付 IaaS，并通过虚拟专用网络（VPN）向其分支机构提供软件（应用程序）或存储服务。在这两种情况下，私有云可以从组织的网络中安全交付和收回捆绑或完整的服务。通过私有云交付的服务包括按需数据库、按需电子邮件和按需存储。

用户选择私有云的原因往往是看重其安全性。私有云基础设施对数据存储的地理位置和其他方面的安全性提供了更严格的控制，其他优点包括易于资源共享和快速部署到组织实体。

3）社区云。社区云兼顾私有云和公有云的特征。就像私有云一样，社区云也限制了访问，又像公有云那样，云资源可以在许多独立组织之间共享。共享社区云的组织具有相似的需求，并且通常彼此之间需要交换数据，比如说医疗保健行业就会选择社区云。可以实施社区云来遵守政府隐私和其他法规。社区参与者以受控的方式交换数据。

云基础设施可以由参与组织或第三方管理，而且不管有没有组织管理都可以存在。在这种部署模型中，相比公有云，成本分摊到的用户数更少（但比私有云多），因此节约了部分潜在的云计算成本。

4）混合云。其基础设施由两个或多个云（私有云、社区云或公有云）组成，这些云保持着唯一的实体，但是通过标准或特有的技术结合在一起，从而实现数据和应用程序的可移植性。使用混合云方案，可以将敏感信息放置在云的私有区域，而敏感度低的数据则利用公有云的优势。

混合的公有云/私有云解决方案对于小型企业特别有吸引力。许多安全性问题较少的应用程序可以被卸载并能节约相当大的成本，且无须将更多敏感数据和应用程序移至公有云中。

12.3.2　云计算参考架构

云计算参考架构关注的是云服务提供了“什么”，而不是“如何”设计解决方案和实施。参考架构旨在增进对云计算操作复杂性的理解。它不代表特定云计算系统的系统架构，相反，它是使用通用参考框架描述、讨论和开发特定于系统的体系结构的工具。

开发参考架构时应考虑以下目标：

- 在整体云计算概念模型的背景下说明和理解各种云服务。
- 为云服务客户理解、讨论、分类和比较云服务提供技术参考。
- 促进对安全性、互操作性、可移植性和参考实现的候选标准的分析。

如图 12-11 所示，该参考架构根据角色和职责定义了 5 个主要参与者。

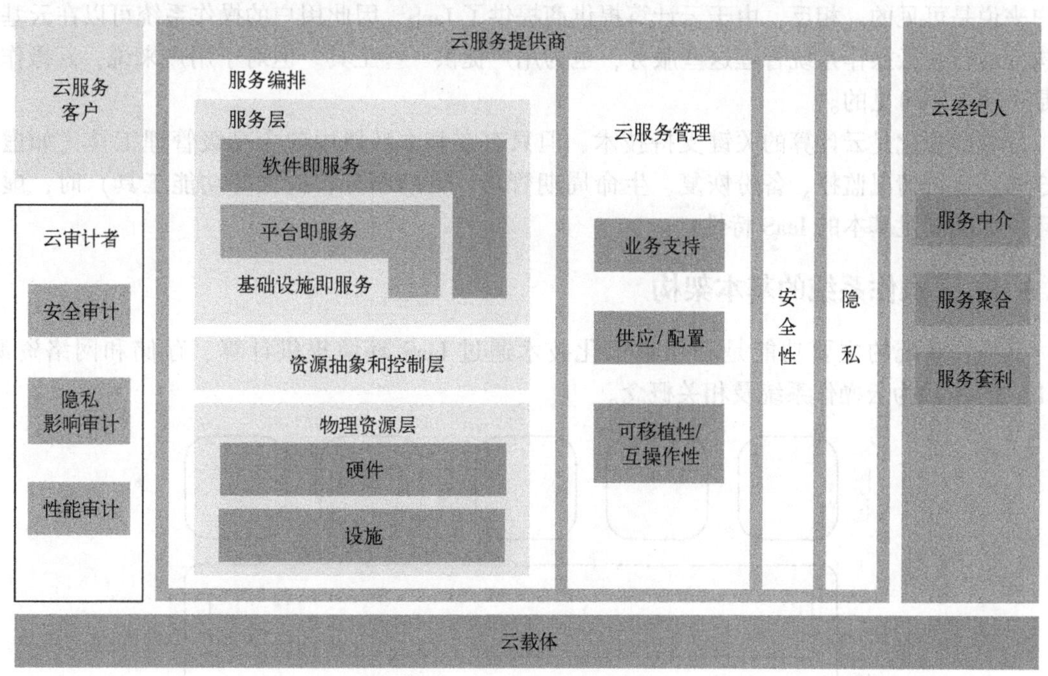

图 12-11　云计算参考架构

1）云服务客户：与云服务提供商保持业务联系并使用云服务的个人或组织。

2）云服务提供商：负责或向相关方提供可用服务的个人、组织或实体。

3）云审计者：能够对云服务、信息系统操作、性能和云实现的安全性进行独立评估的一方。

4）云经纪人：管理云服务的使用、性能和交付，并协商云服务提供商和云服务客户之间关系的实体。

5）云载体：提供从云服务提供商到云服务客户的云服务连接和传输的中介。

当云服务过于复杂而导致云服务用户难以管理时，云经纪人非常有用。云经纪人能够提供以下 3 方面的支持：

1）服务中介：这些是增值服务，如身份管理、性能报告、安全强化。

2）服务聚合：把多个云服务组合在一起，以满足单个云服务提供商不能满足的用户需求，优化性能或最小化成本。

3）服务套利：与服务聚合功能相似，但被聚合的服务是不固定的。服务套利意味着经纪人可以灵活地从多个代理机构中选择服务。例如，云经纪人可以使用信用评分措施来衡量和挑选分数最高的云服务提供商。

12.3.3　云操作系统的 IaaS 模型

云操作系统是指在云服务提供商的数据中心运行的分布式操作系统，用于管理高性能服务器、网络和存储资源，并给云客户提供服务。从本质上讲，云操作系统是实现了 IaaS 的软件。

注意云操作系统和 PaaS 之间的区别。PaaS 是执行用户应用程序的平台，它使用户能够将其创建或获取的应用程序部署到云基础架构上，它提供了有用的软件构建块以及许多开发工具，如编程语言工具、运行时环境以及其他用来部署应用程序的工具。实际上，PaaS 对于云用户来说是可见的。相反，由于云计算提供商提供了 IaaS，因此用户的操作系统可以在云基础架构上运行，云操作系统管理这些服务，也为用户提供一些工具。但对于用户来说，云操作系统是透明而不可见的。

尽管虚拟化是云计算的关键支持技术，但只有在基本环境中包含高级管理工具（如虚拟机迁移、运行情况监控、备份恢复、生命周期管理、自助服务、退款等功能工具）时，虚拟化环境才能满足基本的 IaaS 特性。

12.3.4　云操作系统的基本架构

云操作系统的主要功能是利用虚拟化技术通过 IaaS 环境提供计算、存储和网络资源。图 12-12 所示为云操作系统及相关概念。

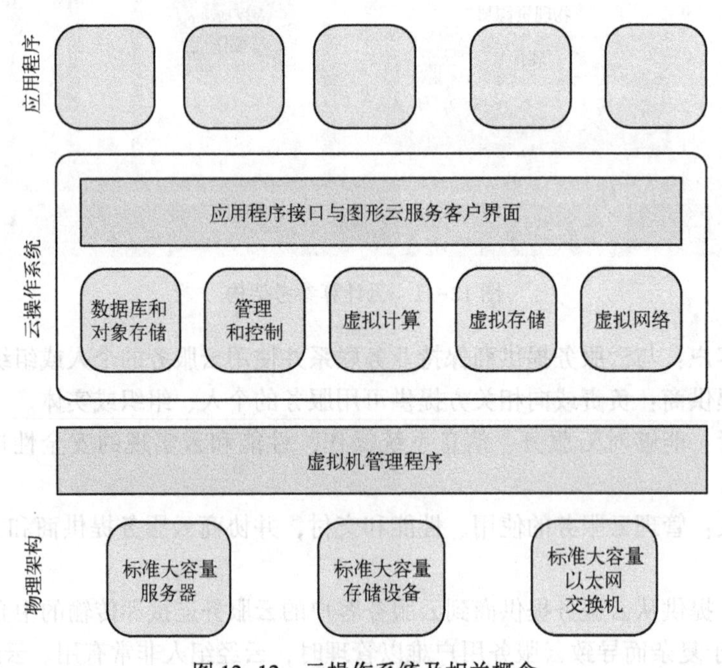

图 12-12　云操作系统及相关概念

1. 虚拟化

传统服务器的网络设备和存储设备等都部署在专用平台上。所有硬件资源都是封闭的，是不能共享的。设备扩容时需要增加额外的硬件，但在系统运行时，这些硬件常处于空闲状态。

然而，通过虚拟化，在一个包含服务器、存储设备、网络设备的统一平台上，计算、存储和网络资源都可以独立、灵活地分配部署。这样，软件和硬件将得以解耦，就可以为每个应用程序分配合适的虚拟硬件资源。

在云环境中，硬件资源是标准服务器、网络连接的存储设备和以太网交换机。虚拟机管理程序运行在这些硬件之上，并且负责支持和管理分配计算、存储和网络资源的虚拟机。

云服务提供商维护和管理物理硬件，并管理及控制虚拟机管理程序。云服务客户可以向云发出请求以创建和管理新的虚拟机，但是只有当这些请求符合云服务提供商关于资源分配的规定时，这些请求才会被接受。通过虚拟机管理程序，云服务提供商通常会提供网络功能（如虚拟网络交换机）的接口，云服务客户可以使用这些功能在云服务提供商的基础架构上配置自定义虚拟网络。云服务客户通常可以完全控制虚拟机中的客户操作系统及其运行的所有软件。

2. 虚拟计算

云操作系统的虚拟计算组件控制 IaaS 云计算环境中的虚拟机。操作系统将每个虚拟机都视为一个计算实例，其主要元素包括：

1）CPU/内存：具有主存的 COTS（商用现成产品）处理器，用于执行虚拟机的代码。

2）内部存储器：与处理器具有相同物理结构的非易失性存储器，如闪存。

3）加速器：用于安全、网络和数据包处理的加速器也可能包括在内。这些虚拟加速器对应于与物理服务器关联的加速器硬件。

4）带存储控制器的外部存储：可访问辅助存储设备。与网络附加存储（NAS）相比，这些是连接到物理服务器的存储设备。

虚拟计算组件还包括用于与云操作系统的其他组件以及与应用程序和云服务客户的 API 及 GUI 界面进行交互的软件。

3. 虚拟存储

云操作系统的虚拟存储组件为云基础架构提供数据存储服务。该组件包括以下服务：

1）存储云管理信息，包括虚拟机和虚拟网络定义。

2）为在云环境中运行的应用程序和工作负载提供工作空间。

3）提供与存储相关的机制，包括工作负载迁移、自动备份、集成版本控制以及已优化的特定于应用程序的存储机制。

对于云服务客户，该组件提供了块存储和附加功能。在虚拟机管理程序中，这种块存储功能是利用虚拟磁盘驱动器组来实现的。该组件必须隔离不同云服务客户工作中的存储数据。

存储具有以下拓扑结构：

- 直接连接存储（DAS）：通常与内部服务器的硬盘驱动器相关联，对直接附加存储的一种更好的方式是它可以绑定到所连接的服务器。
- 存储区域网络（SAN）：存储区域网络是专用网络，可访问各种类型的存储设备，包括磁带库、光盘机和磁盘阵列。对于网络中的服务器和其他设备，存储区域网络的存储设备看起来像本地连接设备。存储区域网络是基于磁盘块的存储技术，它可能是大型数据中心最普遍的存储形式，并且由于它与数据库密集型应用程序相关，因此实际上已成为必需的存储方式。这些应用程序需要共享的存储空间、较大的带宽，以及数据中心内机架服务器之间长距离通信的支持。
- 网络附加存储（NAS）：网络附加存储系统是可联网的设备，其中包含一个或多个硬盘驱动器，可以被多台异构计算机共享，它们在网络中的特殊作用是存储和提供文件。网络附加存储的磁盘驱动器通常支持内置的数据保护机制，包括冗余存储设备或独立磁盘（RAID）的冗余阵列。网络附加存储使文件服务与网络上的其他服务器分离，并且通常提供比传统文件服务器更快的数据访问。

云服务提供商通常会在云基础架构中使用存储区域网络，也可能使用网络附加存储。云操作系统应该能够容纳这两种拓扑并提供对云服务消费者的透明访问，而后者无须了解云的内部存储拓扑结构。

4. 虚拟网络

云操作系统的虚拟网络组件为云基础架构提供网络服务。它能连接计算机、存储、基础架构的其他元素和云外部更广泛的环境。该组件还使云服务客户能够在虚拟机和网络设备之间创建虚拟网络。

除基本的连接服务外，虚拟网络组件还包括以下服务和功能：

- 具有地址分配和管理的基础架构寻址方案（可能不止一种方案）。
- 可以将基础架构地址与基础架构网络拓扑中的路由进程相关联。
- 按带宽分配进程，包括优先级和服务质量（QoS）功能。
- 支持网络功能，如虚拟局域网（VLAN）、负载平衡和防火墙。

5. 数据结构管理

云操作系统不仅提供原始存储功能，而且提供以结构化方式访问数据的服务。云操作系统和IaaS支持的3种常见结构是块、文件和对象。下面对前两种常用结构进行介绍。

通过块存储，数据以固定大小的块存储在硬盘上。每个块都是一个连续的字节序列。存储区域网络提供块存储访问功能，它与直接附加存储一起使用。块存储适用于快照功能和诸如镜像之类的弹性方案。通常，存储区域网络控制器会利用写时复制机制来保持本地副本和镜像卷同步。

基于文件的存储系统通常由存储阵列、某种类型的控制器和操作系统以及一对多的网络存储协议组成。数据作为文件以目录结构存储在硬盘上。

网络附加存储设备相对易于部署，并且可以使用通用协议轻松地对客户端进行访问。服务器和网络附加存储设备都通过共享的TCP/IP进行网络连接，几乎任何服务器都可以访问网络附加存储设备上存储的数据，而无须考虑服务器使用的操作系统。

基于文件的存储的优点之一是，能够将文件视为块设备或磁盘驱动器，可以轻松地将文件附加到文件上，以创建更大的虚拟驱动器，而且文件可以轻松地复制到其他位置。

6. 管理和控制

云操作系统管理和控制组件的主要作用是控制IaaS环境，通过支持云服务提供商在计算资源的安排、协调和管理中的活动，向云消费者提供云服务。

目前最重要的开源云操作系统——OpenStack是OpenStack Foundation的一个开源软件项目，旨在产生一个开源云操作系统，主要目的是在云计算中创建和管理庞大的虚拟专用服务器组。OpenStack在某种程度上被嵌入由Cisco、IBM、HP和其他供应商提供的数据中心基础架构与云计算的产品。它提供了多租户IaaS，目的是不论云规模多大，都能通过易于实施和大规模扩展的特性来满足公有云和私有云的需求。

12.4 物联网操作系统

物联网（Internet of Things，IoT）是一个用于描述智能设备拓展互联的术语，这里的“智能设备”大到电器，小到微型传感器。物联网是计算和通信领域长期革命中的最新进展结果，它的规模、普遍性以及对日常生活、企业和政府的影响，使得过去的技术进步都相形见绌（见图 12-13）。

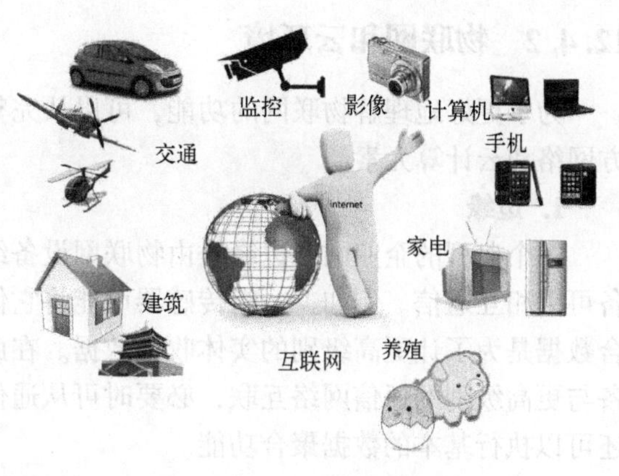

图 12-13　物联网

12.4.1　物联网的概念

物联网的一个主要主题是将短距离移动收发器嵌入各种小工具和日常生活用品中，从而实现人与物、物与物之间的新型通信形式。今天，通过云系统，因特网支持着数十亿个工业和个人对象的互联。这些对象传递传感器信息，对所在的环境施加作用，并在某些情况下调整自身，以实现对大型系统（如工厂或城市）的整体管理。

物联网主要由深度嵌入式设备驱动。这些嵌入式设备之间相互通信，并通过用户界面提供数据。有的嵌入式设备（如高分辨率监控摄像头、视频电话和其他一些设备）需要高带宽流能力，很多产品仅要求间歇地传送数据包。

由于终端系统的支持，互联网经历了大约 4 代部署，最终达到了物联网：

1）信息技术（IT）：PC、服务器、路由器、防火墙等，由企业 IT 人员将其作为 IT 设备购买，主要使用有线连接。

2）运营技术（OT）：非 IT 公司制造了具有嵌入式信息技术的机器/设备，如医疗器械、SCADA（监督控制和数据采集）、过程控制器和公用电话厅。企业运营技术人员购买这些设备，设备间主要以有线方式连接。

3）个人技术：消费者购买智能手机、平板计算机和电子书阅读器作为 IT 设备，仅使用无线连接（通常是多种形式的无线连接）。

4）传感器/执行器技术：消费者、IT 和 OT 人员购买的单用途设备，作为大型系统的一部分，仅使用无线连接（通常是单一形式）。

上述的第 4 代被认为是通常意义上的物联网，其特点是使用了数十亿个嵌入式设备。

物联网支持设备的关键组件如下：

1）传感器：传感器测量物理、化学或生物实体的某些参数，并以模拟电压电平或数字信号的形式传递相应的电子信号。在这两种情况下，传感器的输出通常会输入微控制器或其他管理元件。

2）执行器：执行器从控制器接收电信号，并通过与环境的相互作用做出响应，从而对物理、化学或生物实体的某些参数产生影响。

3）微控制器：深度嵌入式微控制器提供了智能设备中的“智能”。

4）收发器：收发器包含发送和接收数据所需的电子设备。大多数物联网设备都包含一个无线收发器，能够使用 Wi-Fi、ZigBee 或其他一些无线方案进行通信。

5）射频识别（RFID）：使用无线电波识别物品的 RFID 技术正日益成为物联网的一项有效技术。构成 RFID 系统的主要元素是标签和读取器。RFID 标签是用于物体、动物和人类追踪的小型可编程设备，具有多种形状、尺寸。RFID 读取器可读取或重写存储在工作范围（几英寸到几英尺）内的 RFID 标签上的信息。读取器通常连接到计算机系统，这个计算机系统记录并格式化获取的信息以备将来使用。

12.4.2　物联网和云环境

为了更好地理解物联网的功能，可以从完整企业网络的上下文中进行观察，其中包含第三方网络和云计算元素。

1. 边缘

一个典型的企业网络边缘是由物联网设备组成的网络，其中包括传感器和执行器。这些设备可以相互通信。例如，一组传感器可能将它们的数据全部传输到另一个传感器，该传感器聚合数据是为了让更高级别的实体收集数据。在此级别上也可能有许多网关。网关支持物联网设备与更高级别的通信网络互联，必要时可从通信网络中使用的协议转换到设备所使用的协议，还可以执行基本的数据聚合功能。

2. 雾计算

在自然界，雾往往低垂于地面，而云则高悬于天空。

雾计算和云计算一样，十分形象，它是云计算概念的延伸。云在天空飘浮，高高在上，遥不可及，刻意抽象；而雾却现实可及，贴近地面，就在你我身边。雾计算由性能较弱、更为分散的各类功能计算机组成，渗入工厂、汽车、电器、街灯及人们物质生活中的各类用品。

在许多物联网部署中，大量数据可能是由分布式传感器网络生成的。例如，海上油田和炼油厂每天可以生成1 TB的数据；一架飞机每小时可以产生数TB的数据。与其将所有数据永久（或长时间）存储在物联网应用程序可访问的中央存储器中，不如尽可能多地在传感器附近进行数据处理。因此，边缘计算层的目的是将网络数据流转换为适合存储及更高层次处理的信息。这些层级的处理器可以处理大量数据并执行数据转换操作，从而实现更少的数据存储量。

雾计算操作如下：

- 评价：评价数据是否应该在更高的层次上进行处理。
- 格式化：重新格式化数据以获得一致的高级处理。
- 拓展/解码：使用附加上下文（如源）处理加密数据。
- 提取/简化：精简或汇总数据，使数据和流量对网络与高级处理系统的影响最小。
- 评估：确定数据是否达到阈值或警戒值，可能包括将数据重定向到其他地方。

一般来说，雾计算设备被部署在物联网的边缘附近，即传感器和其他数据生成设备附近。因此，在位于中心的物联网应用程序中，很多生成数据的基本处理被剥离和外包。

雾计算和雾服务有望成为物联网的一个显著特征。雾计算代表了与云计算相反的现代网络趋势。采用云计算时，可以通过云网络设施将大量集中的存储和处理资源提供给少数用户；采用雾计算时，大量的智能单体通过雾计算网络设施相互连接，这些网络设施为物联网的边缘设备提供处理资源和存储资源。雾计算解决了成千上万智能设备的活动带来的挑战，包括安全、隐私、网络容量限制和延迟需求。

3. 核心网络

核心网络（也称骨干网络）连接地理上分散的雾网络，并提供对不属于企业网络的其他网络的访问。通常，核心网络使用性能非常高的路由器、大容量的传输线和多个互联的路由器来增加冗余和容量。核心网络也可以连接到高性能、高容量的服务器，如大型数据库服务器和私有云设施。一些核心路由器可能纯粹是内部的，提供冗余和额外的容量，而不充当边缘路由器。

云网络为大量聚集的数据提供存储和处理功能，这些数据来自边缘的支持物联网的设备。云服务器还托管与物联网设备交互和管理的应用程序，该应用也分析由物联网生成的数据。

12.4.3　受限设备

物联网设备是嵌入式设备，所以它们也具有嵌入式操作系统。然而，绝大多数物联网设备的资源非常有限，例如有限的 RAM 和 ROM、低功耗要求、有限的处理器性能、缺乏内存管理单元。因此，尽管有些嵌入式操作系统适用于物联网设备，但许多操作系统太大，需要太多的资源来使用。

“受限设备”一词越来越多地用来表示绝大多数物联网设备。在物联网中，受限设备是指具有有限的易失性和非易失性内存、有限的处理能力和低数据速率收发器的设备。在物联网中，很多设备资源受到了限制，尤其是那些体积更小、数量更多的设备。技术的进步遵循摩尔定律，这不断地使嵌入式设备更便宜、更小、更节能，但不一定更强大。

12.4.4　物联网操作系统的要求

物联网操作系统所需的特性如下：

1）内存占用小：与智能手机、平板计算机和各种更大的嵌入式设备相比，这种内存的规模要小很多个数量级。例如需要在大小和性能方面对库进行优化并节省数据结构的空间。

2）对异构硬件的支持：对于较大的系统，如服务器、PC 和笔记本计算机，Intel x86 处理器体系结构占据主导地位。对于较小的系统，如智能手机和许多种类的物联网设备，ARM 架构占据主导地位。但是，受限的设备基于不同的微控制器体系结构和系列，特别是 8 位和 16 位处理器。受限设备上采用的通信技术也多种多样。

3）网络连接：网络连接对于数据收集、分布式物联网应用开发和远程系统维护至关重要。各种各样的通信技术和协议被用于低功耗、资源最小化的设备。

4）能效：对于任何嵌入式设备，尤其是受限设备，能效都是至关重要的。在许多情况下，物联网设备应当能够在一次充电后持续工作数年。

5）实时功能：许多物联网设备需要支持实时操作。其中包括：

① 实时传感器数据流。例如，大多数传感器网络应用（如监控）具有时间敏感性，数据包必须能被及时地转发。实时保证是此类应用的必要条件。

② 广泛的双向控制。例如汽车（或飞机）之间彼此通信，通过相互控制以免碰撞；人们在相遇时会自动交换数据，并且这可能会影响他们的进一步行动；将生理数据实时上传给医生，并获得医生的实时反馈；对安全事件的实时响应。

因此，物联网的操作系统必须能够及时完成执行要求，并且必须能够保证最坏情况下的执行时间和最坏情况下的中断延迟。

6）安全性：物联网设备众多，通常部署在不安全的地方，只有有限的算力和内存资源来支持复杂的安全协议与机制，并且通常以无线方式进行通信，从而使其更易受到攻击。因此，物联网安全性是高优先级的且难以实现的。

物联网设备需要以下安全功能：

① 在应用程序层：权限管理、身份认证、应用程序数据机密性与完整性保护、隐私保护、安全审核和防病毒。

② 在网络层：权限管理、身份认证、在使用数据和发送数据时保证机密性，以及对发送数据的完整性保护。

③ 在设备层：身份认证、权限管理、设备完整性验证、访问控制、数据机密性，以及完整性保护。

因此，物联网操作系统需要在设备资源有限的情况下保证必要的安全性机制，并为已经部署的物联网设备提供软件更新机制。

12.4.5　物联网操作系统架构

很多嵌入式操作系统适用于受限的物联网设备。图 12-14 所示为物联网操作系统的典型结构。主要组件有：

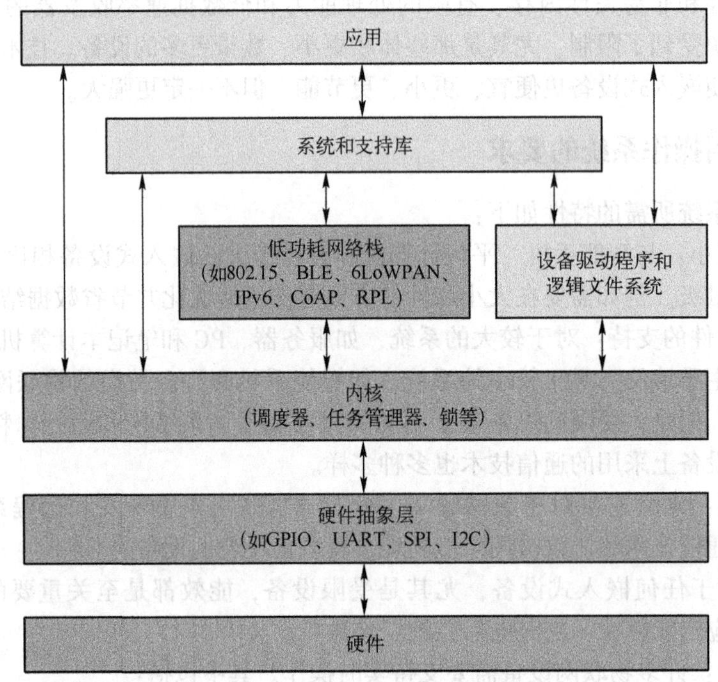

图 12-14　物联网操作系统的典型结构

1）系统和支持库：一组精简的库，包括 Shell、日志记录和加密功能。

2）设备驱动程序和逻辑文件系统：精简的模块化设备驱动程序和文件系统支持组件，可为特定的设备和应用程序进行最小化配置。

3）低功耗网络栈：各种受限的物联网设备对网络连接的要求不同。许多传感器网络的物联网设备仅需要有限的通信功能，该功能允许一个传感器将数据传递到另一个传感器或通信网关。在其他情况下，物联网设备（甚至受限的物联网设备）必须与因特网无缝集成，并与因特网上的其他机器进行端到端通信。因此，物联网操作系统需要提供配置网络栈的功能，该网络栈支持专门为低功耗要求而设计的协议，还包括对因特网协议级别的支持。

4）内核：内核通常需要调度管理，提供任务模型、同步和互斥机制以及定时器。

5）硬件抽象层（HAL）：可向上层提供一致的 API 软件，并将上层操作映射到特定的硬件平台上。因此，每个硬件平台的 HAL 不同。

并非所有的嵌入式操作系统都适用于受限的物联网设备。RIOT 是一种专为受限的物联网设备设计的开源操作系统，它使用微内核设计结构。在 RIOT 中，作为核心模块的内核仅包含必要的功能，如调度、进程间通信（IPC）、同步机制、中断请求（IRQ）处理。所有其他操作系统的功能，包括设备驱动程序和系统库，都作为线程运行。由于使用了线程，因此应用程序和系统的其他部分在它们自己的上下文中运行，多个上下文可同时运行，并且 IPC 提供一种安全的、同步的、可定义优先级的通信方式。

RIOT 硬件抽象层由 3 套软件组成。对于每个 RIOT 支持的处理器，CPU 目录都会包含一个以处理器名字命名的子目录。这些子目录又包含对应处理器的配置，如电源管理、中断处理、启动代码、时钟初始化代码和线程处理（如上下文切换）代码的实现。

12.5　机器人操作系统

机器人操作系统（Robot Operating System，ROS）是专为机器人软件开发及设计出来的操作系统架构，是一个开源操作系统，能为异质计算机集群提供类似操作系统的功能，包括硬件抽象描述、底层驱动程序管理、共用功能的执行、程序间的消息传递、程序发行包管理，它也提供一些工具和库，用于获取、建立、编写和执行多机融合的程序。

ROS 的前身是斯坦福人工智能实验室为支持斯坦福智能机器人 STAIR 而建立的交换项目。它基于一种图状架构，从而能接受来自不同节点的进程，发布、聚合各种信息（如传感、控制、状态、规划等）。

ROS 可以分成两层：低层是操作系统层，是使用 BSD 许可证的开源软件，能免费用于研究和商业用途；而高层则是广大用户群提供的实现不同功能的各种软件包，如定位绘图、行动规划、感知、模拟等，可使用很多种不同的许可证。

ROS 的运行架构是一种使用 ROS 通信模块实现模块间 P2P 松耦合的网络连接的处理架构，进行若干种类型的通信，包括：

1）基于服务的同步 RPC（远程过程调用）通信。

2）基于 Topic 的异步数据流通信，还有参数服务器上的数据存储。

【习题】

1. 网络操作系统在（　　）操作系统的基础上，按照网络体系结构的各个协议标准增加网络管理模块，其中包括通信、资源共享、系统安全和各种网络应用服务。

A. 原有　　B. 分时　　C. 现代　　D. 实时

2. 嵌入式系统的配置环境独特，对操作系统独特和苛刻的要求与设计策略，都与构建普通操作系统（　　）。

A. 基本一致　　B. 大不相同　　C. 难度相当　　D. 一样耗时

3. 嵌入式操作系统负责嵌入式系统的全部软硬件资源分配、任务调度，控制、协调并发活动，它必须体现所在系统的特征，能够通过（　　）某些模块来达到系统所要求的功能。

A. 复制　　B. 分析　　C. 调用　　D. 装卸

4. 嵌入式操作系统的一些独特的特性和设计需求包括（　　）。

① 实时性操作　　② 直接使用中断　　③ 简化保护机制　　④ 可配置性

A. ①②④　　B. ①②③　　C. ①②③④　　D. ①③④

5. 嵌入式 Linux 是指在嵌入式系统中运行的 Linux。通常，嵌入式 Linux 会在官方内核版本的基础上针对特定硬件配置进行定制，例如（　　）。

① 内核大小　② 内存大小　③ 文件系统　④ 开发团队

A. ①②③　B. ②③④　C. ①③④　D. ①②④

6.（　　）是通过在软件和物理硬件之间提供一个软件转换层（抽象层）来管理计算资源的一组技术，它使得单个 PC 或服务器能够同时运行多个操作系统或一个操作系统的多个会话。

A. 虚拟化　B. 网格化　C. 逻辑化　D. 实体化

7. 单个主机上可以存在的客户虚拟机数量称为（　　）。服务器整合成为解决代价高昂且浪费问题的极有价值的方法。

A. 抽象率　B. 复合率　C. 虚拟率　D. 整合率

8.（　　）是一种模仿物理服务器特征的软件构造，可以用一定数量的处理器、RAM、存储资源以及通过网络端口的连接进行配置。

A. 微型机　B. 虚拟机　C. 复制机　D. 仿真机

9.（　　）是指一种模型，可对共享的可配置计算资源（如网络、服务器、存储、应用程序和服务）进行无所不在的、方便的、随需应变的网络工作访问，这些资源可通过最少的管理或与服务提供者的交互快速进行调配和发布。

A. 虚拟计算　B. 模拟计算　C. 云计算　D. 雾计算

10. 除了"广泛的网络接入"这个特征之外，云计算的基本特征还包括（　　）。

① 快速弹性　② 定制服务　③ 资源池　④ 按需自助服务

A. ①②③　B. ①②③④　C. ②③④　D. ①②④

11. 云计算定义了（　　）3 种服务模型。

① 功能即服务　② 软件即服务　③ 平台即服务　④ 基础设施即服务

A. ①③④　B. ①②④　C. ①②③　D. ②③④

12. 企业在云所有权和云管理上具备一系列的可选择性，其中最重要的部署模型是（　　）。

① 混合云　② 社区云　③ 私有云　④ 公有云

A. ①②③④　B. ②③④　C. ①②④　D. ①③④

13.（　　）描述的是智能设备拓展互联，它的一个主要主题是将短距离移动收发器嵌入各种小工具和日常用品中，从而实现人与物、物与物之间的新型通信形式。

A. 车联网　B. 虚拟网　C. 因特网　D. 物联网

14. 物联网主要由（　　）设备驱动。这些设备之间相互通信，并通过用户界面提供数据。

A. 深度嵌入式　B. 外置通信式　C. 浅层链接式　D. 数据网格化

15. 一个典型的企业网络（　　）是由物联网设备组成的网络，其中包括可以相互通信的传感器和执行器。

A. 底层　B. 高层　C. 边缘　D. 中心

16.（　　）是云计算概念的延伸，它由性能较弱、更为分散的各类功能计算机组成，渗入工厂、汽车、电器、街灯及人们物质生活中的各类用品。

A. 虚拟计算　B. 雾计算　C. 敏捷计算　D. 逻辑运算

17. 采用（　　）时，大量的智能单体通过其网络设施相互连接，这些网络设施为物联网的边缘设备提供处理资源和存储资源。

A. 虚拟计算　　B. 模拟计算　　C. 云计算　　D. 雾计算

18. 在物联网中，(　　) 是指具有有限的易失性和非易失性内存、有限的处理能力和低数据速率收发器的设备。

A. 数字设备　　B. 模拟设备　　C. 受限设备　　D. 无限设备

19. 很多嵌入式操作系统适用于受限的物联网设备。除了硬件抽象层之外，典型物联网操作系统的主要组件有（　　）。

① 系统和支持库　　② 设备驱动程序和逻辑文件系统

③ 低功耗网络栈　　④ 内核

A. ①②④　　B. ①②③④　　C. ②③④　　D. ①②③

20. (　　) 是专为机器人软件开发设计出来的开源操作系统架构，能为异质计算机集群提供类似操作系统的功能。

A. ROS　　B. iOS　　C. EOS　　D. DOS

【课程学习与实验总结】

至此，我们顺利完成了本课程的教学任务以及本书有关“操作系统原理”的全部实验。为巩固通过实验所了解及掌握的相关知识和技术，请为所做的全部实验做一个系统的总结。由于篇幅有限，如果书中预留的空白不够，请另外附纸张粘贴在旁边。

1. 课程的基本内容

1）总结本学期完成的“操作系统原理”课程内容（请根据实际完成情况填写）。

第 1 章的主要内容是：____________________

____

第 2 章的主要内容是：____________________

____

第 3 章的主要内容是：____________________

____

第 4 章的主要内容是：____________________

____

第 5 章的主要内容是：____________________

____

第 6 章的主要内容是：____________________

____

第 7 章的主要内容是：____________________

____

第 8 章的主要内容是：____________________

____

第 9 章的主要内容是：____________________

____

第 10 章的 ARIZ 的主要内容是：____________________

____

第 11 章的主要内容是：______________________________

____

第 12 章的主要内容是：______________________________

____

2）请回顾并简述：通过实验，你初步了解了哪些有关“操作系统原理”的重要概念（至少 3 项）。

① 名称：______________________________

简述：______________________________

____

② 名称：______________________________

简述：______________________________

____

③ 名称：______________________________

简述：______________________________

____

④ 名称：______________________________

简述：______________________________

____

⑤ 名称：______________________________

简述：______________________________

____

2. 实验的基本评价

1）在全部实验中，你印象最深的实验，或者相比较而言你认为最有价值的实验是：

① ______________________________

你的理由是：______________________________

____

② ______________________________

你的理由是：______________________________

____

2）在所有实验中，你认为应该得到加强的实验是：

① ______________________________

你的理由是：______________________________

____

② ______________________________

你的理由是：______________________________

____

3）对于本课程和本书的实验内容，你认为应该改进的意见和建议是：

____

____

3. 课程学习能力测评

请根据你在本课程中的学习情况，客观地对自己在“操作系统原理”知识方面做一个能力测评。请在表 12-2 的“测评结果”栏中合适的项下打“√”。

表 12-2　课程学习能力测评

关键能力	评价指标	测评结果					备注
		很好	较好	一般	勉强	较差	
基本内容	1. 了解本课程的知识体系、理论基础及其发展						
	2. 熟悉操作系统原理的基本概念						
	3. 熟悉本课程的在线学习环境						
基础知识	4. 熟悉相关硬件基础						
	5. 熟悉操作系统概述知识						
互斥与同步	6. 掌握进程描述和控制知识						
	7. 掌握线程及其与进程的异同						
	8. 熟悉互斥与同步知识						
	9. 熟悉死锁与饥饿知识						
功能进阶	10. 熟悉内存管理						
	11. 熟悉处理器管理						
	12. 熟悉 I/O 设备管理						
	13. 熟悉文件管理						
	14. 熟悉操作系统安全知识						
	15. 了解操作系统新发展						
学习能力	16. 掌握通过网络提高专业能力、丰富专业知识的学习方法						
	17. 培养自己的责任心，掌握、管理自己的时间						
	18. 尊重他人观点，能开展有效沟通，在团队合作中表现积极						
创新能力	19. 根据现有的知识与技能创新性地提出有价值的观点						
	20. 运用不同的思维方式发现并解决一般问题						

注：“很好”5 分，“较好”4 分，其余类推。全表满分为 100 分，你的测评总分为＿＿＿＿分。

4. 学习与实验总结

＿＿

＿＿

＿＿

＿＿

5. 教师评价课程学习与实验总结

＿＿

＿＿

附录　部分习题参考答案

第1章　硬件基础

1. D　　2. B　　3. A　　4. C　　5. ① A、② C

6. B　　7. D　　8. C　　9. D　　10. C

11. B　　12. A　　13. C　　14. D　　15. B

16. C　　17. ① B、② C　　18. D

第2章　操作系统概述

1. A　　2. C　　3. B　　4. ① B、② D　　5. D

6. D　　7. C　　8. B　　9. C　　10. A

11. B　　12. C　　13. A　　14. D　　15. B

16. C　　17. D　　18. B　　19. C

第3章　进程描述和控制

1. D　　2. B　　3. C　　4. A　　5. B

6. D　　7. B　　8. A　　9. C　　10. D

11. B　　12. C　　13. A　　14. A　　15. ① C、② B

16. A　　17. D　　18. B　　19. D

第4章　线程

1. B　　2. D　　3. A　　4. B　　5. D

6. A　　7. B　　8. C　　9. D　　10. B

11. A　　12. C　　13. D　　14. B　　15. A

16. B　　17. B　　18. D　　19. C　　20. A

第5章　互斥与同步

1. C　　2. B　　3. A　　4. D　　5. B

6. C　　7. A　　8. D　　9. C　　10. D

11. B　　12. C　　13. A　　14. D　　15. B

16. C　　17. A　　18. D　　19. B　　20. C

第6章　死锁与饥饿

1. B　　2. A　　3. D　　4. C　　5. B

6. A　7. D　8. C　9. ① D、② B　10. ① C、② D
11. B　12. ① C、② B　13. A　14. C　15. ① D、② C
16. ① C、② D　17. D　18. A　19. C　20. B
21. D　22. A　23. B

第7章　内存管理

1. A　2. ① D、② A　3. D　4. ① C、② B　5. B
6. C　7. A　8. D　9. ① B、② C　10. B
11. A　12. C　13. ① C、② D　14. D　15. C
16. C　17. C　18. B

第8章　处理器管理

1. C　2. B　3. D　4. A　5. C
6. B　7. C　8. A　9. D　10. B
11. D　12. C　13. B　14. A　15. B
16. D　17. B　18. ① C、② B　19. D　20. A

第9章　I/O 设备管理

1. A　2. B　3. D　4. B　5. C
6. D　7. C　8. D　9. B　10. D
11. D　12. A　13. D　14. D　15. ① B、② A
16. D　17. D　18. C　19. C

第10章　文件管理

1. C　2. B　3. ① D、② C　4. C　5. C
6. C　7. A　8. C　9. D　10. D
11. C　12. B　13. D　14. ① D、② A　15. D
16. C　17. ① D、② C　18. A

第11章　操作系统安全

1. A　2. D　3. C　4. B　5. A
6. C　7. D　8. B　9. D　10. A
11. B　12. C　13. D　14. A　15. D
16. B　17. C　18. A　19. D　20. B

第12章　操作系统发展

1. A　2. B　3. D　4. C　5. A
6. A　7. D　8. B　9. C　10. B
11. D　12. A　13. D　14. A　15. C
16. B　17. D　18. C　19. B　20. A

参 考 文 献

[1] 周苏，金海溶，王文，等．操作系统原理［M］．北京：机械工业出版社，2013.

[2] STALLINGS W. 操作系统：精髓与设计原理　第 9 版［M］．陈向群，陈渝，译．北京：电子工业出版社，2020.

[3] 周苏，金海溶．操作系统原理实验：修订版［M］．北京：科学出版社，2008.

[4] TANENBAUM A S. 现代操作系统［M］．陈向群，马洪兵，译．北京：机械工业出版社，2009.